21世纪高等学校计算机基础实用规划教材

数据库技术与应用
——Access

刘卫国 熊拥军 主编

清华大学出版社
北京

内容简介

本书以 Access 2007 作为操作环境，介绍数据库的基本知识和应用开发技术。

全书分为关系数据库基本原理、Access 2007 基本操作以及 Access 2007 数据库应用系统开发 3 个部分，旨在帮助读者理解数据库的基本概念与基本原理、熟悉 Access 的基本功能、掌握 Access 2007 的基本操作、培养数据库系统的应用开发能力。全书主要内容有数据库系统概论、关系数据库基本原理、Access 2007 操作基础、数据库的创建与管理、表的创建与管理、查询的创建与操作、SQL 查询的操作、窗体的创建与应用、报表的创建与应用、宏的创建与应用、模块与 VBA 程序设计、数据库应用系统开发实例等。

本书在编写过程中，力求做到概念清晰、取材合理、深入浅出、突出应用，为读者应用数据库技术进行数据管理、开发出实用的数据库应用系统打下良好基础。本书既可作为高等学校数据库应用课程的教材，又可供社会各类计算机应用人员与参加各类计算机等级考试的读者阅读参考。

图书在版编目(CIP)数据

数据库技术与应用——Access/刘卫国，熊拥军主编. --北京：清华大学出版社，2011.6
(21 世纪高等学校计算机基础实用规划教材)
ISBN 978-7-302-24671-8

Ⅰ. ①A…　Ⅱ. ①刘… ②熊…　Ⅲ. ①关系数据库－数据库管理系统，Access 2007－高等学校－教材　Ⅳ. ①TP311.138

中国版本图书馆 CIP 数据核字(2011)第 014777 号

责任编辑：魏江江　赵晓宁
责任校对：白　蕾
责任印制：何　芊
出版发行：清华大学出版社
http://www.tup.com.cn
社　总　机：010-62770175
地　址：北京清华大学学研大厦 A 座
邮　编：100084
邮　购：010-62786544
投稿与读者服务：010-62795954，jsjjc@tup.tsinghua.edu.cn
质　量　反　馈：010-62772015，zhiliang@tup.tsinghua.edu.cn
印 刷 者：北京嘉实印刷有限公司
装 订 者：三河市金元印装有限公司
经　销：全国新华书店
开　本：185×260　**印　张**：22　**字　数**：536 千字
版　次：2011 年 6 月第 1 版　**印　次**：2011 年 6 月第 1 次印刷
印　数：1～3000
定　价：35.00 元

产品编号：040640-01

编审委员会成员

（按地区排序）

出版说明

随着我国改革开放的进一步深化，高等教育也得到了快速发展，各地高校紧密结合地方经济建设发展需要，科学运用市场调节机制，加大了使用信息科学等现代科学技术提升、改造传统学科专业的投入力度，通过教育改革合理调整和配置了教育资源，优化了传统学科专业，积极为地方经济建设输送人才，为我国经济社会的快速、健康和可持续发展以及高等教育自身的改革发展做出了巨大贡献。但是，高等教育质量还需要进一步提高以适应经济社会发展的需要，不少高校的专业设置和结构不尽合理，教师队伍整体素质亟待提高，人才培养模式、教学内容和方法需要进一步转变，学生的实践能力和创新精神亟待加强。

教育部一直十分重视高等教育质量工作。2007 年 1 月，教育部下发了《关于实施高等学校本科教学质量与教学改革工程的意见》，计划实施"高等学校本科教学质量与教学改革工程(简称'质量工程')"，通过专业结构调整、课程教材建设、实践教学改革、教学团队建设等多项内容，进一步深化高等学校教学改革，提高人才培养的能力和水平，更好地满足经济社会发展对高素质人才的需要。在贯彻和落实教育部"质量工程"的过程中，各地高校发挥师资力量强、办学经验丰富、教学资源充裕等优势，对其特色专业及特色课程(群)加以规划、整理和总结，更新教学内容、改革课程体系，建设了一大批内容新、体系新、方法新、手段新的特色课程。在此基础上，经教育部相关教学指导委员会专家的指导和建议，清华大学出版社在多个领域精选各高校的特色课程，分别规划出版系列教材，以配合"质量工程"的实施，满足各高校教学质量和教学改革的需要。

本系列教材立足于计算机公共课程领域，以公共基础课为主、专业基础课为辅，横向满足高校多层次教学的需要。在规划过程中体现了如下一些基本原则和特点。

(1) 面向多层次、多学科专业，强调计算机在各专业中的应用。教材内容坚持基本理论适度，反映各层次对基本理论和原理的需求，同时加强实践和应用环节。

(2) 反映教学需要，促进教学发展。教材要适应多样化的教学需要，正确把握教学内容和课程体系的改革方向，在选择教材内容和编写体系时注意体现素质教育、创新能力与实践能力的培养，为学生的知识、能力、素质协调发展创造条件。

(3) 实施精品战略，突出重点，保证质量。规划教材把重点放在公共基础课和专业基础课的教材建设上；特别注意选择并安排一部分原来基础比较好的优秀教材或讲义修订再版，逐步形成精品教材；提倡并鼓励编写体现教学质量和教学改革成果的教材。

(4) 主张一纲多本，合理配套。基础课和专业基础课教材配套，同一门课程可以有针对不同层次、面向不同专业的多本具有各自内容特点的教材。处理好教材统一性与多样化，基本教材与辅助教材、教学参考书，文字教材与软件教材的关系，实现教材系列资源配套。

(5) 依靠专家,择优选用。在制定教材规划时依靠各课程专家在调查研究本课程教材建设现状的基础上提出规划选题。在落实主编人选时,要引入竞争机制,通过申报、评审确定主题。书稿完成后要认真实行审稿程序,确保出书质量。

繁荣教材出版事业,提高教材质量的关键是教师。建立一支高水平教材编写梯队才能保证教材的编写质量和建设力度,希望有志于教材建设的教师能够加入到我们的编写队伍中来。

21 世纪高等学校计算机基础实用规划教材

联系人:魏江江 weijj@tup.tsinghua.edu.cn

前　言

数据库技术自20世纪60年代中期产生以来，无论是理论还是应用都已变得相当重要和成熟，成为计算机领域发展最快的学科分支之一，也是应用很广、实用性很强的一门技术。随着计算机技术的飞速发展及其应用领域的不断扩大，特别是计算机网络和Internet技术的发展，数据库应用系统得到了突飞猛进的发展。目前，许多技术，如各行各业的信息管理、电子商务与电子政务、大中型网站、决策支持系统、企业资源规划、客户关系管理、数据仓库和数据挖掘等，都是以数据库技术为基础，可以说，只要有计算机存在，就有数据库技术存在。

数据库技术的发展要求当代大学生必须具备组织、利用和规划信息资源的意识和能力。教育部高等学校计算机基础课程教学指导委员会提出了“1＋X”课程设置方案，即一门“大学计算机基础”和若干门核心课程，“数据库技术与应用”是其中一门重要的核心课程。目前许多高等学校都开设了该课程。通过该课程的学习，学生应能准确理解数据库的基本概念以及数据库在各领域的应用，掌握数据库技术及应用开发方法，具备利用数据库工具开发数据库应用系统的基本技能，为今后应用数据库技术管理信息及更好地利用信息打下基础。本书就是为满足教学的实际需要而编写的。

Microsoft公司推出的Access数据库管理系统是集成在Office套装软件中的一个组件，由于它具有界面友好、易学实用的特点，所以适用于中小型数据管理应用场合，既可以用作本地数据库，也可以应用于网络环境。从教学的角度讲，Access很适合于初学者理解和掌握数据库的概念与操作方法。

随着Microsoft Office软件的不断更新，Access先后形成了很多版本。2007年1月Microsoft公司推出了Microsoft Office 2007套件，其中的Access 2007除了继承和发扬以前Access版本的优点之外，还增加了许多新的特征，例如全新的界面、方便的模板以及在功能方面的诸多改善等。本书以Access 2007作为操作环境，介绍数据库的基本知识和应用开发技术。

全书分为关系数据库基本原理、Access 2007基本操作以及Access 2007数据库应用系统开发3个部分，旨在帮助读者理解数据库的基本概念与基本原理、熟悉Access的基本功能、掌握Access 2007的基本操作、培养数据库系统的应用开发能力。全书主要内容有数据库系统概论、关系数据库基本原理、Access 2007操作基础、数据库的创建与管理、表的创建与管理、查询的创建与操作、SQL查询的操作、窗体的创建与应用、报表的创建与应用、宏的创建与应用、模块与VBA程序设计、数据库应用系统开发实例等。

本书在编写过程中，力求做到概念清晰、取材合理、深入浅出、突出应用，为读者应用数据库技术进行数据管理、开发出实用的数据库应用系统打下良好基础。

为了方便教学和读者上机操作练习，作者还编写了《数据库技术与应用实践教程——Access 2007》一书，作为与本书配套的教学参考书。另外，还有与本书配套的教学课件，供教师教学参考。

本书由刘卫国、熊拥军主编，第1～第3章由刘卫国编写，第4～第7章由蔡立燕编写，第8～第10章由王鹰编写，第11和第12章由熊拥军编写。参加编写的还有陈昭平、张志良、李斌、康维、罗站城、邹美群、胡勇刚、赵慧明、陈元甲等。清华大学出版社的编辑对本书的策划、出版做了大量工作，在此表示衷心的感谢。

本书的课件及相关资料可在清华大学出版社网站(http://www.tup.com.cn)下载，也可发邮件到 weijj@tup.tsinghua.edu.cn 咨询。

由于编者水平有限，书中难免存在不足之处，恳请广大读者批评指正。

编　者

2011年2月

目录

第1章　数据库系统概论

数据库技术是从20世纪60年代末开始逐步发展起来的计算机软件技术，它的产生，推动了计算机在各行各业数据处理中的应用。目前，数据处理已成为计算机应用的主要领域。在数据库系统中，通过数据库管理系统来对数据进行统一管理。为了能开发出适用的数据库应用系统，就需要熟悉和掌握一种数据库管理系统。Access作为一种桌面数据库管理系统，具有自身的特点，有着广泛的应用。本书以Access 2007为实践环境，介绍数据库的基本操作和数据库应用系统开发的方法。作为学习的理论先导，本章介绍一些数据库系统基础知识。

1.1　数据和数据管理

数据库系统的核心任务是数据管理。数据库技术是一门研究如何存储、使用和管理数据的技术，是计算机数据管理技术的最新发展阶段。数据库应用涉及数据、信息、数据处理和数据管理等基本概念。

1. 数据和信息

数据(Data)和信息(Information)是数据处理中的两个基本概念，有时可以混用，如平时讲数据处理就是信息处理，但有时必须分清。一般认为，数据是人们用于记录事物情况的物理符号。为了描述客观事物而用到的数字、字符以及所有能输入到计算机中并能被计算机处理的符号都可以看作是数据。例如，李木子老师的基本工资为2750元，职称为教授，这里的“李木子”、2750、“教授”就是数据。在实际应用中，有两种基本形式的数据，一种是可以参与数值运算的数值型数据，如表示工资、成绩的数据；另一种是由字符组成、不能参与数值运算的字符型数据，如表示姓名、职称的数据。此外，还有图形、图像、声音等多媒体数据，如人的照片、商品的商标等。

信息是数据中所包含的意义。通俗地讲，信息是经过加工处理并对人类社会实践和生产活动产生决策影响的数据。不经过加工处理的数据只是一种原始材料，对人类活动产生不了决策作用，它的价值只是在于记录了客观世界的事实。只有经过提炼和加工，原始数据才发生了质的变化，给人们以新的知识和智慧。

数据与信息既有区别，又有联系。数据是信息的载体，但并非任何数据都能称为信息，只有经过加工处理后具有新的内容的数据才能称为信息。另一方面信息不随表示它的数据形式而改变，它是反映客观现实世界的知识，而数据则具有任意性，用不同的数据形式可以表示同样的信息。例如一个城市的天气预报情况是一条信息，而描述该信息的数据形式可以是文字、图像或声音等。

2. 数据处理和数据管理

数据处理是指将数据转换成信息的过程，其基本目的是从大量的、杂乱无章的、难以理解的数据中整理出对人们有价值、有意义的数据(即信息)，作为决策的依据。例如，全体考生各门课程的考试成绩记录了考生的考试情况，属于原始数据，对考试成绩进行分析和处理，如按成绩从高到低顺序排列、统计各分数段的人数等，进而可以根据招生人数确定录取分数线。

数据管理是指数据的收集、组织、存储、检索和维护等操作，这些操作是数据处理的中心环节，是任何数据处理业务中不可缺少的部分。数据管理的基本目的是实现数据共享、降低数据冗余、提高数据的独立性、安全性和完整性，从而能更加有效地管理和使用数据资源。

1.2 数据管理技术的发展

计算机技术的发展和数据处理的现实需要，促使数据管理技术得到了很大发展，从而有效地提高了数据处理的应用水平。数据管理技术经历了人工管理、文件管理和数据库管理3个发展阶段。

1.2.1 人工管理阶段

20世纪50年代中期以前，计算机主要应用于科学计算，虽然此时也有数据管理的问题，但这时的数据管理是以人工管理方式进行的。在硬件方面，外存储器只有磁带、卡片和纸带等，没有磁盘等直接存取的外存储器。在软件方面，只有汇编语言，没有操作系统，没有对数据进行管理的软件。数据处理方式基本上是批处理。在此阶段，数据管理的特点是：

(1) 数据不保存。此阶段处理的数据量较少，一般不需要将数据长期保存，只是在计算时将数据随程序一起输入，计算完后将结果输出，而数据和程序一起从内存中被释放。若再要计算，则需重新输入数据和程序。

(2) 由应用程序管理数据。对数据的管理是由程序员个人考虑和安排的，程序设计时既要设计算法，又要考虑数据的逻辑结构、物理结构以及输入输出方法等问题，程序设计任务繁重。

(3) 数据有冗余，无法实现共享。程序与数据是一个整体，一个程序中的数据无法被其他程序使用，因此程序与程序之间存在大量的重复数据，数据无法实现共享。

(4) 数据对程序不具有独立性。由于程序对数据的依赖性，数据的逻辑结构或存储结构一旦有所改变，则必须修改相应程序，这就进一步加重了程序设计的负担。

以一所学校的信息管理为例，在人工管理阶段，应用程序与数据之间的关系如图1-1所示。图中各数据组对应于相应的应用程序，而且数据组之间难免会有许多重复的数据，例如，教务信息可能包含教师和学生的部分信息。

1.2.2 文件管理阶段

20世纪50年代后期至60年代后期，计算机开始大量用于数据管理。硬件上出现了直接存取的大容量外存储器，如磁盘、磁鼓等，为计算机数据管理提供了物质基础。软件方面，

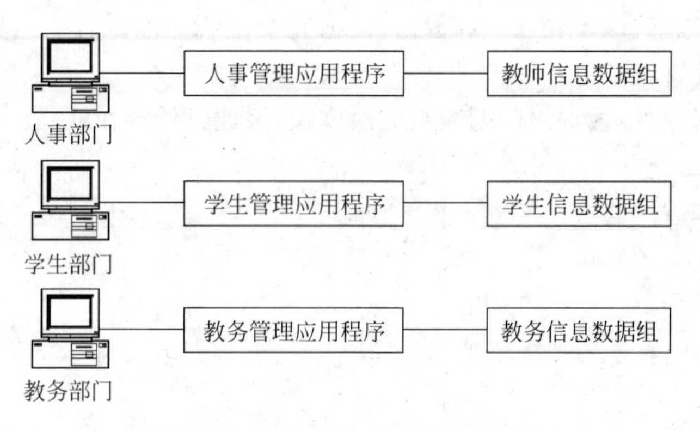

图 1-1　应用程序和数据的依赖关系

出现了高级语言和操作系统。操作系统中的文件系统专门用于管理数据，这又为数据管理提供了技术支持。数据处理方式上不仅有批处理，而且有联机实时处理。

数据处理应用程序利用操作系统的文件管理功能，将相关数据按一定的规则构成文件，通过文件系统对文件中的数据进行存取和管理，实现数据的文件管理方式。其特点是：

(1) 数据可以长期保存。文件系统为程序和数据之间提供了一个公共接口，使应用程序采用统一的存取方法来存取和操作数据。数据可以组织成文件，能够长期保存、反复使用。

(2) 数据对程序有一定独立性。程序和数据不再是一个整体，而是通过文件系统把数据组织成一个独立的数据文件，由文件系统对数据的存取进行管理，程序员只需通过文件名访问数据文件，不必过多考虑数据的物理存储细节，因此程序员可集中精力进行算法设计，并大大减少了程序维护的工作量。

文件管理使计算机在数据管理方面有了长足的进步。时至今日，文件系统仍是一般高级语言普遍采用的数据管理方式。然而当数据量增加、使用数据的用户越来越多时，文件管理便不能适应更有效地使用数据的需要了，其症结表现在 3 个方面：

(1) 数据的共享性差、冗余度大，容易造成数据不一致。由于数据文件是根据应用程序的需要而建立的，当不同的应用程序所使用的数据有相同部分时，也必须建立各自的数据文件，即数据不能共享，造成大量数据重复。这样不仅浪费存储空间，而且使数据修改变得非常困难，容易产生数据不一致，即同样的数据在不同的文件中所存储的数值不同，造成矛盾。

(2) 数据独立性差。在文件系统中，尽管数据和程序有一定的独立性，但这种独立性主要是针对某一特定应用而言的，就整个应用系统而言，文件系统还未能彻底体现数据逻辑结构独立于数据存储的物理结构的要求。在文件系统中，数据和应用程序是互相依赖的，即程序的编写与数据组织方式有关，如果改变数据的组织方式，就必须修改有关应用程序。而应用程序发生变化，如改用另一种程序设计语言编写程序，也需修改文件的数据结构。

(3) 数据之间缺乏有机的联系，缺乏对数据的统一控制和管理。文件系统中各数据文件之间是相互独立的，没有从整体上反映现实世界事物之间的内在联系，因此很难对数据进行合理的组织以适应不同应用的需要。在同一个应用项目中的各个数据文件没有统一的管理机构，数据完整性和安全性很难得到保证。

在文件管理阶段，学校信息管理中应用程序与数据文件之间的关系如图 1-2 所示。显然,教务数据中有教师、学生和课程等数据,数据冗余是难免的。各应用程序通过文件系统对相应的数据文件进行存取和处理,但各个数据文件基本上对应于相关的应用程序,而且各数据文件之间是孤立的,数据之间的联系无法体现,因此仍然存在缺陷。

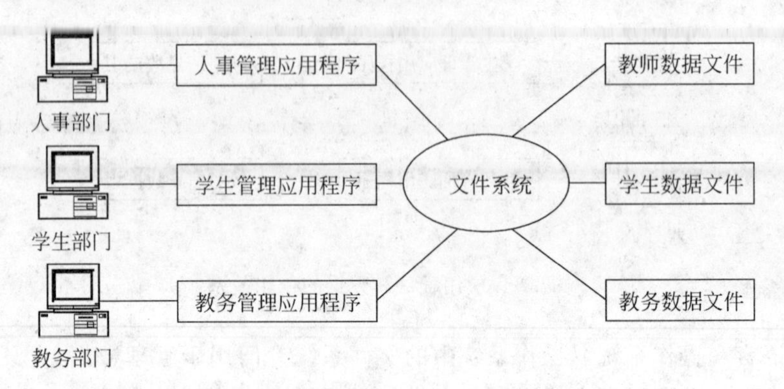

图 1-2 应用程序和数据文件的关系

1.2.3 数据库管理阶段

20 世纪 60 年代后期,计算机用于数据管理的规模更加庞大,数据量急剧增加,数据共享性要求更加强烈。同时。计算机硬件价格下降,而软件价格上升,编制和维护软件所需成本相对增加,其中维护成本更高。这些成为数据管理技术在文件管理的基础上发展到数据库管理的原动力。

数据库是按一定的组织方式存储起来的、相互关联的数据集合。在数据库管理阶段,由数据库管理系统(Database Management System,DBMS)的系统软件对数据进行统一的控制和管理,把所有应用程序中使用的相关数据汇集起来,按统一的数据模型存储在数据库中,为各个应用程序所使用。在应用程序和数据库之间保持较高的独立性,数据具有完整性、一致性和安全性高等特点,并且具有充分的共享性,有效地减少了数据冗余。

在数据库管理阶段,学校信息管理中应用程序与数据库之间的关系如图 1-3 所示。有关学校信息管理的数据都存放在一个统一的数据库中,数据库不再面向某个部门的应用,而是面向整个应用系统,实现了数据共享,并且数据库和应用程序之间保持较高的独立性。

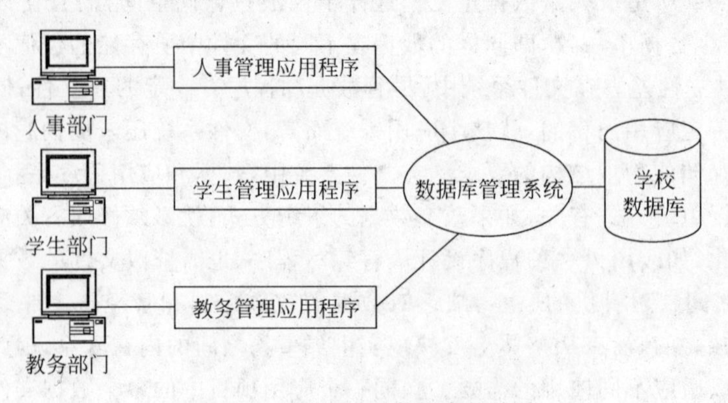

图 1-3 应用程序和数据库的关系

1.3 数据库与数据库系统

数据库(Database,DB)是指按照一定方式组织的、存储在外部存储设备上的、能为多个用户共享的、与应用程序相互独立的相关数据集合。数据库系统(Database System,DBS)是指基于数据库的计算机应用系统。和一般的应用系统相比,数据库系统有其自身的特点,它将涉及一些相互联系而又有区别的基本概念。

1.3.1 数据库系统的组成

数据库系统用来为用户提供信息服务,由计算机硬件系统、计算机软件系统、数据库和有关人员等几部分组成。

1. 计算机硬件系统

计算机硬件系统是数据库系统运行的物质基础,主要包括 CPU、内存储器、外存储器、输入输出设备以及计算机网络环境等。

2. 计算机软件系统

计算机软件系统包括操作系统、数据库管理系统、系统开发工具及数据库应用系统等。

1) 操作系统

操作系统是软件的核心,是其他软件运行的基础。在计算机硬件层之上,由操作系统统一管理计算机的资源。

2) 数据库管理系统

数据库管理系统在操作系统的支持下工作,是数据库系统的核心软件。常见的 DBMS 有 Access、Visual FoxPro、SQL Server、Oracle、Sybase 等。

DBMS 是用户与数据库的接口,可以实现数据的组织、管理和存取,提供访问数据库的方法,包括数据库的建立、查询、更新及各种数据控制等。DBMS 具有以下几个方面的功能。

(1) 数据定义功能。DBMS 提供数据定义语言(Data Definition Language,DDL),通过它可以方便地对数据库中的数据对象进行定义。

(2) 数据操纵功能。DBMS 提供数据操纵语言(Data Manipulation Language,DML),使用它可以实现对数据库中数据的基本操作,如查询、插入、修改和删除等。

(3) 数据库运行管理功能。DBMS 通过对数据库的控制以适应共享数据的环境,确保数据库数据正确有效和数据库系统的正常运行。对数据库的控制主要通过 4 个方面实现:

① 数据的安全性控制:是指防止数据库的非法使用造成数据的泄露、更改或破坏。例如,系统提供口令检查来验证用户身份,以防止非法用户使用系统。还可以对数据的存取权限进行限制,用户只能按所具有的权限对指定的数据进行相应的操作。

② 数据的完整性控制:是指防止合法用户在使用数据库时向数据库加入不符合语义的数据,保证数据库中数据的正确性、有效性和相容性。

正确性是指数据的合法性,如成绩只能是数值,不能包含字符。有效性是指数据是否在其定义的有效范围,如月份只能用 1～12 之间的正整数表示。相容性是指表示同一事实的两个数据应相同,否则就不相容,如一个人不能有两个性别。

③ 多用户环境下的并发控制：在多用户共享的系统中，多个用户可以同时存取数据库中的数据，甚至可以同时存取数据库中的同一个数据，并发控制负责协调并发事务的执行，保证数据库的完整性不受破坏。

④ 数据的恢复：是指在某种故障引起数据库中的数据不正确或数据丢失时，系统能将数据库从错误状态恢复到最近某一时刻的正确状态。

(4) 数据库的建立和维护功能。它包括数据库初始数据的装入和转换功能、数据库的转储和恢复功能、数据库的重组织功能，以及系统性能监视和分析功能等。

(5) 其他功能。如DBMS与网络中其他软件系统的通信功能。

3) 系统开发工具

数据库系统开发工具是指各种数据库应用程序的编程工具。随着计算机技术的不断发展，各种数据库编程工具也在不断发展。目前，比较常用的数据库系统开发工具是Visual Basic、Visual C++、Java等通用程序设计语言。

4) 数据库应用系统

数据库应用系统是指系统开发人员利用某种开发工具开发出来的、面向某一类实际应用的应用软件系统。它分为两类：

(1) 管理信息系统。这是面向机构内部业务和管理的数据库应用系统。例如，人事管理系统、教学管理系统等。

(2) 开放式信息服务系统。这是面向外部、提供动态信息查询功能，以满足不同信息需求的数据库应用系统。例如，大型综合科技信息系统、经济信息系统和专业的证券实时行情、商品信息系统等。

无论是哪一类信息系统，从实现技术角度而言，都是以数据库技术为基础的计算机应用系统。

3. 数据库

数据库不仅包括描述事物的数据本身，而且还包括相关事物之间的联系。数据库中的数据往往不是像文件系统那样，只面向某一项特定应用，而是面向多种应用，可以被多个用户、多个应用程序共享。其数据结构独立于使用数据的程序，对于数据的增加、删除、修改和检索由DBMS进行统一管理和控制，用户对数据库进行的各种操作都是通过DBMS实现的。

4. 数据库系统的有关人员

数据库系统的有关人员主要有3类：最终用户(End User)、数据库应用系统开发人员和数据库管理员(Database Administrator，DBA)。最终用户指通过应用系统的用户界面使用数据库的人员。数据库应用系统开发人员包括系统分析员、系统设计员和程序员。系统分析员负责应用系统的分析，他们和用户、数据库管理员相配合，参与系统分析；系统设计员负责应用系统设计和数据库设计；程序员则根据设计要求进行编码。数据库管理员是数据管理机构的一组人员，他们负责对整个数据库系统进行总体控制和维护，以保证数据库系统的正常运行。

1.3.2 数据库的三级模式结构

为了有效地组织、管理数据，提高数据库的逻辑独立性和物理独立性，人们为数据库设计了一个严谨的体系结构，数据库领域公认的标准结构是三级模式结构，它包括外模式、概念模式和内模式。

美国国家标准协会（American National Standards Institute，ANSI）的数据库管理系统研究小组于1978年提出了标准化的建议，将数据库结构分为三级：面向用户或应用程序员的用户级、面向建立和维护数据库人员的概念级、面向系统程序员的物理级。用户级对应外模式，概念级对应概念模式，物理级对应内模式，使不同级别的用户对数据库形成不同的视图，即数据库在用户"眼中"的反映，很显然，不同层次（级别）用户所"看到"的数据库是不相同的。数据库的三级模式结构如图1-4所示。

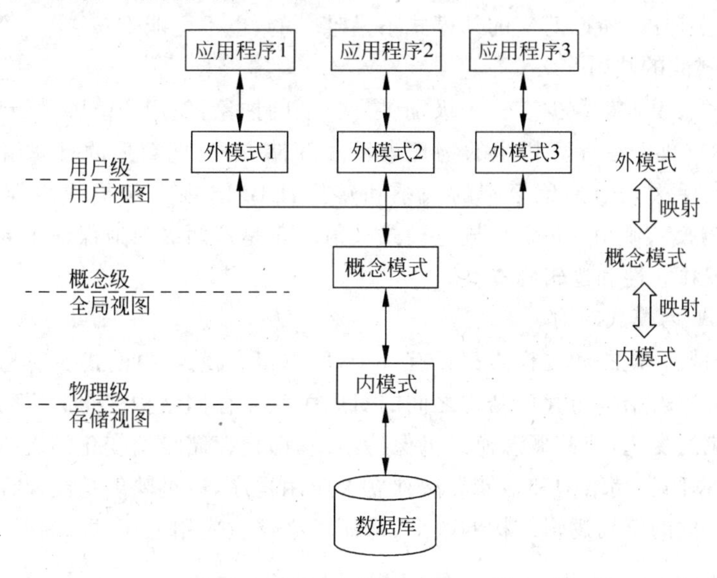

图1-4 数据库的三级模式结构

1. 概念模式

概念模式又称模式或逻辑模式，对应于概念级。它是由数据库设计者综合所有用户的数据，按照统一的观点构造的全局逻辑结构，是对数据库中全部数据的逻辑结构和特征的总体描述，是所有用户的公共数据视图（全局视图）。概念模式处于三级模式结构的中间层，不涉及数据的物理存储细节和硬件环境，与具体的应用程序、所使用的系统开发工具无关。

概念模式是由DBMS提供的模式定义语言（模式DDL）定义的，体现并反映了数据库系统的整体观。

2. 外模式

外模式又称子模式或用户模式，对应于用户级。它是数据库用户所看到并允许使用的那部分局部数据的逻辑结构和特征的描述，是与某一应用有关的数据的逻辑表示，也是数据库用户的数据视图（用户视图）。

外模式是从模式导出的一个子集，包含模式中允许特定用户使用的那部分数据。由于不同用户的需求不同，所以不同用户对应的外模式的描述也就不同。

用户可以通过DBMS提供的外模式定义语言（外模式DDL）描述、定义对应于用户的数据记录（外模式），也可以利用数据操纵语言（DML）对这些数据记录进行操作。外模式反映了数据库的用户观。

3. 内模式

内模式又称存储模式，对应于物理级。它是数据库中全体数据的内部表示或底层描述，是数据库最低一级的逻辑描述，它描述了数据在存储介质上的存储方式和物理结构，对应着实际存储在外存储介质上的数据库。

内模式由 DBMS 提供的内模式定义语言（内模式 DDL）描述、定义，它是数据库的存储观。

在一个数据库系统中，只有唯一的数据库，因而作为定义、描述数据库存储结构的内模式和定义、描述数据库逻辑结构的概念模式，也是唯一的，但建立在数据库系统之上的应用则是非常广泛、多样的，所以对应的外模式不是唯一的，也不可能唯一。

4. 三级模式间的映射

数据库的三级模式是数据在三个级别（层次）上的抽象，使用户能够逻辑地、抽象地处理数据，而不必关心数据在计算机中的物理表示和存储方式，把数据的具体组织交给 DBMS 去完成。为了实现这三个抽象级别的联系和转换，DBMS 在三级模式之间提供了两级映射：概念模式-内模式映射、外模式-概念模式映射。正是这两级映射保证了数据库中的数据具有较高的物理独立性和逻辑独立性。

1）概念模式-内模式映射

数据库中的概念模式和内模式都只有一个，所以概念模式-内模式映射是唯一的。它确定了数据的全局逻辑结构与存储结构之间的对应关系。存储结构变化时，概念模式-内模式映射也发生相应的变化，使其概念模式仍保持不变，即把存储结构变化的影响限制在概念模式之下，这使数据的存储结构和存储方法独立于应用程序，通过映射功能保证数据存储结构的变化不影响数据的全局逻辑结构的改变，从而不必修改应用程序，即确保了数据的物理独立性。

2）外模式-概念模式映射

数据库中的同一概念模式可以有多个外模式，对于每一个外模式，都存在一个外模式-概念模式映射。它确定了数据的局部逻辑结构与全局逻辑结构之间的对应关系。当概念模式发生改变时（如需要增加新的数据项），使数据的总体逻辑结构改变，外模式-概念模式映射也发生相应的变化，这一映射功能保证了数据的局部逻辑结构不变（即外模式保持不变），由于应用程序是依据数据的局部逻辑结构编写的，所以应用程序不必修改，从而保证了数据与程序间的逻辑独立性。

1.3.3 数据库系统的特点

数据库系统的出现是计算机数据管理技术的重大进步，它克服了文件系统的缺陷，提供了对数据更高级、更有效的管理，具有以下特点。

1. 数据结构化

在文件系统中，文件的记录内部是有结构的。例如，学生数据文件的每个记录是由学号、姓名、性别、出生年月、籍贯、简历等数据项组成的。但这种结构只适用于特定的应用，对其他应用并不适用。

在数据库系统中，每一个数据库都是为某一应用领域服务的。例如，学校信息管理涉及多个方面的应用，包括对学生的学籍管理、课程管理、学生成绩管理等，还包括教工的人事管理、教学管理、科研管理、住房管理和工资管理等，这些应用彼此之间都有着密切的联系。因此在数据库系统中不仅要考虑某个应用的数据结构，还要考虑整个组织(即多个应用)的数据结构。这种数据组织方式使数据结构化了，这就要求在描述数据时不仅要描述数据本身，还要描述数据之间的联系。而在文件系统中，尽管其记录内部已有了某些结构，但记录之间没有联系。数据库系统实现整体数据的结构化，这是数据库的主要特点之一，也是数据库系统与文件系统的本质区别。

2. 数据共享性高、冗余度低

数据共享是指多个用户或应用程序可以访问同一个数据库中的数据，而且 DBMS 提供并发和协调机制，保证在多个应用程序同时访问、存取和操作数据库数据时，不产生任何冲突，从而保证数据不遭到破坏。

数据冗余既浪费存储空间，又容易产生数据的不一致。在文件系统中，由于每个应用程序都有自己的数据文件，所以数据存在着大量的重复。

数据库从全局观念来组织和存储数据，数据已经根据特定的数据模型结构化，在数据库中用户的逻辑数据文件和具体的物理数据文件不必一一对应，从而有效地节省了存储资源，减少了数据冗余，增强了数据的一致性。

3. 具有较高的数据独立性

数据独立性是指应用程序与数据库的数据结构之间相互独立。在数据库系统中，因为采用了数据库的三级模式结构，所以保证了数据库中数据的独立性。在数据存储结构改变时，不影响数据的全局逻辑结构，这样保证了数据的物理独立性。在全局逻辑结构改变时，不影响用户的局部逻辑结构以及应用程序，这样就保证了数据的逻辑独立性。

4. 有统一的数据控制功能

在数据库系统中，数据由 DBMS 进行统一控制和管理。DBMS 提供了一套有效的数据控制手段，包括数据安全性控制、数据完整性控制、数据库的并发控制和数据库的恢复等，增强了多用户环境下数据的安全性和一致性保护。

1.4 数据模型

数据库是现实世界中某种应用环境(一个单位或部门)所涉及的数据的集合，它不仅要反映数据本身的内容，而且要反映数据之间的联系。由于计算机不能直接处理现实世界中的具体事物，所以必须将这些具体事物转换成计算机能够处理的数据。在数据库技术中，用数据模型(Data Model)对现实世界中的数据进行抽象和表示。

1.4.1 数据模型的组成要素

一般而言，数据模型是一种形式化描述数据、数据之间的联系以及有关语义约束规则的方法，这些规则分为 3 个方面：描述实体静态特征的数据结构、描述实体动态特征的数据操作规则和描述实体语义要求的数据完整性约束规则。因此，数据结构、数据操作及数据的完整性约束也被称为数据模型的 3 个组成要素。

1. 数据结构

数据结构研究数据之间的组织形式(数据的逻辑结构)、数据的存储形式(数据的物理结构)以及数据对象的类型等。存储在数据库中的对象类型的集合是数据库的组成部分。例如在教学管理系统中,要管理的数据对象有学生、课程、选课等,在课程对象集中,每门课程包括课程号、课程名、学分等信息,这些基本信息描述了每门课程的特性,构成在数据库中存储的框架,即对象类型。

数据结构用于描述系统的静态特性,是刻画一个数据模型性质最重要的方面。因此,在数据库系统中,通常按照其数据结构的类型来命名数据模型。例如,层次结构、网状结构和关系结构的数据模型分别命名为层次模型、网状模型和关系模型。

2. 数据操作

数据操作用于描述系统的动态特性,是指对数据库中的各种数据所允许执行的操作的集合,包括操作及有关的操作规则。数据库主要有查询和更新(包括插入、删除、修改)两大类操作。数据模型必须定义这些操作的确切含义、操作符号、操作规则(如优先级)以及实现操作的语言。

3. 数据的完整性约束

数据的完整性约束是一组完整性规则的集合。完整性规则是给定的数据模型中数据及其联系所具有的约束和依存规则,用以限定符合数据模型的数据库状态以及状态的变化,以保证数据的正确、有效和相容。

数据模型应该反映和规定数据必须遵守的、基本的、通用的完整性约束。此外,数据模型还应该提供定义完整性约束条件的机制,以反映具体所涉及的数据必须遵守的、特定的语义约束条件。例如,在学生信息中的"性别"只能为"男"或"女";学生选课信息中的"课程号"的值必须取自学校已开设课程的课程号等。

1.4.2 数据抽象的过程

从现实世界中的客观事物到数据库中存储的数据是一个逐步抽象的过程,这个过程经历了现实世界、观念世界和机器世界3个阶段,对应于数据抽象的不同阶段采用不同的数据模型。首先将现实世界的事物及其联系抽象成观念世界的概念模型,然后再转换成机器世界的数据模型。概念模型并不依赖于具体的计算机系统,它不是DBMS所支持的数据模型,它是现实世界中客观事物的抽象表示。概念模型经过转换成为计算机上某一DBMS支持的数据模型。所以说,数据模型是对现实世界进行抽象和转换的结果,这一过程如图1-5所示。

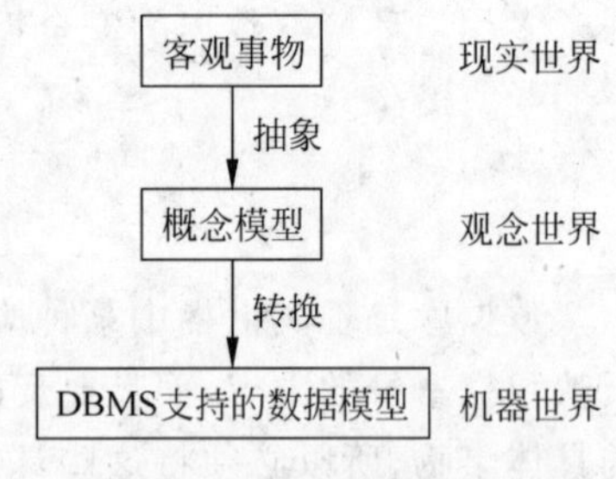

图1-5 数据抽象的过程

1. 对现实世界的抽象

现实世界就是客观存在的世界,其中存在着各种客观事物及其相互之间的联系,而且每个事物都有自己的特征或性质。计算机处理的对象是现实世界中的客观事物,在对其实施处理的过程中,首先应了解和熟悉现实世界,从对现实世界的调查和观察中抽象出大量描述客观事物的事实,再对这些事实进行整理、分类和规范,进而将规范化的事实数据化,最终实现由数据库系统存储和处理。

2. 观念世界中的概念模型

观念世界是对现实世界的一种抽象,通过对客观事物及其联系的抽象描述,构造出概念模型(Conceptual Model)。概念模型的特征是按用户需求观点对数据进行建模,表达了数据的全局逻辑结构,是系统用户对整个应用项目涉及的数据的全面描述。概念模型主要用于数据库设计,它独立于实现时的DBMS,也就是说选择何种DBMS,不会影响概念模型的设计。

概念模型的表示方法很多,目前较常用的是实体联系模型(Entity Relationship Model),简称E-R模型。E-R模型主要用E-R图表示。

3. 机器世界中的逻辑模型和物理模型

机器世界是指现实世界在计算机中的体现与反映。现实世界中的客观事物及其联系,在机器世界中以逻辑模型(Logical Model)描述。在选定DBMS后,就要将E-R图表示的概念模型转换为具体的DBMS支持的逻辑模型。逻辑模型的特征是按计算机实现的观点对数据进行建模,表达了数据库的全局逻辑结构,是设计人员对整个应用项目数据库的全面描述,逻辑模型服务于DBMS的应用实现。通常,也把数据的逻辑模型直接称为数据模型。数据库系统中主要的逻辑模型有层次模型、网状模型和关系模型。

物理模型(Physical Model)是对数据最低层的抽象,用以描述数据在物理存储介质上的组织结构,与具体的DBMS、操作系统和硬件有关。

从概念模型到逻辑模型的转换是由数据库设计人员完成的,从逻辑模型到物理模型的转换是由DBMS完成的,一般人员不必考虑物理实现细节,因而逻辑模型是数据库系统的基础,也是应用过程中要考虑的核心问题。

1.4.3 概念模型

当分析某种应用环境所需的数据时,总是首先找出涉及的实体及其实体之间的联系,进而得到概念模型,这是数据库设计的先导。

1. 实体与实体集

实体(Entity)是现实世界中任何可以相互区分和识别的事物,它可以是能触及的客观对象,例如,一位教师、一名学生、一种商品等,还可以是抽象的事件,例如,一场足球比赛、一次借书等。

性质相同的同类实体的集合称为实体集(Entity Set)。例如,一个系的所有教师,2010南非世界杯足球赛的全部64场比赛等。

2. 属性

每个实体肯定具有一定的特征或性质,这样才能区分一个个实体。如教师的编号、姓名、性别、职称等都是教师实体具有的特征,足球赛的比赛时间、地点、参赛队、比分、裁判姓名等都是足球赛实体的特征。实体的特征称为属性(Attribute),一个实体可用若干属性来刻画。

3. 类型与值

属性和实体都有类型(Type)和值(Value)之分。属性类型就是属性名及其取值类型,属性值就是属性所取的具体值。例如教师实体中的姓名属性,属性名"姓名"和取字符类型的值是属性类型,而"张伶俐"、"李木子"等是属性值。每个属性都有特定的取值范围,即值域(Domain),超出值域的属性值则认为无实际意义。例如"性别"属性的值域为(男,女),"职称"的值域为(助教,讲师,副教授,教授)等,由此可见,属性类型是个变量,属性值是变量所取的值,而值域是变量的取值范围。

实体类型(Entity Type)就是实体的结构描述,通常是实体名和属性名的集合;具有相同属性的实体,有相同的实体类型。实体值是一个具体的实体,是属性值的集合。例如,教师实体类型是:

教师(编号,姓名,性别,出生日期,职称,基本工资,研究方向)

教师"李木子"的实体值是:

(T6,李木子,男,09/21/65,教授,2750,数据库技术)

由上可见,属性值所组成的集合表征一个实体,相应的这些属性名的集合表征了一个实体类型,同类型的实体的集合称为实体集。

在 Access 中,用"表"表示同一类实体,即实体集,用"记录"表示一个具体的实体,用"字段"表示实体的属性。显然,字段的集合组成一个记录,记录的集合组成一个表。相应于实体类型,则代表了表的结构。

4. 实体间的联系

实体之间的对应关系称为联系,联系反映了现实世界事物之间的相互关联。例如,图书和出版社之间的关联关系为:一个出版社可出版多种书,同一种书只能在一个出版社出版。

实体间的联系是指一个实体集中可能出现的每一个实体与另一实体集中多少个具体实体存在联系。实体之间有各种各样的联系,归纳起来有 3 种类型。

(1) 一对一联系。如果对于实体集 A 中的每一个实体,实体集 B 中至多只有一个实体与之联系,反之亦然,则称实体集 A 与实体集 B 具有一对一联系,记为 1∶1,如图 1-6 所示。例如,一个工厂只有一个厂长,一个厂长只在一个工厂任职,厂长与工厂之间的联系是一对一的联系。

(2) 一对多联系。如果对于实体集 A 中的每一个实体,实体集 B 中可以有多个实体与之联系,反之,对于实体集 B 中的每一个实体,实体集 A 中至多只有一个实体与之联系,则称实体集 A 与实体集 B 有一对多的联系,记为 1∶n,如图 1-7 所示。例如,一个公司有许多职员,但一个职员只能在一个公司就职,所以公司和职员之间的联系是一对多的联系。

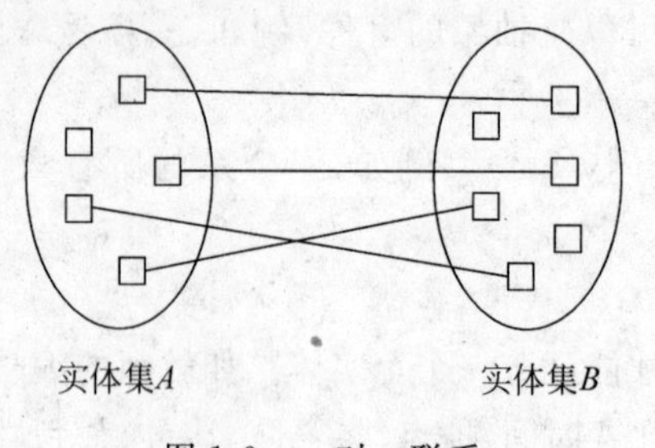

图 1-6　一对一联系

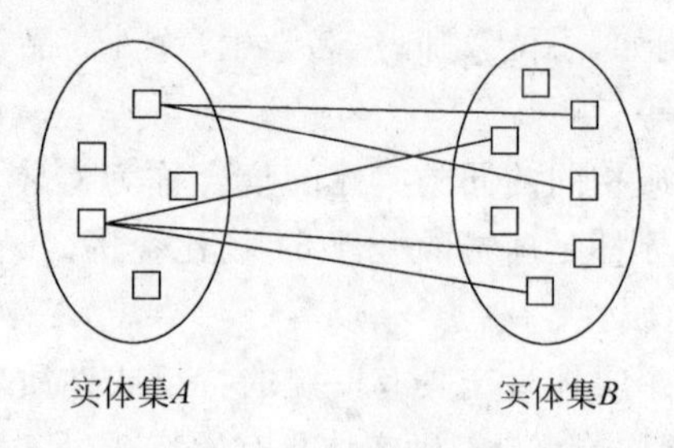

图 1-7　一对多联系

(3) 多对多联系。如果对于实体集 A 中的每一个实体,实体集 B 中可以有多个实体与之联系,而对于实体集 B 中的每一个实体,实体集 A 中也可以有多个实体与之联系,则称实体集 A 与实体集 B 之间有多对多的联系,记为 m∶n,如图 1-8 所示。例如,一个读者可以借阅多种图书,任何一种图书可以为多个读者借阅,所以读者和图书之间的联系是多对多的联系。

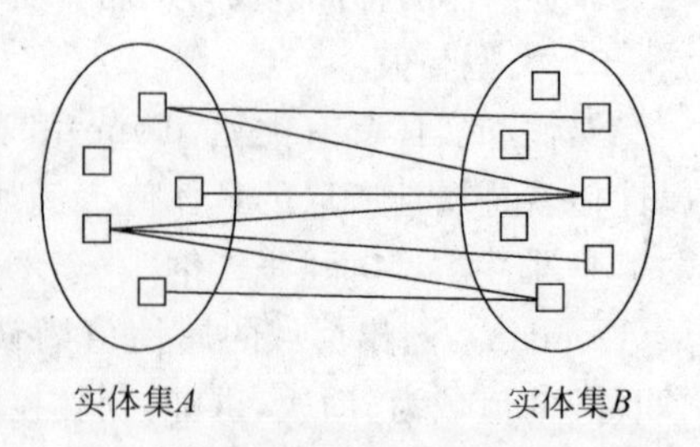

图 1-8　多对多联系

5. E-R 图

概念模型是反映实体之间联系的模型,数据库设计的重要任务就是确定概念数据库的具体描述。在建立概念模型时,实体要逐一命名以示区别,并描述它们之间的各种联系。E-R 图是用一种直观的图形方式建立现实世界中实体及其联系模型的工具,也是数据库设计的一种基本工具。用 E-R 模型表示的概念模型独立于具体的 DBMS 所支持的数据模型,它是各种数据模型的共同基础。

E-R 模型用矩形框表示现实世界中的实体,用菱形框表示实体间的联系,用椭圆形框表示实体和联系的属性,实体名、属性名和联系名分别写在相应框内。对于实体标识符的属性,在属性名下画一条横线。实体与相应的属性之间、联系与相应的属性之间用线段连接。联系与其涉及的实体之间也用线段连接,同时在线段旁标注联系的类型(1∶1、1∶n 或 m∶n)。

下面用 E-R 图表示某物资公司库存管理系统的概念模型。

库存管理涉及的实体有:

(1) 货物,包含货物号、名称、单价、规格等属性。

(2) 仓库,包含仓库号、名称、面积、地址等属性。

(3) 职工,包含职工号、姓名、出生日期、职务等属性。

(4) 供应商,包含供应商号、名称、电话号码、账号等属性。

这些实体之间的联系是:

(1) 一个仓库可以存放多种货物,一种货物也可以存放在多个仓库中。

(2) 一个仓库有多个职工当保管员,但一个职工只能在一个仓库工作。

(3) 一个供应商可以供应多种货物,一种货物也可以由不同的供应商供给。

联系也可以有自己的属性。例如,仓库和货物之间的"库存"联系可以有库存量属性,用来表示某种货物在某个仓库中的数量。供应商和货物之间的"供应"联系可以有供应量属性,用来表示供应商供应的某种货物的数量。

根据 E-R 图的表示方法,库存管理系统的 E-R 图如图 1-9 所示。

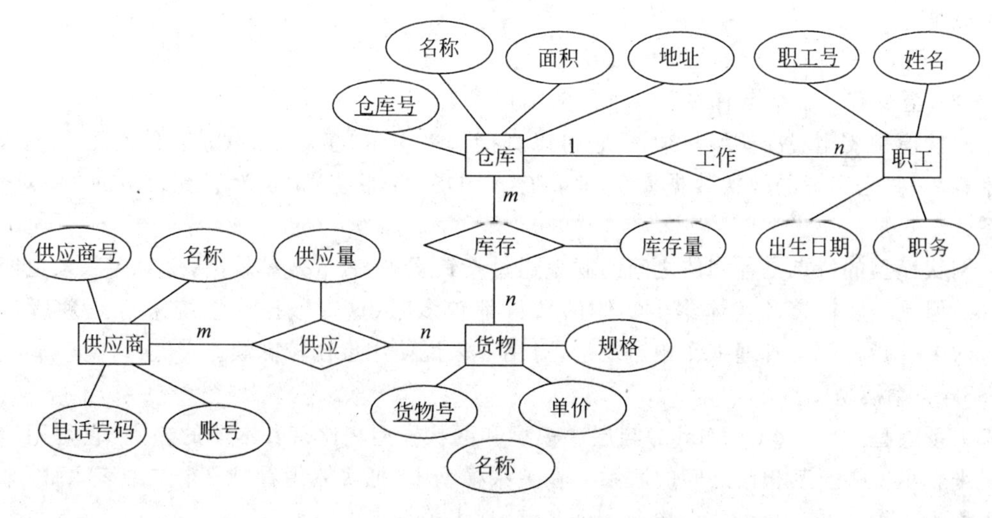

图 1-9 库存管理系统的 E-R 图

1.4.4 逻辑模型

E-R 模型只能说明实体间语义的联系，还不能进一步说明详细的数据结构。在进行数据库设计时，遇到实际问题总是先设计 E-R 模型，然后再把 E-R 模型转换成计算机能实现的数据模型，如关系模型。逻辑模型不同，描述和实现方法也不同，相应的支持软件即 DBMS 也不同。在数据库系统中，常用的逻辑模型有层次模型、网状模型和关系模型 3 种。

1. 层次模型

层次模型(Hierarchical Model)用树形结构来表示实体及其之间的联系。在这种模型中，数据被组织成由“根”开始的“树”，每个实体由根开始沿着不同的分支放在不同的层次上。树中的每一个结点代表一个实体型，连线则表示它们之间的关系。根据树形结构的特点，建立数据的层次模型需要满足如下两个条件。

(1) 有一个结点没有父结点，这个结点即根结点。

(2) 其他结点有且仅有一个父结点。

事实上，许多实体间的联系本身就是自然的层次关系。如一个单位的行政机构、一个家庭的世代关系等。

层次模型的特点是各实体之间的联系通过指针来实现，查询效率较高。但由于受到如上所述的两个条件的限制，它可以比较方便地表示出一对一和一对多的实体联系，而不能直接表示出多对多的实体联系，对于多对多的联系，必须先将其分解为几个一对多的联系，才能表示出来。因而，对于复杂的数据关系，实现起来较为麻烦，这就是层次模型的局限性。

采用层次模型来设计的数据库称为层次数据库。层次模型的数据库管理系统是最早出现的，它的典型代表是 IBM 公司在 1968 年推出的 IMS(Information Management System)，这是世界上最早出现的大型数据库系统。

2. 网状模型

网状模型(Network Model)用以实体型为结点的有向图表示各实体及其之间的联系。其特点是：

(1) 可以有一个以上的结点无父结点。

(2) 至少有一个结点有多于一个的父结点。

网状模型要比层次模型复杂，但它可以直接用来表示“多对多”联系。然而由于技术上的困难，一些已实现的网状数据库管理系统(如 DBTG 系统)中仍然只允许处理“一对多”联系。

网状模型的特点是各实体之间的联系通过指针实现，查询效率较高，多对多联系也容易实现。但是当实体集和实体集中实体的数目都较多时(这对数据库系统来说是理所当然的)，众多的指针使得管理工作相当复杂，对用户来说使用也比较麻烦。

3. 关系模型

关系模型(Relational Model)与层次模型和网状模型相比有着本质的差别，它是用二维表格来表示实体及其相互之间的联系。在关系模型中，把实体集看成一个二维表，每一个二维表称为一个关系。每个关系均有一个名字，称为关系名。

关系模型是由若干个关系模式(Relational Schema)组成的集合，关系模式就相当于前面提到的记录类型，它的实例称为关系(Relation)。设有教师关系模式：教师(编号，姓名，性别,出生日期,职称,基本工资,研究方向),其关系实例如表 1-1 所示。

表 1-1 教师关系

编号	姓名	性别	出生日期	职称	基本工资	研究方向
T1	张伶俐	女	09/24/56	教授	3200	软件工程
T2	罗佳旺	男	11/27/73	讲师	1960	数据库技术
T3	黎达仁	男	12/23/81	助教	1450	网络技术
T4	顾秋高	男	01/27/63	副教授	2100	信息系统
T5	黄丹浩	女	07/15/79	助教	1600	信息安全
T6	李木子	男	09/21/65	教授	2750	数据库技术

一个关系就是没有重复行和重复列的二维表,二维表的每一行在关系中称为元组,每一列在关系中称为属性。教师关系的每一行代表一个教师的记录,每一列代表教师记录的一个字段。

虽然关系模型比层次模型和网状模型出现得晚,但它数据结构简单、容易理解,而且它建立在严格的数学理论基础上,所以是目前比较流行的一种数据模型。自 20 世纪 80 年代以来,新推出的数据库管理系统几乎都支持关系模型。本书讨论的 Access 2007 就是一种关系数据库管理系统。

1.5 数据库新技术

数据库技术的发展先后经历了层次数据库、网状数据库和关系数据库。层次数据库和网状数据库可以看作是第一代数据库系统,关系数据库可以看作是第二代数据库系统。自 20 世纪 70 年代提出关系数据模型和关系数据库后,数据库技术得到了蓬勃发展,应用也越来越广泛。但随着应用的不断深入,占主导地位的关系数据库系统已不能满足新的应用领域的需求。例如,在实际应用中,除了需要处理数字、字符数据的简单应用之外,还需要存储并检索复杂的复合数据(如集合、数组、结构等)、多媒体数据、计算机辅助设计绘制的工程图纸和 GIS(地理信息系统)提供的空间数据等。对于这些复杂数据,关系数据库无法实现对它们的管理。正是实际中涌现出的许多问题,促使数据库技术不断向前发展,涌现出许多不同类型的新型数据库系统。

1.5.1 分布式数据库

分布式数据库系统(Distributed Database System,DDBS)是在集中式数据库基础上发展起来的,是数据库技术与计算机网络技术、分布式处理技术相结合的产物。分布式数据库系统是地理上分布在计算机网络的不同结点,逻辑上属于同一系统的数据库系统,它不同于将数据存储在服务器上供用户共享存取的网络数据库系统。分布式数据库系统不仅能支持局部应用,存取本地结点或另一结点的数据,而且能支持全局应用,同时存取两个或两个以上结点的数据。

分布式数据库的主要特点如下:

(1) 数据是分布的。数据库中的数据分布在计算机网络的不同结点上,而不是集中在一个结点,区别于数据存放在服务器上由各用户共享的网络数据库系统。

(2) 数据是逻辑相关的。分布在不同结点的数据逻辑上属于同一数据库系统,数据间存在相互关联,区别于由计算机网络连接的多个独立数据库系统。

(3) 结点的自治性。每个结点都有自己的计算机软、硬件资源、数据库和数据库管理系统,因而能够独立地管理局部数据库。局部数据库中的数据可以仅供本结点用户存取使用,也可供其他结点上的用户存取使用,提供全局应用。

中国铁路客票发售和预订系统是一个典型的分布式数据库应用系统。系统中建立了一个全路中心数据库和23个地区数据库,如图1-10所示。

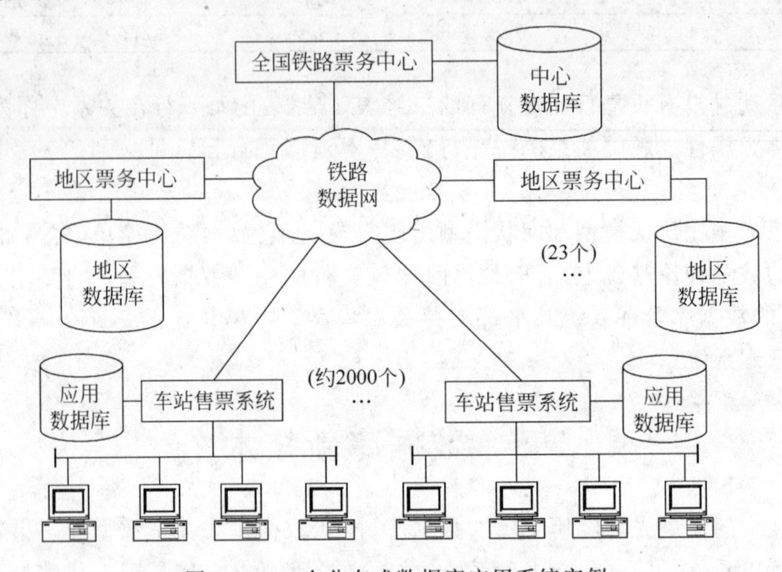

图1-10　一个分布式数据库应用系统实例

系统由中央级、地区级和车站级3层结构组成,包括全国票务中心管理系统、地区票务中心管理系统和车站电子售票系统。在全路票务中心内安装中央数据库,这一系统主要用于计划与调度全系统的数据,并接收下一系统的统计数据和财务结算数据。在地区票务中心设有地区数据库,它主要用于计划与调度本地区数据,并可响应异地购票请求。系统的基础部分是车站售票系统,它主要具有售票、预订、退票、异地售票、统计等多种功能。中国铁路客票发售和预订系统实现了计算机联网售票,以及制票、售票、结算和统计的计算机管理,为铁路客户服务提供了有效的调控手段,标志着中国铁路客户服务已走向现代化。

1.5.2　多媒体数据库

多媒体数据库系统(Multimedia Database System,MDBS)是数据库技术与多媒体技术相结合的产物。随着信息技术的发展,数据库应用从传统的企业信息管理扩展到计算机辅助设计(Computer Aided Design,CAD)、计算机辅助制造(Computer Aided Manufacturing,CAM)、办公自动化(Office Automation,OA)、人工智能(Artificial Intelligence,AI)等多种应用领域。这些领域中要求处理的数据不仅包括传统的数字、字符等格式化数据,还包括大量多种媒体形式的非格式化数据,如图形、图像、声音等。这种能存储和管理多种媒体的数据库称为多媒体数据库。

多媒体数据库及其操作与传统格式化数据库的结构和操作有很大差别。现有数据库管理系统无论从模型的语义描述能力、系统功能、数据操作，还是存储管理、存储方法上都不能适应这些复杂对象的处理要求。综合程序设计语言、人工智能和数据库领域的研究成果，设计支持多媒体数据管理的数据库管理系统已成为数据库领域中一个新的重要研究方向。

在多媒体信息管理环境中，不仅数据本身的结构和存储形式各不相同，而且不同领域对数据处理的要求也比一般事务管理复杂得多，因而对数据库管理系统提出了更高的功能要求。这些要求可概括为以下几个方面。

(1) 要求数据库管理系统能方便地描述和处理具有内部层次结构的数据。在多媒体信息管理中，实体的属性可能又是一个实体。应用环境要求在高一级抽象层次上将这样的实体当作一个整体，施加某些操作；而在低一级抽象层上作为属性的实体也应作为一个整体。多媒体数据库管理系统应能提供对这种实体间联系的描述和处理结构。

(2) 要求数据库管理系统提供由用户定义的新的数据类型和相应操作的功能。在多媒体信息管理中，随时可能增加多媒体处理设备和新的处理要求，这要求不断增加新的数据类型和新的操作。传统数据库管理系统无此功能。

(3) 要求数据库管理系统能够提供更灵活的定义和修改模式的能力。

(4) 要求数据库管理系统提供对多媒体信息管理中特殊的事务管理与版本控制能力。

1.5.3 工程数据库

工程数据库是数据库领域内另一有着广泛应用前景和巨大经济效益的分支，近些年对它的研究十分活跃。

所谓工程数据库是指在工程设计中，主要是CAD/CAM中所用到的数据库。由于在工程中的环境和要求不同，工程数据库与传统的信息管理中用到的数据库有着很大的区别。

在工程设计中有着大量的数据和信息要保存和处理，例如零件的设计模型、图纸上的各种数据、材料、工差、精度、版本等各种信息需要保存、管理和检索，管理这些信息最好的技术自然是数据库。

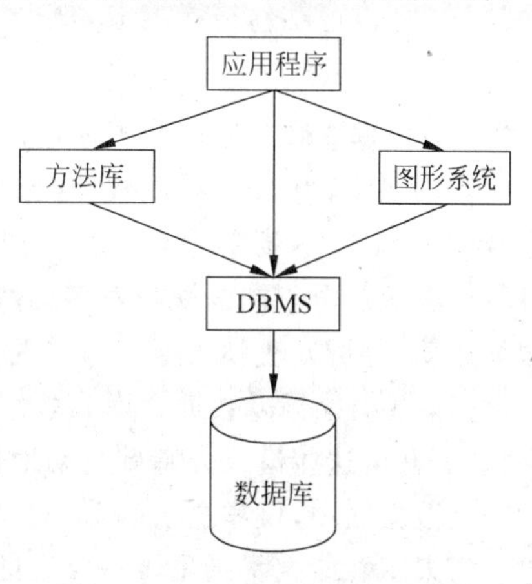

图 1-11　工程数据库的应用环境

一个CAD系统主要包括4大软件模块：DBMS、方法库、图形系统和应用程序。图1-11所示是工程数据库的应用环境。可以看出，在CAD系统中任一操作都离不开数据库。无论是交互设计、分析、绘图或数据控制信息的输出，所有这些工作都建立在这个公共数据库上。数据库是CAD系统的核心，是CAD系统的信息源，是连接CAD应用程序、方法库及图形处理系统的桥梁。在工程数据库中，存放着各用户的设计资料、原始资料、规程、规范、曲面设计、标准图纸及各种手册数据。

1.5.4 面向对象数据库

面向对象数据库系统(Object-Oriented Database System，OODBS)是将面向对象的模型、方法和机制，与先进的数据库技术有机地结合而形成的新型数据库系统。它的基本设计思想是，一方面，将面向对象技术应用到数据库系统中，使数据库管理系统能够支持面向对象的数据模型和数据库模式，从而提高数据库系统模拟和操纵客观世界的能力，扩大数据库的应用领域；另一方面，将面向对象技术应用到数据库的集成开发环境中，使数据库应用开发工具能够支持面向对象的开发方法并提供相应的开发手段，从而提高应用开发的质量和效率。

一个面向对象的数据库系统应满足两个标准：

(1) 它是一个数据库系统，具备数据库系统的基本功能。

(2) 它是一个面向对象的系统，充分支持完整的面向对象概念和机制。

由此，可将面向对象数据库系统描述为：

面向对象数据库＝面向对象系统＋数据库系统

1.5.5 数据仓库

随着数据库应用的规模和范围的不断扩大，一般的事务处理已不能满足应用的需要，企业界需要在大量数据基础上的决策支持，数据仓库(Data Warehouse，DW)技术的兴起满足了这一需求。数据仓库作为决策支持系统(Decision Support System，DSS)的有效解决方案，涉及3方面的技术内容：数据仓库技术、联机分析处理(On-Line Analysis Processing，OLAP)技术和数据挖掘(Data Mining，DM)技术。

数据仓库、OLAP和数据挖掘是作为3种独立的信息处理技术出现的。数据仓库用于数据的存储和组织，OLAP集中于数据的分析，数据挖掘则致力于知识的自动发现。它们都可以分别应用到信息系统的设计和实现中，以提高相应部分的处理能力。但是，由于这3种技术内在的联系性和互补性，将它们结合起来即是一种新的DSS架构。这一架构以数据库中的大量数据为基础，系统由数据驱动。其特点如下：

(1) 在底层的数据库中保存了大量的事务级细节数据，这些数据是整个DSS系统的数据来源。

(2) 数据仓库对底层数据库中的事务级数据进行集成、转换、综合，重新组织成面向全局的数据视图，为DSS提供数据存储和组织的基础。

(3) OLAP从数据仓库中的集成数据出发，构建面向分析的多维数据模型，再使用多维分析方法从多个不同的视角对多维数据进行分析、比较，分析活动从以前的方法驱动转向了数据驱动，分析方法和数据结构实现了分离。

(4) 数据挖掘以数据仓库和多维数据库中的大量数据为基础，自动地发现数据中的潜在模式，并以这些模式为基础自动地作出预测。数据挖掘表明知识就隐藏在日常积累下来的大量数据之中，仅靠复杂的算法和推理并不能发现知识，数据才是知识的真正源泉。数据挖掘为人工智能技术指出了一条新的发展道路。

本章小结

本章围绕数据库系统的基本概念与基础知识而展开。通过本章的学习，要掌握数据处理与数据管理的概念、数据管理技术的发展、数据库的概念、数据库系统的组成及其分层结构模型、数据模型的概念等内容。

(1) 数据处理是指将数据转换成信息的过程，数据管理是指数据的收集、组织、存储、检索和维护等操作，这些操作是数据处理的中心环节。数据管理技术经历了人工管理、文件管理和数据库管理3个发展阶段。数据库管理是在文件管理的基础上发展起来的，实现了大量关联数据有组织的存储，与文件管理的重要区别是数据的充分共享以及数据与应用程序的较高独立性。

(2) 数据库是存储在计算机内的、有组织的并且可共享的数据集合；数据库管理系统是一个软件，用以维护数据库、接受并完成用户对数据库的一切操作；数据库系统指由硬件设备、软件系统、数据库和管理人员构成的一个运行系统。

(3) 从用户到数据库之间，数据库的数据结构经历了外模式、概念模式和内模式3个层次。这个结构把数据的具体组织留给DBMS去做，用户只需抽象地处理逻辑数据，而不必关心数据在计算机中的存储，减轻了用户使用系统的负担。由于3层模式结构之间往往差别很大，存在着两级映射，因此使数据库系统具有较高的数据独立性：数据物理独立性和数据逻辑独立性。数据独立性是指在某个层次上修改模式而不影响较高一层模式的能力。

(4) 数据模型是对现实世界进行抽象的工具，用于描述现实世界的数据、数据联系、数据语义和数据约束等方面内容。从现实世界的事物到数据库存储的数据以及用户使用的数据，这是一个逐步抽象的过程。在抽象的不同阶段，采用不同的数据模型。概念模型是对现实世界的抽象，是一种高层的数据模型；逻辑模型是用某种DBMS软件对数据库管理的数据的描述；物理模型是对逻辑模型的物理实现。

(5) 概念模型的代表是E-R模型。在E-R模型中，现实世界被划分成一个个实体，由属性来描述实体的性质。除了实体和属性外，构成E-R模型的第三个要素是联系。实体之间通过联系相互作用和关联。实体间的联系有3种：一对一(1∶1)、一对多(1∶n)和多对多(m∶n)。

(6) 逻辑模型有层次、网状和关系3种，其中层次和网状模型已成为历史，关系模型是当今的主流模型。数据库设计的目标就是设计一个好的逻辑数据模型，以反映应用环境的业务对象及信息流程，并以最佳的方式为用户提供访问数据库的逻辑接口。

(7) 数据库系统在不断发展之中，目前涌现出了许多不同类型的新型数据库系统，如分布式数据库、多媒体数据库、工程数据库、面向对象数据库和数据仓库等，这些都是数据库领域很重要的研究方向。

习 题 1

1. 选择题

(1) 数据库(DB)、数据库系统(DBS)、数据库管理系统(DBMS)三者之间的关系是(　　)。

A. DBS包括DB和DBMS　　B. DBMS包括DB和DBS
C. DB包括DBS和DBMS　　D. DBS就是DB，也就是DBMS

(2) 建立数据库系统的主要目标是减少数据冗余，提高数据的独立性，并集中检查(　　)。

A. 数据操作性　　B. 数据兼容性　　C. 数据完整性　　D. 数据可维护性

(3) 从广义的角度看,数据库系统应该由(　　)组成。

A. 数据库、硬件、软件和人员　　B. 数据库、硬件、数据库管理系统和软件

C. 数据库、软件和人员　　D. 数据库、数据库管理系统和人员

(4) 在某商场的部门和商品两个实体集之间,假设每个部门负责销售若干种商品,每种商品只能由一个部门负责销售,那么部门和商品之间存在着(　　)的联系。

A. 1∶1　　B. 1∶n　　C. m∶k　　D. m∶n

(5) 对于"关系"的描述,正确的是(　　)。

A. 同一个关系中允许有完全相同的元组

B. 同一个关系中元组必须按关键字升序存放

C. 在一个关系中必须将关键字作为该关系的第一个属性

D. 同一个关系中不能出现相同的属性名

(6) E-R 图用于描述数据库的(　　)。

A. 概念模型　　B. 数据模型　　C. 物理模型　　D. 逻辑模型

(7) 关系模型的基本数据结构是(　　)。

A. 树　　B. 图　　C. 环　　D. 二维表格

(8) 数据库系统实现数据独立性是因为采用了(　　)。

A. 层次模型　　B. 网状模型　　C. 关系模型　　D. 三级模式结构

2. 填空题

(1) 数据是表示信息的________,信息是数据所包含的________。

(2) 数据库是存储在计算机内的、有组织的并且可共享的________。

(3) 支持数据库各种操作的软件系统叫________。

(4) 由计算机硬件、操作系统、DBMS、数据库、应用程序及有关人员等组成的一个整体叫________。

(5) 数据库常用的逻辑数据模型是________、________、________,Access 属于________。

3. 问答题

(1) 数据库管理与文件管理相比,有哪些优点?

(2) 什么是数据库、数据库管理系统以及数据库系统?它们之间有什么联系?

(3) 实体之间的联系有哪几种?分别举例说明。

(4) 什么是数据独立性?在数据库系统中,如何保证数据的独立性?

(5) 什么是数据模型?目前数据库的逻辑模型主要有哪几种?它们各有何特点?

4. 应用题

一个图书借阅管理系统要求提供下列服务:

(1) 可以随时查询书库中现有书籍的品种、数量与存放位置。所有书籍均由书号唯一标识。

(2) 可以随时查询书籍借还情况,包括借书人姓名、单位、借书日期、应还日期。系统约定,任何人可以借多种图书,任何一种图书可为多个人所借,借书证号具有唯一性。

(3) 当需要时,可以通过系统中保存的出版社的电话、E-mail、通信地址及邮政编码等信息向出版社购买有关书籍。系统约定,一个出版社可以出版多种图书,同一种图书仅为一个出版社出版,出版社名具有唯一性。

根据上述假设,构造满足系统需求的 E-R 图。

第2章 关系数据库基本原理

关系数据库就是采用关系模型描述的数据库。直观地讲，这里的“关系”是一个二维表格，而从关系数据库原理角度，“关系”是一个严格的集合论术语，由此形成了关系数据库的理论基础。正因为关系数据库有严格的理论作为指导，且数据结构简单，为用户提供了较为全面的操作支持，所以关系数据库成为当今数据库应用的主流。本章以如何设计和建立一个合理的数据库为出发点，介绍关系数据库的基本原理，包括关系模型的基本概念、关系运算、关系数据库的规范化理论以及数据库的设计方法等内容。

2.1 关系模型的基本概念

关系模型采用人们熟悉的二维表格描述实体及实体之间的联系，一经问世，即赢得了用户的广泛青睐和数据库开发商的积极支持，迅速成为继层次、网状数据模型后一种崭新的数据模型，并后来居上，在数据库技术领域占据统治地位，目前流行的数据库管理系统几乎都支持关系模型。

2.1.1 关系模型的发展

1970 年 6 月，美国 IBM 公司 San Jose 实验室的研究员 E. F. Codd 发表了《大型共享数据库数据的关系模型》(A Relational Model of Data for Large Shared Data Banks)一文，首次提出了关系模型的概念，从而开创了关系数据库方法和关系数据库理论，为关系数据库技术奠定了理论基础。由于 E. F. Codd 的杰出贡献，他于 1981 年获得了 ACM 图灵奖。

20 世纪 70 年代是关系数据库理论研究和原型系统开发的时代，其中以 IBM San Jose 实验室开发的 System R 和美国加利福尼亚大学伯克立分校(University of California, Berkeley)研制的 Ingres 为典型代表。经过大量的高层次研究和开发，关系数据库系统的研究取得了一系列研究成果，主要包括：

(1) 奠定了关系模型的理论基础，给出了关系模型的规范说明。

(2) 提出了关系数据语言，如关系代数、关系演算、SQL 语言、QBE 等。这些描述性语言一改以往程序设计语言和网状、层次数据库语言的面向过程的风格，以其易学易懂的优点得到了最终用户的欢迎，为 20 世纪 80 年代数据库语言标准化打下了基础。

(3) 研制了大量的关系数据库系统原型，攻克了系统实现中查询优化、并发控制、故障恢复等一系列关键技术。这不仅大大丰富了数据库管理系统实现技术和数据库理论，更重要的是促进了关系数据库系统产品的蓬勃发展和广泛应用。

20 世纪 70 年代后期，关系数据库系统从实验室走向了社会。因此，在计算机领域中把

20世纪70年代称为关系数据库时代，在20世纪80年代几乎所有新开发的数据库系统均是关系型的。这些数据库系统的运行，使数据库技术日益广泛地应用到企业管理、情报检索、辅助决策等各个方面，成为信息系统和计算机应用系统的重要基础。

2.1.2 关系模型的数据结构

关系模型的数据结构是满足一定条件的一组二维表格，该组表格可能只有一个表格，更多的时候是有关联的多个表格组成的表格集合，表2-1～表2-3是某公司人事数据库的简化版本，从中可以对关系模型的概念与方法获得一个感性的了解。

表 2-1 某公司部门设置表

部门代码	部门名称	部门代码	部门名称
D0001	总经理办	D0003	销售部
D0002	市场部	D0004	仓储部

表 2-2 某公司员工表

员工代码	姓名	部门代码	性别	住址
E0001	钱达理	D0001	男	东风路78号
E0002	东方牧	D0001	男	五一东路25号
E0003	郭文斌	D0002	男	公司集体宿舍
E0004	肖海燕	D0003	女	公司集体宿舍
E0005	张明华	D0004	男	韶山北路55号

表 2-3 表的连接示例

部门代码	部门名称	员工代码	姓名	性别	住址
D0001	总经理办	E0001	钱达理	男	东风路78号
D0001	总经理办	E0002	东方牧	男	五一东路25号
D0002	市场部	E0003	郭文斌	男	公司集体宿舍
D0003	销售部	E0004	肖海燕	女	公司集体宿舍
D0004	仓储部	E0005	张明华	男	韶山北路55号

表2-1描述了某个公司现有的4个部门，其部门代码设计为5位字母数字组合，显然，部门代码是不能重复的，为此，要求该表中的部门代码一栏数据既不能重复，也不能为空，这种要求称为关系的约束。表2-2描述了该公司的员工，同时也描述了员工与部门之间的联系，如钱达理是总经理办的职工。与表2-1一样，表2-2也要求其数据满足一定条件，如员工代码栏数据不允许重复，不能为空，性别栏只能出现“男”或“女”两种数据，不允许为其他情况，并且，表2-2中的部门编号数据必须在表2-1中有说明，如在表2-2中出现一个D0011的部门代码，就无法通过查询表2-1而得知D0011代表哪个部门，这是不允许的。

前面说表2-2描述了“钱达理是总经理办的职工”，实际上表2-2只描述了钱达理所在的部门编号是D0001，只有同时查询表2-1才能知道D0001就是“总经理办”，这产生了一些不便，于是人们设想将两个表进行综合，使所要查询的信息在一个表中能够一目了然，这就有了表2-3，将表2-1与表2-2综合成为表2-3的过程称为关系的连接。

在上述实例中，表 2-1 与表 2-2 的表头称为某公司人事数据库的关系模式，也就是相当于记录类型，是对数据特性的描述，在数据库中又表现为一个表的结构。关系模型是由若干个关系模式组成的集合。

关系实际上就是关系模式在某一时刻的状态或内容。也就是说，关系模式是类型，关系是它的值。关系模式是静态的、稳定的（当然也可以随应用要求和实体特征的变化而进行修改），而关系是动态的、随时间不断变化的，因为关系操作在不断地更新着数据库中的数据。但在实际应用中，常常把关系模式和关系统称为关系，一般可以从上下文中加以区别。

为描述方便，常使用下面的方法描述关系模式的数据结构：

部门（部门代码，部门名称）
员工（员工代码，姓名，部门代码，性别，住址）

2.1.3 关系模型的基本术语

关系模型的基本数据结构是关系，即平时所说的二维表格，在 E-R 模型中对应于实体集，而在数据库中关系又对应于表或数据表，因此二维表格、实体集、关系、表指的是同一概念，只是使用的场合不同而已。针对不同的场合有关术语的对应关系如图 2-1 所示。

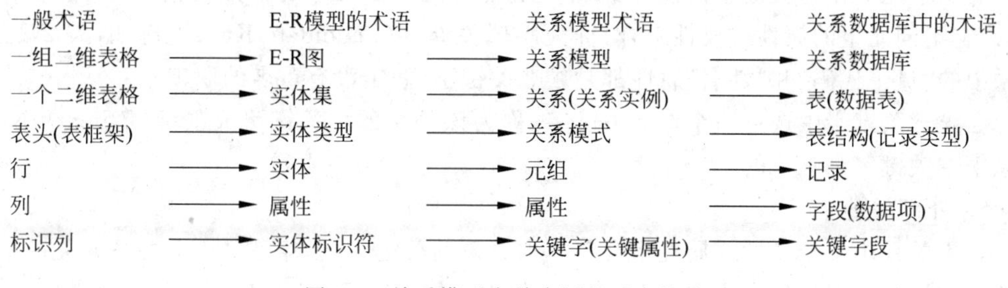

图 2-1 关系模型有关术语的对应关系

1. 关系

通常将一个没有重复行、重复列，并且每个行列的交叉点只有一个基本数据的二维表格看成一个关系。二维表格包括表头和表中的内容，相应地，关系包括关系模式和记录的值，表包括表结构（记录类型）和表的记录，而满足一定条件的规范化关系的集合，就构成了关系模型。

2. 元组

二维表格的每一行在关系中称为元组（Tuple），相当于表的一个记录（Record）。一行描述了现实世界中的一个实体。如在表 2-2 中，每行描述了一个员工的基本信息。在关系数据库中，行是不能重复的，即不允许两行的全部元素完全对应相同。

3. 属性

二维表格的每一列在关系中称为属性（Attribute），相当于记录中的一个字段（Field）或数据项。每个属性有一个属性名，一个属性在其每个元组上的值称为属性值，因此，一个属性包括多个属性值，只有在指定元组的情况下，属性值才是确定的。同时，每个属性有一定的取值范围，称为该属性的值域，如表 2-2 中的第 4 列，属性名是“性别”，取值是“男”或

“女”,不是“男”或“女”的数据应被拒绝存入该数据表,这就是数据约束条件。该属性第一个元组的属性值是“男”。同样,在关系数据库中,列是不能重复的,即关系的属性不允许重复。

属性必须是原子的,即属性是一个基本的数据项,不能是几个数据的组合项。

有了属性概念后,可以这样定义关系模式和关系模型:关系模式是属性名及属性值域的集合,关系模型是一组相互关联的关系模式的集合。

4. 关键字

关系中能唯一区分、确定不同元组的单个属性或属性组合,称为该关系的一个关键字。关键字又称为键或码(Key)。单个属性组成的关键字称为单关键字,多个属性组合的关键字称为组合关键字。需要强调的是,关键字的属性值不能取“空值”。所谓空值就是“不知道”或“不确定”的值,因为空值无法唯一地区分、确定元组。

在表 2-2 所示的关系中,“性别”属性无疑不能充当关键字,“部门代码”和“部门名称”属性也不能充当关键字,从该关系现有的数据分析,“员工代码”和“姓名”属性均可单独作为关键字,但“员工代码”作为关键字会更好一些,因为一个大型公司中经常会有员工重名的现象,而员工代码是不会相同的。这也说明,某个属性能否作为关键字,不能仅凭对现有数据进行归纳确定,还应根据该属性的取值范围进行分析判断。

关系中能够作为关键字的属性或属性组合可能不是唯一的。凡在关系中能够唯一区分、确定不同元组的属性或属性组合,称为候选关键字(Candidate Key)。例如,表 2-2 所示关系中的“员工代码”和“姓名”属性都是候选关键字(假定没有重名的职工)。

在候选关键字中选定一个作为关键字,称为该关系的主关键字或主键(Primary Key)。关系中主关键字是唯一的。

5. 外部关键字

如果关系中某个属性或属性组合并非本关系的关键字,但却是另一个关系的关键字,则称这样的属性或属性组合为本关系的外部关键字或外键(Foreign Key)。在关系数据库中,用外部关键字表示两个表之间的联系。如表 2-2 所示关系中的“部门代码”属性就是一个外部关键字,该属性是表 2-1 所示关系的关键字,该外部关键字描述了员工和部门两个实体之间的联系。

2.1.4 关系的性质与关系模型的优点

尽管关系与二维表格、传统的数据文件有相似之处,但它们之间又有着重要的区别。严格地说,关系是一种规范化了的二维表格。

1. 关系的性质

在关系模型中,对关系作了种种规范性限制,关系具有以下性质。

(1) 关系必须规范化,属性不可再分割。规范化是指关系模型中每个关系模式都必须满足一定的要求,最基本的要求是关系必须是一个二维表格,每个属性值必须是不可分割的最小数据单元,即表中不能再包含表。表 2-4 所示为不能直接作为关系的表格示例。因为该表的教师职称分布一列有 4 个子列,这与每个属性不可再分割的要求不符。只要去掉教师职称分布项,而将教授、副教授、讲师和助教等不同职称的人数直接作为基本的数据项就可以了。

表 2-4　不能直接作为关系的表格示例

单　位	教师职称分布			
	教授人数	副教授人数	讲师人数	助教人数
计算机系	4	11	15	13
自动化系	5	14	20	11
电子工程系	3	9	16	9

(2) 在同一关系中不允许出现相同的属性名。

(3) 关系中不允许有完全相同的元组。

(4) 在同一关系中元组的次序无关紧要。也就是说,任意交换两行的位置并不影响数据的实际含义。

(5) 在同一关系中属性的次序无关紧要。任意交换两列的位置也并不影响数据的实际含义,不会改变关系模式。

以上是关系的基本性质,也是衡量一个二维表格是否构成关系的基本要素。在这些基本要素中,属性不可再分割是关键。

2. 关系模型的优点

与其他模型相比,关系模型具有以下优点。

(1) 数据结构单一。在关系模型中,不管是实体还是实体之间的联系,都用关系表示,而关系都对应一个二维表格,数据结构简单、清晰。

(2) 关系规范化,并建立在严格的理论基础上。关系中每个属性不可再分割,构成关系的基本规范。同时关系是建立在严格的数学概念基础上,具有坚实的理论基础。

(3) 概念简单,操作方便。关系模型最大的优点就是简单,用户容易理解和掌握,一个关系就是一个二维表格,用户只需用简单的查询语言就能对数据库进行操作。

2.2　关系模型的完整性约束

为了防止不符合规范的数据进入数据库,DBMS 一般提供了一种对数据的监测控制机制,这种机制允许用户按照具体应用环境定义自己的数据有效性和相容性条件,在对数据进行插入、删除、修改等操作时,DBMS 自动按照用户定义的条件对数据实施监测,使不符合条件的数据不能进入数据库,以确保数据库中存储的数据正确、有效、相容,这种监测控制机制称为数据完整性保护,用户定义的条件称为完整性约束条件。在关系模型中,数据完整性包括实体完整性(Entity Integrity)、参照完整性(Referential Integrity)及用户定义完整性(User-defined Integrity)3 种。

1. 实体完整性

所谓实体完整性,就是一个关系模型中的所有元组均是唯一的,没有两个完全相同的元组,也就是一个二维表中没有两个完全相同的行,因此实体完整性也称为行完整性。一般来说,元组对应现实世界的一个实体,所以称这种约束为实体完整性约束。

一般 DBMS 实现数据完整性保护的方法是:数据库的关键字一定要输入一个有效值,不能为空,并且不允许两个元组的关键字值相同。

2. 参照完整性

当一个数据表中有外部关键字(即该列是另外一个表的关键字)时,外部关键字列的所有数据,都必须出现在其所对应的表中,这就是参照完整性的含义。如表2-2中,"部门代码"是一个外部关键字,它是表2-1所示关系的关键字(通常称表2-1为主表,表2-2为从表),所以,在表2-2中,输入或修改后的每一个员工的部门代码值都必须在表2-1中已经存在,否则将不被接受。其作用一般有如下3个方面:

(1) 禁止在从表中插入主表中不存在的关键字的数据行。

(2) 禁止会导致从表中的相应值孤立的主表中外部关键字值的修改。

(3) 禁止删除与从表中有对应记录的主表记录。

参照完整性约束保证了两个有关联的表的相互连接的正确性。

3. 用户定义完整性

除了上述两种数据约束关系外,DBMS还允许用户定义其他的数据约束条件:其一是针对关系的一个属性列的,如规定关系表的一列的数据类型、取值范围等;其二是针对多个属性的,如某公司住房紧张,规定男职工不安排公司集体宿舍,那么,在建立该公司的职工数据关系时(参见表2-2),就可以对该关系表定义当"性别"属性值为"男"时,其"住址"属性值不允许是"公司集体宿舍",设置了这样的约束条件后,该数据库将不允许插入"性别"为"男"并且"住址"为"公司集体宿舍"的新元组,也不允许对原有数据进行这样的修改。第一种完整性条件针对一个独立的属性,而"属性"或"列"在有的时候也叫做"域",因此针对列的完整性也称为域完整性;第二种完整性旨在保证多属性间的数据相容性,因此也称为元组完整性。

有的数据库书籍把用户针对单个属性列定义的完整性称为"域完整性",而把针对元组定义的完整性才称为"用户定义完整性",按照这种分类方法,关系完整性包括了实体完整性、参照完整性、域完整性和用户定义完整性4种。

应当注意,DBMS只是提供了一种数据完整性保护机制,而具体应该如何保护,是由用户根据应用环境的数据要求自己规定的,即使是"实体完整性"和"参照完整性",也要用户自己定义保护条件。另外,不同的DBMS实现数据完整性保护的机制也不相同。使用一种DBMS实现自己的数据完整性保护意图,必须利用SQL语言或该DBMS所提供的操作才能实现。

2.3 关系代数的基本原理

关系数据库的理论基础是集合论中的关系代数,由于关系是属性个数相同的元组的集合,因此可以使用数学语言对关系进行形式描述,并进一步讨论关系运算。

2.3.1 关系的数学定义

在关系模型中,数据是以二维表格的形式存在的,这个二维表格就叫做关系,这是一种非形式化的定义。而关系模型是以集合代数理论为基础的,因此,可以从集合论角度给出关系的形式化定义。

1. 域

域(Domain)是一组具有相同数据类型的值的集合,又称为值域(用 D 表示)。在关系中,用域表示属性的取值范围。例如,{0,1}、{教授,副教授,讲师,助教}、{$n|n\in[0,100]$的整数}等都是域。分别用 D_1、D_2 和 D_3 表示教师关系中编号、姓名和性别 3 个属性的取值范围,则可能的结果是:

D_1 = {T_1, T_2, T_3}
D_2 = {张伶俐, 罗佳旺, 黎达仁}
D_3 = {男, 女}

注意:域中的元素无排列次序,如 D_3={男,女}={女,男}。

2. 元组

利用集合论的观点,关系是元组的集合,每个元组包含的属性数目相同,其中属性的个数称为元组的维数。通常,元组用圆括号括起来的属性值表示,属性值间用逗号隔开。例如,(3,5,6)和(E0001,钱达理,男,东风路 78 号)是 3 元组和 4 元组的例子。注意不要把元组和集合混为一谈,集合中的元素没有顺序,而元组是有顺序的。例如,{1,2,3}和{2,1,3}是同一个集合,但(1,2,3)和(2,1,3)则是两个元组。

3. 关系

给定一组域 $D_1,D_2,\cdots,D_n$,设 $R=\{(d_1,d_2,\cdots,d_n)|d_i\in D_i,i=1,2,\cdots,n\}$,即 R 是由 n 元组组成的集合,其中每个元组的第 i 个元素取自集合 D_i,称 R 为定义在 D_1、D_2、…、D_n 上的一个 n 元关系,可用 $R(D_1,D_2,\cdots,D_n)$表示。其中 R 称为关系的名字,$(d_1,d_2,\cdots,d_n)$称为 R 的一个元组。

根据上面 D_1、D_2 和 D_3 的取值,可以构成教师关系 R={(T_1,张伶俐,女),(T_2,罗佳旺,男),(T_3,黎达仁,男)},相应的二维表格表示如表 2-5 所示。

表 2-5 教师关系 R

编 号	姓 名	性 别
T_1	张伶俐	女
T_2	罗佳旺	男
T_3	黎达仁	男

将关系与二维表进行比较可以看出两者存在简单的对应关系,关系模式对应一个二维表的表头,而关系的一个元组就是二维表的一行。在很多时候,甚至不加区别地使用这两个概念。

应当注意,关系是一个集合,其组成元素是元组而不是组成元组的元素。设 A={3,1,5},B={2,4},则 R={(3,2),(3,4),(1,2),(1,4),(5,2),(5,4)}是 A,B 上的一个二元关系,S={(3,4),(1,2),(1,4)}也是 A,B 上的一个二元关系,其中关系 S 的组成元素是(3,4)、(1,2)、(1,4)这 3 个元组,而不是 1,2,3,4 这 4 个基本数据。

4. 关系模式

设 $A_1,A_2,\cdots,A_n$ 是关系 R 的属性,通常用 $R(A_1,A_2,\cdots,A_n)$表示这个关系的一个框架,也称为 R 的关系模式。属性的名字唯一,属性的取值范围 $D_i(i=1,2,\cdots,n)$称为值域。

2.3.2 关系运算

一种数据模型既要提供一种描述现实世界的数据结构，也要提供一种对数据的操作运算手段，在关系数据库中，就是要提供一种对关系进行运算的机制。

1. 并

设 R、S 同为 n 元关系，则 R、S 的并也是一个 n 元关系，记作 $R \cup S$。$R \cup S$ 包含了所有分属于 R、S 或同属于 R、S 的元组。因为集合中不允许有重复元素，因此，同时属于 R、S 的元组在 $R \cup S$ 中只出现一次。

2. 交

设 R、S 同为 n 元关系，则 R、S 的交也是一个 n 元关系，记作 $R \cap S$。$R \cap S$ 包含了所有同属于 R、S 的元组。

3. 差

设 R、S 同为 n 元关系，则 R、S 的差也是一个 n 元关系，记作 $R-S$。$R-S$ 包含了所有属于 R 但不属于 S 的元组。

【例 2-1】 设 R＝{（湖南，长沙），（河北，石家庄），（陕西，西安）}，S＝{（湖北，武汉），（广东，广州），（广东，深圳），（陕西，西安）}，求 $R \cup S$、$R \cap S$、$R-S$。

显然，R、S 是表示城市和所在省的关系。

$R \cup S$＝{（湖南，长沙），（河北，石家庄），（陕西，西安），（湖北，武汉），（广东，广州），（广东，深圳）}

$R \cap S$＝{（陕西，西安）}

$R-S$＝{（湖南，长沙），（河北，石家庄）}

4. 集合的笛卡儿乘积

设 $D_1, D_2, \cdots, D_n$ 为任意集合，$D_1, D_2, \cdots, D_n$ 的笛卡儿乘积记作：$D_1 \times D_2 \times \cdots \times D_n$，并且定义 $D = D_1 \times D_2 \times \cdots \times D_n = \{(d_1, d_2, \cdots, d_n) \mid d_i \in D_i, i=1,2,\cdots,n\}$，其中 $(d_1, d_2, \cdots, d_n)$ 是一个元组，它的每个元素 d_i 取自对应的集合 D_i。

例如，设 $D_1=\{1,2\}$，$D_2=\{a,b\}$，则 $D_1 \times D_2=\{(1,a),(1,b),(2,a),(2,b)\}$。

应当注意，集合的笛卡儿乘积是所有满足 $d_i \in D_i$ 的元组 $(d_1, d_2, \cdots, d_n)$ 组合构成的集合，设 D_1 有 m_1 个元素，D_2 有 m_2 个元素，…，D_n 有 m_n 个元素，则 $D = D_1 \times D_2 \times \cdots \times D_n$，它包含 $m_1 \times m_2 \times \cdots \times m_n$ 个元素。所以，$D_1, D_2, \cdots, D_n$ 的笛卡儿乘积 D 是定义在 $D_1, D_2, \cdots, D_n$ 上的一个特殊关系，而一般定义在 $D_1, D_2, \cdots, D_n$ 上的关系 R 都是 D 的一个子集。

又如，学生关系中姓名和性别两个域的笛卡儿乘积为：

$R = D_1 \times D_2$＝{李一，王二，陈三}×{男，女}

＝{（李一，男），（李一，女），（王二，男），（王二，女），（陈三，男），（陈三，女）}

在数学上，关系是笛卡儿乘积的任意子集，但在实际应用中，关系是笛卡儿乘积中所取的有意义的子集。显然，{（李一，男），（李一，女）}是不符合实际意义的关系。

5. 连接

设 R 是一个包含 m 个元组的 j 元关系，S 是一个包含 n 个元组的 k 元关系，则 R，S 的连接是一个包含 $m \times n$ 个元组的 $j+k$ 元关系，记作 $R \bowtie S$。并定义：

$R \bowtie S = \{(r_1, r_2, \cdots, r_j, s_1, s_2, \cdots, s_k) \mid (r_1, r_2, \cdots, r_j) \in R$ 且 $\{s_1, s_2, \cdots, s_k\} \in S\}$

即 $R \bowtie S$ 的每个元组的前 j 个分量是 R 中的一个元组，而后 k 个分量是 S 中的一个元组。无条件的连接把 R 中的每个元组都和 S 中的 n 个元组进行连接，这样生成 n 个新的元组，m 个元组总共生成 $n \times m$ 个新的元组。但一般进行的是有条件的连接，即对无条件连接的结果再施加投影和选择运算。

6. 投影

设 $R=R(A_1,A_2,\cdots,A_n)$ 是一个 n 元关系，$\{i_1,i_2,\cdots,i_m\}$ 是 $\{1,2,\cdots,n\}$ 的一个子集，并且 $i_1<i_2<\cdots<i_m$，定义：

$$\pi(R) = R_1(A_{i_1},A_{i_2},\cdots,A_{i_m})$$

即 $\pi(R)$ 是 R 中只保留属性 $A_{i_1},A_{i_2},\cdots,A_{i_m}$ 的新的关系，称 $\pi(R)$ 是 R 在 A_{i_1}、A_{i_2}、…、A_{i_m} 属性上的一个投影，通常记作 $\pi_{(A_{i_1},A_{i_2},\cdots,A_{i_m})}(R)$。

这是关于投影的一个形式描述，通俗地讲，关系 R 的一个投影就是对 R 的所有元组去掉某些分量并去掉完全的相同元组(去掉某些分量后，两个原来不完全相同的元组就可能相同)后的结果。

7. 选择

设 $R=\{(a_1,a_2,\cdots,a_n)\}$ 是一个 n 元关系，F 是关于 $(a_1,a_2,\cdots,a_n)$ 的一个条件，R 中所有满足 F 条件的元组组成的子关系称为 R 的一个选择，记作 $\sigma_F(R)$，并定义：

$\sigma_F(R)=\{(a_1,a_2,\cdots,a_n)\mid(a_1,a_2,\cdots,a_n)\in R$ 且 $(a_1,a_2,\cdots,a_n)$ 满足条件 $F\}$

简言之，对 R 关系按一定规则筛选一个子集的过程就是对 R 施加了一次选择运算。

【例 2-2】 设 $R_1=R_1$(姓名，性别)$=\{$(钱达理，男)，(东方牧，男)$\}$，$R_2=R_2$(部门名称，住址)$=\{$(总经理办，东风路 78 号)，(销售部，五一东路 25 号)$\}$，求

(1) $R=R_1\times R_2$。

(2) R 在(姓名，所在单位，住址)上的投影。

(3) 根据表 2-2，求 R 关系的一个选择。

根据定义，结果分别如下：

(1) $R=\{$(钱达理，男，总经理办，东风路 78 号)，(钱达理，男，销售部，五一东路 25 号)，(东方牧，男，总经理办，东风路 78 号)，(东方牧，男，销售部，五一东路 25 号)$\}$，R 是一个包含 4 个元组的 4 元关系。

(2) 根据投影的定义，只需对上面得到的 R 关系的每个元组删掉性别属性即可，所以 $\pi(R)=\{$(钱达理，总经理办，东风路 78 号)，(钱达理，销售部，五一东路 25 号)，(东方牧，总经理办，东风路 78 号)，(东方牧，销售部，五一东路 25 号)$\}$。

(3) 根据表 2-2，钱达理是总经理办的，住在东风路 78 号，东方牧也是总经理办的，住在五一东路 25 号，R 关系中只有一个元组反映的情况正确，其余元组数据错误，应删掉，根据该条件(即符合表 2-2 的描述)得到的一个选择是：$R(S)=\{$(钱达理，总经理办，东风路 78 号)$\}$。

8. 除法

给定关系 $R(X,Y)$ 和 $S(Y,Z)$，其中 X、Y、Z 为属性组。R 中的 Y 与 S 中的 Y 可以有不同的属性名，但必须取自相同的集合。R 与 S 的除法运算的结果是一个只含属性组 X 的新的关系。定义：

$$R\div S=\{t\mid t\in\pi_X(R) \text{ 且 } t\times\pi_Y(S)\subseteq R\}$$

按照定义，$R \div S$ 是 R 在 X 属性组上的投影 $\pi_X(R)$ 的一个子关系，并且其中的任意元组 t 与 $\pi_Y(S)$ 的乘积是 R 的一个子集。元组与关系的乘积运算是关系笛卡儿乘积运算的特殊形式，实际上是只含有一个元组的关系与另一个关系的乘法运算，按照笛卡儿乘积运算定义，$t \times \pi_Y(S)$ 是在关系 $\pi_Y(S)$ 的前面增加属性组 X，该属性组的每个元素值都为 t。

【例 2-3】 设关系 R 和 S 分别如表 2-6 和表 2-7 所示，表中的第一行是关系名，R、S 中的属性组 (B,C) 取自相同的集合，求 $R \div S$。

表 2-6 关系 *R*

A	B	C
a_1	b_1	c_2
a_2	b_2	c_7
a_3	b_4	c_6
a_1	b_2	c_3
a_4	b_6	c_6
a_2	b_2	c_3
a_1	b_2	c_1

表 2-7 关系 *S*

B	C	D
b_1	c_2	d_1
b_2	c_1	d_1
b_2	c_3	d_2

这里，$\pi_A(R)=\{(a_1),(a_2),(a_3),(a_4)\}$，$\pi_{(B,C)}(S)=\{(b_1,c_2),(b_2,c_1),(b_2,c_3)\}$。

对 $\pi_A(R)$ 中的每个元素与 $\pi_{(B,C)}(S)$ 进行乘法运算，得：

$$a_1 \times \pi_{(B,C)}(S) = \{(a_1,b_1,c_2),(a_1,b_2,c_1),(a_1,b_2,c_3)\}$$

$$a_2 \times \pi_{(B,C)}(S) = \{(a_2,b_1,c_2),(a_2,b_2,c_1),(a_2,b_2,c_3)\}$$

$$a_3 \times \pi_{(B,C)}(S) = \{(a_3,b_1,c_2),(a_3,b_2,c_1),(a_3,b_2,c_3)\}$$

$$a_4 \times \pi_{(B,C)}(S) = \{(a_4,b_1,c_2),(a_4,b_2,c_1),(a_4,b_2,c_3)\}$$

考察上述 4 个表达式，容易看出，只有 $a_1 \times \pi_{(B,C)}(S) \subseteq R$，因此，$R \div S=\{(a_1)\}$。

上面介绍了 8 种关系代数运算，其中连接、投影、选择、除法是关系数据库中专门建立的运算规则，故称为专门的关系运算。而并、交、差、笛卡儿乘积则是沿用了传统的集合论运算规则，也称为关系的传统运算。

此外，在上述 8 种关系代数运算中，交、连接和除法 3 种运算可以通过其余 5 种关系运算的有机组合实现，例如 $A \cap B = A-(A-B)$ 或 $B-(B-A)$，所以这 3 种关系运算之外的并、差、笛卡儿乘积、投影和选择 5 种关系运算也称为基本关系运算。

2.4 关系数据库的规范化理论

在关系数据库系统中，关系模型包括一组关系模式，因此关系数据库设计的一个最基本的问题是怎样建立一组合理的关系模式，使数据库系统无论是在数据存储方面，还是在数据操作方面都具有较好的性能。一个好的关系模型应该包含多少个关系模式，而每个关系模式又应该包含哪些属性，又如何将这些相互关联的关系模式构建成一个合适的关系模型，这是在进行数据库设计之前必须明确的问题。为使数据库设计合理可靠、简单实用，长期以来，形成了关系数据库设计理论，即规范化理论。它是根据现实世界存在的数据依赖而进行关系模式的规范化处理，从而得到一个合理的数据库。

2.4.1 关系模式的数据冗余和操作异常问题

数据冗余是指同一个数据在系统中多次重复出现。在数据管理中，数据冗余一直是影响系统性能的大问题。在文件系统中，由于文件之间没有联系，引起一个数据在多个文件中出现。数据库系统克服了文件系统的这种缺陷，但是如果关系模式设计得不好，仍然会像文件系统一样出现数据的冗余、异常和不一致等问题。

设有商品供应关系模式：商品供应（供应商名称，供应商地址，联系人，商品名称，订货数量，单价），该模式的一个关系实例如表 2-8 所示。

表 2-8 商品供应关系

供应商名称	供应商地址	联系人	商品名称	订货数量	单价
华科电子有限公司	韶山路 22 号	施宾彬	笔记本计算机	10	9800.00
华科电子有限公司	韶山路 22 号	施宾彬	激光打印机	5	2800.00
湘江计算机外设公司	芙蓉南路 127 号	方胜力	笔记本计算机	5	10200.00
韦力电子实业公司	五一路 99 号	周昌	喷墨打印机	5	780.00
韦力电子实业公司	五一路 99 号	周昌	交换机	2	350.00

在商品供应关系模式中，一个供应商可以供应多种商品，同一种商品也可以由多个供应商供应，所以供应商和商品之间是多对多的联系。因此，一个供应商供应一种商品就构成该关系中的一个元组，同一个供应商如果供应多种商品名称，在该关系中就有多个元组存在。所以，决定该关系中一个元组值的唯一关键字是供应商名称和商品名称的组合。

分析商品供应关系模式，会发现这是一个不好的关系模式，因为它存在数据冗余和操作异常问题。

1. 数据冗余

在商品供应关系中，每种商品的供应商名称、供应商地址、联系人都要输入一次。如果一个供应商供应多种商品，即使它的名称、地址、联系人不改变，也要输入多次，既造成数据冗余，又会引起输入上的麻烦。例如，“华科电子有限公司”和“韦力电子实业公司”及其地址、联系人都在表中出现了两次，这不仅浪费了存储空间，更有可能导致数据更新后产生数据不一致。

2. 操作异常

由于存在数据冗余，就可能导致数据操作异常，这主要表现在以下几个方面。

1) 更新异常

由于数据冗余，每个供应商的地址、联系人存在于多个元组中，当更新一个供应商的地址或联系人时，必须注意更新多个元组，否则会产生同一个供应商有不同的地址或联系人，使数据库的数据与事实不符,产生了数据的不一致性,如“华科电子有限公司”更换了联系人后,必须把相关的每行的数据同时进行更新,漏掉一处就会造成数据的不一致。

2) 插入异常

首先,关系中不允许有数据完全相同的行,但表 2-8 难以满足这个要求,一旦在不同时间从同一个供应商处购买了相同数量的同种商品,并假设从同一个供应商处采购的同类商品单价相同,则描述这两次不同进货的信息元组就会完全相同。

其次,就算在该模式中增加一个订货日期属性可以解决上述问题,但还存在另外的问题,当该公司新发展了一个供应商,但目前还没有订货时(这在实际供销活动中是很经常的事情),无法在表中插入该供应商的信息。因为供应商名称和商品名称共同组成商品供应关系的关键字,没有商品名称,相当于关键字的一部分为空值,这样的元组不能插入到关系中去,造成插入异常。

3) 删除异常

如果为了提高数据处理效率而把一些时间比较长的元组删除,就可能把一些最近没有业务往来的供应商的信息删除。如该公司有半年时间未从“华科电子有限公司”进货,当从表 2-8 中删除半年以前的数据时,就会把有关“华科电子有限公司”的两个元组全部删除,从该表中再查不到“华科电子有限公司”的信息,造成删除异常。

因为上述关系模式存在数据冗余,会引起更新异常、插入异常和删除异常等,所以这是一个不好的关系模式。如果把上述关系模式改造一下,把它分解为如下两个模式:

供应商(供应商名称,供应商地址,联系人)
供应(供应商名称,商品名称,订货数量,单价)

在这两个模式中,数据的冗余大大减少,而且消除了更新异常、插入异常和删除异常现象。因为每个供应商的信息只在供应商表中用一个元组值记录下来,改变供应商的地址或联系人只需改变这一个元组值即可。该关系的关键字是供应商名称。供应关系模式中的主关键字是供应商名称和商品名称。每个供应商供应了一种商品,就在供应关系中插入一个相应的元组。如果某供应商没有供货,或它的供货全部被删除了,在供应关系表中就没有了相应的元组,但是供应商的信息在供应商表中仍然存在。当然,如果一个供应商的信息从供应商表中全部被删除,在供应关系中也就不能存在被删除供应商的供应信息。因为供应关系中的供应商名称来自于供应商关系表。

如何构造一个好的关系模式呢?简单地说,就是消除上面提到的数据冗余和操作异常的模式,这种模式就是一个比较好的模式。上述模式之所以会发生插入异常和删除异常,是因为在这个模式中,属性间的函数依赖存在一些不好的性质。如何分析一个关系模式有哪些不好的性质,如何消除这些不好的性质,把一个不好的关系模式分解改造为一个好的关系模式,这就是关系数据库设计过程中要讨论的规范化理论问题。

2.4.2 函数依赖的基本概念

定义 1 设有关系模式 $R(A_1,A_2,\cdots,A_n)$ 或简记为 $R(U)$,X、Y 是 U 的子集,r 是 R 的任一具体关系,如果对 r 的任意两个元组 t_1、t_2,由 $t_1[X]=t_2[X]$ 导致 $t_1[Y]=t_2[Y]$,则称 X 函数决定 Y,或 Y 函数依赖于 X,记为 $X\rightarrow Y$。$X\rightarrow Y$ 为模式 R 的一个函数依赖。这里 $t_1[X]$ 表示元组 t_1 在属性集 X 上的值,其余符号表示的含义类似。

这个定义可以这样理解：有一个设计好的二维表格，X、Y 是表的某些列(可以是一列，也可以是多列)，若在表中的 t_1 行和 t_2 行上的 X 值相等，那么必有 t_1 行和 t_2 行上的 Y 值也相等，这就是说 Y 函数依赖于 X。

根据定义，对于任意 X、Y，当 $X \supseteq Y$ 时，都有 $X \rightarrow Y$，这样的函数依赖称为平凡依赖，否则，称为非平凡函数依赖。

可能容易将 $X \rightarrow Y$ 这样的函数依赖理解为可以根据某种计算方法由 X 求得 Y，从而在关系数据表中只要存储 X 即可，但这是一种误解。所谓 $X \rightarrow Y$，只是指出 X 和 Y 之间存在一种映射关系，但映射规则一般只能由关系表本身定义。

假设有员工关系模式 R(员工代码，姓名，民族，基本工资)，说"员工代码→民族"是 R 的一个函数依赖，只是说员工代码确定后，其民族就确定了(一般说来，员工代码与员工是一一对应的，而一个员工只能属于一个民族)，但如果没有其他资料，是根本无法由员工代码通过某种计算而获知其民族的。R 关系表正好定义了这种对应规则。当给定了一个员工代码后，就可以通过查询 R 关系表而获得该员工的民族信息。

定义 2 R、X、Y 如定义 1 所设，如果 $X \rightarrow Y$ 成立，但对 X 的任意真子集 X_1，都有 $X_1 \rightarrow Y$ 不成立，称 Y 完全函数依赖于 X，否则，称 Y 部分函数依赖于 X。

所谓完全依赖是说明在依赖关系的决定项(即依赖关系的左项)中没有多余属性，有多余属性就是部分依赖。

设有学生关系模式 R(学号，姓名，出生年月，班号，班长姓名，课程号，成绩)，可知"(学号，班号，课程号)→成绩"是 R 的一个部分函数依赖关系。因为有决定项的真子集(学号，课程号)，使得"(学号，课程号)→成绩"成立。

定义 3 设 X、Y、Z 是关系模式 R 的不同属性集，若 $X \rightarrow Y$(但 $Y \rightarrow X$ 不成立)，$Y \rightarrow Z$，称 X 传递函数决定 Z，或称 Z 传递函数依赖于 X。

例如，在学生关系模式中，有"学号→班号"，但"班号→学号"不成立，而"班号→班长姓名"，所以有"班长姓名"传递函数依赖于"学号"。

在定义 3 中，如果 $Y \rightarrow X$ 也成立，则称 Z 直接函数依赖于 X，而不是传递函数依赖。例如，在学生关系模式中，当学生没有重名时，有"学号→姓名"，"姓名→学号"，"姓名→班号"，这时"班号"对"学号"是直接函数依赖，而不是传递函数依赖。

函数依赖属于语义范畴的概念，属性间的依赖关系完全由各属性的实际意义确定。所以，只有在深入分析研究实际数据对象和各属性的意义后，才可能列出函数依赖关系式。例如，在学生关系模式中，"姓名→出生年月"这个函数依赖只有在没有重名的条件下成立，如果有名字相同的学生，"出生年月"就不再函数依赖于"姓名"了。

2.4.3 关系模式的范式

在一个设计得不好的关系模式中，会存在很多异常现象。研究证明，关系模式只要满足一定条件，就可避免这些异常情况。通常将关系模式规范化过程为不同程度的规范化要求设立的不同标准称为模式的范式(Normal Form，NF)。

1. 主属性与非主属性

前面讨论过候选关键字与关键字，下面将在函数依赖理论的基础上，比较严格地论述这些概念。

1）候选关键属性和关键属性

定义4　设关系模式 $R(A_1,A_2,\cdots,A_n)$，$A_i(i=1,2,\cdots,n)$ 是 R 的属性，X 是 R 的一个属性组，如果

① $X\rightarrow(A_1,A_2,\cdots,A_n)$。

② 对于 X 的任意真子集 X_1，$X_1\rightarrow(A_1,A_2,\cdots,A_n)$ 不成立。

则称属性组 X 是关系模式 R 的一个候选关键属性。

上述条件①表示 X 能唯一决定一个元组，而条件②表示 X 中没有多余属性，判断一个属性集是否组成一个候选关键属性时，上述两个条件是缺一不可的。

如果关系模式 R 只有一个候选关键属性，称这唯一的候选关键属性为关键属性；否则，应从多个候选关键属性中指定一个作为关键属性。习惯上把候选关键属性称为候选关键字，关键属性称为关键字。

从定义知道，对于关系模式 R，R 的任何两个元组在候选关键属性上的属性值应不完全相同。

2）主属性和非主属性

一个关系模式 R 可能有多个候选关键属性，而一个候选关键属性又可能包含多个属性，这样，R 的所有属性 $A_i(i=1,2,\cdots,n)$ 按是否属于一个候选关键属性被划分为两类：主属性和非主属性。

定义5　设 A_i 是关系模式 R 的一个属性，若 A_i 属于 R 的某个候选关键属性，称 A_i 是 R 的主属性，否则，称 A_i 为非主属性。

应该注意的是，一般说来，单个主属性并不一定能作为候选关键属性。

2. 第1范式

对关系模式的规范化要求分成从低到高不同的层次，分别称为第1范式、第2范式、第3范式、Boyce-Codd范式、第4范式和第5范式，本书只讨论前4种范式。

定义6　当关系模式 R 的所有属性都不能分解为更基本的数据元素时，即 R 的所有属性均满足原子特征时，称 R 满足第1范式（1NF）。

例如，如果关于员工的关系中有一个工资属性，而工资又由更基本的两个数据项基本工资和岗位工资组成，则这个员工的关系模式就不满足1NF。

满足第1范式是关系模式规范化的最低要求，否则，将有许多基本操作在这样的关系模式中实现不了，如上述的员工关系模式就实现不了按基本工资的20%给每位员工增加工资的操作要求。当然，属性是否可以一步分解，是相对于应用要求来说的，同样是上述员工关系模式，如果关于这个模式的任何操作都不涉及基本工资和岗位工资，那么对工资也就没有进一步分解的要求，则这个关系模式也就符合1NF。

满足第1范式的关系模式还会存在插入、删除、修改异常的现象，要消除这些异常，还要满足更高层次的规范化要求。

3. 第2范式

定义7　如果关系模式 R 满足1NF，并且 R 的所有非主属性都完全函数依赖于 R 的每一个候选关键属性，称 R 满足第2范式（2NF）。

设有借书关系模式 R（读者编号，工作单位，图书编号，借阅日期，归还日期），很容易判断 R 满足1NF（这里假设日期数据是不可分解的基本数据）。

如果进一步假定，每个读者只能借阅同一种编号的图书一次（这与实际情况可能有差距），在这样的假设下，可以看出，属性组（读者编号，图书编号）是 R 的一个候选关键字。R 中的“工作单位”属性只部分函数依赖于该候选关键字。因为

（读者编号，图书编号）→工作单位

读者编号→工作单位

即候选关键字的子集也能决定函数“工作单位”属性。所以，R 关系模式不满足第 2 范式。在借书登记表中登记每个读者的工作单位尽管有某种方便，但不合理是明显的。当一个读者因为某种原因调动了工作单位，因而需修改其借书登记表 R 中的“工作单位”属性值时，就要找到他每一次的借书登记记录，将其“工作单位”属性值一一进行修改，这正是由于 R 不满足第 2 范式而带来的麻烦。

4. 第 3 范式

满足了第 2 范式的关系是否就完全消除了各种异常呢？看一个实例。

设有公司关系模式 R（公司注册号，法人代表，注册城市，所在省），其中“公司注册号”是 R 的候选关键字。这个关系的每一个属性都不能进一步分解，因而满足 1NF。又由于 R 的候选关键字只包含一个属性，因而 R 的非主属性对候选关键字不存在部分函数依赖的问题，所以 R 满足第 2NF。但是，R 仍然不是一个好的关系模式，如果一个城市有 10 000 家公司，则该城市所在省名就要在 R 关系表中重复 10 000 次，数据高度冗余。因此，有必要寻找更强的规范条件。

定义 8 如果关系模式 R 满足 1NF，并且 R 的所有非主属性都不传递函数依赖于 R 的每一个候选关键字，称 R 满足第 3 范式（3NF）。

不满足 3NF 的关系模式中必定存在非主属性对候选关键字的传递函数依赖。再来考查公司关系模式 R。在 R 中，公司注册号→注册城市，注册城市→所在省，所以，公司注册号→所在省，即 R 的非主属性“所在省”传递函数依赖于其候选关键属性“公司注册号”，因而 R 不满足 3NF。

关于 3NF，有一个重要结论，这里对这个结论只叙述而不进行形式证明。

定理 1 若关系模式 R 符合 3NF 条件，则 R 一定符合 2NF 条件。

5. Boyce-Codd 范式

在 3NF 中，并未排除主属性对候选关键字的传递函数依赖，因此有必要对 3NF 进一步规范化，为此，Boyce 和 Codd 共同提出了一个更高一级的范式，这就是 Boyce-Codd 范式（BCNF）。

定义 9 如果关系模式 R 满足 1NF，且 R 的所有属性都不传递函数依赖于 R 的每一个候选关键字，称 R 满足 BCNF。

BCNF 是比 3NF 更强的规范，有下面的结论（证明略）。

定理 2 若关系模式 R 符合 BCNF 条件，则 R 一定符合 3NF 条件，但反过来却不一定成立。

尽管在很多情况下，3NF 也就是 BCNF，但两者是不等价的，可以设计出符合 3NF 而不符合 BCNF 的关系实例。设有关系模式 R（书号，书名，作者名），如果约定，每个书号只有一个书名，但不同书号可以有相同书名；每本书可以由多个作者合写，但每个作者参与编写的书名应该互不相同。这样的约定可以用下列两个函数依赖表示：

书号→书名

(书名,作者名)→书号

关系模式 R 的候选关键字为(书号,作者名)和(书名,作者名),因而 R 的属性都是主属性,R 满足 3NF。但从上述两个函数依赖可以看出,书名属性传递函数依赖于候选关键字(书名,作者名),因此 R 不符合 BCNF。例如,一本书由多个作者编写时,其书名和书号间的联系在关系中将多次出现,产生数据冗余和操作异常现象。

2.4.4 关系模式的分解

从上面的讨论中得知,符合 3NF 或 BCNF 标准的关系模式就会有比较好的性质,不会出现数据冗余或操作异常等情况,但是,在实际应用过程中,所建立的许多关系并不符合 3NF,这会出现将一个不满足 3NF 条件的关系模式改造为符合 3NF 模式的要求,这种改造的方法就是对原有关系模式进行分解。

1. 关系模式分解的一般问题

所谓关系模式的分解,就是对原有关系模式在不同的属性上进行投影,从而将原有关系模式分解为含有较少属性的多个关系模式。在阐述分解方法以前,有必要就分解的一般问题先进行讨论。先看一个实例,如表 2-9 所示。

表 2-9 员工奖金分配表

员工号	姓名	部门	月份	月度奖
00901	张小强	办公室	2010-05	380
00902	陈斌	一车间	2010-05	450
00903	李哲	销售科	2010-05	880
00904	赵大明	设计科	2010-05	850
00905	冯珊	办公室	2010-05	350
00906	张青松	销售科	2010-05	920
00901	张小强	办公室	2010-06	350
00902	陈斌	一车间	2010-06	480
00903	李哲	销售科	2010-06	850
00904	赵大明	设计科	2010-06	860
00905	冯珊	办公室	2010-06	360
00906	张青松	销售科	2010-06	900

表 2-9 所示关系的关键属性是属性组(员工号,月份),它也是唯一的候选关键属性(这里假定姓名有重名情况),从前面的知识可以知道,这个关系不满足 2NF,因为该关系的非主属性"姓名"和"部门"都只部分函数依赖于候选关键字(员工号,月份)。解决这个问题的基本方法是将其分解为两个关系,如表 2-10 和表 2-11 所示。

表 2-10 员工基本情况表

员工号	姓名	部门	员工号	姓名	部门
00901	张小强	办公室	00904	赵大明	设计科
00902	陈斌	一车间	00905	冯珊	办公室
00903	李哲	销售科	00906	张青松	销售科

表 2-11　员工奖金分配表

员工号	月份	月度奖	员工号	月份	月度奖
00901	2010-05	380	00901	2010-06	350
00902	2010-05	450	00902	2010-06	480
00903	2010-05	880	00903	2010-06	850
00904	2010-05	850	00904	2010-06	860
00905	2010-05	350	00905	2010-06	360
00906	2010-05	920	00906	2010-06	900

上述分解过程是对原有关系 R(员工号,姓名,部门,月份,月度奖)在(员工号,姓名,部门)和(员工号,月份,月度奖)上分别投影,并删除完全相同行后的结果。经过这种分解后,两个关系表都符合 BCNF 标准,从而符合 3NF 标准。并且,从这两个表完全可以经过连接恢复到原来的表,这样的分解称为无损分解。与之相反,如果对表 2-9 进行另一种分解(如表 2-12 所示),这种分解就不是无损的。从分解后的两个关系表中无法得知这些月度奖应该发给哪些员工。不能依靠记录顺序进行对应,关系表中记录的顺序是无关紧要的。

表 2-12　员工奖金分配表

部门	月份	月度奖	部门	月份	月度奖
办公室	2010-05	380	办公室	2010-06	350
一车间	2010-05	450	一车间	2010-06	480
销售科	2010-05	880	销售科	2010-06	850
设计科	2010-05	850	设计科	2010-06	860
办公室	2010-05	350	办公室	2010-06	360
销售科	2010-05	920	销售科	2010-06	900

无损的含义有两个方面,其一是信息没有丢失,即从分解后的关系通过连接运算可以恢复原有关系;其二是依赖关系没有改变。前者称为连接不失真,后者称为依赖不失真。

Heath 定理　设关系模式 $R(A,B,C)$,A、B、C 是 R 的属性集。如果 $A \rightarrow B$,并且 $A \rightarrow C$,则 R 和投影 $\pi(A,B)$,$\pi(A,C)$的连接等价。

由 Heath 定理可知,只要将关系 R 的某个候选关键字分解到每个子关系中,就会同时保持连接不失真和依赖不失真。

2. 3NF 分解

理论上已证明,任何关系都可以无损地分解为多个 3NF 关系。下面采用一种非形式化的叙述方法来讨论这个问题。在讨论中,假定 R 是一个关系模式,R_1、R_2、…、R_n 是对 R 进行分解而得到的 n 个关系模式。

(1) 如果 R 不满足 1NF 条件,先对其分解,使其满足 1NF。

对 R 进行 1NF 分解的方法不是采用投影,而是直接将其复合属性进行分解,用分解后的基本属性集取代原来的属性,以获得 1NF。

【例 2-4】　将 R(员工号,姓名,工资)进行分解,使其满足 1NF 条件。

假定 R 的"工资"属性由"基本工资"和"岗位工资"组成,直接用属性组(基本工资,岗位工资)取代"工资"属性,得到新关系 R_NEW(员工号,姓名,基本工资,岗位工资),R_NEW

满足 1NF。

注意：对工资属性是否应进行上述分解，要根据具体情况决定，这里只是一个示意性的解答。

(2) 如果 R 符合 1NF 条件但不符合 2NF 条件时，分解 R 使其满足 2NF。

若 R 不满足 2NF 条件，根据定义 7，R 中一定存在候选关键字 K 和非主属性 X，使 X 部分函数依赖于 K，因此，候选关键字 K 一定是由一个以上的属性组成的属性组。设 $K=(K_1,K_2)$，并且 $K_1 \to X$ 是 R 中的函数依赖关系。又设 $R=(K_1,K_2,X_1,X_2)$，且 (K_1,K_2) 是 R 的一个候选关键字，X_1 部分函数依赖于 (K_1,K_2)，不妨设 $K_1 \to X_1$，则将 R 分解成 R_1 和 R_2：

$R_1=(S_1,S_2,X_2)$，Primary Key(S_1,S_2)，Foreign Key(S_1)，即属性组 (S_1,S_2) 是 R_1 的关键字，S_1 是 R_1 的外部关键字。

$$R_2=(S_1,X_1),\text{Primary Key}(S_1)$$

容易证明，这样的分解是无损的。如果 R_1、R_2 还不满足 2NF 条件，可以继续上述分解过程，直到每个分解后的关系模式都满足要求为止。

再考察对表 2-9 所示关系的分解过程。设 K_1＝员工号，K_2＝月份，X_1＝(姓名，部门)，X_2＝月度奖，有关系模式：

R＝(员工号，姓名，部门，月份，月度奖)＝(K_1,K_2,X_1,X_2)，Primary Key(K_1,K_2)＝(员工号，月份)，将 R 分解为 R_1 和 R_2：

$R_1=(K_1,K_2,X_2)$＝(员工号，月份，月度奖)，Primary Key(员工号，月份)，Foreign Key(员工号)。

$R_2=(K_1,X_1)$＝(员工号，姓名，部门)，Primary Key(员工号)。

经过这样一次分解后得到的 R_1、R_2 均已满足 2NF 和 3NF 条件，因此，分解过程结束。当 R 符合 2NF 条件但不符合 3NF 条件时，继续对其分解，使其满足 3NF 条件。

(3) 如果 R 符合 2NF 条件但不符合 3NF 条件时，分解 R 使其满足 3NF。

R 满足 2NF 条件但不满足 3NF 条件时，说明 R 中的所有非主属性对 R 中的任何候选关键字都是完全函数依赖的，但至少存在一个非主属性对候选关键字是传递函数依赖的。因此，存在 R 中的非主属性间的依赖作为传递函数依赖的过渡属性，设 $R=(K,X_1,X_2)$，且 R 以 K 作为主关键字，X_2 通过非主属性 X_1 传递函数依赖于 K，即 $K \to X_1$(但 $X_1 \to K$ 不成立)，$X_1 \to X_2$，则对 R 分解成 R_1 和 R_2：

$R_1=(K,X_1)$，Primary Key(K)，Foreign Key(X_1)

$R_2=(X_1,X_2)$，Primary Key(X_1)

上述分解过程是无损的。如果 R_1、R_2 还不满足 3NF，可以重复上述过程，直到符合 3NF 条件为止。

2.5 数据库的设计方法

数据库系统设计包括数据库模式设计以及围绕数据库模式的应用程序开发两项工作，而数据库模式设计又包括数据结构设计和数据完整性约束条件设计两项工作，本节只介绍数据模式设计。在关系数据库应用系统中，也就是设计一组二维表框架，定义这些表的列名、列的数据类型以及表的数据完整性约束规则。

2.5.1 数据库设计过程

在设计数据库时，应该遵循两个原则：首先，针对一个具体应用提供足够的信息量，如在表 2-2 中，并未提供员工的电话号码、出生日期、文化程度、技术职称、技术专长等信息，如系统有这样的需求，表 2-2 提供的信息量就不够；其次，要符合关系的设计规范，即符合关系的范式要求。

数据库设计过程一般包括需求分析、概念设计、逻辑设计、物理设计以及实施与维护等内容。

1. 需求分析

在仔细调查研究的基础上，摸清目标需求以及现在的数据内容与形式，包括现在使用的账簿、票据等原始单据以及这些单据的使用频率、数据量，并在此基础上编写需求分析报告。需求分析报告中要罗列出目标系统涉及的全部数据实体、每个数据实体的属性名一览表，以及数据实体间的关联关系等。

2. 概念设计

概念设计是把用户的需求进行综合、归纳与抽象，统一到一个整体概念结构中，形成数据库的概念模型。概念模型是面向现实世界的一个真实模型，它一方面能够充分反映现实世界，同时又容易转换为数据库逻辑模型，也容易为用户理解。数据库概念模型独立于计算机系统和 DBMS。

E-R 图是设计数据概念模型的一种有效工具，用矩形框以及框中的文字表示一个实体；用椭圆形框表示该实体的属性；用菱形框表示实体间的联系；用线段表示相互的连接关系。

3. 逻辑设计

数据库逻辑设计是将概念模型转换为逻辑模型，也就是被某个 DBMS 所支持的数据模型，并对转换结果进行规范化处理。关系数据库的逻辑结构由一组关系模式组成，因而，从概念模型结构到关系数据库逻辑结构的转换就是将 E-R 图转换为关系模型的过程。

4. 物理设计

数据库最终是要存储在物理设备上的。为一个给定的逻辑数据模型选取一个最适合应用环境的物理结构，包括存储结构与存取方法，并把得到的关系模型在一个选定的 DBMS 上实现，就是数据库的物理设计。数据库的物理结构依赖于给定的计算机系统和 DBMS。

5. 实施与维护

确定了数据库的逻辑结构和物理结构后，就可以用所选用的 DBMS 提供的数据定义语言(DDL)严格定义数据库，包括建立表、定义表的完整性约束规则等。数据库系统投入运行后，对数据库设计进行评价、调整、修改等维护工作也是一项重要、长期的任务。

2.5.2 E-R 模型到关系模型的转化

E-R 模型虽然能比较方便地模拟实际问题的静态过程，也很容易进行交流，但迄今为止，还没有哪个数据库管理系统直接支持该模型，因而，它只是一种工具，是连接实际问题与数据库间的桥梁。E-R 模型到关系模型的转化过程如图 2-2 所示。

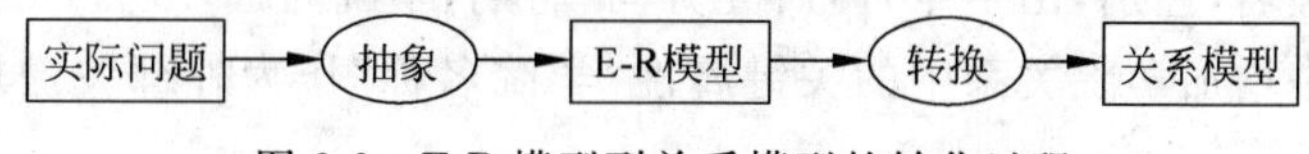

图 2-2 E-R 模型到关系模型的转化过程

下面讨论从 E-R 模型到关系模型的转化过程。

1. 独立实体到关系模式的转化

一个独立实体转化为一个关系模式，实体的属性即为关系模式的属性，实体名称作为关系模式的名称，实体标识符转化为关系模式的关键属性。注意根据实际对象属性情况确定关系模式属性的值域。例如对于图 2-3 所示的学生实体，将其转化为关系模式：

学生(<u>学号</u>,姓名,民族,出生年月)

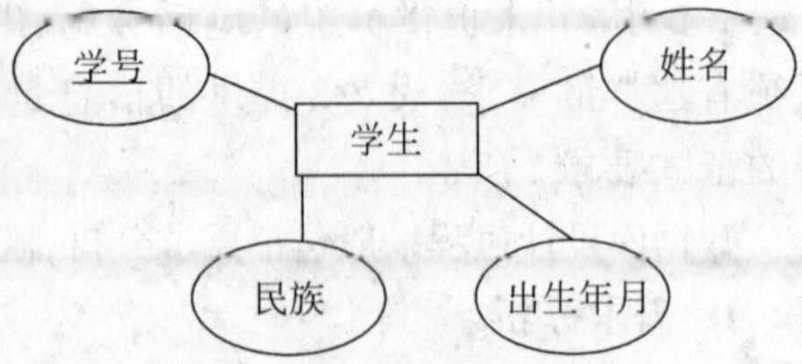

图 2-3　学生实体的 E-R 图

其中下划线标注的属性表示关键属性。

2. 1∶1 联系到关系模式的转化

若实体间的联系是 1∶1 联系，只要在两个实体类型转化成的两个关系模式的任意一个关系模式中增加另一关系模式的关键属性和联系的属性即可。

图 2-4 所示的 E-R 图中有“经理”和“公司”两个实体，一个经理只主管一个公司，而一个公司也只有一个经理，两者是一对一关系，可以转化为两个关系模式：

经理(<u>经理姓名</u>,民族,住址,出生年月,电话,任职年月,公司名称)
公司(<u>公司名称</u>,注册地,类型,电话)

其中，经理姓名和公司名称分别是经理和公司两个关系模式的关键属性，在经理关系模式中，增加了公司关系模式的关键属性“公司名称”作为外部关键属性，当两个关系中出现下面的元组时，表明了张小辉是京广实业公司的经理。

(张小辉,汉,北京前门大街 156 号,1968 年 6 月,55556033,1998 年 12 月,京广实业公司)
(京广实业公司,北京复兴门外大街 278 号,有限责任,55556033)

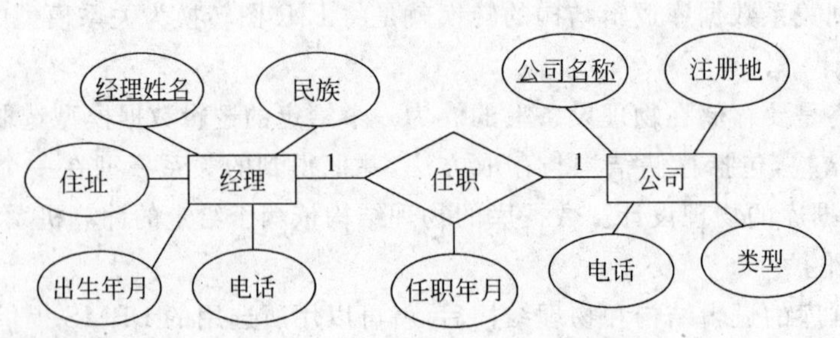

图 2-4　1∶1 联系到关系模式的转化

3. 1∶*n* 联系到关系模式的转化

若实体间的联系是 1∶*n* 联系，则需要在 *n* 方(即 1 对多联系的多方)实体的关系模式中增加 1 方实体类型的关键属性和联系的属性，1 方的关键属性作为外部关键属性处理。

如图 2-5 所示，“学院”与“教师”的联系是 1∶*n* 的联系，对图 2-5 进行转化，得到关系模式：

学院(<u>学院名称</u>,院长姓名,办公地点,电话)

教师(<u>工号</u>,姓名,性别,出生年月,研究方向,聘期,学院名称)

在教师关系中增加学院关系中的关键属性“学院名称”作为外部关键属性，以及增加联系的属性“聘期”。

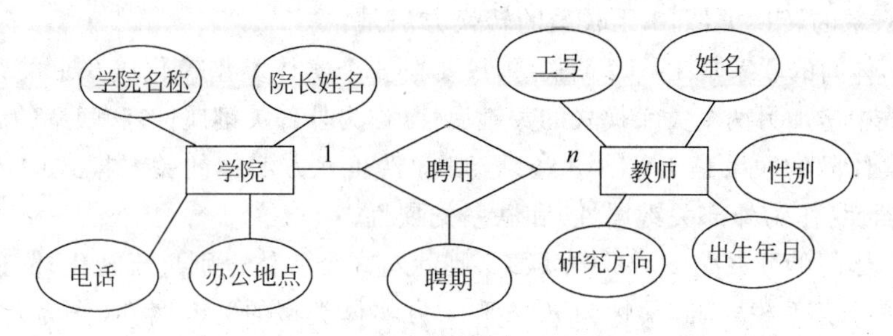

图 2-5　1∶n 联系到关系模式的转化

4. m∶n 联系到关系模式的转化

若实体间的联系是 m∶n 联系，则除对两个实体分别进行转化外，还要为联系类型单独建立一个关系模式，其属性为两方实体类型的关键属性加上联系类型的属性，两方实体关键属性的组合作为关键属性。

图 2-6 描述的学生与课程的联系是 m∶n 联系，该 E-R 图应转化为 3 个关系模式：

学生(学号，姓名，民族，出生年月)

课程(课程号，课程名，学分)

选课(学号，课程号，成绩)

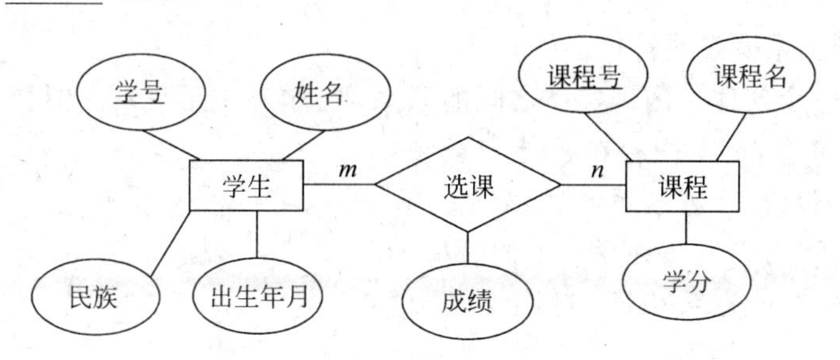

图 2-6　m∶n 联系到关系模式的转化

5. 多元联系到关系模式的转化

所谓多元联系，即是说该联系涉及两个以上的实体。例如，采购货物涉及供应商、采购员和货物 3 个实体，其 E-R 图如图 2-7 所示，3 个实体之间的联系是 m∶n∶p。

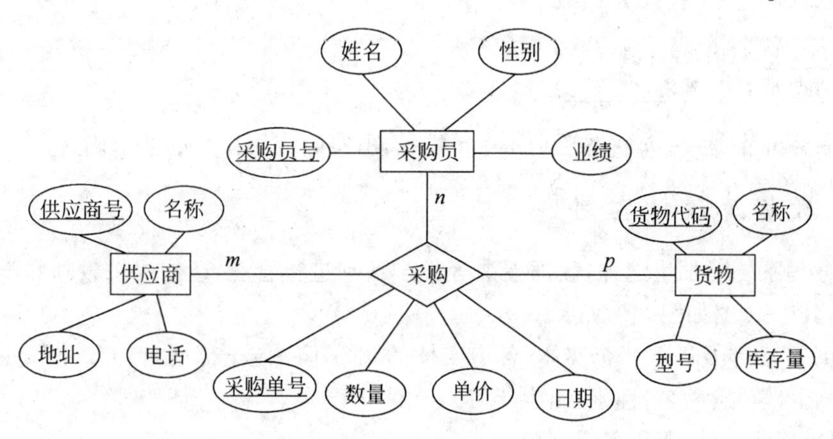

图 2-7　m∶n∶p 联系到关系模式的转化

和二元联系的转换类似，3 元联系的转换方法是：

(1) 若实体间的联系是 1∶1∶1 联系，只要在 3 个实体类型转化成 3 个关系模式的任意一个关系模式中增加另两个关系模式的关键属性(作为外部关键属性)和联系的属性即可。

(2) 若实体间的联系是 1∶1∶n 联系，则需要在 n 方实体的关系模式中增加两个 1 方实体的关键属性(作为外部关键属性)和联系的属性。

(3) 若实体间的联系是 1∶m∶n 联系，则除对 3 个实体分别进行转化外，还要为联系类型单独建立一个关系模式，其属性为 m 方和 n 方实体类型的关键属性(作为外部关键属性)加上联系类型的属性，m 方和 n 方实体关键属性的组合作为关键属性。

(4) 若实体间的联系是 m∶n∶p 联系，则除对 3 个实体分别进行转化外，还要为联系类型单独建立一个关系模式，其属性为 3 方实体类型的关键属性(作为外部关键属性)加上联系类型的属性，3 方实体关键属性的组合作为关键属性。

3 元以上联系到关系模式的转化可以类推。

图 2-7 描述的 E-R 图应转化为 4 个关系模式：

供应商(<u>供应商号</u>，名称，地址，电话)
采购员(<u>采购员号</u>，姓名，性别，业绩)
货物(<u>货物代码</u>，名称，型号，库存量)
采购(<u>采购单号</u>，数量，单价，日期，供应商号，采购员号，货物代码)

6. 自联系到关系模式的转化

自联系指同一个实体集内部实体之间的联系，也称为一元联系。例如一个公司的所有员工组成的实体集中，员工中存在领导与被领导这样的联系，先假设是 1∶n 联系，如图 2-8 所示。

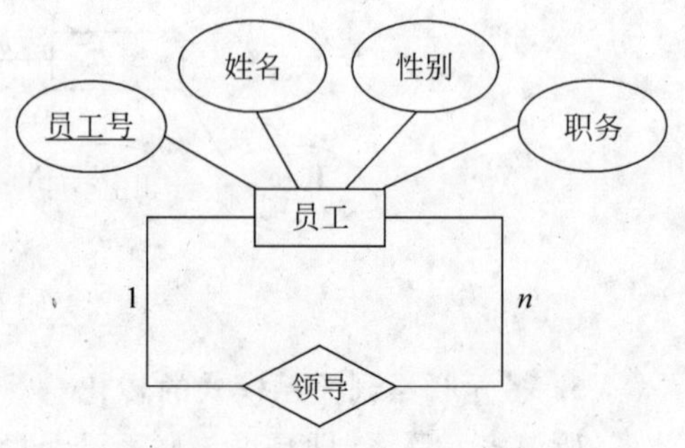

图 2-8　自联系到关系模式的转化

对于自联系，要分清实体在联系中的身份，其余的情况与一般二元关系相同，对图 2-8 中的 E-R 图转化为关系模式如下：

员工(<u>员工号</u>，姓名，性别，职务，领导员工号)

在领导联系中，如果是 m∶n 联系，即一个员工有多个领导，而一个员工也可以是其他员工的领导，这时得到的关系模式为：

员工(<u>员工号</u>，姓名，性别，职务)
领导(<u>领导员工号</u>，<u>被领导员工号</u>)

领导联系究竟是 1∶n 联系还是 m∶n 联系，由实际应用系统的要求确定。

2.5.3　数据库设计实例

教学管理系统对学生选课、教师授课等教学活动进行管理，还能提供教师和学生信息查询等功能，其 E-R 图如图 2-9 所示。

系统 E-R 图涉及以下 6 个实体(各个实体的属性不一定全部列出)。

(1) 学生(学号，姓名，性别，出生年月)。

(2) 课程(课程号，课程名，学分)。

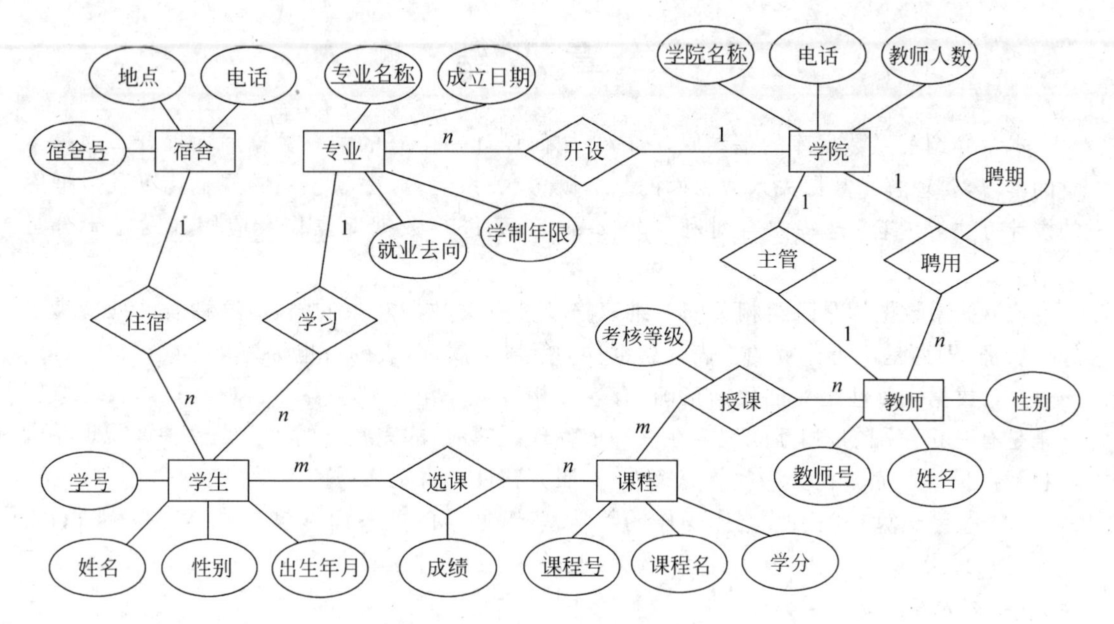

图 2-9　教学管理系统 E-R 图

(3) 教师(教师号,姓名,性别)。

(4) 宿舍(宿舍号,地点,电话)。

(5) 专业(专业名称,成立日期,学制年限,就业去向)。

(6) 学院(学院名称,电话,教师人数)。

实体之间涉及以下 7 个联系,其中有 1 个 1∶1 联系,4 个 1∶n 联系,2 个 m∶n 联系。

(1) 学生与课程的联系是多对多的联系(m∶n)。

(2) 专业与学生的联系是一对多的联系(1∶n)。

(3) 宿舍与学生的联系是一对多的联系(1∶n)。

(4) 教师与课程的联系是多对多的联系(m∶n)。

(5) 学院与教师的联系是一对多的联系(1∶n)。

(6) 学院主管与学院的联系是一对一的联系(1∶1)。

(7) 学院与专业的联系是一对多的联系(1∶n)。

将 6 个实体以及 2 个 m∶n 联系转化成 8 个关系模式,具体结构如下:

(1) 学生(<u>学号</u>,姓名,性别,出生年月,宿舍号,专业名称)。

(2) 课程(<u>课程号</u>,课程名,学分)。

(3) 选课(<u>学号</u>,<u>课程号</u>,成绩)。

(4) 教师(<u>教师号</u>,姓名,性别,聘期,学院名称)。

(5) 授课(<u>教师号</u>,<u>课程号</u>,考核等级)。

(6) 学院(<u>学院名称</u>,电话,教师人数,学院主管的教师号)。

(7) 宿舍(<u>宿舍号</u>,地点,电话)。

(8) 专业(<u>专业名称</u>,成立时间,学制年限,就业去向,学院名称)。

本章小结

本章介绍关系数据库的基本原理，围绕如何设计一个好的关系数据库而展开。通过本章的学习，要理解和掌握关系数据库的基本概念、关系运算、关系模式的规范化以及数据库的设计方法等内容，这些内容对利用 Access 2007 进行数据库操作及应用开发是十分必要的。

(1) 关系数据库是一组相关的二维表格及其有关数据对象的集合，这种表的列应满足原子特征，即列是不可分解的。表的列也称为字段或属性，表的行也称为元组或记录。

(2) 数据完整性是保证数据正确、有效并相容的一组规则。各种客观对象的属性取值本来是有一定范围的，相互间也存在一种依赖现象，数据的完整性约束只是这种客观现象的一种数据描述。完整性分为实体完整性、参照完整性和自定义完整性 3 种。

(3) 关系运算是关系数据库操作的数学基础，通常的关系运算包括并、交、差、乘积、连接、选择、投影、除法 8 种，其中连接、选择、投影、除法 4 种运算是在关系数据库技术中专门定义的，称为专门关系运算。

(4) 不好的关系模式存在数据冗余、插入异常、删除异常等许多问题，因此需要对关系模式进行规范化处理，基本方法是对关系模式进行分解。判断一个关系模式是否存在异常的标准是范式，有多个规范化程度不同的范式标准。范式的理论基础是属性间的函数依赖。1NF 要求属性值是原子值，2NF 消除了非主属性对候选关键属性的局部函数依赖，3NF 消除了非主属性对候选关键属性的传递函数依赖，BCNF 消除了每一属性对候选关键属性的传递函数依赖。

(5) 数据库应用系统开发有两个任务，一是数据库的设计；二是应用程序的开发。数据库设计是数据库应用系统开发的基础环节，它必须适应数据处理的要求，以保证大多数常用的数据处理能够方便、快速地进行。

数据库设计一般分为需求分析、概念设计、逻辑设计、物理设计、实施与维护等阶段。其中重点部分是概念设计和逻辑设计，常用 E-R 图作为概念模型设计工具，再按照一定规则从 E-R 模型转换为关系模型。

习　题　2

1. 选择题

(1) 关于关系数据库技术，下列叙述正确的是(　　)。

A. 关系模型早于层次和网状模型问世

B. 二维表格行列交叉点既可以存储一个基本数据，也可以存储另一个表格

C. 关系的一个属性对应现实世界中的一个客观对象

D. 关系代数中的并、交、减、乘积运算实际上就是对关系的元组所实行的同名集合运算

(2) $A \cap B$ 正确的替代表达式是(　　)。

A. $A-(A-B)$　　B. $A \cup (A-B)$　　C. $\pi_B(A)$　　D. $A-(B-A)$

(3) 下列叙述中正确的是(　　)。

A. 设 $A \to B$ 是 $R(A,B,C,D)$ 的一个函数依赖关系,为节约存储空间,可以在 R 中不存储属性 B

B. 某些关系没有候选关键字

C. 属性依赖关系 $A \to B$ 是说当 B 的属性值确定后,A 的属性值也随之确定

D. 若属性组合 (A,B) 是关系 R 的候选关键字,则 A、B 间没有函数依赖关系

(4) 在关系模式 $R(A,B,C)$ 中,存在函数依赖关系 $\{A \to C, C \to B\}$,则关系模式 R 最高可以达到(　　)。

A. 1NF　　　B. 2NF　　　C. 3NF　　　D. BCNF

(5) 关于关系规范化,下列叙述中正确的是(　　)。

A. 规范化是为了保证存储在数据库中的数据正确、有效、相容的一组规则

B. 规范化是为了提高数据查询速度的一组规则

C. 规范化是为了解决数据库中数据的插入、删除、修改异常等问题的一组规则

D. 各种规范化范式各自描述不同的规范化要求,彼此没有关系

2. 填空题

(1) 关系的属性不能进一步分解,这一性质称为属性的________。

(2) 为实现实体间的联系,建立关系模式时需要使用________。

(3) 数据完整性包括________、________和________。

(4) 设教师关系模式为 Teacher(编号,姓名,出生年月,职称,从事专业,研究方向),从 Teacher 关系中查询该校所有教授的情况应使用________关系运算。

(5) 设关系模式 $R(A,B,C,D)$,$(A,B) \to C$,$A \to D$ 是 R 的函数依赖关系,并且 $A \to C$、$B \to C$、$A \to B$、$B \to A$ 均不成立,则 R 的候选关键属性是________,为使 R 满足 2NF,应将 R 分解为________和________。

3. 问答题

(1) 解释下列概念。

① 元组、属性、记录、字段。

② 候选关键字、主关键字、外部关键字、主属性、非主属性。

③ 关系、关系模式、关系模型。

④ 函数依赖、完全函数依赖、部分函数依赖、直接函数依赖、传递函数依赖。

⑤ 1NF、2NF、3NF、BCNF。

(2) 设 $R(A,B,C)=\{(a_1,b_1,c_1),(a_2,b_2,c_1),(a_3,b_2,c_3)\}$,$S(A,B,C)=\{(a_2,b_2,c_2),(a_3,b_3,c_4),(a_1,b_1,c_1)\}$,计算 $R \cup S$、$R \cap S$、$R-S$ 和 $\pi_{(A,B)}(R)$。

(3) 设有关系模式 R(编号,姓名,出生年月,专业,班级,辅导员),完成下列各题:

① 写出 R 的所有函数依赖关系。

② 写出 R 的候选关键字。

③ R 是 3NF 吗?若不是,对其进行分解。

(4) 为什么要进行关系模式的分解?分解的依据是什么?

(5) 简述将 E-R 模型转换成关系模型的方法。

4. 应用题

将图 2-10 所示的科研管理 E-R 图转化为关系模型，并对结果进行规范化处理，并利用建立的关系模式，写出：

(1) 每个关系的关键字，如果有外部关键字，写出外部关键字。

(2) 查询某人参加了哪些科研项目的关系运算。

(3) 查询某个科研项目的全体参与人员的关系运算。

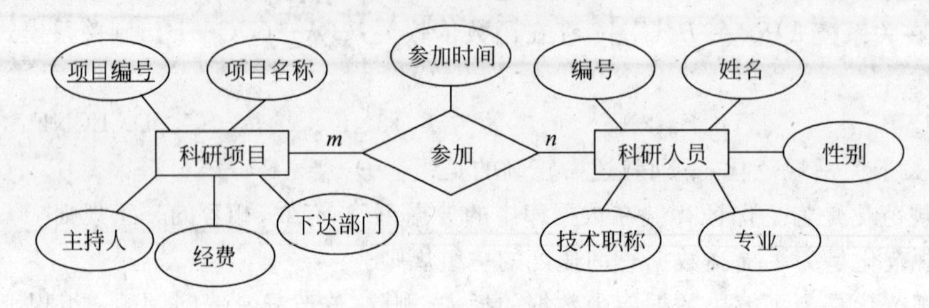

图 2-10 科研管理 E-R 图

第3章 Access 2007 操作基础

Access 是 Microsoft Office 办公系列软件的重要组成部分，适用于小型数据管理，人称桌面关系数据库管理系统。Access 2007 除了继承和发扬以前 Access 版本功能全面、界面友好、操作方便的优点外，在界面和功能方面发生了很大变化，能帮助用户更加高效地完成数据处理任务，很受用户欢迎。本章首先介绍 Access 的发展、特点以及 Access 2007 的新增功能，然后介绍 Access 2007 的操作环境。

3.1 Access 2007 概述

Access 诞生于 20 世纪 90 年代初期，历经多次升级改版，其功能越来越强，操作越来越方便。尤其是 Access 与 Microsoft Office 系列软件的高度集成以及风格统一的操作界面，使得初学者更加容易掌握，这也使得 Access 成为一种合适教学用的数据库操作环境。

3.1.1 Access 的发展

1992 年 11 月 Microsoft 公司发行了关系数据库管理系统 Microsoft Access 1.0，从此，Access 经历了版本不断更新、功能不断加强的发展过程。

刚开始时，Microsoft 公司是将 Access 单独作为一个产品进行发布的，自 1995 年起，Access 成为 Microsoft Office 95 办公系列软件的一部分。Access 95 是世界上第一个 32 位关系数据库管理系统，使得 Access 的应用得到了普及和继续发展。

1997 年，Access 97 发布。它的最大特点是在 Access 数据库中开始支持 Web 技术，从而使得 Access 数据库从桌面应用拓展到网络应用。

21 世纪初，Microsoft 公司发布 Access 2000，这是 Microsoft 公司桌面数据库管理系统的第 6 代产品，也是 32 位 Access 的第 3 个版本。至此，Access 在桌面关系数据库领域的普及已经跃上了一个新台阶。

2003 年，Microsoft 公司正式发布了 Access 2003，这是继 Access 2002 后发布的版本，它在继承了以前版本的优点外，又新增了一些实用功能。

2007 年 1 月，Microsoft 公司又推出了 Microsoft Office 2007 套件，Access 2007 是其中的重要成员。

从 Microsoft Office 2003 起，Microsoft 公司将 Microsoft Office 改称 Microsoft Office System，原来的 Office 只是 Microsoft Office System 的核心部分，除此之外还包括相应版本的其他程序和服务器产品。所以，Microsoft Office 2003 版和 Microsoft Office 2007 版包含了很多组件，而数据库管理系统 Access 是其重要的组件，在通用的办公事务管理中发挥重

要的作用。

3.1.2 Access 的特点

Access 的不断发展，已经展示出它易于使用和功能实用的特性。无论是对于有经验的数据库设计人员还是那些刚刚接触数据库管理系统的初学者，都会发现 Access 所提供的各种工具既方便又实用，同时还能够获得高效的数据处理能力。

Access 具有以下优点。

(1) 存储方式单一。Access 管理的对象有表、查询、窗体、报表、宏和模块等，这些对象都存放在一个数据库文件中，便于用户的操作和管理。

(2) 界面友好、易于操作。Access 是一个可视化工具，界面风格与 Windows 完全一样，用户创建对象并实现各种操作，只要在可视化界面下使用鼠标进行操作即可，非常直观方便。系统还提供了各种向导和生成器工具，大大提高了开发人员的工作效率，使得建立数据库、创建表、设计数据查询、报表打印等变得非常方便。

(3) Access 支持开放数据库互连(Open Database Connectivity，ODBC)，利用 Access 强大的动态数据交换(Dynamic Data Exchange，DDE)和对象链接与嵌入(Object Linking and Embedding，OLE)特性，可以在一个数据表中存储多媒体数据，包括文本、声音、图像和视频等，还可以建立动态的数据库报表和窗体等。Access 还可以将程序应用于网络，并与网络上的动态数据相连接。

Access 作为一种小型桌面数据库管理系统，只适合数据量较少的应用，在处理少量数据和单机访问的数据库时是较好的选择，效率也较高。但是当同时访问的客户端个数较多时，其并发能力受到限制。Access 数据库大小也有一定的极限，如果数据量过大，其性能会急剧下降。所以，Access 无论是在数据库功能上，还是在处理海量数据的效率、后台开发的灵活性、可扩展性等方面都受到一些局限，但从遵循循序渐进的学习规律上讲，选择 Access 作为教学的实践环境是很合适的，因为数据库的一些基本概念和基本操作是相通的，通过学习 Access 将为进一步学习 SQL Server、Oracle 等大型数据库管理系统打下良好基础。

3.1.3 Access 2007 的新增功能

Access 2007 除了保持原来版本的优点之外，还新增了许多新的功能。

1. 全新的用户界面

Access 2007 提供了全新的用户界面，能帮助用户提高操作效率。Access 2007 使用一个称为功能区的标准区域，该区域包含按特征和功能组织的命令组。功能区代替了在 Access 以前版本中的多级菜单和工具栏。使用功能区可以更快地找到相关命令组。例如，使用功能区中的“创建”选项卡可以快速创建表、窗体、报表、查询和宏等对象。

2. 方便实用的模板

Access 2007 提供了用于创建数据库、表和字段的模板，可帮助用户快速创建新的数据库对象以及使用数据。

Access 2007 包括一套经过专业化设计的数据库模板，在 Access 2007 主界面打开某一模板，就可以快速创建数据库。每个模板中包含预定义的表、窗体、报表、查询和宏等对象。这些模板一旦打开即可立即使用，这样，用户就可以快速开始工作。

Access 2007 包括数据库中常用表的表模板。例如,可以使用“联系人”表模板将“联系人”表添加到数据库中。该表已经包括常用的字段名,字段属性也已设置,这样,立刻就可以使用该表。

字段模板是一些预定义字段,每个模板都带有字段名称、数据类型、长度和预设属性。可以将需要的字段直接从“字段模板”窗格拖到数据表上。

3. 扩充的数据管理功能

Access 2007 扩充了用于数据库的各项管理功能,使得操作更为方便高效。例如,新增的 Access 2007 自动筛选功能使得用户可以快速将焦点放在所需的数据上,可以从列中的唯一值中进行选择。新增的“附件”数据类型允许在数据库中存储所有类型的文档和二进制文件,而不会使数据库大小进行不必要的增长。如果可能,Access 2007 会自动压缩附件,以占用最小的存储空间。

又如,新增的报表视图和布局视图允许用户交互式地处理窗体和报表。使用报表视图,无需打印或预览便可以浏览精确呈现的报表。若要将焦点放在特定记录上,可以使用筛选功能,或使用查找功能来搜索匹配的文本。可以使用复制命令将文本复制到剪贴板上,或单击报表中显示的活动超链接以在浏览器中打开链接。报表视图增加了浏览功能,而使用布局视图可以在浏览时更改设计。可以在查看窗体或报表中的数据的同时使用布局视图进行许多常用的设计更改。例如,可以通过从新增的“字段列表”窗格中拖动字段名添加一个字段,或通过使用属性表更改属性。布局视图支持新的堆叠式和表格式布局。这些布局是一系列控件组,可以将它们作为一个整体操作,这样就可以很容易地重排字段、列、行或整个布局。还可以在布局视图中删除字段或添加格式。

4. 新的共享数据和展开协作的方式

通过使用 Access 2007 的新的协作功能,可以更有效地收集来自他方的信息,并在 Web 上共享信息。Access 2007 以各种方式与 Windows SharePoint Services 集成,从而可帮助用户利用 Windows SharePoint Services 中众多的协作功能。

利用 Access 2007 中的新增功能,可以很容易地导入和导出数据。可以保存导入和导出操作,然后在下次需要执行相同任务时重新使用保存的操作。利用“导入数据表向导”,可以覆盖 Access 选择的数据类型,并且可以导入、导出为新的 Office Excel 2007 文件格式或链接到这些文件格式。

3.2 Access 2007 的启动与退出

3.2.1 Access 2007 的安装与启动

1. Access 2007 的安装

在使用 Access 2007 之前,首先要安装 Access 2007 系统。其安装过程非常简单,只要运行 Microsoft Office 2007 安装盘上的 setup. exe 文件来启动安装过程,然后按照系统提示,一步步进行操作即可。安装完成后,就可以使用 Access 2007 了。

2. Access 2007 的启动

与 Windows 平台其他软件的启动方法类似,Access 2007 的启动方法有多种。常用的方法有两种。

方法 1：在 Windows 桌面单击“开始”按钮，然后依次选择“所有程序”→Microsoft Office→Microsoft Office Access 2007 命令选项。

方法 2：先在 Windows 桌面建立 Access 2007 的快捷方式，然后双击快捷方式图标。

启动 Access 2007 之后，屏幕显示 Access 2007 主界面，如图 3-1 所示。此外，双击 Access 2007 数据库文件图标也能启动 Access 2007，但这时进入的界面是 Access 2007 数据库窗口。

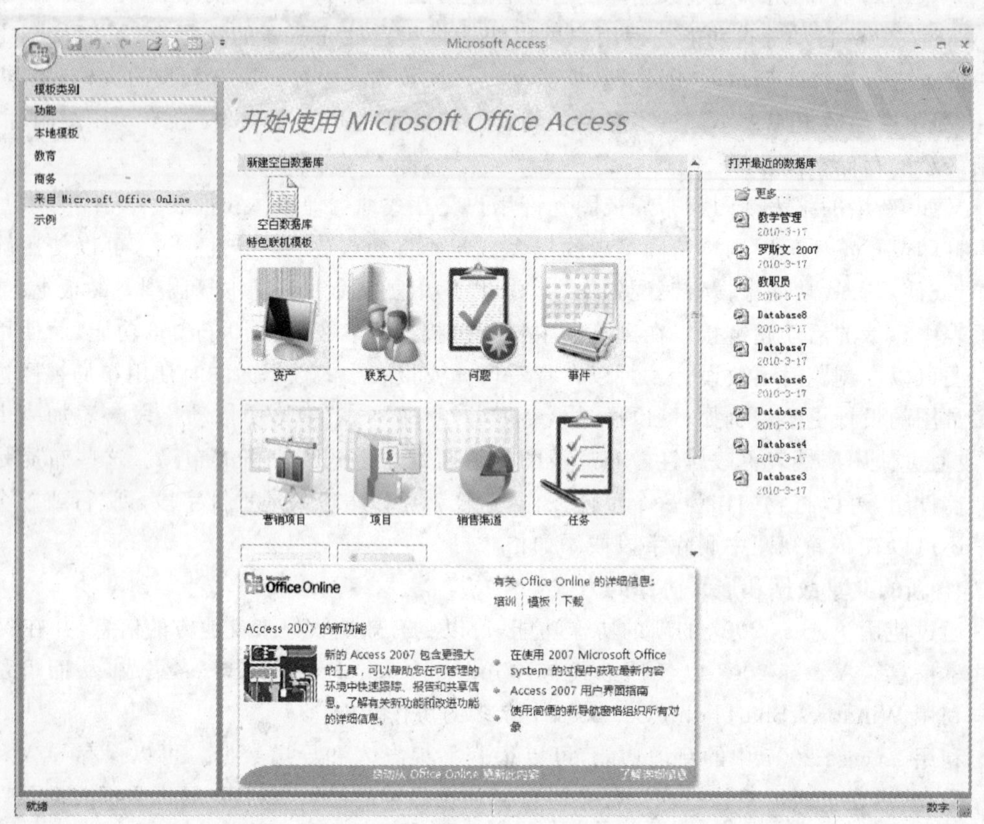

图 3-1　Access 2007 主界面

3.2.2　Access 2007 主界面的组成

启动 Access 2007 后首先出现的窗口称为 Access 2007 的主界面，其中位于窗口顶端的是标题栏，用来显示当前应用程序的名称，即 Microsoft Access。标题栏右端有 3 个按钮，分别用来控制窗口的最小化、最大化/还原和关闭。Access 2007 的主界面的其他界面元素反映了 Access 2007 界面设计的新特点。

1. Office 按钮

Access 2007 主界面的左上角有一个 图标，称为 Office 按钮，单击该按钮会弹出一个以数据库文件为操作对象的菜单，包括新建、打开、保存等命令，还有“Access 选项”和“退出 Access”两个按钮，如图 3-2 所示。在该菜单中选择各种命令可实现相应的操作，同时在菜单命令的右侧列出了最近使用的文档名称，单击其中的任意一个文档名称即可将其打开。单击其中的“Access 选项”按钮将打开“Access 选项”对话框，可用于设置 Access 2007 的操作环境。

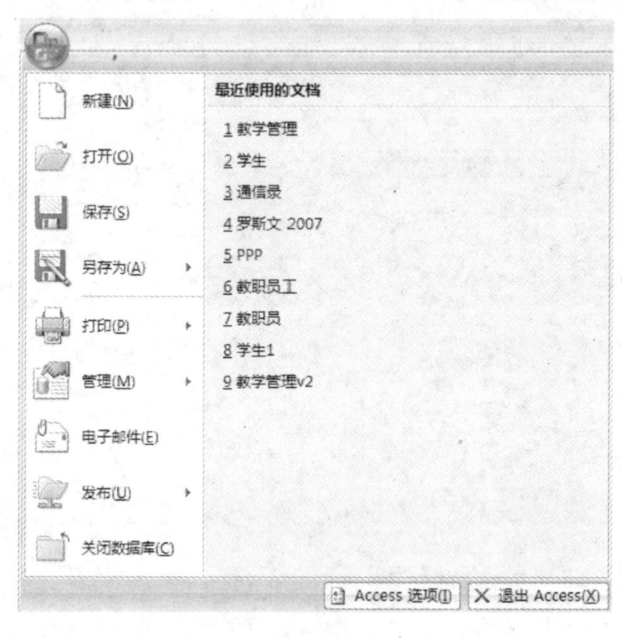

图 3-2　Office 按钮菜单

2. 快速访问工具栏

在 Office 按钮的右边是快速访问工具栏。默认命令集包括那些经常使用的命令，如保存、撤销、恢复等，如图 3-3 所示。

图 3-3　默认的快速访问工具栏

可以自定义快速访问工具栏，以便将经常使用的命令加入其中。还可以选择显示该工具栏的位置和最小化功能区。

单击快速访问工具栏右侧的下拉箭头，将弹出“自定义快速访问工具栏”菜单，如图 3-4 所示。选择“其他命令”菜单项，弹出“Access 选项”对话框中的“自定义快速访问工具栏”界面，如图 3-5 所示。在其中选择要添加的一个或多个命令，然后单击“添加”按钮。若要删除命令，在右侧的列表中选择该命令，然后单击“删除”按钮。也可以在列表中双击该命令实现添加或删除。完成后单击“确定”按钮。

添加了若干命令按钮后的自定义快速访问工具栏如图 3-6 所示。在“自定义快速访问工具栏”设置界面中单击“重设”按钮，可以将快速访问工具栏恢复到默认状态。

也可以在 Office 按钮菜单中单击“Access 选项”按钮，然后在弹出的“Access 选项”对话框的左侧窗格中选择“自定义”选项进入“自定义快速访问工具栏”设置界面。

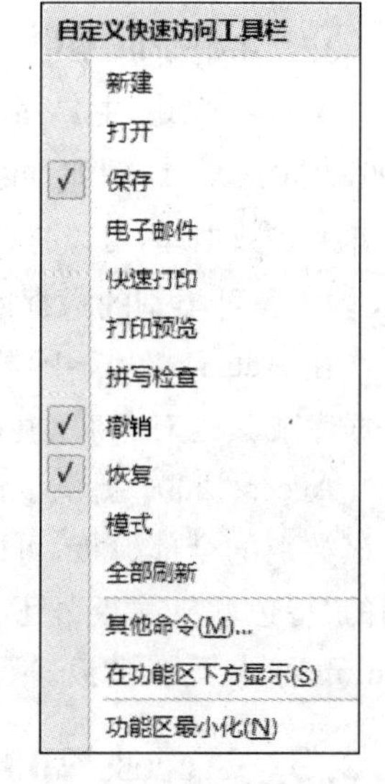

图 3-4　“自定义快速访问工具栏”菜单

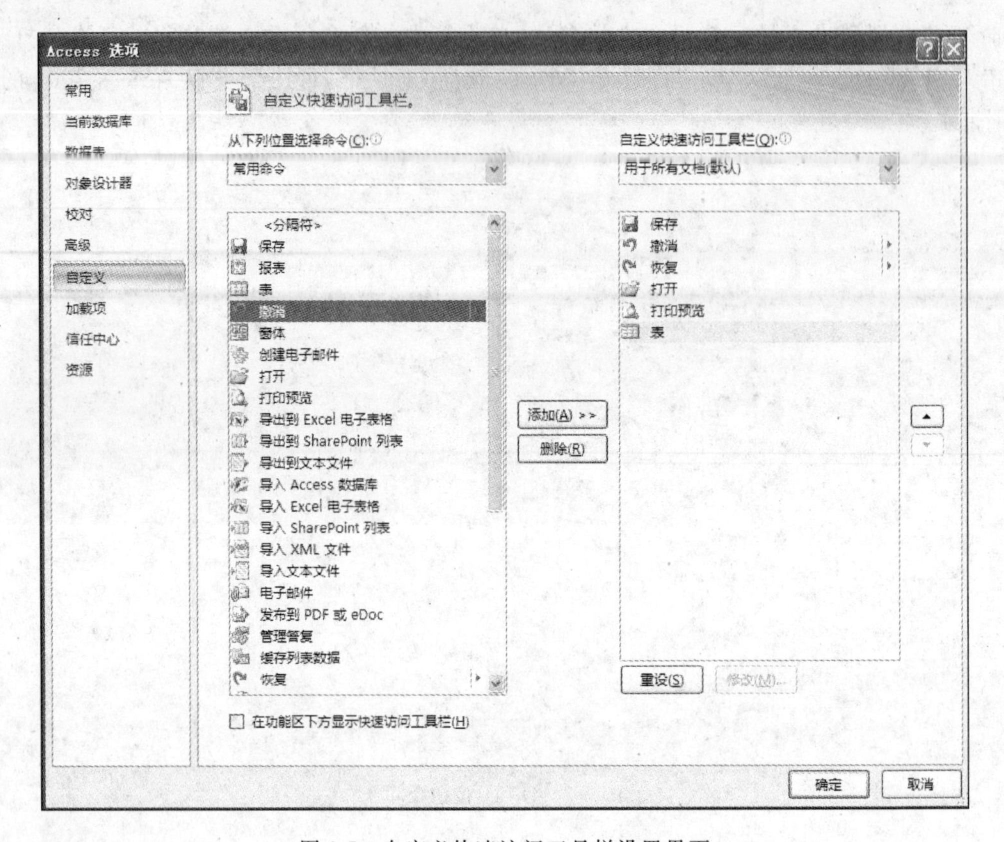

图 3-5　自定义快速访问工具栏设置界面

图 3-6　自定义快速访问工具栏

3. “开始使用 Microsoft Office Access”页面

Access 2007 主界面的“开始使用 Microsoft Office Access”页面显示开始使用 Access 2007 时的操作。例如，可以创建一个新的空白数据库或通过模板创建数据库。如果之前已经打开某些数据库，可以打开最近的数据库，也可以单击 Office 按钮，使用菜单打开数据库。

4. 各种类别的数据库模板

在 Access 2007 中，模板是一个预先设计的数据库、表、窗体或报表的样板。在创建新数据库或其他对象时，模板可为用户提供一个更快捷的入门途径。

Access 2007 提供了许多模板，在主界面的左侧可以选择模板类别，在中间部分则列出了该类别的全部模板，可以从中选择所需模板并利用模板创建数据库。例如“功能”模板类别的“特色联机模板”，还有“本地模板”、“教育”或“商务”模板等，也可以从 Microsoft Office Online 下载更多模板。

3.2.3　Access 2007 的退出

要退出 Access 2007 的运行，有两种常用的方法。

方法 1：单击 Office 按钮 ，弹出 Office 按钮菜单，再单击菜单右下角的“退出 Access”按钮。

方法 2：单击 Access 2007 工作窗口右上角的“关闭”按钮 。

注意：在 Office 按钮菜单中选择“关闭数据库”命令，只是关闭了数据库而并未关闭 Access 2007 系统。如果当前没有打开的数据库文件，则该命令呈灰色，表示不可用。

3.3 Access 2007 数据库窗口

在创建或打开 Access 2007 数据库文件时，出现如图 3-7 所示的 Access 2007 数据库窗口，除 Office 按钮、快速访问工具栏外，还有功能区、导航窗格、选项卡式文档、编辑区、状态栏、帮助按钮等图形元素，其中最重要的是功能区和导航窗格。功能区中有多个选项卡，这些选项卡合理地将相关命令组合在一起。位于数据库窗口左侧的导航窗格用于查看和管理数据库对象。

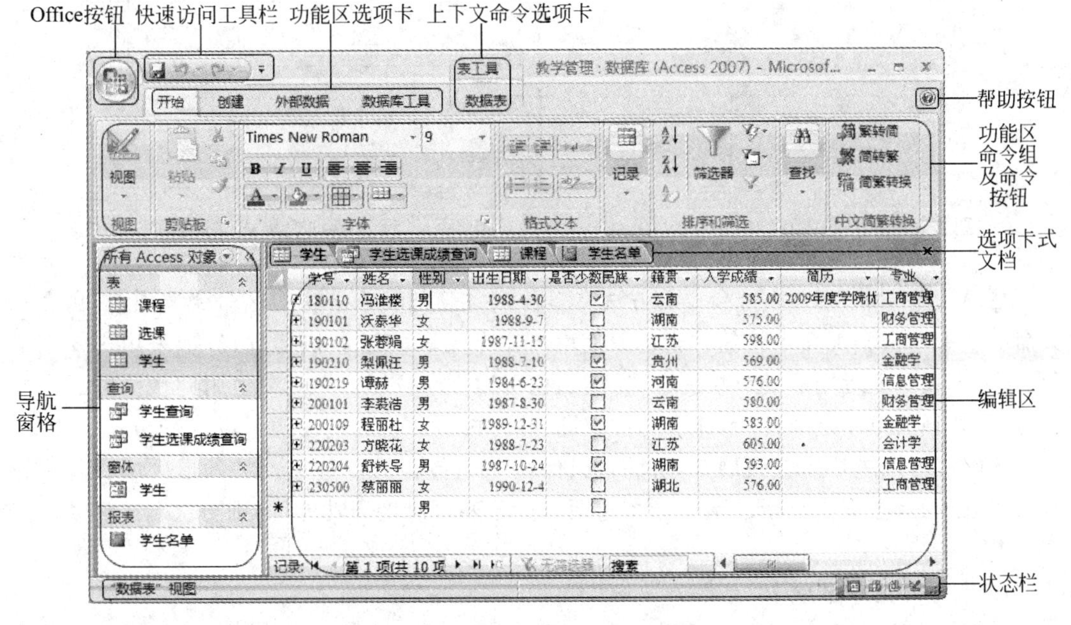

图 3-7 Access 2007 数据库窗口

3.3.1 功能区

在 Office 2007 以前的版本中，菜单和工具栏是主要的界面元素，而 Office 2007 用全新的功能区替代。功能区的主要特点是，将通常需要使用菜单、工具栏、任务窗格或其他用户界面组件才能显示的任务或入口点集中在一个地方。这样一来，用户只需在一个位置查找命令，而不用到处查找命令。

1. 功能区的组成与操作

打开数据库时，功能区显示在 Access 2007 数据库窗口的顶部，它由选项卡、命令组和各组的命令按钮 3 部分组成，单击选项卡名称可以打开此选项卡所包含的命令组和相应的命令按钮，图 3-8 所示是在"创建"选项卡中的"表"命令组中选择"表设计"命令按钮。

在 Access 2007 中，主要的命令选项卡包括"开始"、"创建"、"外部数据"和"数据库工具"，每个选项卡都包含多组相关命令。例如，在"开始"选项卡中，从左至右依次为"视图"、"剪贴板"、"字体"、"格式文本"、"记录"、"排序和筛选"、"查找"和"中文简繁转换"命令组，每组中又有若干个命令按钮(参见图 3-7)。另外，有些命令组的右下角有一个"对话框启动器"按钮，单击该按钮可以打开相应的对话框或任务窗格。例如，在数据表视图下单击"开始"选项卡，再单击"字体"命令组右下角的"对话框启动器"按钮，将打开"设置数据表格式"对话框，如图 3-9 所示，在其中可以设置数据表的格式。

图 3-8　Access 2007 功能区

图 3-9　"设置数据表格式"对话框

在 Access 2007 中，执行命令的方法有多种。一般可以单击功能区命令选项卡，再在相关命令组中单击相关命令按钮。也可以使用与命令关联的键盘快捷方式，如果用户知道早期 Access 版本中所用的键盘快捷方式，那么也可以在 Access 2007 中使用此快捷方式。此外，按下并释放 Alt 键，将显示命令的访问键，此时按下所提示的键也可以执行相应的命令。

功能区可以进行折叠或展开，折叠时只保留一个包含命令选项卡的条形区域。若要折叠功能区，则双击突出显示的活动命令选项卡。若要再次展开功能区，则再次双击活动命令选项卡。

2. 上下文命令选项卡

上下文命令选项卡就是根据用户正在使用的对象或正在执行的操作的不同而出现的命令选项卡。例如，如果在设计视图中打开一个表，则出现"表工具 设计"上下文选项卡，其中将包含仅在该视图中使用表时才能应用的命令，如图 3-10 所示。

图 3-10　表工具下的"设计"选项卡

此外，在查询设计视图中有“查询工具 设计”选项卡，在窗体设计视图中有“窗体设计工具 设计”和“窗体设计工具 排列”选项卡，在报表设计视图中有“报表设计工具 设计”、“报表设计工具 排列”和“报表设计工具 页面设置”选项卡。关于视图方式的切换和不同对象的设计视图将在后面各章详细介绍。

3.3.2 导航窗格

导航窗格是 Access 2007 新增的一项功能，它取代了早期 Access 版本中所使用的数据库窗口，在打开数据库或创建新数据库时，数据库对象的名称将显示在导航窗格中，包括表、查询、窗体、报表等。在导航窗格可实现对各种数据库对象的操作，详细操作方法将在 4.3.2 节中介绍。

1. 打开数据库对象

若要打开数据库对象，则在导航窗格中，双击该对象。或在导航窗格中，选择对象，然后按 Enter 键。或在导航窗格中，右击对象，在快捷菜单中选择菜单命令。快捷菜单中的命令因对象类型而不同。

2. 显示或隐藏导航窗格

单击“导航窗格”右上角的“百叶窗开/关”按钮 « 或按 F11 键，将隐藏导航窗格。若要再显示导航窗格，则单击“导航窗格”条上面的“百叶窗开/关”按钮 »。

要在默认情况下禁止显示导航窗格，则单击 Office 按钮，然后单击“Access 选项”按钮，将出现“Access 选项”对话框，如图 3-11 所示。在左侧窗格中单击“当前数据库”选项，然后在“导航”区域清除“显示导航窗格”复选框，最后单击“确定”按钮。

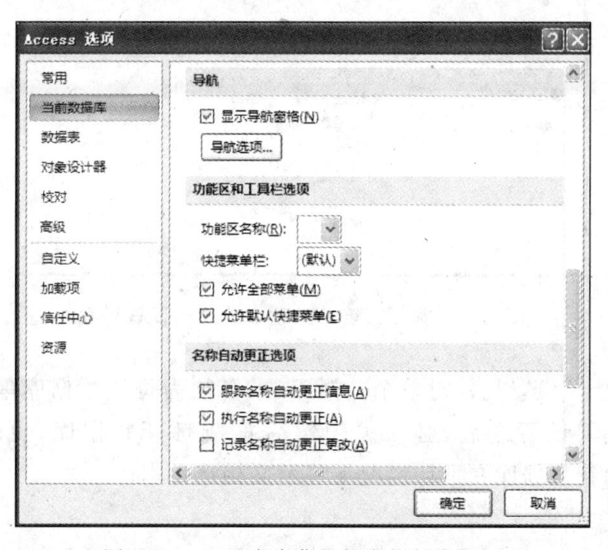

图 3-11 显示或隐藏导航窗格设置界面

3.3.3 其他界面元素

1. 选项卡式文档

启动 Access 2007 后，可以用选项卡式文档代替原来 Access 版本中的重叠窗口来显示数据库对象，如图 3-12 所示。单击选项卡中不同的对象名称，可切换到不同的对象编辑界面。右击选项卡,将弹出快捷菜单,选择其中的相应命令可以实现对当前数据库对象的各种操作,如保存、关闭以及视图切换等。

选课 | 学生 | 男生信息查询 | 学生年龄查询 | 学生查询

学号	姓名	性别	出生日期	是否少数民族	籍贯	入学成绩
180110	冯淮楼	男	88-04-30	☑	云南	585.00
190210	梨佩汪	男	88-07-10	☑	贵州	569.00
190219	谭赫	男	84-06-23	☑	河南	576.00
200101	李荟浩	男	87-08-30	☐	云南	580.00
220204	舒铁导	男	87-10-24	☑	湖南	593.00
*		男		☐		

记录: 第1项(共5项) 无筛选器 搜索

图 3-12 选项卡式文档界面

通过设置 Access 选项可以启用或禁用选项卡式文档。如图 3-13 所示,在“Access 选项”对话框的左侧窗格中单击“当前数据库”选项,在“应用程序选项”区域的“文档窗口选项”下,选中“选项卡式文档”单选按钮,并选中“显示文档选项卡”复选框。若清除复选框,则文档选项卡将关闭。设置后单击“确定”按钮。

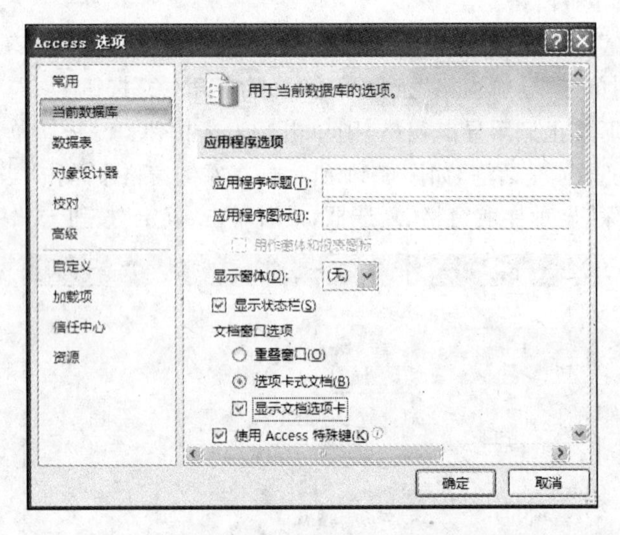

图 3-13 显示或隐藏选项卡式文档设置界面

“显示文档选项卡”设置是针对单个数据库的,必须为每个数据库单独设置此选项。更改“显示文档选项卡”设置之后,必须关闭然后重新打开数据库,更改才能生效。使用 Access 2007 创建的新数据库在默认情况下显示文档选项卡。

2. 编辑区

编辑区用来显示或编辑所选择的对象,编辑区的最下面是记录定位器,其中显示共有多少条记录,当前编辑的是第几条,Access 2007 还增加了搜索功能。

3. 状态栏

状态栏是位于 Access 2007 窗口底部的条形区域,右侧是各种视图切换按钮,单击各个按钮可以快速切换视图状态,左侧显示了当前视图状态。状态栏也可以启用或禁用,参见图 3-13 中的“显示状态栏”复选框的设置。

4. 获取帮助

在使用 Access 2007 的过程中,如有疑问,可以按 F1 键或单击功能区右侧的帮助按钮 获取帮助。在进入 Access 帮助界面后,可以根据目录或关键字查找帮助信息。

3.4 Access 2007 的数据库对象

Access 2007 将数据库定义为一个扩展名为.accdb 的文件,并包括 6 种不同的对象,它们是表、查询、窗体、报表、宏和模块。不同的数据库对象在数据库中起着不同的作用,其中表用于存放数据库中的全部数据,查询用于检索符合指定条件的数据,窗体用于浏览表中的数据,报表用于显示或打印数据,宏可以使某些操作自动完成,模块可以实现复杂的功能。开发一个 Access 数据库应用系统首先要创建一个 Access 数据库文件,然后往其中添加各种数据库对象,其中表是最基本的对象,其他对象都是在表的基础上根据系统功能需求而创建的。

1. 表

表(Table)又称数据表,是数据库中用来存储数据的对象,也是创建其他对象的基础。Access 允许一个数据库中包含多个表,可以在不同的表中存储不同实体的数据。通过在表之间建立关系,可以将不同表中的数据联系起来,以便操作使用。

Access 中的一个表对象与日常工作中的一个二维表格相对应,表中的列称为字段,字段是数据信息的最基本载体,说明了实体在某一方面的属性。表中的行称为记录,记录由一个或多个字段组成,一条记录就是一个完整的实体信息。每个表都必须有主关键字,其值能唯一标识一条记录。表可以建立索引,以加速数据查询。

2. 查询

建立数据库的主要目的是存储和提供信息,在输入数据后,可以立即从数据库中获取信息,也可以在以后需要时再获取这些信息。查询(Query)是按照一定的条件或准则从一个或多个表中筛选出所需要的数据,形成一个动态数据集。这个动态数据集给出用户希望同时看到的来自一个或多个表中的字段值,并在一个虚拟的数据表窗口中显示出来。将查询保存为一个数据库对象后,就可以随时查询数据库中的数据。

可以浏览、查询、打印甚至可以修改这个动态数据集中的数据,Access 会自动将所做的任何修改反映到对应的表中。执行某个查询后,用户可以对查询的结果进行编辑或分析,并可将查询结果作为其他数据库对象的数据源。

查询到的数据记录集合称为查询的结果集,结果集也以二维表格的形式显示出来,但它们不是基本表。每个查询只记录该查询的查询操作方式,这样,每进行一次查询操作,其结果集显示的都是基本表中当前存储的实际数据,它反映的是查询的那一个时刻数据表的存储情况。

使用查询可以按照不同的方式查看、更改和分析数据,也可以将查询作为窗体、报表的数据源。

查询对象的运行结果与表对象的显示形式完全相同,但它只是表对象中数据的某种提取与显示,本身并不包含任何数据,其数据均来源于表中。

3. 窗体

窗体也称表单(Form),提供了一种交互式的图形界面,用于数据的输入、浏览及应用程序的执行控制。在窗体中可以运行宏和模块,以实现更加复杂的功能。

可以设置窗体所显示的内容,还可以添加筛选条件决定窗体中所要显示的内容。窗体显示的内容可以来自一个表或多个表,也可以是查询的结果。还可以使用子窗体来显示多个数据表。

窗体和它所依据的表或查询是相互作用的。当更改了表或查询中的数据时,窗体所显示的数据也随之变化。同样,如果在窗体中更改了数据,与之相关联的表或查询也会相应改变。

4. 报表

报表(Report)用于将选定的数据信息进行格式化显示和打印。报表可以基于某一数据表,也可以基于某一查询结果,这个查询结果可以是在多个表之间的关系查询结果集。报表在打印之前可以预览。另外,报表也可以进行计算,如求和、求平均值等。在报表中还可以加入图表。

报表与它所依据的表或查询不是相互作用的。也就是说,当更改了表或查询中的数据时,报表中的数据不会随之改变。

5. 宏

宏(Macro)是一系列操作的集合,其中每个操作都能实现特定的功能,例如打开表、打开并执行查询、打开窗体、生成报表、修改记录等。当经常需要重复大量的操作时,利用宏可以简化这些操作,使大量的重复性操作自动完成,从而使管理和维护 Access 数据库更加简单。宏可以单独使用,也可以和窗体配合使用。

6. 模块

模块(Module)是用 Access 所提供的 VBA(Visual Basic for Application)语言编写的程序段。它的功能与宏类似,但它定义的操作比宏更精细、更复杂,用户可以根据自己的需要编写程序。模块有两种基本类型:类模块和标准模块。模块中的每一个过程都是一个函数过程或一个子程序。通过将模块与窗体、报表等 Access 对象结合使用,可以建立完整的数据库应用系统。

一般而言,使用 Access 不需编程就可以创建功能强大的数据库应用程序,但是使用 VBA,可以编写出功能更强、运行效率更高的数据库应用程序。

本章小结

本章围绕 Access 2007 的基本特点与操作环境而展开。通过本章的学习,要了解 Access 的特点,能够安装 Access 2007 系统并熟悉 Access 2007 的工作界面以及操作方法。特别要了解和熟悉 Access 2007 在界面设计上的新变化。

(1) Access 是 Microsoft Office 办公系列软件的重要组成部分,它具有存储方式单一、界面友好、易于操作、支持 ODBC 等优点。在处理少量数据和单机访问的数据库时是较好的选择,也是一种合适的教学用数据库操作环境。

(2) Access 2007 除了保持原来版本的优点之外,还新增了许多新的功能,包括全新的用户界面、方便实用的模板、扩充的数据管理功能、新的共享数据和展开协作的方式等。

(3) Access 2007 的安装、启动与退出方式和别的 Windows 程序类似。但由于其全新的用户界面,使得操作方式有所不同。

(4) 从 Windows 桌面选择“开始”按钮或双击 Access 2007 的快捷方式图标启动 Access 2007 之后(注意,不是双击 Access 2007 数据库文件图标),屏幕显示 Access 2007 主界面。Access 2007 主界面包括 Office 按钮、快速访问工具栏、“开始使用 Microsoft Office Access”页面等元素,创建、打开数据库的操作从这里开始。

(5) 在创建或打开 Access 2007 数据库文件时,出现 Access 2007 数据库窗口,其中主要的界面元素有功能区和导航窗格等。功能区是 Access 2007 的主要操作界面,它包括“开始”、“创建”、“外部数据”和“数据库工具”等选项卡。每个选项卡都包含多组相关命令,这些命令组展现了 Access 2007 的命令功能。导航窗格中显示数据库中所创建的对象的名称,便于用户操作。

(6) Access 2007 数据库包含 6 种不同的对象,它们是表、查询、窗体、报表、宏和模块。表是数据库的核心与基础,用于存放数据库中的全部数据。查询是以表为数据源,按照一定的条件从一个或多个表中筛选出所需要数据而形成的一个虚拟表。窗体是屏幕的显示窗口,用于进行数据的输入、浏览及应用程序的执行控制。报表是数据库中数据的输出形式之一,用于将选定的数据信息进行格式化显示和打印。宏是一系列操作的集合,其中每个操作都能实现特定的功能。模块是用 VBA(Visual Basic for Application)语言编写的程序段,要建立功能完善的 Access 数据库应用系统,VBA 编程是必不可少的。

习 题 3

1. 选择题

(1) Access 的数据库类型是(　　)。

A. 层次数据库　　B. 网状数据库　　C. 关系数据库　　D. 面向对象数据库

(2) Access 中表和数据库的关系是(　　)。

A. 一个数据库可以包含多个表　　B. 一个表只能包含两个数据库

C. 一个表可以包含多个数据库　　D. 数据库就是数据表

(3) 以下不是 Access 2007 数据库对象的是(　　)。

A. 查询　　B. 窗体　　C. 宏　　D. 组合框

(4) 在 Access 2007 中,随着打开数据库对象的不同而不同的操作区域称为(　　)。

A. 命令选项卡　　B. 上下文命令选项卡

C. 导航窗格　　D. 工具栏

(5) Access 2007 通过(　　)进行操作环境设置。

A. 打开对话框　　B. Access 选项　　C. 属性窗口　　D. 代码窗口

2. 填空题

(1) Access 2007 数据库文件的扩展名是________。

(2) 在 Access 2007 中,数据库的核心与基础是________。

(3) 在 Access 2007 中,用于和用户进行交互的数据库对象是________。

(4) 在 Access 2007 数据库中,用来表示关系的是________,用来表示实体的是________。

(5) 一个 Access 2007 数据库包含有 3 个表、4 个查询、5 个报表和 2 个窗体,则该数据库一共需要________个文件进行存储。

3. 问答题

(1) Access 2007 的新增功能主要有哪些?

(2) Access 2007 的启动和退出各有哪些方法?

(3) 在使用 Access 2007 过程中如何自定义快速访问工具栏?

(4) Access 2007 的数据库窗口由哪几部分组成?

(5) Access 2007 导航窗格有何特点?

(6) Access 2007 功能区有何优点?

4. 应用题

(1) 安装 Access 2007。

(2) 启动 Access 2007,在 Access 2007 主界面选择不同模板类别,查看不同类别的模板。

(3) 单击 Office 按钮,熟悉其中各个菜单命令的作用。

(4) 查看并自定义快速访问工具栏。

(5) 新建一个空白数据库,进入 Access 2007 数据库窗口,查看功能区的命令选项卡及其分组,并进一步了解各组的主要功能及查看相应的命令按钮。

(6) 结合操作,总结导航窗格的作用。

第4章 数据库的创建与管理

Access 对数据库的组织方式有自身的特点，它将所有的数据库对象都存储在一个物理文件中，而这个物理文件被称为数据库文件。也就是说，在 Access 中，一个单独的数据库文件存储一个数据库应用系统中包含的所有数据库对象。因此，开发一个 Access 数据库应用系统的过程几乎就是创建一个数据库文件，并在其中添加所需数据库对象的过程。本章介绍 Access 2007 数据库的基本操作，包括数据库的创建、数据库的维护和安全保护等内容。

4.1 数据库的创建

在 Access 中，数据库是一个容器，表、查询、窗体、报表等对象都存放在数据库中，所以首先要创建数据库，然后才能创建其他对象。

4.1.1 创建数据库的方法

在 Access 2007 中，创建数据库有两种方法，一种是先建立一个空白数据库，然后向其中添加表、查询、窗体和报表等对象；另一种是利用系统提供的模板进行一次性操作选择数据库类型，并创建所需的表、查询、窗体和报表。第一种方法比较灵活，但是必须分别定义数据库的每一个对象；第二种方法仅一次操作就可以创建所需的表、查询、窗体和报表，这是创建数据库最简单的方法。无论哪一种方法，在数据库创建之后，都可以在任何时候修改或扩展数据库。创建数据库的结果是在磁盘上生成一个扩展名为.accdb 的数据库文件。

1. 创建空白数据库

在 Access 2007 中创建一个空白数据库，只是建立一个数据库文件，但该文件中不含任何数据库对象，以后可以根据需要在其中创建其他数据库对象。

【例 4-1】 直接创建“教学管理”空白数据库。

操作步骤如下：

(1) 启动 Access 2007。

(2) 在 Access 2007 主界面单击 Office 按钮，在弹出的菜单中单击“新建”命令，或在“开始使用 Microsoft Office Access”页面中单击“空白数据库”按钮，此时在页面右侧出现空白数据库文件名区域，如图 4-1 所示。

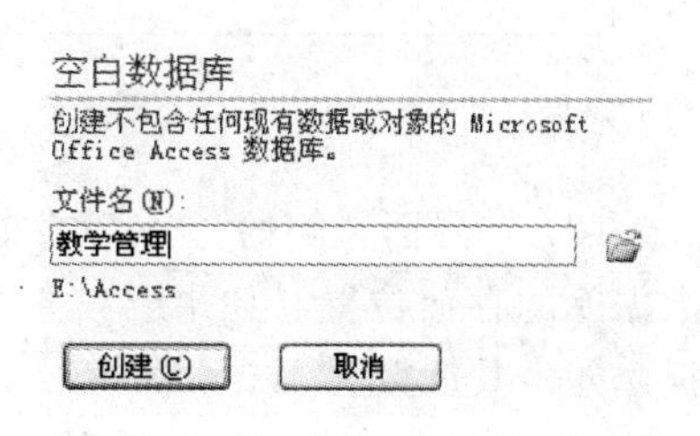

图 4-1 空白数据库文件名区域

(3) 在“文件名”文本框中输入文件名，如输入“教学管理”，单击按钮设置数据库的存放位置，然后单击

“创建”按钮。

至此，完成“教学管理”空白数据库的创建，同时出现“教学管理”数据库窗口。

注意：*在创建数据库之前，最好先建立用于保存该数据库文件的文件夹，以便今后对数据库文件进行查找和管理。*

2. 利用模板创建数据库

为了方便操作，Access 2007 提供了许多可选择的数据库模板，如“资产”、“联系人”、“问题”、“事件”等。这些模板不一定完全符合用户的要求，但通过这些模板可以方便、快速地创建基于该模板的数据库，用户只需要进行一些简单的操作就可以达到要求。一般情况下，在使用模板之前，应先从 Access 2007 所提供的模板中找出与所建数据库相似的模板。如果所选模板不满足实际要求，可以在建立之后再进行修改。

【例 4-2】 利用模板创建“罗斯文 2007”数据库。

罗斯文数据库(Northwind)是 Access 自带的示例数据库，也是一个很好的学习范例。通过对罗斯文数据库的分析和研究，能对 Access 数据库以及各种数据库对象有更全面、深入的认识。在 Access 2007 中，可以利用模板创建“罗斯文 2007”数据库，操作步骤如下：

(1) 在 Access 2007 主界面左侧“模板类别”区域中选择“本地模板”选项，然后在中间“本地模板”列表区域中选择一个模板，如“罗斯文 2007”，如图 4-2 所示。

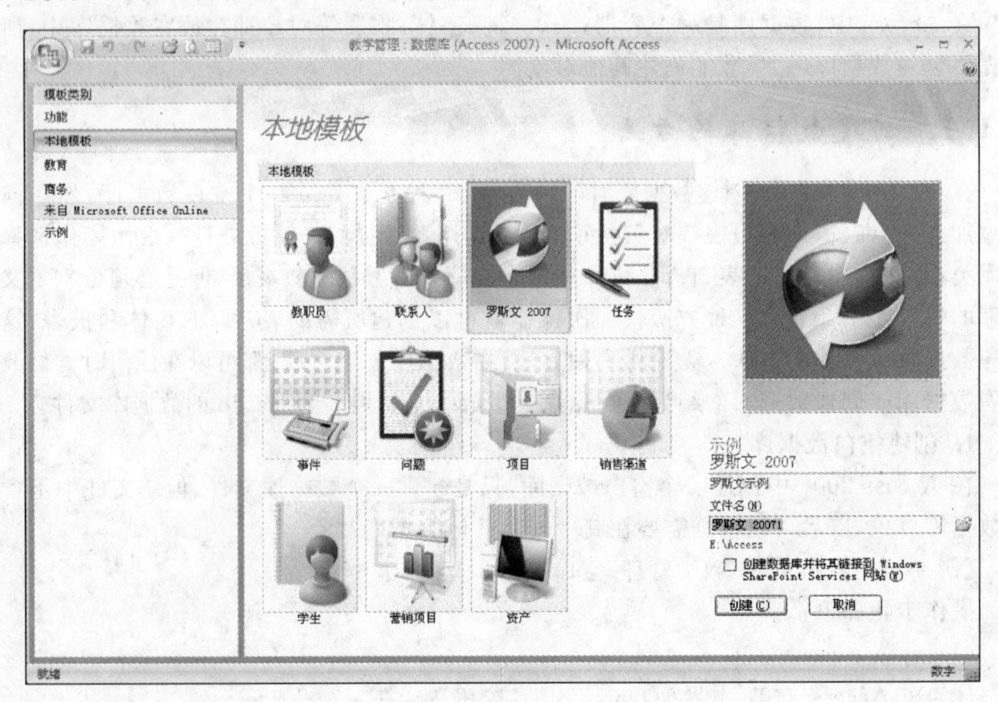

图 4-2 在“本地模板”区域中选择所需模板

(2) 在界面右侧的“文件名”文本框中，可以更改数据库的名称，然后单击 按钮设置数据库的存放位置。如果要链接到 Windows SharePoint Services 网站，则可选中“创建数据库并将其链接到 Windows SharePoint Services 网站”复选框。

(3) 单击“创建”按钮，弹出“正在准备模块”提示框。模板准备完成，系统弹出登录对话框。在此对话框中单击“登录”按钮，进入用模板创建的数据库界面，如图 4-3 所示。此时就可以根据实际需要来更改数据库模板提供的各种数据库对象。

图 4-3　用模板创建的数据库界面

4.1.2　查看数据库属性

数据库的属性范围包括文件名、文件大小和位置及修改和最后修改者的日期等。数据库属性分为 5 类：常规、摘要、统计、内容和自定义。通过单击 Office 按钮，在打开的菜单中依次选择“管理”→“数据库属性”命令，即可打开相应数据库的属性对话框，如图 4-4 所示。在该对话框中切换不同的选项卡，可以查看数据库的属性。

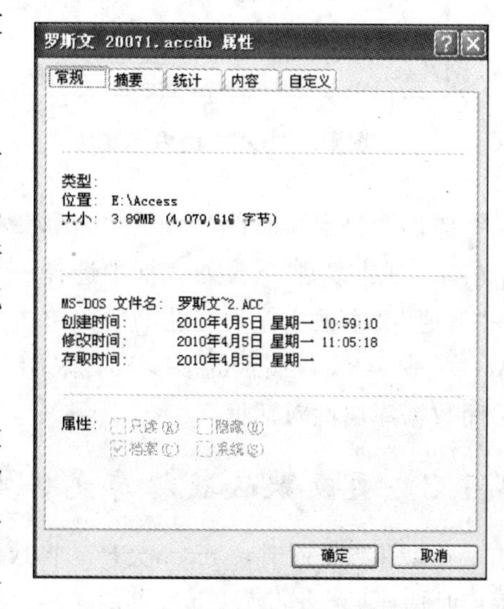

图 4-4　数据库的属性对话框

1. 常规和统计属性

常规和统计属性由 Access 2007 自动设置。常规属性包括文件名、类型、位置、大小和创建时间、修改时间及存取时间。常规属性与该数据库文件在 Windows 资源管理器中所显示的属性一样。统计属性包括创建、修改的时间等信息。

2. 摘要属性

摘要属性包括数据库的说明信息。这些属性通常用于查找难以找到的文件，因为 Access 2007 将通过主题、作者、关键词、类别和备注等信息检索文件。例如，用户可以在“关键词”文本框中输入“罗斯文”字样作为搜索条件，以便于查找数据库。当忘记数据库的文件名时，如果该数据库的摘要属性的信息越多,就越容易找出该数据库。图 4-5 所示为罗斯文数据库的摘要属性。

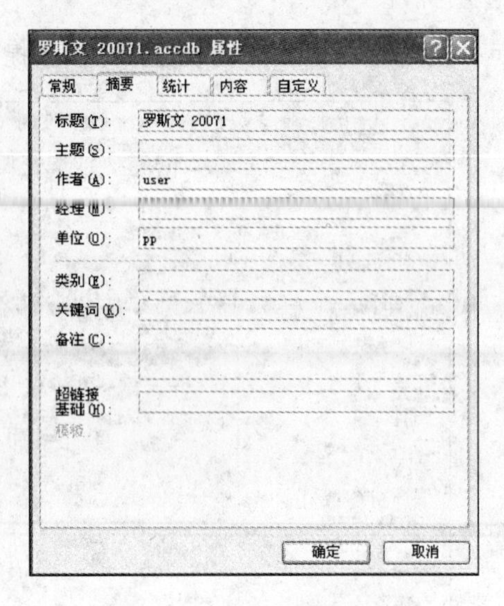

图 4-5　数据库的摘要属性

3. 内容属性

数据库属性对话框中的“内容”选项卡列出按类分组的数据库中所有对象的名称,包括表、查询、窗体、报表、宏和模块。当给数据库添加更多的对象时,内容属性会随之增加。图 4-6 所示为罗斯文数据库的内容属性。

4. 自定义属性

数据库的自定义属性也可以帮助用户在不知道文件名的情况下找出数据库文件。与摘要属性一样,用户可以设置自定义属性并把这些属性用作高级搜索的条件。图 4-7 所示为罗斯文数据库的自定义属性。

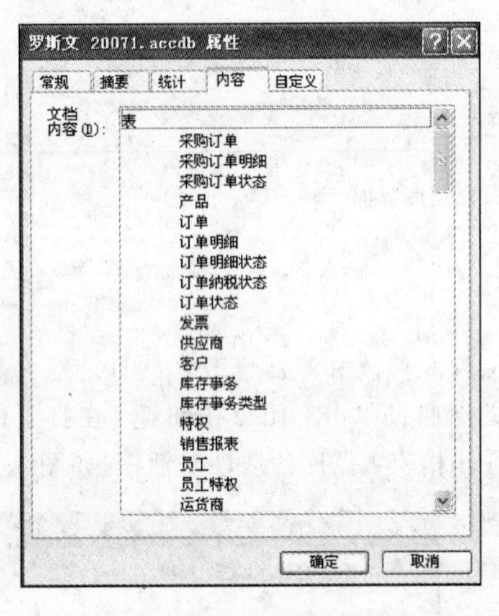

图 4-6　数据库的内容属性

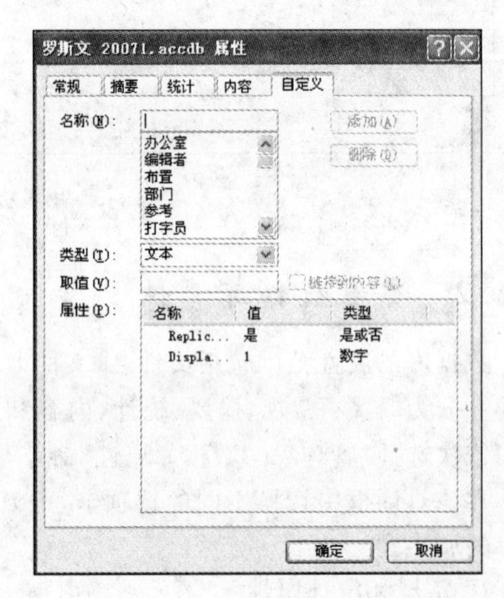

图 4-7　数据库的自定义属性

要设置自定义属性,可以在“名称”列表框中选择一个名称,或在“名称”文本框中输入一个名字。在“类型”下拉列表框中选择一个类型:“文本”、“日期”、“数字”或“是/否”。然后在“取值”文本框中输入属性的值并单击“添加”按钮,该属性就被添加到“属性”列表中。在 Access 中,对文件属性的多少没有限制,添加完毕后单击“确定”按钮即可存储这些属性并关闭数据库属性对话框。

4.1.3　更改默认数据库文件夹

在创建数据库时,Access 会自动将数据库文件保存到默认的文件夹中。可以在保存新数据库时选择另一个位置,也可以选择一个新的默认文件夹位置以用于自动保存所有新数据库。

更改默认文件夹的操作步骤如下:

(1) 单击 Office 按钮，然后在弹出的菜单中单击“Access 选项”按钮，此时出现如图 4-8 所示的“Access 选项”对话框。

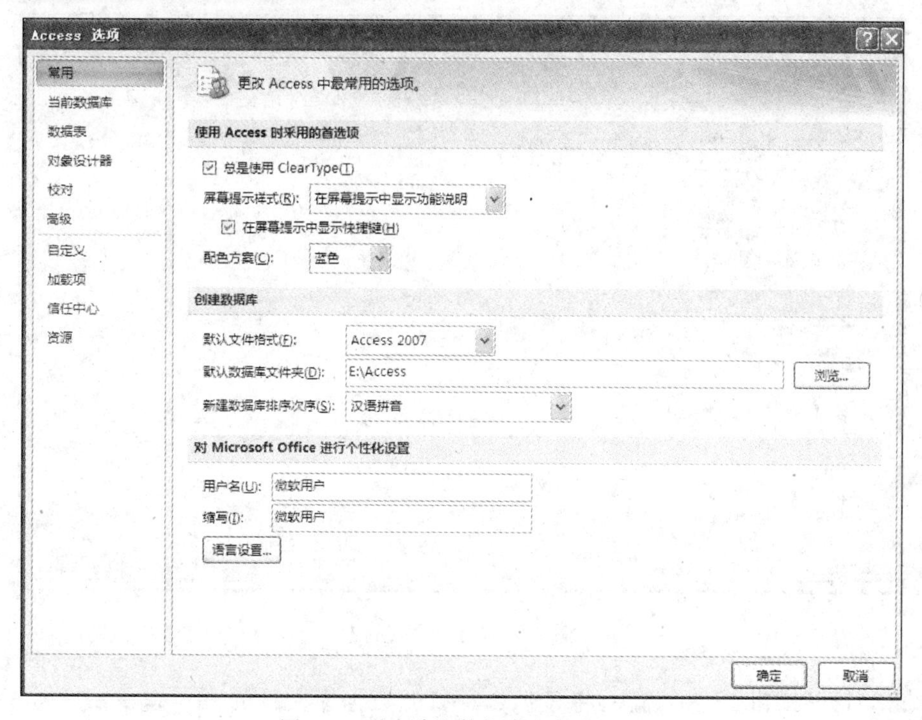

图 4-8　更改默认数据库文件夹界面

(2) 在“Access 选项”对话框左侧窗格中单击“常用”选项，在“创建数据库”区域，将新的文件夹位置输入到“默认数据库文件夹”框中(如输入 E:\Access)，或单击“浏览”按钮选择新的文件夹位置，然后单击“确定”按钮。

在这里还可以对另外两个设置进行更改。在“默认文件格式”中，默认的格式是“Access 2007”，通过下拉选项可以将文件更改为 Access 2000 或 Access 2003 格式。在“新建数据库排序次序”选项中，默认的次序是按汉语拼音排列，通过下拉选项也可以修改。

4.2　数据库的打开与关闭

数据库建好后，就可以对其进行各种操作。例如，在数据库中添加对象、修改其中某对象的内容、删除某对象等。在进行这些操作之前应先打开数据库，操作结束后要关闭数据库。

1. 数据库的打开

要打开现有的 Access 2007 数据库，可以从 Windows 资源管理器开始，也可以从 Access 2007 操作界面开始。

1) 从 Windows 资源管理器打开 Access 数据库

在 Windows 资源管理器中，进入需要打开的 Access 数据库文件的文件夹，双击该数据库文件图标，将启动 Access 并打开该数据库。

2) 从 Access 中打开数据库

在 Access 2007 主界面单击 Office 按钮，然后单击“打开”命令，弹出如图 4-9 所示的

“打开”对话框，在“查找范围”下拉式列表框中选择包含所需数据库的文件夹，在文件夹列表中浏览到包含数据库的文件夹并选中需要打开的数据库文件，然后单击“打开”按钮。

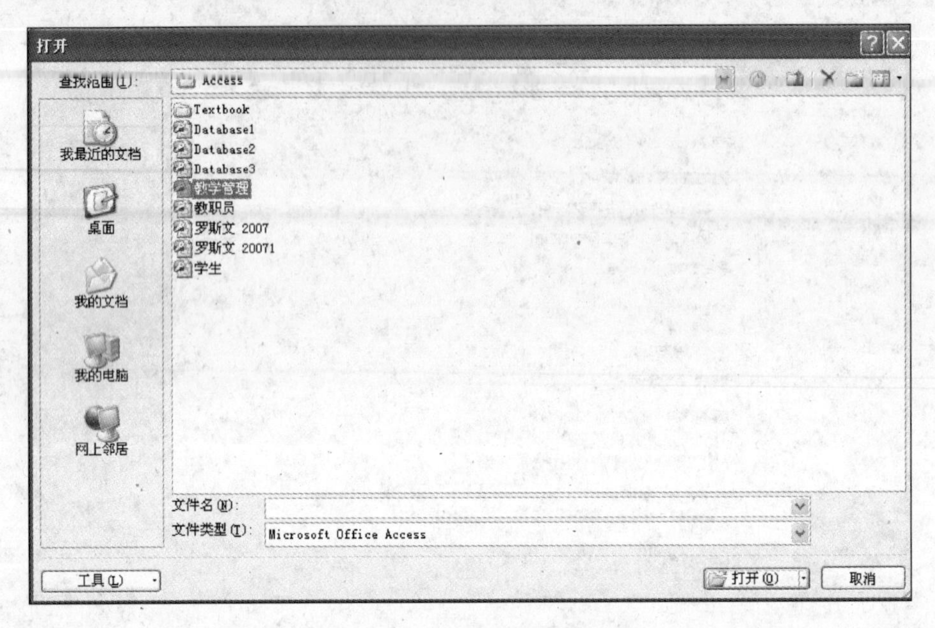

图 4-9 “打开”对话框

单击“打开”按钮右边的箭头，将显示 4 种打开数据库文件的方式，如图 4-10 所示。

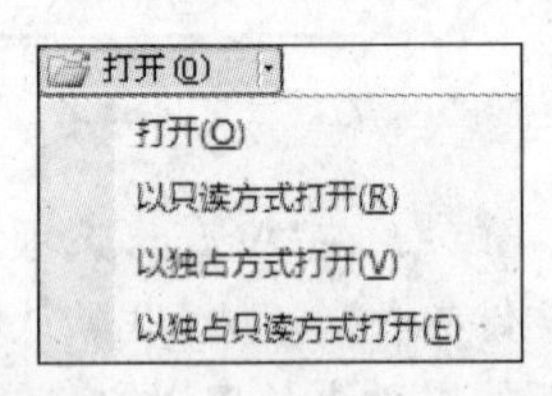

图 4-10 打开数据库文件的方式

若要打开数据库以在多用户环境中进行共享访问，以便其他用户都可以读写数据库，则单击“打开”按钮。

若要打开数据库以进行只读访问，以便可查看数据库但不可编辑数据库，则选择“以只读方式打开”选项。

若要以独占访问方式打开数据库，则选择“以独占方式打开”选项。当以独占访问方式打开数据库时，试图打开该数据库的任何其他人将收到“文件已在使用中”消息。

若要打开数据库以进行只读访问，则选择“以独占只读方式打开”选项。其他用户仍能打开该数据库，但是被限制为只读模式。

3) 打开使用过的数据库

若要打开曾经打开过的最后几个数据库中的某一个数据库，可在“开始使用 Microsoft Office Access”页上的“打开最近的数据库”列表中单击文件名。Access 将以上次打开该数据库时所用的相同选项设置来打开它。如果未显示最近用过的文件的列表，执行下列操作：

(1) 单击 Office 按钮，然后单击“Access 选项”按钮。

(2) 在“Access 选项”对话框左侧窗格中单击“高级”选项，在“显示”区域的“显示此数目的‘最近使用的文档’”框中键入一个数字(最大值为 9)。

如果使用“打开”命令打开数据库，通过在“打开”对话框中单击“我最近的文档”选项，可以查看以前打开过的数据库的快捷方式列表。

2. 数据库的关闭

当完成数据库的操作后，单击 Office 按钮，从弹出的菜单中选择“关闭数据库”命令可以关闭当前数据库。

4.3 数据库窗口的操作

在创建或打开数据库后即进入 Access 2007 数据库窗口，对数据库对象的操作都在数据库窗口进行。数据库窗口的中心是导航窗格，在导航窗格中可以管理和使用数据库对象。

4.3.1 导航窗格的操作

在以前的 Access 版本中，通过数据库窗口来使用数据库中的对象。例如，使用数据库窗口打开要使用的对象。在更改对象设计时也是使用该窗口打开对象。Access 2007 新增了导航窗格，可以使用导航窗格完成这些操作。默认情况下，导航窗格位于 Access 2007 数据库窗口的左边，可以通过单击“百叶窗开/关”按钮 « 或 » 显示或隐藏导航窗格。

1. 导航窗格菜单

导航窗格菜单用于设置或更改该窗格对数据库对象分组所依据的类别，单击“所有 Access 对象”右侧的下三角按钮，将弹出导航窗格菜单，从中可以查看正在使用的类别以及展开的对象，如图 4-11 所示。可以按对象类型、表和相关视图、创建日期、修改日期组织对象，或将对象组织在创建的自定义组中。

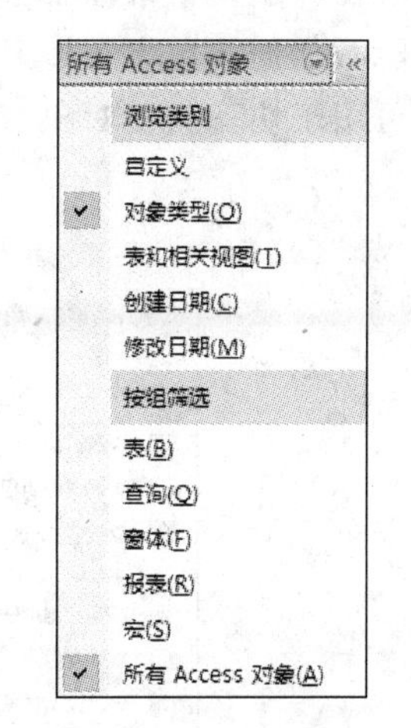

图 4-11　导航窗格菜单

导航窗格会根据不同的类别作为数据库对象的分组方式。若要展开或关闭组，单击按钮 ≫ 或 ≪，如图 4-12 所示。当更改浏览类别时，组名会随着发生改变。在给定组中只会显示逻辑上属于该位置的对象，如按对象类型分组时，“表”组仅显示表对象，“查询”组仅显示查询对象。

2. 导航窗格快捷菜单

右击导航窗格中“所有 Access 对象”栏目弹出导航窗格快捷菜单，如图 4-13 所示。利用这些命令可以执行其他任务，如可以更改类别、对窗格中的项目进行排序、查看组中对象的详细信息、启动“导航选项”对话框等。在导航窗格底部的空白处右击也可以弹出此菜单。

图 4-12　展开或关闭组

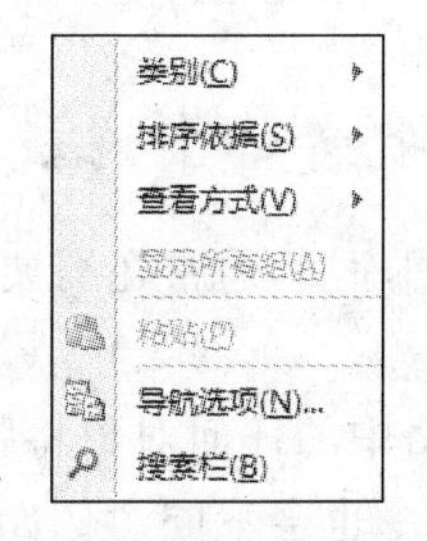

图 4-13　导航窗格快捷菜单

在导航窗格快捷菜单中选择“导航选项”命令，弹出“导航选项”对话框，其中左边显示类别，右边显示类别所对应的组，如图 4-14 所示。选中组中的一项，将改变该组的显示情况，如选中“对象类型”项，并清除“报表”复选框，将在导航窗格中不再显示“报表”组。

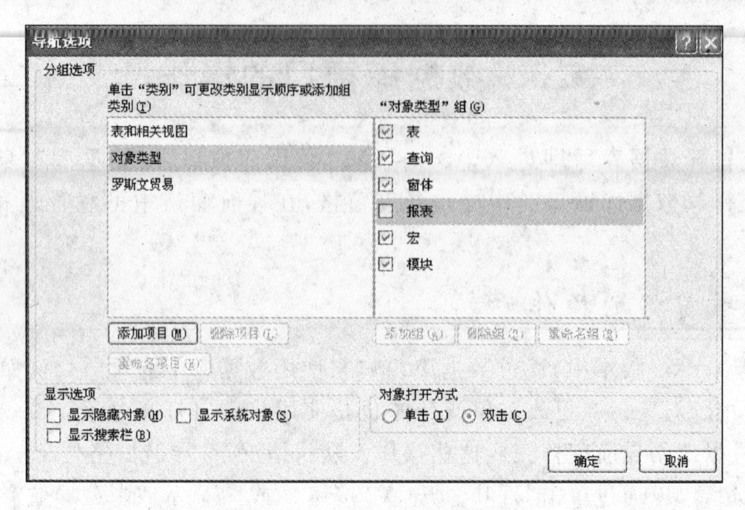

图 4-14 “导航选项”对话框

在导航窗格快捷菜单中选择“搜索栏”命令，通过输入部分或全部对象名称，在导航窗格将隐藏任何不包含与搜索文本匹配的对象的组，如图 4-15 所示。在大型数据库中搜索栏命令可用于快速查找对象。

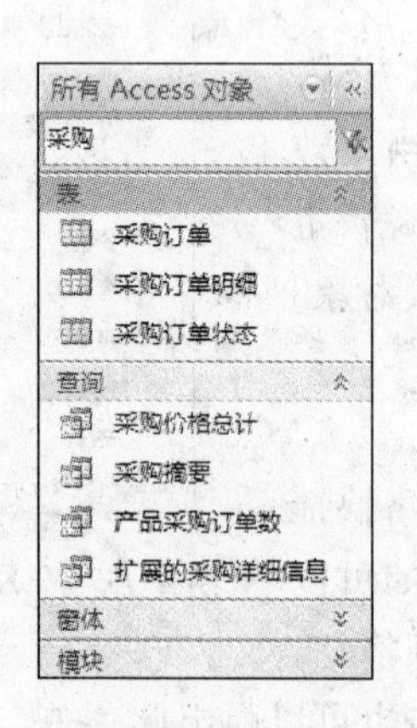

图 4-15 导航窗格的搜索栏

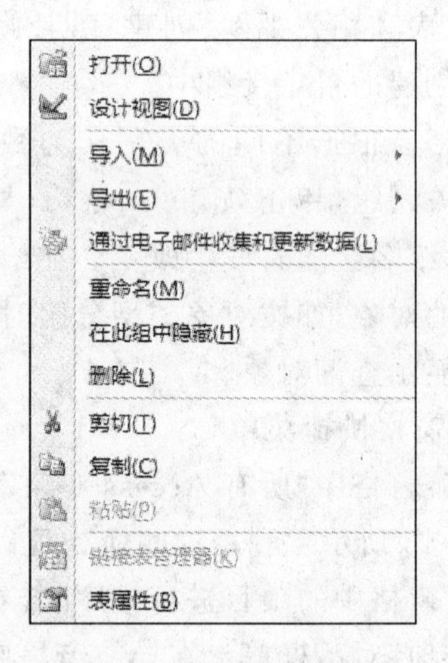

图 4-16 表对象快捷菜单

4.3.2 在导航窗格中对数据库对象的操作

创建一个数据库后，通常还需要对数据库中的对象进行操作，如数据库对象的打开、复制、删除和重命名等。

右击导航窗格中的任何对象将弹出快捷菜单，可以进行一些相关操作，所选对象的类型不同，快捷菜单命令也会不同。例如，右击导航窗格中的表对象，出现如图 4-16 所示的快捷菜单，其中的命令与表操作有关。

1. 打开与关闭数据库对象

当需要打开数据库对象时，可以在导航窗格中选择一种组织方式，然后双击对象将其直接打开。例如，需要打开“罗斯文 2007”数据库中的员工表，先打开“罗斯文 2007”数据库，在导航窗格中双击“员工”表，员工表即被打开。

也可以在对象的快捷菜单中选择“打开”命令打开相应的对象。

如果打开了多个对象，则这些对象都会出现在选项卡式文档窗口中，只要单击需要的文档选项卡就可以将对象的内容显示出来。

若要关闭数据库对象，可以单击相应对象文档窗口右端的“关闭”按钮，也可以右击相应对象的文档选项卡，在弹出的快捷菜单中选择“关闭”命令。

2. 添加数据库对象

如果需要在数据库中添加一个表或其他对象，可以采用新建的方法。如果要添加表，还可以采用导入数据的方法创建一个表。即在“表”对象快捷菜单中选择“导入”命令，可以将数据库表、文本文件、Excel 工作簿和其他有效数据源导入 Access 数据库中。

3. 复制数据库对象

一般在修改某个对象的设计之前，创建一个副本可以避免因操作失误而造成损失。一旦操作发生差错，可以使用对象副本还原对象。例如，要复制表对象可以打开数据库，然后在导航窗格中的表对象中选中需要复制的表，右击，在弹出的快捷菜单中选择“复制”命令。再右击，在弹出的快捷菜单中选择“粘贴”命令，即生成一个表副本。

4. 数据库对象的其他操作

通过数据库对象快捷菜单，还可以对数据库对象实施其他操作，包括数据库对象的重命名、删除、查看数据库对象属性等。删除数据库对象前必须先将此对象关闭。

4.3.3 数据库视图的切换

在创建和使用数据库对象的过程中，经常需要利用不同的视图方式查看数据库对象，而且不同的数据库对象有不同的视图方式。以表对象为例，Access 2007 提供了数据表视图、数据透视表视图、数据透视图视图和设计视图 4 种视图模式，其中前 3 种用于表中数据的显示，后一种用于表的设计。

针对数据库对象性质的不同，视图方式也有所不同，但有些视图方式是共同的。数据表视图用来显示数据工作表中的数据，也可用来查看查询的输出结果等。数据透视表视图可以用来查看一些比较复杂的数据表，数据将以“数据透视表视图”形式展现。数据透视图以图表的形式直观地将数据表记录的信息展现出来。设计视图创建和自定义数据库对象，不同的数据库对象有不同的操作方法，这也是后续各章要进一步介绍的。

图 4-17 表对象的视图方式

在进行视图切换之前首先要打开一个数据库对象（如打开一个表），打开方式有以下几种。

(1) 单击“开始”选项卡，再在“视图”命令组中单击“视图”命令按钮，此时弹出如图 4-17 所示的下拉菜单，选择不同的视图方式即可实现视图的切换。此外，在相应对象的上下文命令选项卡中也可以找到"视图"按钮。

(2) 在选项卡式文档中右击相应对象的名称,然后在弹出的快捷菜单中选择不同的视图方式。

(3) 单击状态栏右侧的视图切换按钮选择不同的视图方式。

4.4 数据库的维护

Access 2007 提供了许多维护和管理数据库的有效方法,利用这些方法能够实现对数据库的优化管理。

4.4.1 数据库的备份与还原

数据库中的数据可能遭到破坏或丢失,这就有必要制作数据库副本,即进行数据库的备份,以便在发生意外时能修复数据库,即进行数据库的还原。

1. 数据库的备份

数据库的备份有助于保护数据库,以防出现系统故障或误操作而丢失数据。备份数据库时,Access 首先会保存并关闭在设计视图中打开的所有对象,然后可以使用指定的名称和位置保存数据库文件的副本。

备份数据库的操作步骤如下:

(1) 打开要备份的数据库,单击 Office 按钮,再在弹出的菜单中选择"管理"命令,然后在"管理此数据库"区域单击"备份数据库"命令,如图 4-18 所示。

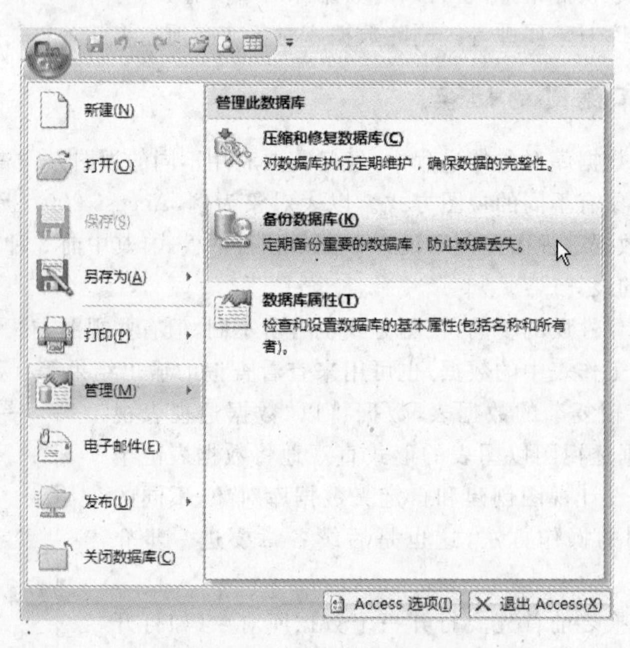

图 4-18 备份数据库命令

(2) 在如图 4-19 所示的"另存为"对话框中的"文件名"框中,输入数据库备份的名称,默认名称是在原数据库名称的后面加上执行备份的日期,一般建议用默认名称。选择要保存数据库备份的位置,然后单击“保存”按钮。

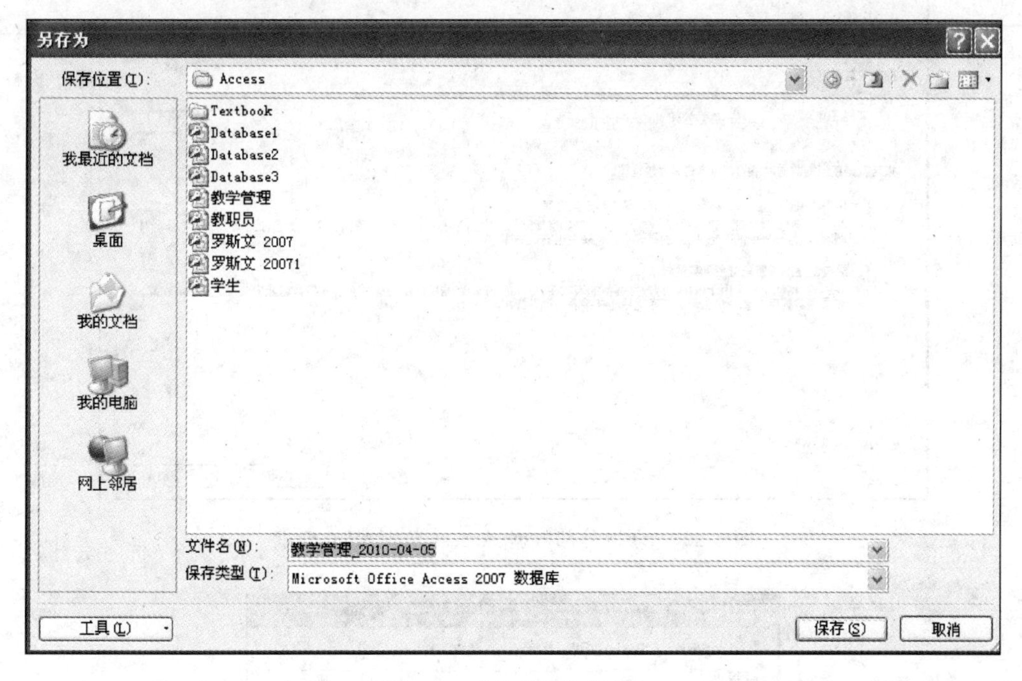

图 4-19 “另存为”对话框

在 Access 2007 中也可以通过生成 ACCDE 对选中的数据库进行备份,方法是:打开要进行备份的数据库,单击“数据库工具”选项卡,再在“数据库工具”命令组中单击“生成ACCDE”命令按钮,在弹出的“另存为”对话框中选择保存位置保存即可。

2. 数据库的还原

对数据库进行备份后,可以还原数据库。既可以还原整个数据库,也可以有选择地还原数据库中的对象。

还原整个数据库时,将用整个数据库的备份从整体上替换原来的数据库文件。如果原数据库文件已损坏或数据丢失,则可用备份数据库进行替换。若要还原某个数据库对象,可将该对象从备份中导入到包含要还原的对象的数据库中。可以一次还原多个对象。

还原数据库的操作步骤如下:

(1) 打开要将对象还原到其中的数据库,单击“外部数据”选项卡,再在“导入”命令组中单击 Access 命令按钮,弹出“获取外部数据-Access 数据库”对话框,如图 4-20 所示。

(2) 单击“浏览”按钮查找备份数据库,并选中“将表、查询、窗体、报表、宏和模块导入当前数据库”单选按钮,然后单击“确定”按钮,出现“导入对象”对话框,如图 4-21 所示。

(3) 在“导入对象”对话框中单击与要还原的对象类型相对应的选项卡,如要还原表,则切换至“表”选项卡,然后选中该对象并单击“确定”按钮,出现如图 4-22 所示的提示对话框。

(4) 决定是否需要保存导入步骤,并单击“关闭”按钮。

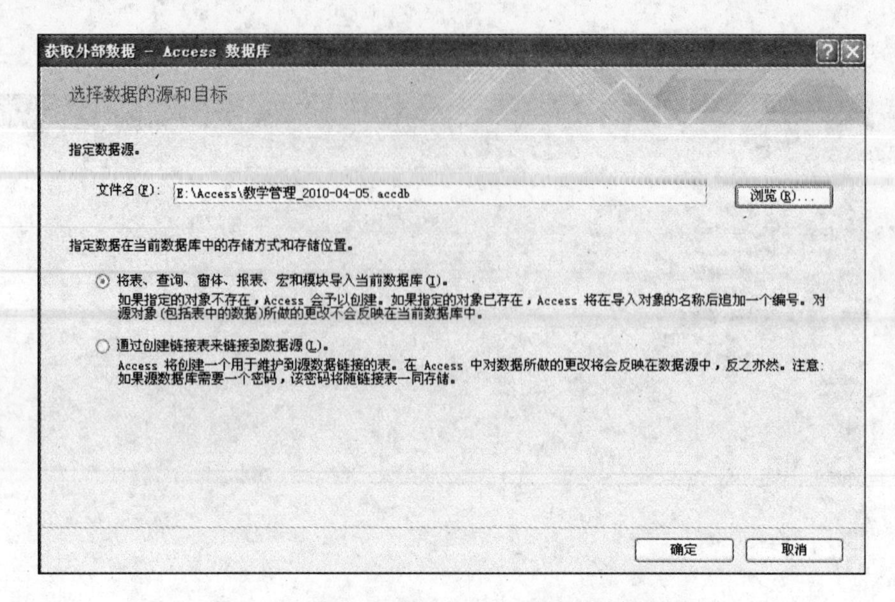

图 4-20 “获取外部数据-Access 数据库”对话框

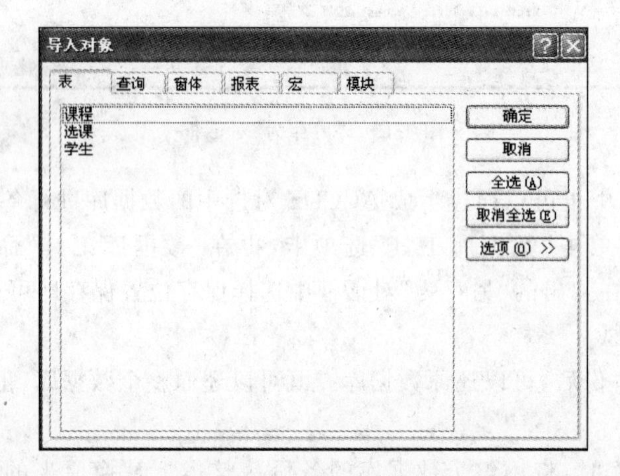

图 4-21 “导入对象”对话框

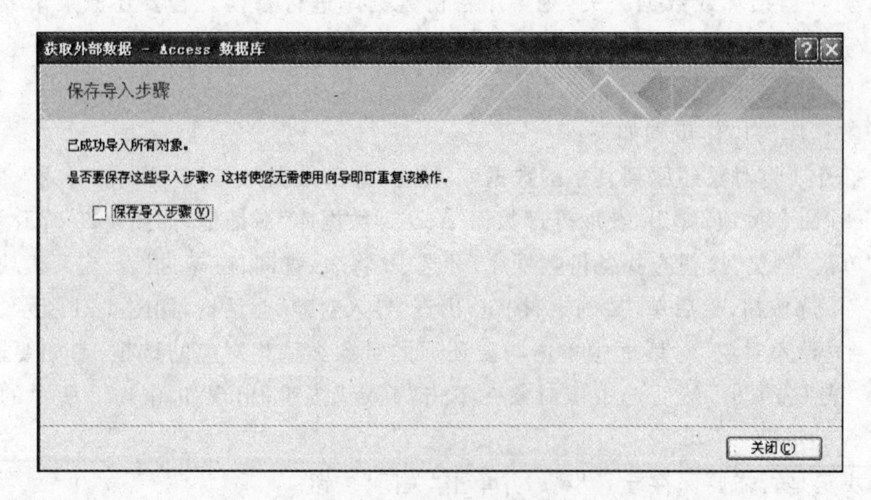

图 4-22 保存导入步骤

4.4.2 数据库的压缩与修复

在使用数据库文件的过程中，要经常对数据库对象进行创建、修改、删除等操作，这时数据库文件中就可能包含相应的“碎片”，数据库文件可能会迅速增大，影响使用性能，有时也可能被损坏。在 Access 2007 中，可以使用“压缩和修复数据库”命令防止或修复这些问题。

如果要在数据库关闭时自动执行压缩和修复操作，可以选择“关闭时压缩”数据库选项。操作步骤如下：

（1）打开数据库文件，单击 Office 按钮，然后单击“Access 选项”按钮。

（2）在“Access 选项”对话框左侧窗格中，单击“当前数据库”选项，选中“应用程序选项”区域的“关闭时压缩”复选框。

除了使用“关闭时压缩”数据库选项外，还可以使用“压缩和修复数据库”命令。无论数据库是否已打开，都可以运行该命令。未打开数据库时，“压缩和修复数据库”命令的操作步骤如下：

（1）启动 Access 2007，不打开数据库。单击 Office 按钮，然后单击“管理”选项，选择“压缩和修复数据库”命令，弹出“压缩数据库来源”对话框，如图 4-23 所示。

图 4-23 “压缩数据库来源”对话框

（2）选择要压缩的数据库，然后单击“压缩”按钮，弹出“将数据库压缩为”对话框，如图 4-24 所示。

（3）选择压缩数据库的保存位置并为数据库命名，单击“保存”按钮。

4.4.3 数据库的拆分

所谓数据库的拆分，是指将当前数据库拆分为后端数据库和前端数据库。后端数据库包含所有表并存储在文件服务器上。与后端数据库相链接的前端数据库包含所有查询、窗体、报表、宏和模块，前端数据库将分布在用户的工作站中。

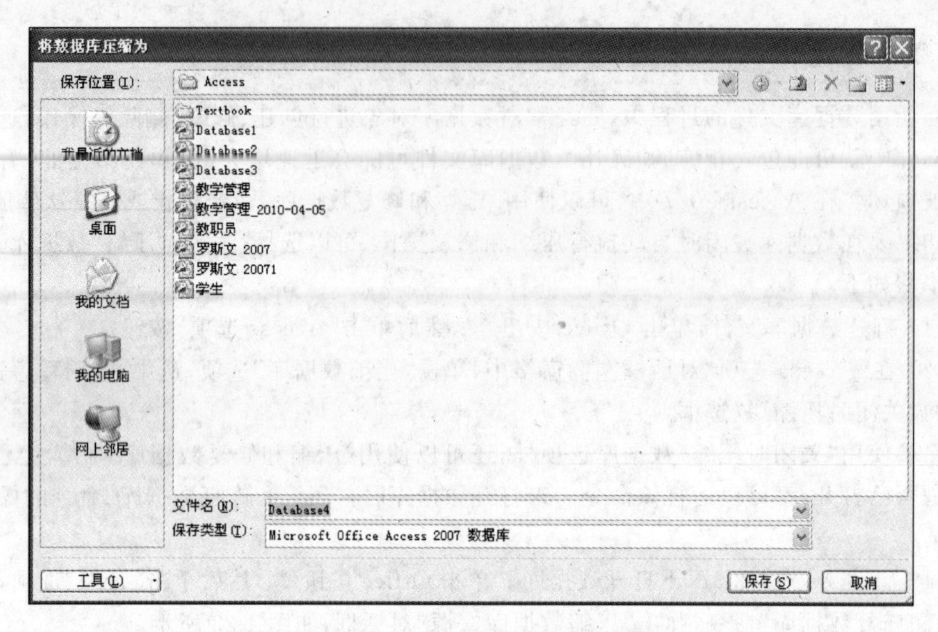

图 4-24 “将数据库压缩为”对话框

当需要与网络上的多个用户共享数据库时，如果直接将未拆分的数据库存储在网络共享位置中，则在用户打开查询、窗体、报表、宏和模块时，必须通过网络将这些对象发送到使用该数据库的每个用户。如果对数据库进行拆分，每个用户都可以拥有自己的查询、窗体、报表、宏和模块副本，仅有表中的数据才需要通过网络发送。因此，拆分数据库可大大提高数据库的性能。进行数据库的拆分还能提高数据库的可用性，增强数据库的安全性。

拆分数据库之前最好先备份数据库，这样，如果在拆分数据库后决定撤销拆分操作，则可以使用备份副本还原原始数据库。

拆分备份的数据库，其操作步骤如下：

(1) 打开备份的数据库文件，单击“数据库工具”选项卡，再在“移动数据”命令组中单击“Access 数据库”命令按钮，随即将打开“数据库拆分器”对话框，如图 4-25 所示。

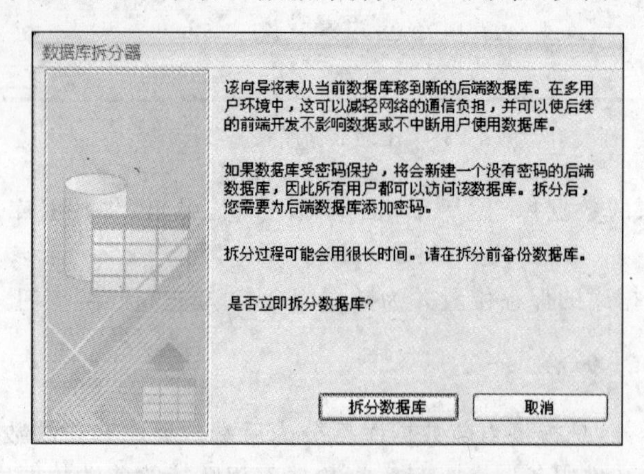

图 4-25 “数据库拆分器”对话框

(2) 单击“拆分数据库”按钮，弹出“创建后端数据库”对话框，如图 4-26 所示。

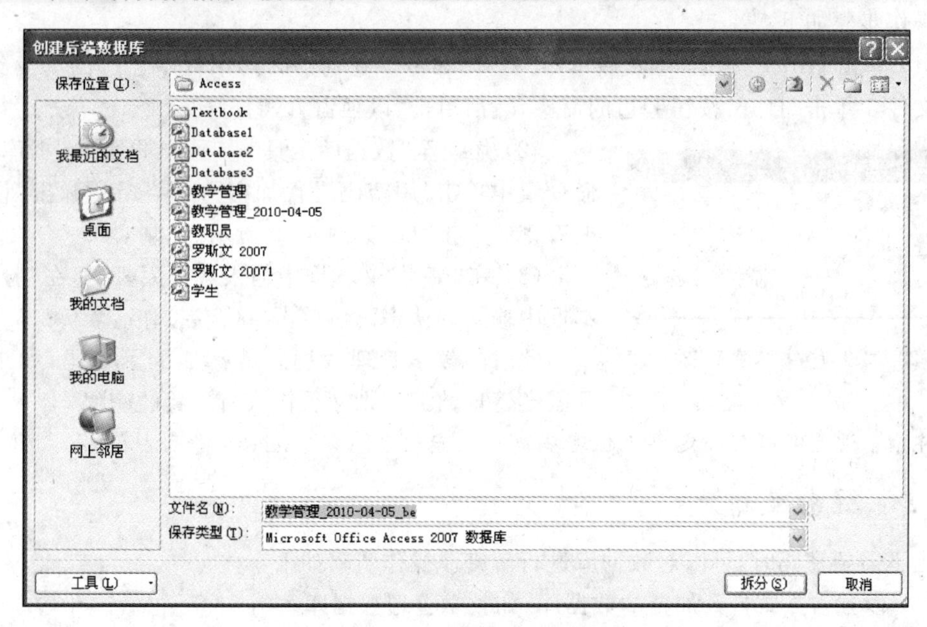

图 4-26 “创建后端数据库”对话框

(3) 指定后端数据库文件的名称、文件类型和位置，单击“拆分”按钮。

数据库拆分成功后，浏览数据库中的数据表可以发现每个数据表的前面多了一个向右的箭头，如图 4-27 所示；而后端数据库则只有数据表，如图 4-28 所示。

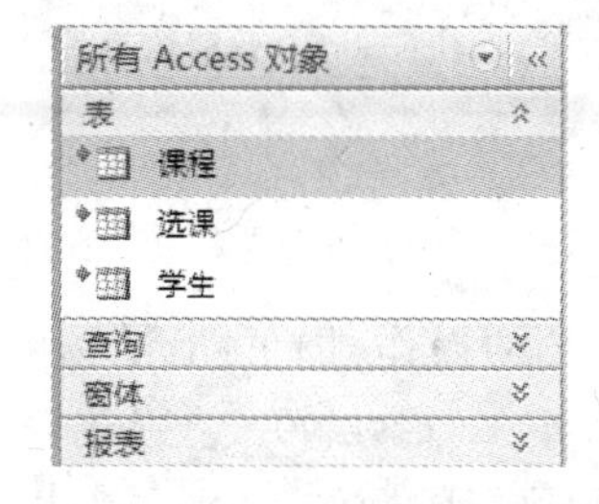

图 4-27 拆分后的前端数据库

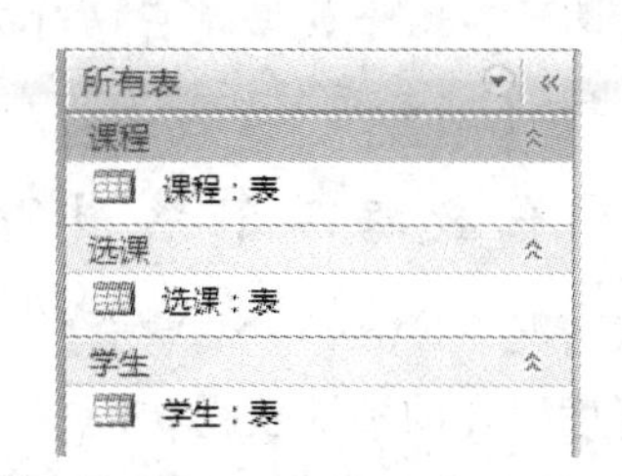

图 4-28 拆分后的后端数据库

4.5 数据库的安全保护

数据库系统的安全保护指防止非法用户使用或访问系统中的应用程序和数据，这是应用系统开发的重要工作。在 Access 2007 中可以通过设置数据库访问密码避免数据库的非法使用，还可以选择信任(启用)或禁用数据库中不安全的操作。

4.5.1 设置数据库密码

在 Access 2007 中可以通过密码保护数据库，它的安全性比以前的版本更强。在 Access 2007 中要对数据库设置密码，必须以独占的方式打开数据库。

【例 4-3】 设置教学管理数据库密码。

操作步骤如下：

(1) 单击 Office 按钮，然后单击“打开”命令。在“打开”对话框中通过浏览找到要打开的文件。单击“打开”按钮旁边的箭头，然后单击“以独占方式打开”命令。

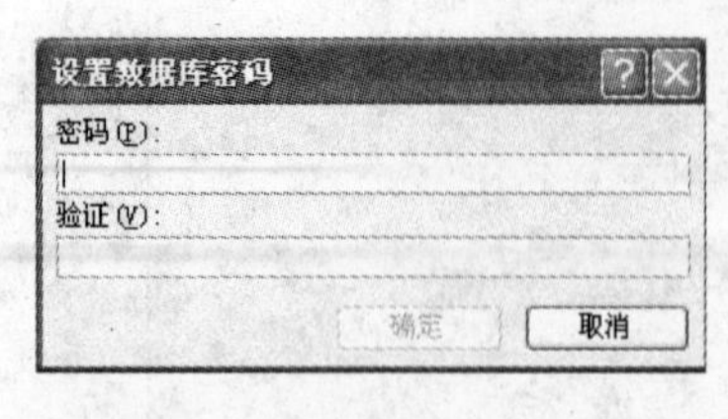

图 4-29 “设置数据库密码”对话框

(2) 切换至“数据库工具”选项卡，再在“数据库工具”命令组中单击“用密码进行加密”命令按钮，弹出“设置数据库密码”对话框，如图 4-29 所示。

(3) 在“密码”文本框中输入数据库密码，在“验证”文本框中输入确认密码后单击“确定”按钮。

此时的教学管理数据库就被加上了密码，如果要打开教学管理数据库则必须输入所设置的密码。

注意：设置密码后一定要记住密码。如果忘记了密码，Access 将无法找回。

4.5.2 解密数据库

当不需要密码时，可以对数据库进行解密。操作步骤如下：

(1) 以独占方式打开加密的数据库，如教学管理数据库。

(2) 切换至“数据库工具”选项卡，再在“数据库工具”命令组中单击“解密数据库”命令按钮，弹出“撤销数据库密码”对话框，如图 4-30 所示。

(3) 输入设置的密码，然后单击“确定”按钮。如果输入的密码不正确，撤销将无效。

图 4-30 “撤销数据库密码”对话框

注意：设置和删除数据库密码时必须以独占方式打开，否则将出现错误提示对话框。

4.5.3 信任数据库中禁用的内容

在默认情况下，Access 2007 会禁用所有可能不安全的操作，即可能允许用户修改数据库或对数据库以外的资源获得访问权限的任何操作。当 Access 2007 禁用数据库的部分或全部内容时，它会在消息栏显示“安全警告”通知用户所执行的操作，如图 4-31 所示。

图 4-31 消息栏的“安全警告”提示

1. 打开数据库时启用禁用的内容

在消息栏中单击“选项”按钮，系统弹出“Microsoft Office 安全选项”对话框，如图 4-32 所示。

单击“启用此内容”单选按钮，然后单击“确定”按钮，则在当前会话中信任数据库。单击“有助于保护我避免未知内容风险(推荐)”单选按钮，然后单击“确定”按钮，Access 将禁用所有可能存在危险的组件。

要显示或隐藏消息栏，可单击“数据库工具”选项卡，再在“显示/隐藏”命令组中选中“消息栏”复选框。单击消息栏右边的“关闭”按钮，可关闭消息栏。

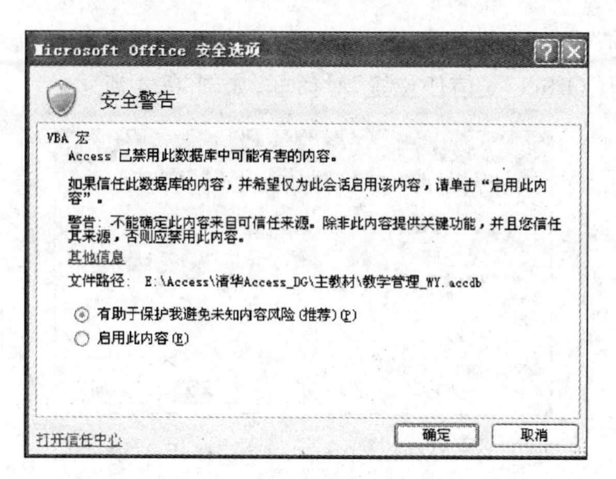

图 4-32 “Microsoft Office 安全选项”对话框

2. 使用受信任位置中的数据库

将数据库放在受信任位置时，所有代码或组件都会在数据库打开时运行，用户不必在数据库打开时做出信任决定。使用受信任位置中的数据库有以下 3 个步骤：

(1) 使用信任中心创建受信任位置。

(2) 将数据库保存或复制到受信任位置。

(3) 打开并使用数据库。

其中创建受信任位置的操作步骤如下：

(1) 在 Access 2007 主窗口单击 Office 按钮，然后单击“Access 选项”按钮，此时出现“Access 选项”对话框。

(2) 在“Access 选项”对话框的左窗格中，单击“信任中心”选项，然后单击右窗格中的“信任中心设置”按钮，将出现“信任中心”对话框，如图 4-33 所示。

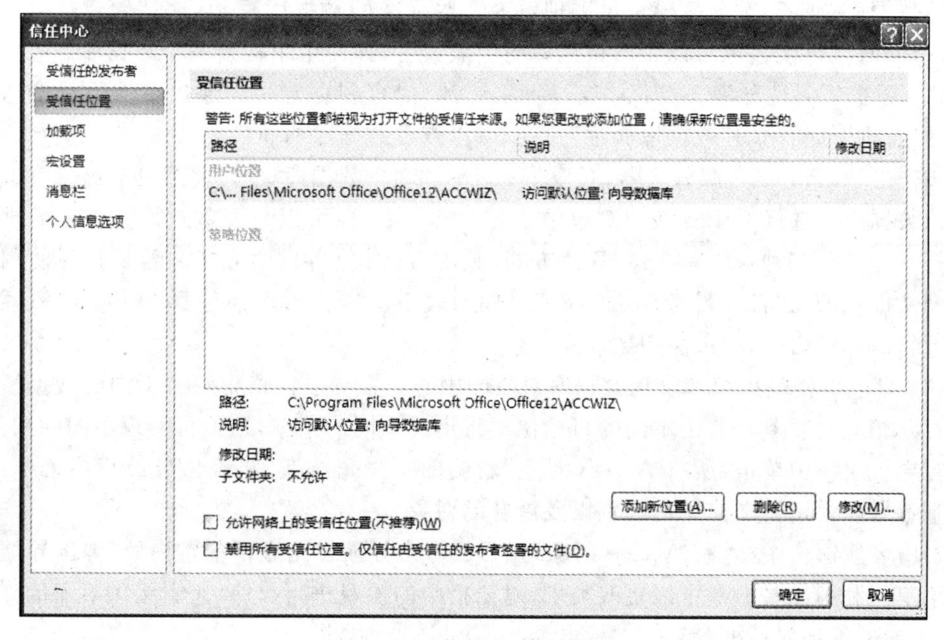

图 4-33 “信任中心”对话框

(3) 在“信任中心”对话框左窗格中，单击“受信任位置”选项，然后单击“添加新位置”按钮，将出现“Microsoft Office 受信任位置”对话框，如图 4-34 所示。

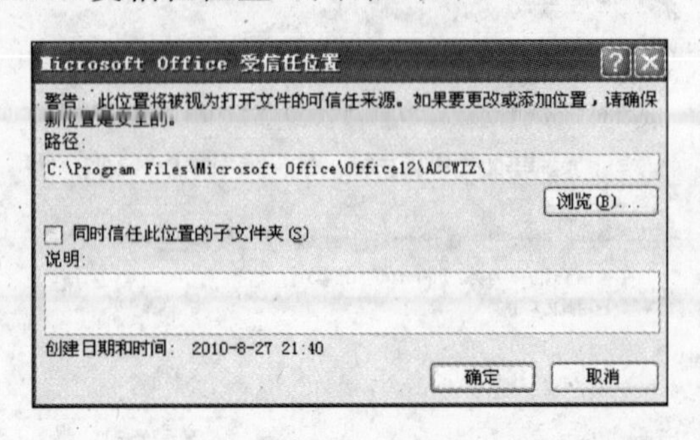

图 4-34 “Microsoft Office 受信任位置”对话框

(4) 在该对话框的“路径”框中，输入要设置为受信任源位置的文件路径和文件夹名称，也可以单击“浏览”按钮定位文件夹。默认情况下，该文件夹必须位于本地驱动器上。如果要允许受信任的网络位置，则在“信任中心”对话框中选中“允许网络上的受信任位置(不推荐)”复选框。

(5) 依次单击“确定”按钮关闭所有对话框。

本章小结

本章围绕 Access 2007 数据库的创建与管理操作而展开。通过本章的学习，要掌握数据库的创建、维护、安全保护以及导航窗格的功能与操作等内容。

(1) Access 2007 创建数据库的方法有两种，一种是先建立一个空白数据库，然后向其中添加各种数据库对象；另一种是利用系统提供的数据库模板来创建数据库，并同时创建所需的数据库对象。数据库模板可以理解为一些标准的数据库框架，这是创建数据库的简捷方法，同时通过模板也可以了解数据库的组成，学习如何组织构造一个数据库。

(2) 数据库属性分为 5 类：常规、摘要、统计、内容和自定义。通过在 Office 按钮菜单中选择“管理”选项中的“数据库属性”命令，可以查看数据库的属性。

(3) 在 Windows 资源管理器中，双击 Access 2007 数据库文件，将启动 Access 2007，并打开该数据库。选择 Office 按钮菜单中的“打开”命令，也可以打开数据库文件。数据库文件的打开方式有 4 种：共享方式、只读方式、独占方式、独占只读方式。若要打开使用过的数据库文件只需在“打开最近的数据库”文件列表中单击文件名。选择 Office 按钮菜单中的“关闭数据库”命令，可以关闭数据库文件。

(4) 导航窗格是组织和管理数据库对象的中心。在导航窗格中双击不同的数据库对象即可打开相应的对象。右击不同的目标位置将出现不同的菜单，从而可实现不同的操作。

在导航窗格中单击“所有 Access 对象”右侧的下三角按钮，将弹出导航窗格菜单，从中可以查看导航窗格正在使用的类别以及展开的对象。

右击导航窗格中“所有 Access 对象”栏目或右击导航窗格底部的空白处，弹出导航窗格快捷菜单。利用这些命令可以更改类别、对窗格中的项目进行排序、查看组中对象的详细信息、启动导航选项对话框等。

右击导航窗格中的任何对象，将弹出数据库对象的操作快捷菜单，所选对象的类型不同，快捷菜单命令也会不同。

(5) Access 2007 为不同的数据库对象提供了不同的视图方式。表的视图方式有数据表视图、数据透视表视图、数据透视图视图和设计视图 4 种。可以更换不同的视图方式。

(6) 数据库的备份与还原、压缩与修复都是维护和优化数据库的有效方法。可以在 Office 按钮菜单中选择“管理”选项中的相关命令来实现。拆分数据库可优化数据库的性能。打开备份的数据库文件，单击“数据库工具”选项卡，再在“移动数据”命令组中单击“Access 数据库”命令按钮，即启动数据库拆分器向导，实现数据库拆分。

(7) 设置数据库访问密码时，首先以独占方式打开数据库，然后单击“数据库工具”选项卡，再在“数据库工具”命令组中单击“用密码进行加密”命令按钮。

当不需要密码时，以独占方式打开加密的数据库，单击“数据库工具”选项卡，再在“数据库工具”命令组中单击“解密数据库”命令按钮。

在 Access 2007 中打开数据库时，Access 会将数据库的位置提交到信任中心。如果该位置受信任，则数据库将以完整功能运行。如果信任中心禁用任何内容，则在打开数据库时将出现消息栏。若要启用任何禁用的内容，则单击“选项”按钮，然后在出现的对话框中选择选项，Access 将启用已禁用的内容，并重新打开具有完整功能的数据库，否则禁用的组件不工作。

习　题　4

1. 选择题

(1) Access 的所有对象都存放在一个(　　)文件中。

A. 数据表　　B. 数据库　　C. 查询　　D. 窗体

(2) 要新建一个资产数据库系统，最快捷的方法是(　　)。

A. 新建空白数据库　　B. 通过数据库字段模板建立

C. 通过数据库模板建立　　D. 先建立 Excel 表格再导入到 Access 中

(3) 用于存储数据库的默认文件夹(　　)。

A. 可以根据需要进行修改　　B. 数据库只能存放在默认文件夹中

C. 每次启动 Access 时都不相同　　D. 不必设定

(4) 在修改某个数据库对象的设计之前，一般先创建一个对象副本，这时可以使用对象的(　　)操作实现。

A. 重命名　　B. 重复创建　　C. 备份　　D. 复制

(5) 打开数据库文件的方法有(　　)。

A. 使用 Office 按钮菜单中的“打开”命令　　B. 单击最近使用过的数据库文件

C. 在文件夹中双击数据库文件　　D. 以上方法都可以

2. 填空题

(1) 数据库属性分为 5 类：________、摘要、________、内容和自定义。在 Office 按钮菜单中选择“管理”选项中的________命令，可以查看数据库的属性。

(2) 在对数据库进行操作之前应先________数据库，操作结束后要________数据库。

(3) 打开数据库文件的 4 种方式是共享方式、只读方式、________方式、________方式。

(4) 对于表对象，Access 2007 提供了________视图、数据透视表视图、数据透视图视图和________视图 4 种视图模式。

(5) 设置和删除数据库密码时，必须以________方式打开数据库，否则将出现错误提示。

3. 问答题

(1) 在 Access 2007 中建立数据库有哪些方法？它们各有什么优点？

(2) 导航窗格的功能有哪些？简述其操作方法。

(3) 数据库对象的操作有哪些？简述其操作方法。

(4) 什么叫数据库对象的视图？如何在不同的视图之间进行切换？

(5) 数据库的拆分有何作用？

4. 应用题

(1) 进入 Access 2007 帮助窗口，在搜索栏中输入“创建数据库”来查找创建数据库的帮助信息。查阅机器帮助信息是一种重要的学习方法，也可以输入其他内容来寻求机器帮助。

(2) 更改默认数据库文件夹，然后创建一个空白数据库存放到该文件夹下。

(3) 对建立的空白数据库进行备份与还原、压缩与修复以及设置密码等操作。

(4) 在 Access 2007 主界面“模板类别”区中选择“本地模板”选项，然后在中间的“本地模板”列表区中选择“罗斯文 2007”，创建罗斯文数据库，并在导航窗格中查看、打开各种数据库对象。

(5) 结合操作，在导航窗格中选择罗斯文数据库中的表对象，在不同数据库视图中查看表，体会各种视图的作用，并总结视图切换的方法。

第5章　表的创建与管理

表是存储和管理数据的对象，是 Access 数据库的基础，其他数据库对象都是在表的基础上创建并使用的。在 Access 数据库应用系统的开发过程中，通常首先在数据库中创建表对象，并建立各表之间的关系，然后逐步创建其他数据库对象，最终形成完整的数据库。本章介绍 Access 2007 表的基本操作，包括表的创建、表的修改与编辑等内容。

5.1　表的创建

第 4 章已经创建了教学管理数据库，这是一个无任何对象的空白数据库。下面讨论如何在这个数据库中创建学生、课程和选课 3 个表。有了这 3 个表对象作为基础，就可以进一步创建其他数据库对象。

5.1.1　表的组成

Access 表由表结构和表内容（记录）两部分构成。在对表进行操作时，是对表结构和表内容分别进行的。

表的结构是指表的框架，主要包括表名和字段属性两部分。表名是该表的唯一标识，也可以理解为是用户访问数据的唯一标识。字段属性即表的组织形式，包括表中字段的个数以及每个字段的名称、字段类型、字段大小、格式、输入掩码、有效性规则等。下面先介绍字段名、字段类型和字段大小，其他属性在 5.1.3 节中介绍。

1. 字段名

在 Access 2007 中，字段名最多可以包含 64 个字符。字段名中可以使用字母、汉字、数字、空格和其他字符，但不能以空格开头。字段名中不能包含句号（.）、感叹号（!）、方括号（[]）和单引号（'）。

2. 字段类型

数据类型（Data Type）决定了数据的存储方式和使用方式。Access 2007 的数据类型有文本、备注、数字、日期/时间、货币、自动编号、是/否、OLE 对象、超链接、查阅向导和附件 11 种。根据关系数据库理论，一个表中的同一列数据应具有相同的数据特征，称为字段的数据类型。

1）文本型

文本型（Text）字段可以保存文本或文本与数字的组合，也可以是不需要计算的数字，例如，电话号码、邮政编码等。设置“字段大小”属性可控制文本型字段能输入的最大字符个数，最多为 255 个字符，默认是 50 个字符，但一般输入时，系统只保存输入到字段中的字符。如果取值的字符个数超过了 255，可使用备注型。

注意：Access 中汉字只占一个字符大小。例如，如果定义一个文本型字段的字段大小为 10，则在此列最多可输入的汉字数和英文字符数都是 10 个。

在 Access 中，文本型常量要用英文单引号(')或英文双引号(")括起来。例如，'上海世博会'、"82656634"等。

2) 备注型

备注型(Memo)字段可保存较长的文本，允许存储的最多字符个数为 65535。在备注型字段中可以搜索文本，但搜索速度比在有索引的文本字段中慢。不能对备注型字段进行排序和索引。

3) 数字型

数字型(Number)字段用来存储进行算术运算的数字数据，通常按字段大小分为字节、整型、长整型、单精度型和双精度型，分别占 1、2、4、4 和 8 个字节。

4) 日期/时间型

日期/时间型(Date/Time)字段用来存储日期、时间或日期时间的组合，占 8 个字节。在 Access 中，日期/时间型常量要用英文字符"#"将一个日期/时间括起来。例如，2010 年 4 月 25 日晚上 10 点 30 分可以表示成#2010-04-25 22:30#或#2010-04-25 10:30pm#。注意：日期和时间之间要留有一个空格。也可以单独表示日期或时间，如#2010-04-25#、#04/25/2010#、#22:30#、#10:30pm#都是合法的表示方法。

5) 货币型

货币型(Currency)是数字型的特殊类型，等价于具有双精度属性的数字型，占 8 个字节，在计算中禁止四舍五入。向货币型字段输入数据时，不必输入美元符号和千位分隔符，Access 会自动显示这些符号，并在此类型的字段中添加两位小数。

6) 自动编号型

自动编号型(Auto-number)是一种比较特殊的数据类型。对于自动编号型字段，每次向表中添加新记录时，Access 会自动插入一个唯一的顺序号。最常见的"自动编号"方式是每次增加 1 的顺序编号，也可以随机编号。

需要注意的是，自动编号型一旦被指定，就会永久地与记录关联。如果删除了表中含有自动编号型字段的一条记录，Access 并不会对表中自动编号型字段重新编号。当添加某一条记录时，Access 不再使用已被删除的自动编号型字段的数值，而是重新赋值。还应注意，不能对自动编号型字段人为地指定数值或修改其数值，每个表只能包含一个自动编号型字段。

7) 是/否型

是/否型(Yes/No)又称为布尔型或逻辑型，是针对只包含两种不同取值的字段而设置的，例如，性别、婚姻情况等数据。是/否型字段占 1 个字节，通过设置它的格式特性，可以选择是/否型字段的显示形式，使其显示为 Yes/No、Ture/False 或 On/Off。

8) OLE 对象型

OLE 对象型(Object Linking and Embedding Object)是指字段允许单独地链接或嵌入 OLE 对象。添加数据到 OLE 对象型字段时，Access 给出以下选择：插入(嵌入)新对象、插入某个已存在的文件内容或链接到某个已存在的文件。每个嵌入对象都存放在数据库中，而每个链接对象只存放于最初的文件中。可以链接或嵌入表中的 OLE 对象是指在其他使用 OLE 协议程序中创建的对象。例如，Word 文档、Excel 电子表格、图像、声音或其他二进制数据。OLE 对象字段最大可为 1GB,它受磁盘空间限制。

9）超链接型

超链接型(Hyperlink)字段用来保存超链接地址。超链接地址的一般格式为:

```
Displaytext＃Address
```

其中,Displaytext 表示在字段中显示的文本,Address 表示链接地址。例如,超链接字段的内容为“学校主页＃http://www.csu.edu.cn”,表示链接的目标是 http://www.csu.edu.cn,而字段中显示的内容是“学校主页”。

10）查阅向导型

查阅向导型(Lookup Wizard)是一种比较特殊的数据类型。在进行记录数据输入的时候,如果希望通过一个列表或组合框选择所需要的数据,以便将其输入到字段中,而不必靠手工输入,此时就可以使用查阅向导类型的字段。在使用查阅向导类型字段时,列出的选项可以是事先输入好的一组固定的值,也可以是来自其他表的数据。

显然,查阅向导类型的字段可以使数据库系统的操作界面更加简单和人性化。

11）附件型

Access 2007 新增了附件(Attachment)数据类型。使用附件可以将整个文件嵌入到数据库中,这是将图片、文档和其他文件和与之相关的记录存储在一起的重要方式,但附件限制数据库的大小最大为 2GB。使用附件可以将多个文件存储在单个字段之中,甚至还可以将多种类型的文件存储在单个字段之中。例如,有一个学生表,可以将学生的代表附加到每位学生的记录中。

3. 字段大小

通过“字段大小”属性,可以控制字段使用的空间大小。该属性只适用于文本型或数字型的字段,其他类型的字段大小均由系统统一规定。对于一个文本型字段,其字段大小的取值范围是 0～255,默认值为 50,可以在该属性框中输入取值范围内的整数。对于一个数字型字段,可以单击“字段大小”属性框,然后单击右侧下三角按钮,并从下拉列表中选择一种类型。

注意:如果文本字段中已经有数据,那么减小字段大小会丢失数据,将截去超长的字符。如果数字字段中包含小数,那么将字段大小设置为整数时,自动将数据取整。因此,在改变字段大小时要非常小心。另外,如果文本型字段的值是汉字,那么每个汉字占 1 位。

参照上述规定,确定教学管理数据库中学生表、课程表和选课表的结构分别如表 5-1～表 5-3 所示。

表 5-1　学生表的结构

字段名称	字段类型	字段大小	字段名称	字段类型	字段大小
学号	文本	6	姓名	文本	10
性别	文本	2	出生日期	日期/时间	
是否少数民族	是/否		籍贯	文本	20
入学成绩	数字	单精度型	简历	备注	
专业	文本(查阅向导)	10	主页	超链接	
吉祥物	OLE 对象		代表性作品	附件	

表 5-2 课程表的结构

字段名称	字段类型	字段大小	字段名称	字段类型	字段大小
课程号	文本	5	课程名	文本	20
学分	数字	整型			

表 5-3 选课表的结构

字段名称	字段类型	字段大小	字段名称	字段类型	字段大小
学号	文本	6	课程号	文本	5
成绩	数字	单精度型			

5.1.2 创建表的方法

通常，在 Access 2007 中创建表的方法有 4 种：使用设计视图创建表、使用数据表视图创建表、使用表模板创建表和通过导入外部数据创建表。

1. 使用设计视图创建表

使用设计视图创建表是一种比较常见的方法。对于较为复杂的表，通常都是在设计视图中创建的。

【例 5-1】 在教学管理数据库中创建学生表，表的结构见表 5-1。

操作步骤如下：

(1) 打开教学管理数据库，单击“创建”选项卡，再在“表”命令组中单击“表设计”命令按钮，打开表的设计视图，如图 5-1 所示。设计视图上半部分用于设置字段名称、数据类型和说明，下半部分用于设置字段属性，包括常规属性和查阅属性。

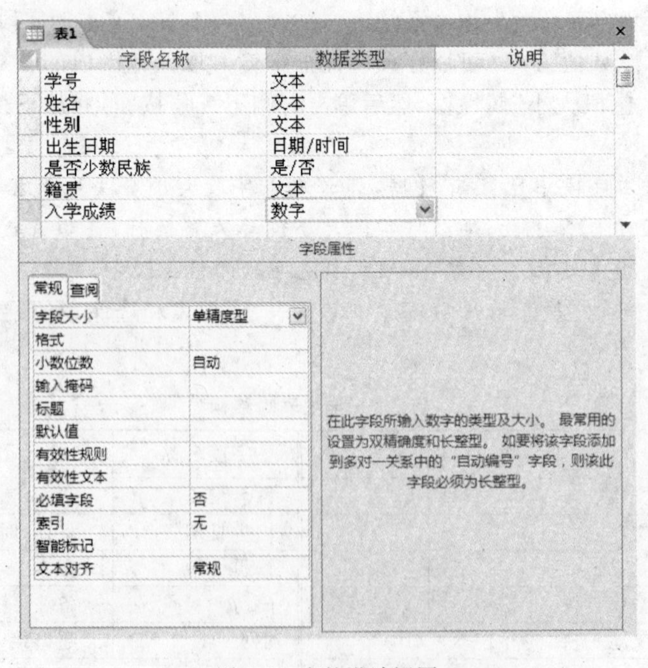

图 5-1 表的设计视图

(2) 添加字段。按照表 5-1 的内容，在字段名称列中输入字段名称，在数据类型列中选择相应的数据类型，在常规属性窗格中设置字段大小。添加字段后的学生表的设计视图见图 5-1。

(3) 将学号字段设置为表的主键。单击该字段行前的字段选定器以选中该字段，这时字段选定器背景为黑色。然后右击，在弹出的快捷菜单中选择“主键”命令，或单击“表工具设计”选项卡，再在“工具”命令组中单击“主键”命令按钮。设置完成后，在学号字段选定器上出现钥匙图标，表示该字段是主键，如图 5-2 所示。

图 5-2　设置主键

在 Access 中，有 3 种类型的主键：自动编号、单字段和多字段。将自动编号型字段指定为表的主键是定义主键最简单的方法。如果在保存新建表之前未设置主键，则 Access 会询问是否要创建主键，如果回答“是”，Access 将创建自动编号型的主键。如果表中某一字段的值可以唯一标识一条记录，如学生表的“学号”，那么就可以将该字段指定为主键。如果表中没有一个字段的值可以唯一标识一条记录，那么就可以考虑选择多个字段组合在一起作为主键，来唯一标识记录，如在选课表中，可以把“学号”和“课程号”两个字段组合起来作为主键。

将多个字段同时设为主键的方法是：先选中一个字段行，然后在按住 Ctrl 键的同时选择其他字段行，这时多个字段被选中。单击“表工具 设计”选项卡，再在“工具”命令组中单击“主键”命令按钮。设置完成后，在各个字段的字段选定器上都出现钥匙图标，表示这些字段的组合是该表的主键。

(4) 在快速访问工具栏中单击“保存”按钮，在打开的“另存为”对话框中输入表的名称“学生”，然后单击“确定”按钮，以“学生”为名称保存表。

2. 用数据表视图创建表

在数据表视图中，可以新创建一个空表，并可以直接在新表中进行字段的添加、删除和编辑。新建一个数据库时，将创建名为“表 1”的新表，并自动进入数据表视图中。

【例 5-2】 在教学管理数据库中建立课程表，其结构如表 5-2 所示。

操作步骤如下：

(1) 打开教学管理数据库，单击“创建”选项卡，再在“表”命令组中单击“表”命令按钮，进入数据表视图，如图 5-3 所示。

(2) 选中 ID 字段列，单击“表工具 数据表”选项卡，再在“字段和列”命令组中单击“重命名”命令按钮，然后输入列标题“课程号”。或双击 ID 字段列，使其处于可编辑状态，将其改为“课程号”。

(3) 双击“添加新字段”列标题，然后在其中输入新的字段名“课程名”，这时在右侧又添加了一个“添加新字段”列。用同样的方法输入新的字段名“学分”。这时的数据表视图如图 5-4 所示。

图 5-3　数据表视图

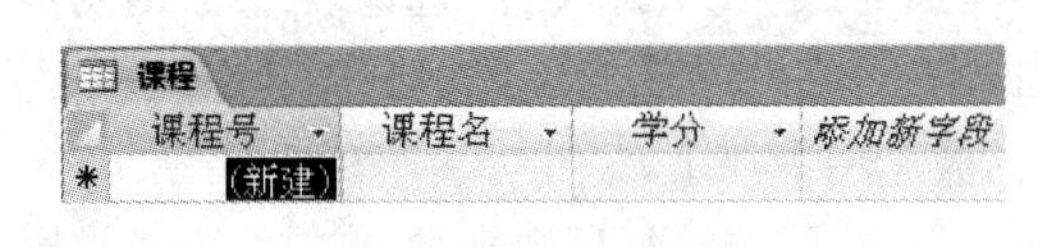

图 5-4　在数据表视图中创建表

(4) 在快速访问工具栏中单击“保存”按钮，以“课程”为名称保存表。

完成对字段标题的修改后，就可以直接输入字段值。在输入字段值后，Access 2007 自动为字段设置数据类型和属性，但有时字段数据类型不符合要求，其他字段属性也可能不合适，因此需要在设计视图中修改字段的数据类型和字段属性。设置完成后，再次保存表。

3. 使用表模板创建表

创建“联系人”、“任务”、“问题”、“事件”或“资产”表时，可以使用 Access 2007 内置的关于这些主题的表模板。

【例 5-3】 创建一个通讯录数据库，在该数据库中创建一个联系人表。

操作步骤如下：

(1) 创建通讯录数据库。

(2) 单击“创建”选项卡，再在“表”命令组中单击“表模板”命令按钮，打开如图 5-5 所示的表模板列表。单击其中的“联系人”模板，则基于“联系人”表模板所创建的表就被插入到当前数据库中。

(3) 单击“保存”按钮，在打开的“另存为”对话框中，给表命名后完成表的创建。

如果使用模板所创建的表不能完全满足需要，可以对表进行修改。简单的删除或添加字段可以在数据视图中操作，复杂的设置则需要在设计视图中进行。

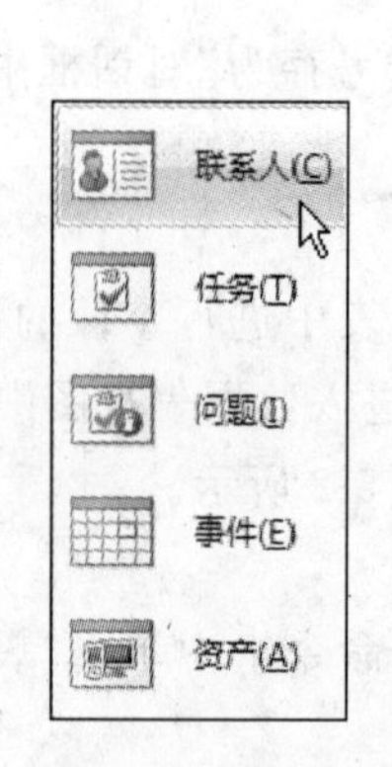

图 5-5 表模板列表

选课表

	A	B	C	D
1	学号	课程号	成绩	
2	180110	W0101	89	
3	180110	K1002	88	
4	190101	W0101	90	
5	190102	K1002	76	
6	190102	J0014	78	
7	190210	K1002	87	
8	190210	Z0003	67	
9	190210	J0015	96	
10	190219	Z0003	75	
11	200101	J0014	90	
12	200109	W0101	79	
13	220203	W0101	67	
14	220203	J0014	98	
15	220204	W0101	76	
16	220204	J0015	65	
17	230500	K1002	86	

图 5-6 “选课表. xls”的内容

4. 通过导入来创建表

可以通过导入自其他位置存储的数据创建表。例如，可以导入 Excel 工作表、SharePoint 列表、XML 文件、其他 Access 数据库、文本文件以及其他数据源中存储的信息。

【例 5-4】 Excel 文件“选课表. xls”的内容如图 5-6 所示，将“选课表. xls”导入教学管理数据库中，生成课程表。

操作步骤如下：

(1) 打开教学管理数据库，单击“外部数据”选项卡，再在“导入”命令组中单击 Excel 命令按钮，弹出如图 5-7 所示的“获取外部数据”对话框。

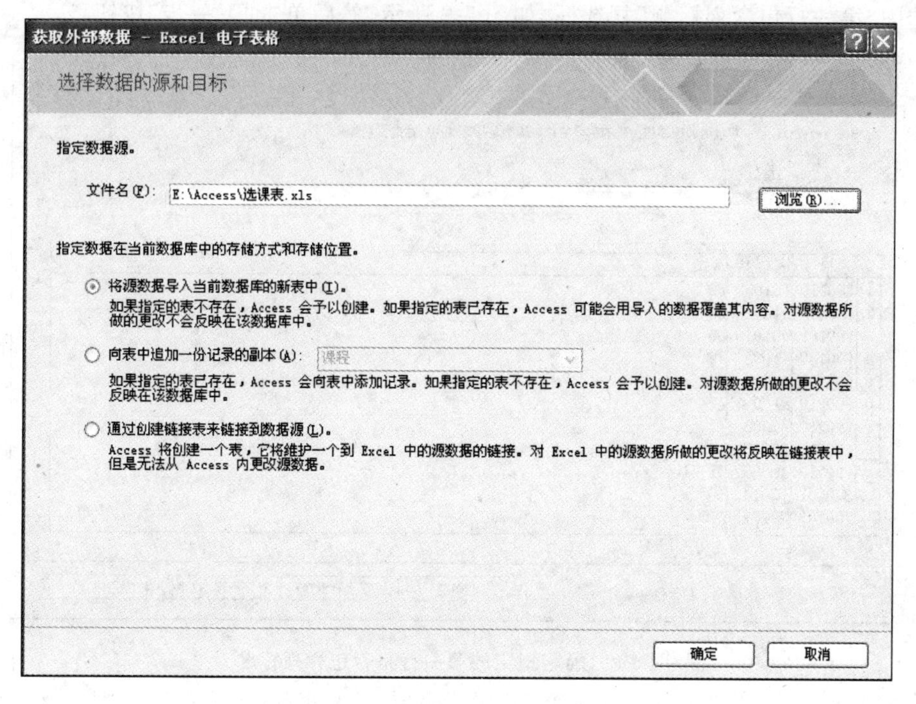

图 5-7 “获取外部数据”对话框

(2) 单击“浏览”按钮，在弹出的“打开”对话框中，找到需导入的数据源文件“选课表.xls”，单击“打开”按钮。返回到“获取外部数据”对话框，单击“确定”按钮。

(3) 弹出“导入数据表向导”第 1 个对话框，要求选择工作表或区域，这里选择 Sheet1，如图 5-8 所示，然后单击“下一步”按钮。

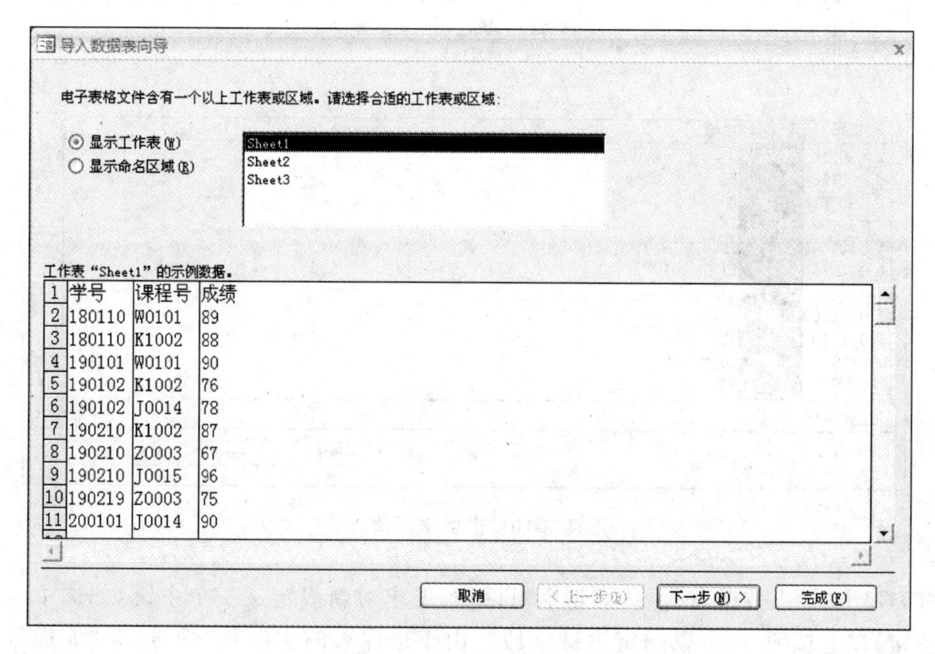

图 5-8 选择工作表或区域

(4) 弹出“导入数据表向导”第 2 个对话框，要求确定指定的第一行是否包含列标题。本例选中“第一行包含列标题”复选框，如图 5-9 所示，然后单击“下一步”按钮。

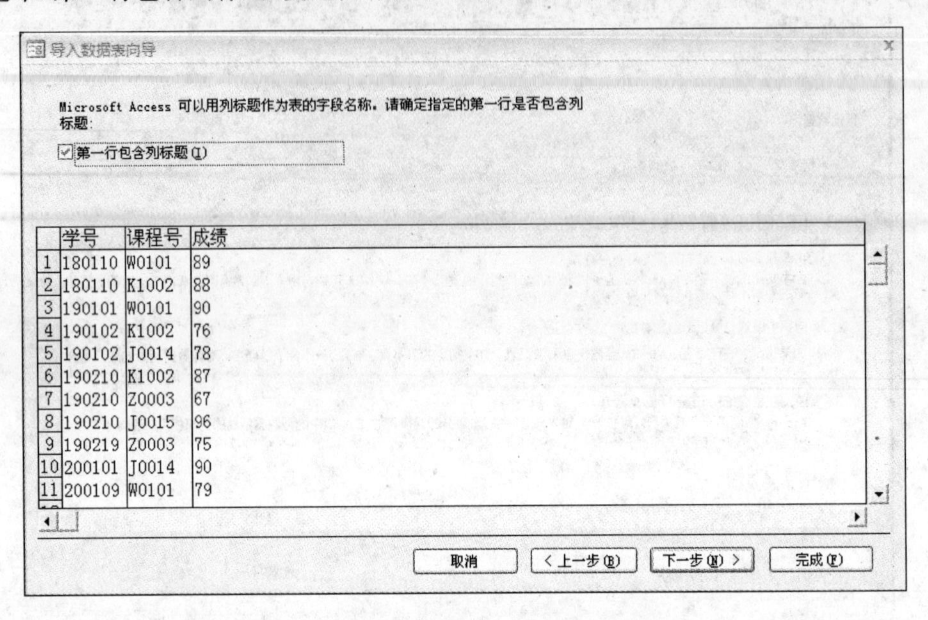

图 5-9　确定指定的第一行是否包含列标题

(5) 弹出“导入数据表向导”第 3 个对话框，要求指定字段信息，包括设置字段数据类型、索引等，本例选择默认选项，如图 5-10 所示，然后单击“下一步”按钮。

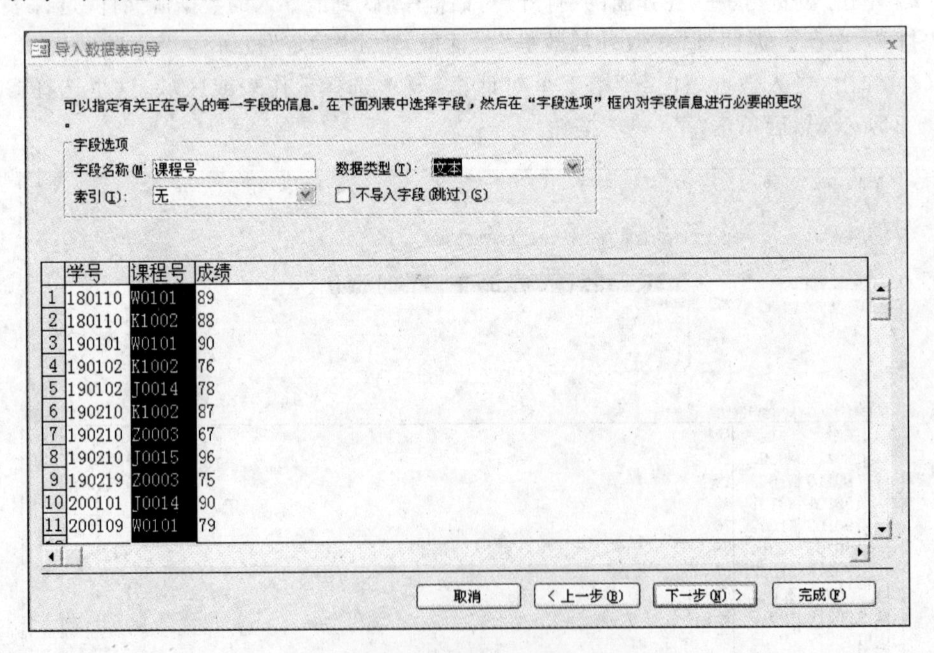

图 5-10　设置字段信息

(6) 弹出“导入数据表向导”第 4 个对话框，要求对新表定义一个主键，如选中“我自己选择主键”单选按钮，则可以选定主键字段。由于选课表的主键是“学号”和“课程号”的组合，这里选择“不要主键”，如图 5-11 所示，然后单击“下一步”按钮。

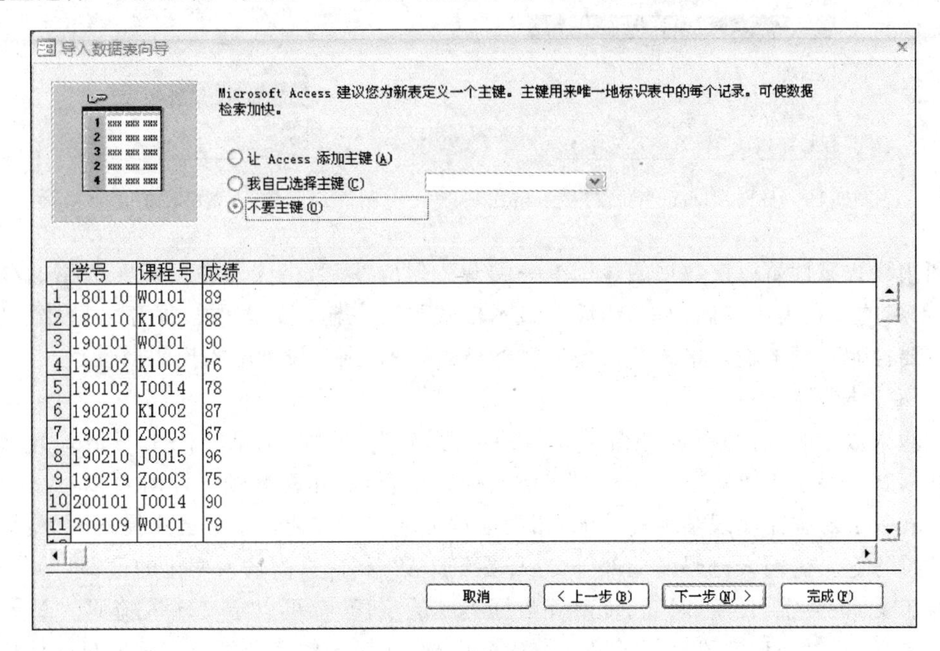

图 5-11　设置主键

(7) 弹出“导入数据表向导”第 5 个对话框，在“导入到表”文本框中，输入表的名称“课程”，然后单击“完成”按钮。至此，完成使用导入方法创建表的过程。

(8) 在弹出的“保存导入步骤”对话框中，取消选择“保存导入步骤”复选框，单击“关闭”按钮。这是 Access 2007 新增加的功能，对于经常进行相同导入操作的用户，可以把导入步骤保存下来，下一次可以快速完成同样的导入。

5.1.3　设置字段常规属性

字段常规属性用于对已指定数据类型的字段作进一步的说明，定义了字段数据的保存、处理或显示方式。例如，通过设置文本字段的字段大小属性控制允许输入的最多字符数；通过定义字段的有效性规则属性限制在该字段中输入数据的规则，如果输入的数据违反了规则，将显示提示信息，告知合法的数据是什么。每个字段的属性取决于该字段的数据类型。

字段属性区中的属性是针对具体字段而言的，要改变字段的属性，需要先单击该字段所在行，然后对字段属性区所示该字段的属性进行设置和修改。

1. 格式

格式属性只影响数据的显示格式。例如，可将“出生日期”字段的显示格式改为“长日期”，显示格式类似于“2007 年 6 月 19 日 星期二”。不同数据类型的字段，选择的格式有所不同。数字型、货币型、自动编号型字段的格式如图 5-12 所示，其中“固定”是指小数的位数不变，其长度由“小数位数”说明。日期/时间型字段的格式如图 5-13 所示。是/否型字段的格式如图 5-14 所示。

常规数字	3456.789
货币	¥3,456.79
欧元	€3,456.79
固定	3456.79
标准	3,456.79
百分比	123.00%
科学记数	3.46E+03

图 5-12　数字型、货币型、自动编号型字段的显示格式

长日期	
常规日期	2007-6-19 17:34:23
长日期	2007年6月19日 星期二
中日期	07-06-19
短日期	2007-6-19
长时间	17:34:23
中时间	下午 5:34
短时间	17:34

图 5-13　日期/时间型字段的显示格式

是/否	
真/假	True
是/否	Yes
开/关	On

图 5-14　是/否型字段的显示格式

利用格式属性可以使数据的显示统一美观。但应注意，格式属性只影响数据的显示格式，并不影响其在表中存储的内容，而且显示格式只有在输入的数据被保存之后才能应用。如果需要控制数据的输入格式并按输入时的格式显示，则应设置输入掩码属性。

2. 输入掩码

在输入数据时，有些数据有相对固定的书写格式。例如，电话号码书写格式为(0731)55556634。如果手工重复输入这种固定格式的数据，显然非常麻烦。此时可以利用输入掩码(Input Mask)强制实现某种输入模式，使数据的输入更方便。定义输入掩码时，将格式中不变的符号定义为输入掩码的一部分，这样在输入数据时，只需输入变化的值即可。

对于文本、数字、日期/时间、货币等数据类型的字段，都可以定义输入掩码。Access 为文本型和日期/时间型字段提供了输入掩码的向导，而对于数字和货币型字段只能使用字符直接定义“输入掩码”属性。当然，文本和日期/时间型字段的输入掩码也可以直接使用字符进行定义。“输入掩码”属性所用字符及含义如表 5-4 所示。

表 5-4　“输入掩码”属性所用字符及含义

字　符	描　述	输入掩码示例	示例数据
0	必须输入 0～9 的数字，不允许使用加号和减号	0000-0000000	0731-55530062
9	可以选择输入数字或空格，不允许使用加号和减号	(999)999-9999	(21)555-3002
#	可以选择输入数字或空格。在编辑状态时，显示空格，但在保存时，空格被删除，允许使用加号和减号	#999	-347
L	必须输入 A～Z 的字母	L0L0L0	a2B8C4
?	可以选择输入 A～Z 的字母	?????????	Jasmine
A	必须输入字母或数字	(000)AAA-AAAA	(021)555-TELE
a	可以选择输入字母或数字	(000)aaa-aaaa	(021)555-TEL2
&	必须输入任何字符或空格	&&&	3xy
C	可以选择输入任何字符或空格	CCC	3x
. : ; - /	小数点占位符和千分位、日期与时间的分隔符。实际显示的字符根据 Windows 控制面板的“区域和语言选项”中的设置而定		
＜	使其后所有的字符转换成小写	＞L＜???????????	Maria
＞	使其后所有的字符转换成大写	＞L0L0L0	A2B8C4
!	输入掩码从右到左显示，输入掩码中的字符一般都是从左向右输入。感叹号可以出现在输入掩码的任何地方		
\	使其后的字符原样显示	\T000	T123

注意：如果为字段定义了输入掩码，同时又设置了它的格式属性，显示数据时，格式属性将优先于输入掩码的设置，即使保存了输入掩码，在数据设置格式显示时，也会忽略输入掩码。

3. 默认值

默认值(Default)是在输入新记录时自动取定的数据内容。在一个数据库中，往往会有一些字段的数据内容相同或者包含有相同的部分，为减少数据输入量，可以将出现较多的值作为该字段的默认值。

【例 5-5】 将学生表中“性别”字段的默认值属性设置为“男”。

操作步骤如下：

(1) 打开教学管理数据库，右击“导航窗格”中的学生表，在弹出的快捷菜单中选择“设计视图”命令，在设计视图中打开学生表。

(2) 选择“性别”字段，在“字段属性”区域的“默认值”属性框中输入“男”，结果如图 5-15 所示。

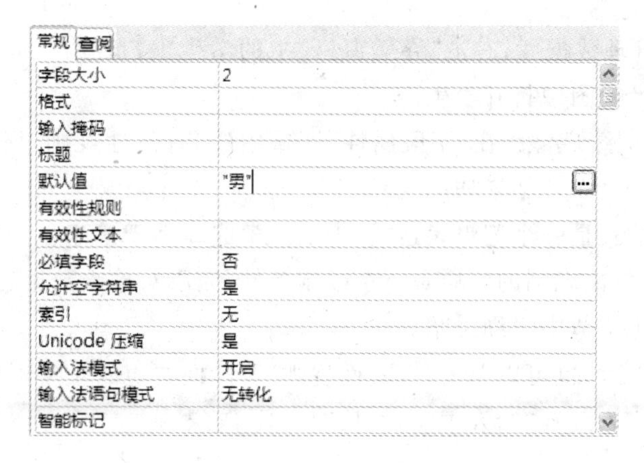

常规 | 查阅

字段大小	2
格式	
输入掩码	
标题	
默认值	"男"
有效性规则	
有效性文本	
必填字段	否
允许空字符串	是
索引	无
Unicode 压缩	是
输入法模式	开启
输入法语句模式	无转化
智能标记	

图 5-15 “默认值”属性设置

输入文本值时，也可以不加引号，系统会自动加上引号。设置默认值后，在生成新记录时，将这个默认值插入到相应的字段中。例如，此时单击“开始”选项卡中的“视图”按钮，切换到数据表视图，如图 5-16 所示。

学生 | 选课 | 课程 | Sheet1

	学号	姓名	性别	出生日期	是否少数民族	籍贯	入学成绩	简历
	180110	冯淮楼	男	1988年4月30日 星期六	☑	云南	585	
	190101	沃泰华	女	1988年9月7日 星期三	☐	湖南	575	
	190102	张蓉娟	女	1987年11月15日 星期日	☐	江苏	598	
	190210	梨佩汪	男	1988年7月10日 星期日	☑	贵州	569	
	190219	谭赫	男	1984年6月23日 星期六	☑	河南	576	
	200101	李葵浩	男	1987年8月30日 星期日	☐	云南	580	
	200109	程丽杜	女	1989年12月31日 星期日	☑	湖南	583	
	220203	方晓花	女	1988年7月23日 星期六	☐	江苏	605	
	220204	舒铁导	男	1987年10月24日 星期六	☑	湖南	593	
	230500	蔡丽丽	女	1990年12月4日 星期二	☐	湖北	576	
	129546	李奋斗	男		☐			
*			男		☐			

图 5-16 “默认值”属性设置后的效果

可以看到，在新记录行的"性别"字段列上显示了该默认值。用户可以直接使用该值，也可以输入新值取代这个默认值。

可以使用 Access 表达式来定义默认值。例如，若在输入某日期/时间型字段值时插入当前系统日期，可以在该字段的"默认值"属性框中输入表达式"Date()"。

注意：设置默认属性时，必须与字段中所设的数据类型相匹配，否则会出现错误。

4. 有效性规则

有效性规则(Validation Rule)是给字段输入数据时所设置的约束条件。在添加或编辑数据时，都将强行实施字段有效性规则，从而防止将不合理的数据输入到表中。有效性规则的形式及设置目的随字段的数据类型的不同而不同。对文本型字段，可以设置输入的字符个数不能超过某一个值。对数字型字段，可以使表只接受一定范围内的数据。对日期/时间型字段，可以将数值限制在一定的月份或年份以内。

【例 5-6】 将学生表中"入学成绩"字段的取值范围设在 0～750 之间。

操作步骤如下：

(1) 打开教学管理数据库，右击"导航窗格"中的学生表，在弹出的快捷菜单中单击"设计视图"命令，在设计视图中打开学生表。

(2) 选择"入学成绩"字段，在"字段属性"区域中的"有效性规则"属性框中输入表达式"＞＝0 And ＜＝750"，设置结果如图 5-17 所示。

这里输入的表达式是一个逻辑表达式，表示入学成绩大于等于 0 并且小于等于 750，即在 0～750 之间。有效性规则的实质是一个限制条件，完成对输入数据的检查。条件的书写规则及方法将在 6.1.3 节中详细介绍。

在进行此步操作时，也可以单击"有效性规则"属性框右边的生成器按钮 ... 启动表达式生成器，利用"表达式生成器"输入表达式，如图 5-18 所示。

常规 | 查阅

字段大小	单精度型
格式	固定
小数位数	自动
输入掩码	
标题	
默认值	
有效性规则	>=0 And <=750
有效性文本	请输入0～750之间的数据！
必填字段	否
索引	无
智能标记	
文本对齐	常规

图 5-17 "有效性规则"属性设置

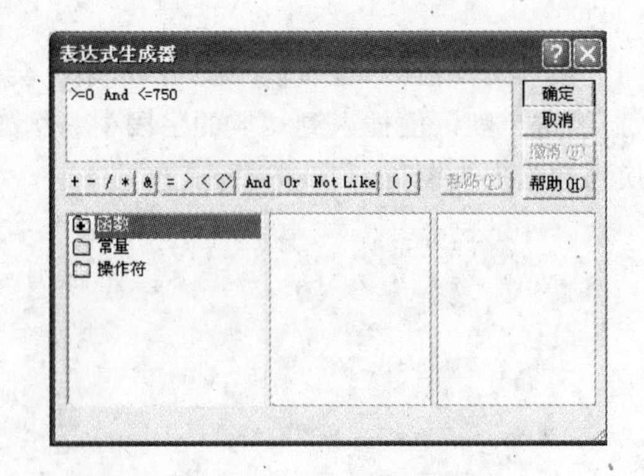

图 5-18 表达式生成器

(3) 保存学生表。

属性设置后，可对其进行检验。方法是单击"开始"选项卡中的"视图"按钮，切换到数据表视图，在任一记录的入学成绩列中输入一个不在合法范围内的数据，如输入 800，按 Enter 键，这时屏幕上会立即显示提示框，如图 5-19 所示。

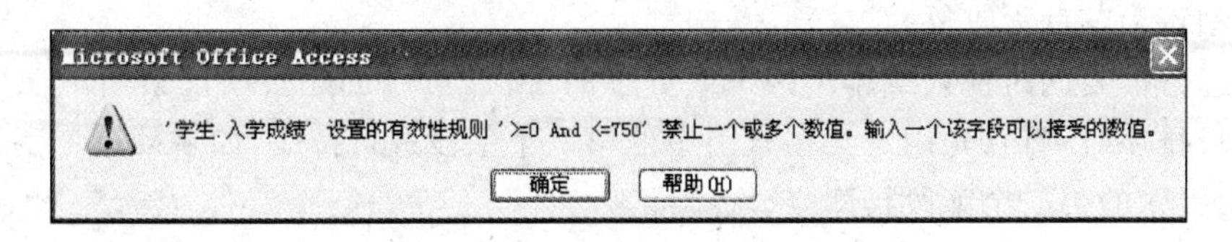

图 5-19　测试有效性规则设置

这说明输入的值与有效性规则发生冲突，系统拒绝接收此数值。有效性规则能够检查错误的输入或者不符合逻辑的输入。

5. 有效性文本

当输入的数据违反了有效性规则，系统会显示提示信息，但往往给出的提示信息并不是很明确。因此，可以通过定义有效性文本来解决。

【例 5-7】 为学生表中“入学成绩”字段设置有效性文本，其值为“请输入 0～750 之间的数据!”。

操作步骤如下：

(1) 使用设计视图打开学生表，选择“入学成绩”字段。

(2) 在“字段属性”区域中的“有效性文本”属性框中输入文本“请输入 0～750 之间的数据!”，参见图 5-17。

(3) 保存学生表。

完成上述操作后，单击“开始”选项卡中的“视图”按钮，切换到数据表视图，在任一记录的入学成绩字段中输入 800，按 Enter 键，这时屏幕上显示图 5-20 所示的提示框。

图 5-20　测试有效性文本设置

6. 索引

索引能加速在表中查找和排序的速度。例如，如果想查找某一学生的姓名，可以创建“姓名”字段的索引，以加快查找速度。此外，索引能对表中的记录实施唯一性控制。

按索引的功能分，索引有唯一索引、普通索引和主索引 3 种。其中，唯一索引的索引字段值不能相同，即没有重复值。如果为该字段输入重复值，系统会提示操作错误，如果已有重复值的字段要创建索引，则不能创建唯一索引。普通索引的索引字段值可以相同，即有重复值。在 Access 中，同一个表可以创建多个唯一索引，其中一个可设置为主索引，且一个表只有一个主索引。

【例 5-8】 为学生表创建索引，索引字段为“性别”。

操作步骤如下：

(1) 用设计视图打开学生表，选择“性别”字段。

(2) 单击“索引”属性框，然后单击右侧下三角按钮，从打开的下拉列表框中选择“有(有重复)”选项。

可以选择的“索引”属性选项有 3 个，“无”表示该字段不建立索引(默认值)，“有(有重复)”表示以该字段建立索引，且字段中的值可以重复，“有(无重复)”表示以该字段建立索引，且字段中的值不能重复，这种字段适合做主键。当字段被设定为“主键”时，字段的索引属性被自动设为“有(无重复)”。

如果经常需要同时搜索或排序两个或更多的字段,可以创建多字段索引。使用多个字段索引进行排序时,将首先用定义在索引中的第一个字段进行排序,如果第一个字段有重复值,再用索引中的第二个字段排序,依次类推。

【例 5-9】 为学生表创建多字段索引,索引字段包括“学号”、“姓名”、“性别”和“出生日期”。

操作步骤如下:

(1) 用设计视图打开学生表,单击“表工具 设计”选项卡,再在“显示/隐藏”命令组中单击“索引”命令按钮,打开“索引”对话框,如图 5-21 所示。

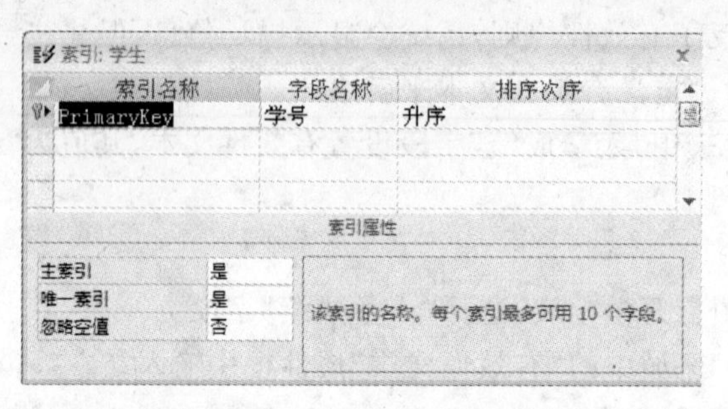

图 5-21 “索引”对话框

(2) 单击“字段名称”列的第 1 个空白行,然后单击右侧的向下三角按钮,从打开的下拉列表框中选择“姓名”字段,将光标移到下一行,用同样方法将“性别”字段、“出生日期”字段加入到“字段名称”列。“排序次序”列都沿用默认的“升序”排列方式。设置结果如图 5-22 所示。

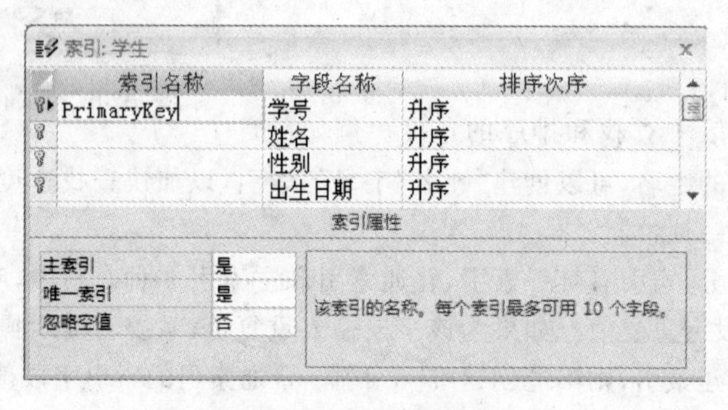

图 5-22 设置多字段索引

5.2 表中数据的输入

在建立了表结构之后,就可以向表中输入数据了,向表中输入数据就好像在一个空白表格中填写文字或数字。

5.2.1 使用数据表视图输入数据

在表设计视图中显示的是表的结构属性,而在数据表视图中显示的是表中的数据,因此针对表中数据的操作都在数据表视图中进行。同样,在 Access 中,可以利用数据表视图向表中输入数据。

1. 输入数据的步骤

首先打开数据库，在导航窗格中双击要输入数据的表名，进入数据表视图，然后输入数据。例如，要将学生信息输入到学生表中，学生表的数据表视图如图 5-23 所示，从第 1 个空记录的第 1 个字段开始分别输入“学号”、“姓名”、“性别”等字段的值，每输入完一个字段值按 Enter 键或按 Tab 键转至下一个字段。输入“是否少数民族”字段值时，在提供的复选框内单击鼠标左键会显示出一个“√”，打钩表示是少数民族；再次单击鼠标左键可以去掉“√”，不打钩为汉族。输入完一条记录后，按 Enter 键或 Tab 键转至下一条记录，继续输入第 2 条记录。一直到输入完全部记录后，单击快速访问工具栏上的“保存”按钮，保存表中数据。

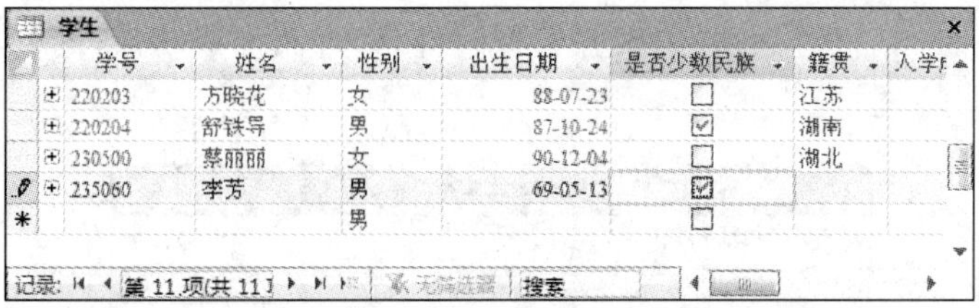

学生

	学号	姓名	性别	出生日期	是否少数民族	籍贯	入学
	220203	方晓花	女	88-07-23	☐	江苏	
	220204	舒铁导	男	87-10-24	☑	湖南	
	230500	蔡丽丽	女	90-12-04	☐	湖北	
✎	235060	李芳	男	69-05-13	☑		
*			男		☐		

记录: 第 11 项(共 11 项) 无筛选器 搜索

图 5-23 在数据表视图输入表中的数据

当往表中输入数据而未对其中的某些字段指定值时，该字段将出现空值(用 Null 表示)。空值不同于空字符串或数值零，而是表示未输入、未知或不可用，它是在以后添加的数据。例如，某个学生进校时尚未确定专业，故在输入该生的信息时，“专业”字段不能输入，系统将用空值(Null)标识该生记录的“专业”字段。

通常在输入一条记录的同时，Access 将自动添加一条新的空记录并且该记录的选择器上显示一个星号 *，当前正在输入的记录选择器上则显示铅笔符号，准备输入的记录选择器上显示向右箭头 ➡。

2. 一些特殊数据类型的输入方法

有些数据类型的输入方法很特殊，下面逐一介绍。

1) 备注型数据的输入

备注型字段包含的数据量很大，而表中字段列的数据输入空间有限，可以使用 Shift+F2 组合键打开“缩放”窗口，在该窗口中输入编辑数据。该方法同样适用于文本、数字等类型数据的输入。

2) OLE 对象型数据的输入

学生表有“吉祥物”字段，可以定义为 OLE 对象型。输入吉祥物时，右击“吉祥物”字段列，在弹出的快捷菜单中选择“插入对象”命令，打开 Microsoft Office Access 对话框，如图 5-24 所示。在该对话框中选中“由文件创建”单选按钮，再单击“浏览”按钮，打开“浏览”对话框，找到并选中所需图片文件，然后单击“确定”按钮。

3) 附件型数据的输入

学生表中的“代表性作品”字段定义为附件型。附件型字段相应的列标题会显示曲别针图标，而不是字段名。右击附件型字段，在弹出的快捷菜单中选择“管理附件”命令，弹出

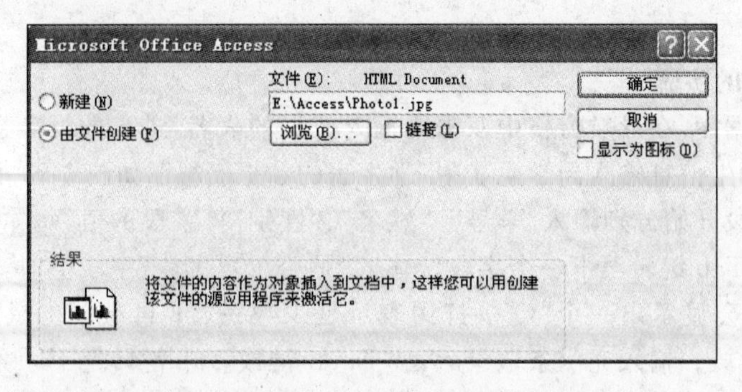

图 5-24 Microsoft Office Access 对话框

"附件"对话框，如图 5-25 所示。双击表中的附件型字段，也可以直接从该字段中打开此对话框。使用"附件"对话框可添加、编辑并管理附件，附件添加成功后，附件型字段列中会显示附件的个数。

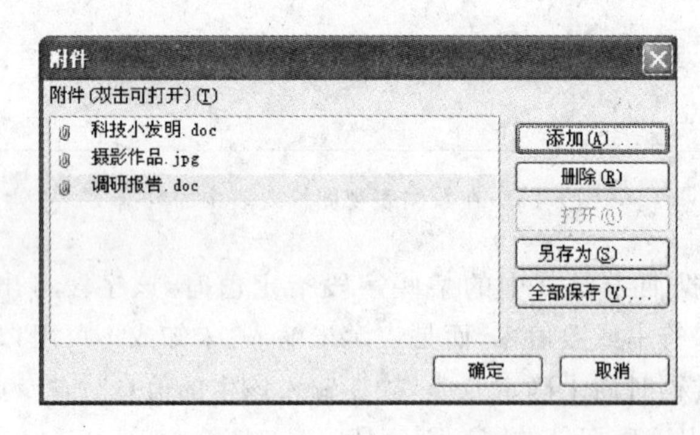

图 5-25 "附件"对话框

5.2.2 创建查阅列表字段

一般情况下，表中大部分字段值都来自于直接输入的数据，或从其他数据源导入的数据。如果某字段值是一组固定数据，那么输入时，通过手工直接输入显然比较麻烦。这时可将这组固定值设置为一个列表，输入时直接从列表中选择，既可以提高输入效率，也能够减少输入差错。"查阅向导"常用于将字段设置为查阅值列表或查阅已有数据，帮助用户方便地设置字段的查阅属性。

【例 5-10】 为学生表中"专业"字段创建查阅列表，列表中显示"工商管理"、"财务管理"、"信息管理"、"金融学"和"会计学"5 个值。

操作步骤如下：

(1) 用表设计视图打开学生表，选择"专业"字段。在"数据类型"列中选择"查阅向导"，弹出"查阅向导"第 1 个对话框。选中"自行键入所需的值"单选按钮，然后单击"下一步"按钮。

(2) 弹出"查阅向导"第 2 个对话框，在"第 1 列"的每行中依次输入"工商管理"、"财务管理"、"信息管理"、"金融学"和"会计学"5 个值，每输入完一个值按向下光标移动键或 Tab 键转至下一行，列表设置结果如图 5-26 所示，然后单击"下一步"按钮。

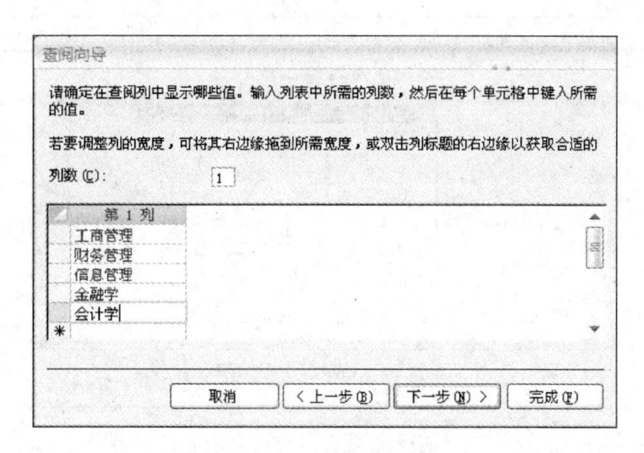

图 5-26 查阅列表设置

(3) 弹出“查阅向导”第 3 个对话框。在该对话框的“请为查阅列表指定标签”文本框中输入名称，本例使用默认值，单击“完成”按钮。

这时“专业”的查阅列表设置完成，切换到学生表的数据表视图，可以看到专业字段值右侧出现向下箭头，单击该箭头，会弹出一个下拉列表，列表中列出了“工商管理”、“财务管理”、“信息管理”、“金融学”和“会计学”5 个值，如图 5-27 所示。输入“专业”字段的值时，直接从列表中选择即可。

学生

学号	姓名	简历	专业
180110	冯淮楼		工商管理
190101	沃泰华		财务管理
190102	张蓉娟		工商管理
190210	梨佩汪		金融学
190219	谭赫		
200101	李蓑浩		工商管理
200109	程丽杜		财务管理
220203	方晓花		信息管理
220204	舒铁导		金融学
230500	蔡丽丽		会计学

图 5-27 查阅列表字段设置效果

【例 5-11】 使用查阅向导将选课表中的“课程号”字段设置为查阅课程表中的“课程号”字段，即该字段组合框的下拉列表中仅出现课程表中已有的课程信息。

操作步骤如下：

(1) 用表设计视图打开选课表，选择“课程号”字段，在“数据类型”列的下拉列表中选择“查阅向导”，打开“查阅向导”第 1 个对话框。选中“使用查阅列查阅表或查询中的值”单选按钮，然后单击“下一步”按钮。

(2) 弹出“查阅向导”第 2 个对话框，在对话框中列出了可以选择的已有的表和查询，如图 5-28 所示。选定字段列表内容的来源“课程”表后，单击“下一步”按钮。

(3) 弹出“查阅向导”第 3 个对话框，在该对话框中列出了课程表中所有的字段，通过双击左侧列表中的字段名将“课程号”和“课程名”字段添加至右侧列表中，如图 5-29 所示，然后单击“下一步”按钮。

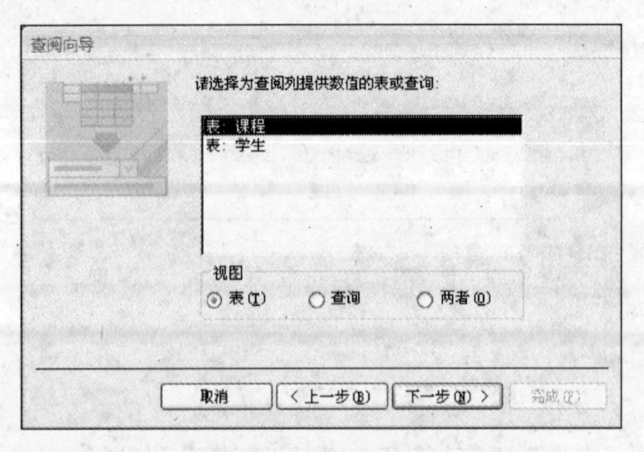

图 5-28　选择课程表作为列表内容的来源

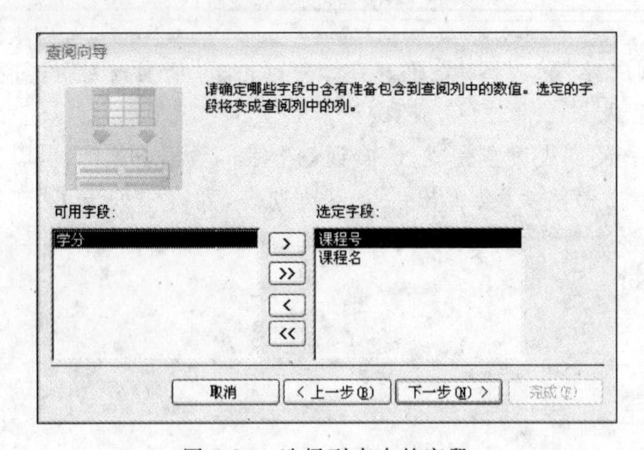

图 5-29　选择列表中的字段

(4) 弹出“查阅向导”第 4 个对话框,确定列表使用的排序次序,如图 5-30 所示,然后单击“下一步”按钮。

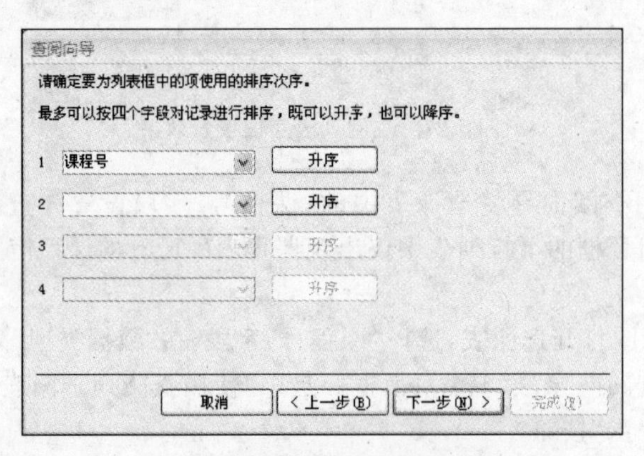

图 5-30　列表使用的排序次序

(5) 弹出“查阅向导”第 5 个对话框,对话框中列出了课程表中的所有数据,因为要使用课程号字段,所以取消隐藏键列。在对话框中还可以调整列的宽度,如图 5-31 所示。然后单击“下一步”按钮。

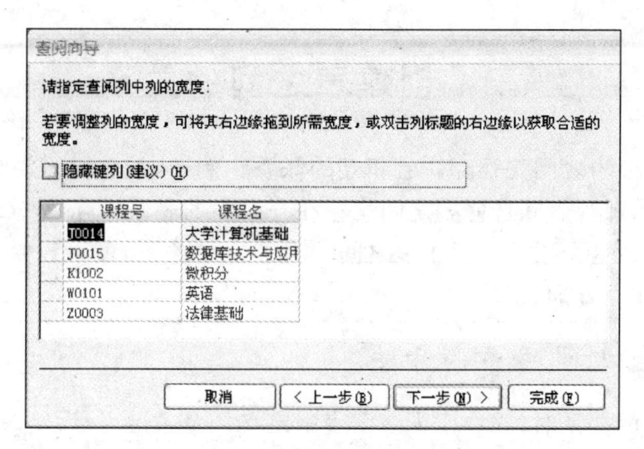

图 5-31 取消隐藏键列

(6) 弹出“查阅向导”第 6 个对话框,确定课程表哪一列含有准备在选课表的“课程号”字段中使用的数值,按照要求选择“课程号”字段,如图 5-32 所示,然后单击“下一步”按钮。

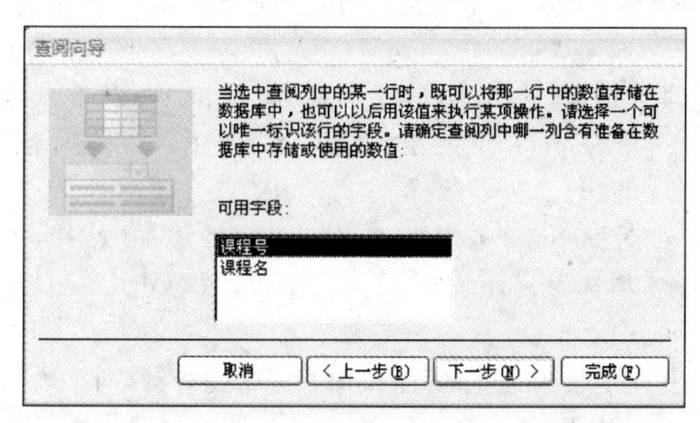

图 5-32 确定准备表中存储的查阅列字段

(7) 弹出“查阅向导”第 7 个对话框,为查阅字段输入名称,单击“完成”按钮,这时课程号字段的查阅列表设置完成。切换到数据表视图,结果如图 5-33 所示。可以从下拉列表中选择有效的课程号,而课程名列作为对课程号的说明提示,帮助用户操作选择。

选课

学号	课程号	成绩
180110	W0101	89
180110	J0014 大学计算机基础	
190101	J0015 数据库技术与应	
190102	K1002 微积分	
190102	W0101 英语	
190210	Z0003 法律基础	
190210	Z0003	67
190210	J0015	96
190219	Z0003	75
200101	J0014	90
200109	W0101	79
220203	W0101	67
220203	J0014	98
220204	W0101	76
220204	J0015	65
230500	K1002	86

图 5-33 查阅列表字段设置效果

5.3 创建表之间的关系

数据库中的多个表之间往往存在着相互的联系。例如，教学管理数据库中的3个表，学生表和选课表之间、课程表和选课表之间均存在一对多的联系。在Access中可以通过创建表之间的关系来表达这个联系。两个表之间一旦建立了关系，就可以很容易地从中找出所需要的数据，也为建立查询、窗体或报表打下基础。

5.3.1 建立表之间关系的方法

在创建表之间的关系时，先在至少一个表中定义一个主键，然后使该表的主键与另一表的对应列(一般为外键)相关。主键所在的表称为主表，外键所在的表称为相关表，两个表的联系就是通过主键和外键实现的。在创建表之间的关系之前，应关闭所有需要定义关系的表。

【例5-12】 创建教学管理数据库中表之间的关系。

操作步骤如下：

(1) 打开教学管理数据库，单击“数据库工具”选项卡，再在“显示/隐藏”命令组中单击“关系”命令按钮，打开“关系”窗口，然后在“关系”命令组中单击“显示表”命令按钮，打开“显示表”对话框，如图5-34所示。

(2) 在“显示表”对话框中，单击学生表，然后单击“添加”按钮，将学生表添加到“关系”窗口，同样将课程表和选课表添加到“关系”窗口，再单击“关闭”按钮，关闭“显示表”对话框。

(3) “学号”字段在学生表中是主键，而在选课表中是外键，两个表的联系就是通过这个字段实现的。选中学生表中的“学号”字段，然后按下鼠标左键并拖至选课表中的“学号”字段上，松开鼠标，这时弹出如图5-35所示的“编辑关系”对话框。

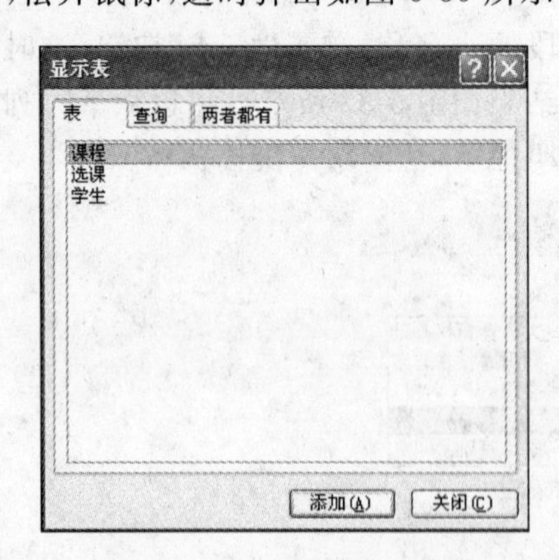

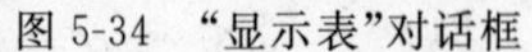
图5-34 “显示表”对话框

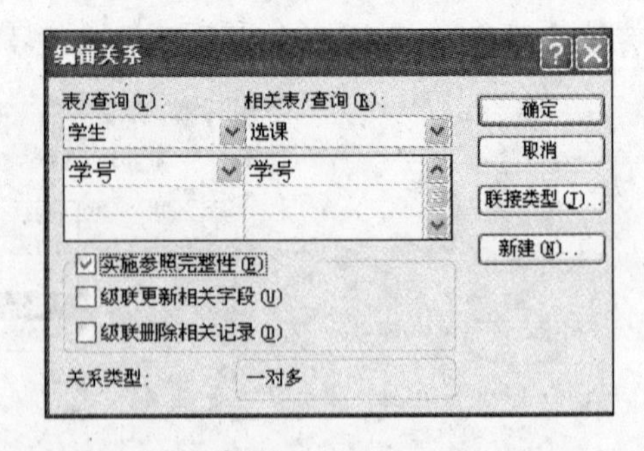

图5-35 “编辑关系”对话框

在“编辑关系”对话框中的“表/查询”列表框中，列出了学生表(主表)的相关字段“学号”，在“相关表/查询”列表框中，列出了选课表(相关表)的相关字段“学号”。可以检查显示在两个表字段列中的字段名称以确保正确性，必要时可以进行更改。要注意的是，用于建立关系的两个字段必须具有相同的数据类型。

(4) 一般情况下，选中“编辑关系”对话框下方的 3 个复选框，系统将自动识别关系类型。然后单击“创建”按钮，就完成了关系的创建。用同样方法，可以建立课程表和选课表的关系。建立 3 个关系的结果如图 5-36 所示。

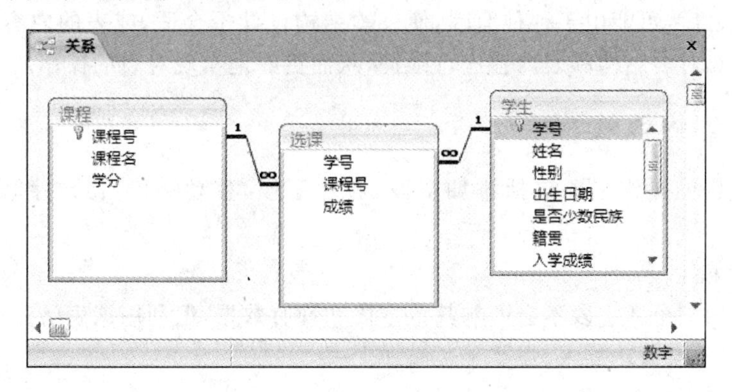

图 5-36 建立表之间的关系

如果要编辑修改或删除已建立的两个表之间的关系，可以右击关系的连线，在弹出的快捷菜单中选择相应的命令即可，如图 5-37 所示。

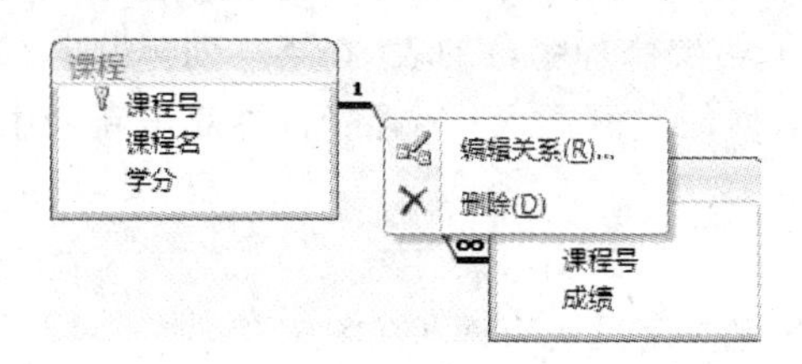

图 5-37 编辑或删除表关系的菜单

5.3.2 设置参照完整性

参照完整性是指在输入或删除记录时，主表和相关表之间必须保持一种联动关系。在定义表之间的关系时，应设立一些准则，从而保证各个表之间数据的一致性。

如果实施了参照完整性，那么主表中没有的记录就不能添加到相关表中，在相关表中存在匹配的记录时也不能删除主表中的记录，在相关表中有相关记录时也不能更改主表中的主键值。也就是说，实施了参照完整性后，对表中主键字段进行操作时系统会自动地检查主键字段，看该字段是否被添加、修改或删除了。如果对主键的修改违背了参照完整性的要求，那么系统会自动强制执行参照完整性。

在建立表之间的关系时，在“编辑关系”对话框中有一个“实施参照完整性”复选框，单击它之后，“级联更新相关字段”和“级联删除相关记录”两个复选框就可以用了。如果选中“级联更新相关字段”复选框，则当更新主表中记录的主键值时，Access 就会自动更新相关表所有相关记录的主键值。如果选中“级联删除相关记录”复选框，则当删除主表中的记录时，Access 将自动删除相关表中的相关记录。如果只选中“实施参照完整性”复选框，则相关表中的相关记录发生变化时，主表中的主键不会相应变化，而且当删除相关表中的任何记录时，也不会更改主表中的记录。

5.4 表的维护与操作

在创建表之后,可能由于种种原因,使表的结构设计不合适,或表的内容不能满足实际需要。因此需要对表结构和表内容进行维护,从而更好地实现对表的操作。

5.4.1 表结构的修改

修改表结构的操作主要包括添加字段、删除字段、移动字段、修改字段、重新设置主键等。

1. 添加字段

在表中添加一个新字段不会影响其他字段和现有数据,但利用该表已建立的查询、窗体或报表,新字段不会自动加入,需要手工添加上去。

添加字段有两种方法:

(1) 用表设计视图打开需要添加字段的表,然后将光标移动到要插入新字段的位置,右击,在弹出的快捷菜单中选择“插入行”命令,则在当前字段的上面插入一个空行,在空行的字段名称列中输入新字段名称,在数据类型列中确定新字段数据类型。

(2) 用数据表视图打开需要添加字段的表,在某一列标题上右击,在弹出的快捷菜单中选择“插入列”命令,在当前列的左侧插入一个空列,再双击新列中的字段名“字段 1”,为该列输入唯一的名称。

2. 删除字段

与添加字段操作相似,删除字段也有两种方法:

(1) 用表设计视图打开需要删除字段的表,然后将光标移到要删除的字段行上。如果要选择一组连续的字段,可将鼠标指针拖过所选字段的字段选定器。如果要选择一组不连续的字段,可先选中要删除的某一个字段的字段选定器,然后按下 Ctrl 键不放,再单击每一个要删除字段的字段选定器,最后单击鼠标右键,在弹出的快捷菜单中选择“删除行”命令。

(2) 用数据表视图打开需要删除字段的表,选中要删除的字段列,然后右击,在弹出的快捷菜单中选择“删除列”命令。

3. 移动字段

移动字段同样可以在设计视图或数据表视图中进行。

(1) 用表设计视图打开需要移动字段的表,选中需要移动的字段行,再次单击并按住鼠标左键不放,拖曳鼠标即可将该字段移到新的位置。

(2) 用数据表视图打开需要移动字段的表,选中需要移动的字段列,再次单击并按住鼠标左键不放,拖曳鼠标即可移动该字段列。

4. 修改字段

修改字段包括修改字段的名称、数据类型、说明、属性等。在数据表视图中,只能修改字段名,如果要改变其数据类型或定义字段的属性,需要切换到设计视图进行操作。具体方法是用表设计视图打开需要修改字段的表,如果要修改某字段名称,在该字段的“字段名称”列中,单击鼠标左键,然后修改字段名称;如果要修改某字段数据类型,单击该字段“数据类型”列右侧下三角按钮,然后从打开的下拉列表中选择需要的数据类型。

5. 重新设置主键

重新设置主键需要先删除已定义的主键，然后再定义新的主键，具体操作步骤如下：

（1）使用设计视图打开需要重新定义主键的表。

（2）单击主键所在行字段选定器，然后单击“表工具 设计”选项卡，再在“工具”命令组中单击“主键”命令按钮，系统将取消以前设置的主键。

（3）单击要设为主键的字段选定器，然后单击“表工具 设计”选项卡，再在“工具”命令组中单击“主键”命令按钮，这时字段选定器上显示一个主键图标 ，表明该字段是主键字段。

5.4.2 表中记录的编辑

编辑表中内容是为了保证表中数据的准确性，使所建表能够满足实际需要。编辑表中内容的操作主要包括定位记录、选择记录、添加记录、删除记录、修改数据以及复制字段中的数据等。

1. 定位记录

进行表操作时，记录的定位和选择是首要操作。常用的定位记录方法有两种：一是使用记录号定位；二是使用全屏幕编辑的快捷键定位。

例如，要将指针定位到学生表中第10条记录上，可以使用数据表视图打开学生表，然后双击记录定位器中的记录编号框，在该框中输入10并按Enter键，这时光标将定位在第10条记录上，如图5-38所示。

学生

学号	姓名	性别	出生日期	是否少数民族
129546	李奋斗	男		☐
180110	冯淮楼	男	1988年4月30日 星期六	☑
190101	沃泰华	女	1988年9月7日 星期三	☐
190102	张蓉娟	女	1987年11月15日 星期日	☐
190210	梨佩汪	男	1988年7月10日 星期日	☑
190219	谭赫	男	1984年6月23日 星期六	☑
200101	李蓉浩	男	1987年8月30日 星期日	☐
200109	程丽杜	女	1989年12月31日 星期日	☑
220203	方晓花	女	1988年7月23日 星期六	☐
220204	舒铁导	男	1987年10月24日 星期六	☑
230500	蔡丽丽	女	1990年12月4日 星期二	☐

记录: 10 无筛选器 搜索

图5-38 用数据表视图添加字段

单击记录定位器中的不同按钮将定位到不同记录，按钮定位到第一条记录，按钮定位到上一条记录，按钮定位到最后一条记录，按钮定位到下一条记录，按钮定位到新记录。

使用全屏幕编辑的快捷键可以快速定位记录或字段，其操作方法与一般字处理软件中的操作方法类似，这里不再赘述。

2. 添加记录

添加记录时，使用数据表视图打开要编辑的表，可以将光标直接移动到表的最后一行，直接输入要添加的数据；也可以单击记录定位器中的“新(空白)记录”按钮 ，或单击“开始”选项卡，再在“记录”命令组中单击“新建”命令按钮，待光标移到表的最后一行后输入要添加的数据。

3. 删除记录

删除记录时，使用数据表视图打开要编辑的表，选定要删除的记录，然后单击“开始”选项卡，再在“记录”命令组中单击“删除”命令按钮，在弹出的“删除记录”提示框中，单击“是”按钮。

注意：删除操作是不可恢复的操作，在删除记录前要确认该记录是否要删除。

4. 修改数据

在数据表视图中修改数据的方法非常简单，只要将光标移到要修改数据的相应字段直接修改即可。其操作方法与一般字处理软件中的编辑修改类似。

5. 复制数据

在输入或编辑数据时，可以使用复制和粘贴操作将某字段中的数据复制到另一个字段中。操作步骤如下：

(1) 使用数据表视图打开要修改数据的表。

(2) 将鼠标指针指向要复制数据字段的最左侧，在鼠标指针变为空心十字✚时，单击选中整个字段。如果要复制部分数据，将指针指向要复制数据的开始位置，然后拖曳鼠标到结束位置，选中要复制的部分数据。

(3) 单击“开始”选项卡，在“剪贴板”命令组中单击“复制”命令按钮。选定目标字段，单击“开始”选项卡，在“剪贴板”命令组中单击“粘贴”命令按钮。

5.4.3 表中数据的查找与替换

在对表进行操作时，如果表中存放的数据非常多，那么当希望查找某一数据时就比较困难。Access 提供了非常方便的查找和替换功能，使用它可以快速地找到所需要的数据，必要时，还可以将找到的数据替换为新的数据。

1. 查找指定内容

查找数据的操作实际上是一种快速移动光标的操作，它能快速地将光标移到查找到的数据位置，从而可以对找到的数据进行编辑修改。

【例 5-13】 查找学生表中“性别”为“男”的学生记录。

操作步骤如下：

(1) 用数据表视图打开学生表，将鼠标指针定位在“性别”字段列的字段名上，鼠标指针会变成一个粗体黑色向下箭头⬇，单击，此时“性别”字段列被选中。

(2) 单击“开始”选项卡，再在“查找”命令组中单击“查找”命令按钮，弹出“查找和替换”对话框，如图 5-39 所示。

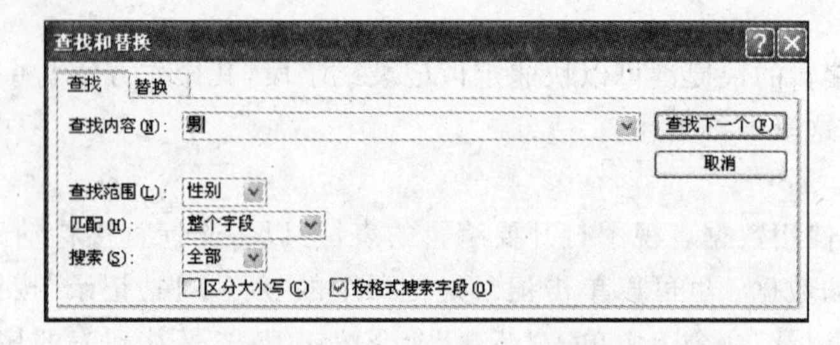

图 5-39 “查找和替换”对话框

(3) 在对话框的“查找内容”框中输入“男”，如果需要，可进一步设置其他选项。可以在“查找范围”下拉列表框中选择“学生”整个表作为查找的范围。注意，“查找范围”下拉列表中所包括的字段为在进行查找之前光标所在的字段。在查找之前最好将光标移到所要查找的字段上，这样比对整个表进行查找效率更高。在“匹配”下拉列表中，除“整个字段”匹配范围外，也可以选择其他的匹配部分，如“字段任何部分”、“字段开头”等。

(4) 单击“查找下一个”按钮，这时将查找下一个指定的内容，Access 将反相显示找到的数据。连续单击“查找下一个”按钮，可以将全部指定的内容查找出来。

(5) 单击“取消”按钮或对话框“关闭”按钮，结束查找。

在指定查找内容时，如果希望在只知道部分内容的情况下对表中数据进行查找，或按照特定的要求查找记录，可以使用通配符作为其他字符的占位符。在“查找和替换”对话框中，可以使用如表 5-5 所示的通配符。

表 5-5 通配符的使用

字　符	说　明	示　例
*	与任何个数的字符匹配	A*B 可以找到以 A 开头、以 B 结尾的任意长度的字符串
?	与任何单个字符匹配	A? B 可以找到以 A 开头、以 B 结尾的任意 3 个字符组成的字符串
[]	与方括号内任何单个字符匹配	A[XYZ]B 可以找到以 A 开头、以 B 结尾，且中间包含 X、Y、Z 之一的 3 个字符组成的字符串
!	匹配任何不在方括号之内的字符	A[! XYZ]B 可以找到以 A 开头、以 B 结尾，且中间包含除 X、Y、Z 之外的任意一个字符的 3 个字符组成的字符串
-	与某个范围内的任一个字符匹配。必须从 A 到 Z 按升序指定范围	A[X-Z]B 可以找到以 A 开头、以 B 结尾，且中间包含 X～Z 之间任意一个字符的 3 个字符组成的字符串
#	与任何单个数字字符匹配	A#B 可以找到以 A 开头、以 B 结尾，且中间为数字字符的任意 3 个字符组成的字符串

注意：当星号(*)、问号(?)、井号(#)、左方括号([)或连字符号(-)作为普通字符时，必须将搜索的符号放在方括号内。例如，搜索问号，在“查找内容”文本框中输入“[?]”符号；搜索连字符号，在“查找内容”文本框中输入“[-]”符号。如果同时搜索连字符号和其他单词时，需要在方括号内将连字符号放置在所有字符之前或之后，但是，如果有感叹号(!)，则需要在方括号内将连字符号放置在感叹号之后。如果搜索感叹号或右方括号(])，则不需要将其放在方括号内。

2. 替换指定内容

在对表进行修改时，如果多处相同的数据要作相同的修改，就可以使用 Access 的替换功能，自动将查找到的数据更新为新数据。

【例 5-14】 将学生表中“籍贯”字段值“湖南”改为“湖南省”。

操作步骤如下：

(1) 用数据表视图打开学生表，选中“籍贯”字段列。

(2) 单击“开始”选项卡，在“查找”命令组中单击“替换”命令按钮，弹出“查找和替换”对话框，如图 5-40 所示。

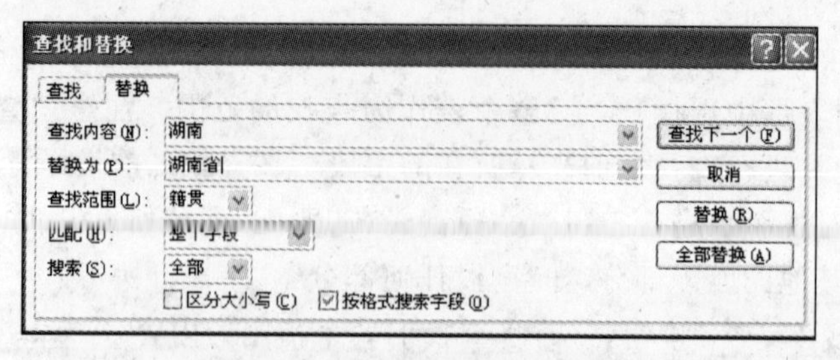

图 5-40 “查找和替换”对话框

(3) 在“查找内容”框中输入“湖南”，在“替换为”框中输入“湖南省”，在“查找范围”框中选中“籍贯”字段，在“匹配”框中选中“整个字段”。

(4) 如果一次替换一个，单击“查找下一个”按钮，找到后，单击“替换”按钮。如果不替换当前找到的内容，则继续单击“查找下一个”按钮。如果要一次替换出现的全部指定内容，则单击“全部替换”按钮。如果单击“全部替换”按钮，屏幕将显示一个提示框，提示进行替换操作后将无法恢复，询问是否要完成替换操作。单击“是”按钮，进行替换操作。

5.4.4 记录的排序

在数据库中，当打开一个表时，表中的记录默认按主键字段升序排列。若表中未定义主键，则记录按输入数据的先后顺序排列。有时为了方便数据的查找和操作，需要重新整理数据，为此可以采用对数据进行排序的方法。

1. 排序规则

排序是根据当前表中的一个或多个字段的值对整个表中的所有记录进行重新排列。排序时可按升序，也可按降序。排序记录时，不同的字段类型排序规则有所不同，具体规则如下：

(1) 对于文本型字段，中文按拼音字母的顺序排列，靠后的为大；英文字母按 A～Z 的顺序排列，且同一字母的大、小写视为相同。文本中出现的其他字符(如数字字符)按照 ASCII 码值的大小进行比较排列。西文字符比中文要小。

(2) 对于数字型、货币型字段，按数值的大小排序。

(3) 对于日期/时间型字段，按日期的先后顺序排序，靠后的日期为大。例如＃2010-4-10＃比＃2008-4-10＃要大。

(4) 数据类型为备注、超链接或 OLE 对象的字段不能排序。

(5) 按升序排列字段时，如果字段的值为空值，则将包含空值的记录排列在最前面。

2. 按一个字段排序

按一个字段排序记录，可以在数据表视图中进行。

【例 5-15】 对学生表按“姓名”升序排列记录。

操作步骤如下：

(1) 用数据表视图打开学生表，选中“姓名”字段列。

(2) 单击“开始”选项卡，再在“排序和筛选”命令组中单击“升序”命令按钮 A↓。

执行上述操作步骤后，就可以改变表中原有的排列次序，而变为新的次序。保存表时，将同时保存排序结果，还可以利用“降序”命令按钮 Z↓ 实现降序排列，利用“清除所有排序”命令按钮取消所有排序。

3. 按多个字段排序

在 Access 中，不仅可以按一个字段排序，还可以按多个字段排序。按多个字段进行排序时，首先根据第一个字段按照指定的顺序进行排序，当第一个字段具有相同值时，再按照第二个字段进行排序，依次类推，直到按全部指定的字段排好序为止。注意，排序操作时要从最后一个字段做起。

【例 5-16】 在学生表中首先按"性别"升序排序，"性别"相同再按"出生日期"降序排序。

操作步骤如下：

(1) 用数据表视图打开学生表，设置"出生日期"降序排列。

(2) 设置"性别"升序排列，排序结果如图 5-41 所示。

学生

学号	姓名	性别	出生日期	是否少数民族	籍贯	入学成绩
190210	梨佩汪	男	1988年7月10日 星期日	☑	贵州	569.00
180110	冯淮楼	男	1988年4月30日 星期六	☑	云南	585.00
220204	舒铁导	男	1987年10月24日 星期六	☑	湖南	593.00
200101	李蕊浩	男	1987年8月30日 星期日	☐	云南	580.00
190219	谭赫	男	1984年6月23日 星期六	☑	河南	576.00
230500	蔡丽丽	女	1990年12月4日 星期二	☐	湖北	576.00
200109	程丽杜	女	1989年12月31日 星期日	☑	湖南	583.00
190101	沃泰华	女	1988年9月7日 星期三	☐	湖南	575.00
220203	方晓花	女	1988年7月23日 星期六	☐	江苏	605.00
190102	张蓉娟	女	1987年11月15日 星期日	☐	江苏	598.00

记录: 第 1 项(共 10 项 无筛选器 搜索

图 5-41 按多个字段排序的结果

从结果可以看出，先按"性别"升序排序("男"比"女"小)，在性别相同的情况下再按"出生日期"降序排序("1988 年 7 月 10 日"比"1984 年 6 月 23 日"大)。因此，按多个字段进行排序，必须注意字段的排序操作顺序。

5.4.5 记录的筛选

从表中挑选出满足某种条件的记录称为记录的筛选，经过筛选后的表，只显示满足条件的记录，而那些不满足条件的记录将被隐藏起来。Access 2007 提供了 4 种筛选记录的方法，分别是按内容筛选、按条件筛选、按窗体筛选以及高级筛选。

1. 按内容筛选

按内容筛选是一种最简单的筛选方法，使用它可以很容易地找到包含某字段值的记录。

【例 5-17】 在学生表中筛选出非 1988 年出生的男生的记录。

操作步骤如下：

(1) 用数据表视图打开学生表，选中"性别"字段列，然后单击"开始"选项卡，再在"排序和筛选"命令组中单击"筛选器"按钮。或直接单击"性别"字段列标题右侧的 ▾ 按钮，都将弹出如图 5-42 所示的筛选器菜单。

(2) 仅选中"男"复选框，然后单击"确定"按钮，则表中仅保留"男"生记录。

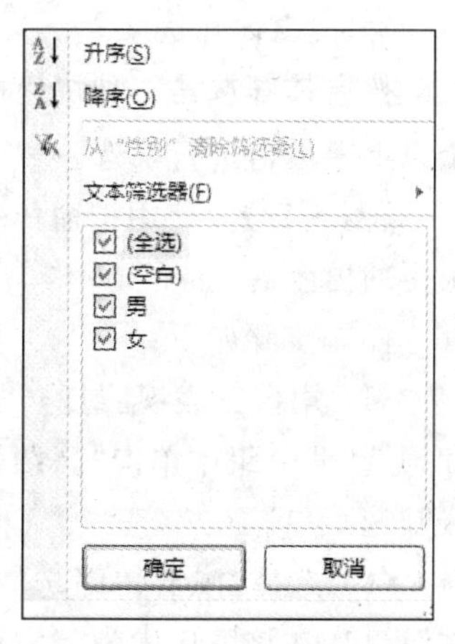

图 5-42 筛选器菜单

(3) 继续选中“出生日期”字段列,用同样的方法对其进行筛选。这一次在筛选器菜单中要取消所有的“1988 年”的日期数据,然后单击“确定”按钮,这时,Access 将根据所选的内容筛选出相应的记录,结果如图 5-43 所示。

学生

学号	姓名	性别	出生日期	是否少数民族	籍贯	入学成绩
190219	谭赫	男	1984年6月23日 星期六	☑	河南	576.00
200101	李荟洁	男	1987年8月30日 星期日	☐	云南	580.00
220204	舒铁导	男	1987年10月24日 星期六	☑	湖南	593.00

图 5-43　按选定内容筛选的最后结果

如果要取消筛选效果,恢复被隐藏的记录,只需在“排序和筛选”命令组中单击“切换筛选”命令按钮,再次单击“切换筛选”命令按钮则应用筛选。

使用“按选定内容筛选”,首先要在表中找到一个在筛选产生的记录中必须包含的值。如果这个值不容易找,最好不使用这种方法。

2. 按条件筛选

按条件筛选是一种较灵活的方法,根据输入的条件进行筛选。

【例 5-18】 在学生表中筛选“入学成绩”在 590 分以上的记录。

操作步骤如下:

(1) 用数据表视图打开学生表,选中“入学成绩”字段列,然后打开筛选器菜单。

(2) 单击“数字筛选器”命令,再在弹出的菜单中选择“大于”命令,弹出“自定义筛选器”对话框,如图 5-44 所示。

图 5-44　“自定义筛选器”对话框

(3) 在对话框中输入 590,单击“确定”按钮。筛选结果如图 5-45 所示。

学生

学号	姓名	性别	出生日期	是否少数民族	籍贯	入学成绩
190102	张蓉娟	女	1987年11月15日 星期日	☐	江苏	598.00
220203	方晓花	女	1988年7月23日 星期六	☐	江苏	605.00
220204	舒铁导	男	1987年10月24日 星期六	☑	湖南	593.00

图 5-45　按条件筛选的结果

3. 按窗体筛选

按窗体筛选是一种快速的筛选方法,使用它不用浏览整个表中的记录,还可以同时对两个以上字段值进行筛选。

【例 5-19】 使用按窗体筛选操作在学生表中筛选出非 1988 年出生的男生的记录。

操作步骤如下:

(1) 用数据表视图打开学生表,单击“开始”选项卡,再在“排序和筛选”命令组中单击“高级”命令按钮,将弹出如图 5-46 所示的高级筛选菜单。

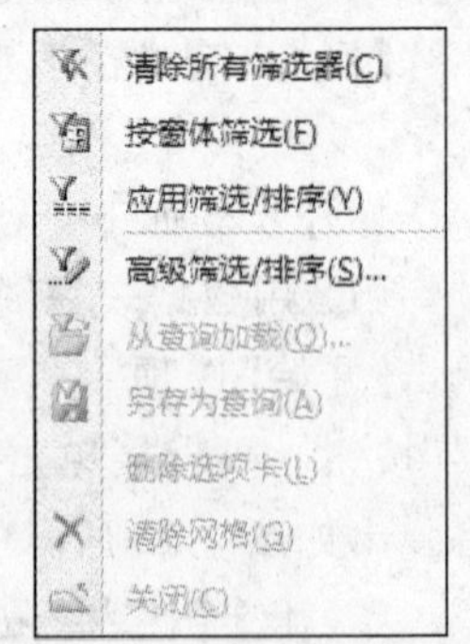

图 5-46　高级筛选菜单

(2) 选择“按窗体筛选”命令,此时数据表视图变成“按窗体筛选”窗口,在该窗口中为字段设定条件,如图 5-47 所示。

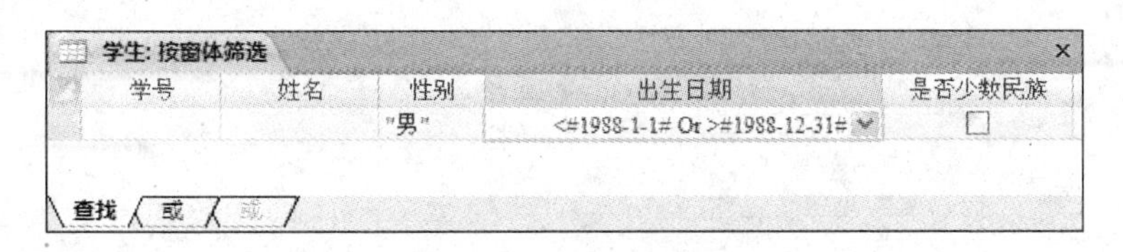

图 5-47 “按窗体筛选”窗口

(3) 单击要进行筛选的字段，这里选择“性别”字段，然后单击右侧的下三角按钮，在弹出的下拉列表中选择“男”，再选择“出生日期”字段，在其中输入“＜＃1988-1-1＃ Or ＞＃1988-12-31＃”，这是一个逻辑表达式，表示出生日期小于1988-1-1或大于1988-12-31，即非1988年出生的学生记录。关于逻辑表达式的书写规则将在6.1.3节详细介绍。

(4) 在“排序和筛选”命令组中单击“切换筛选”按钮应用筛选，筛选的记录结果与图5-43相同。再次单击“切换筛选”按钮则取消筛选效果。

如果选择两个以上的值，还可以通过窗体底部的“或”标签确定两个字段值之间的关系。例如，保持上述筛选条件设置不变，选择“按窗体筛选”窗口底部的“或”标签，选择“籍贯”字段，然后单击右侧的下三角按钮，在弹出的下拉列表中选择“江苏”，则筛选结果如图5-48所示，即筛选出非1988年出生的男生或“江苏”籍的所有学生的记录。

学生

学号	姓名	性别	出生日期	是否少数民族	籍贯	入学成绩
190102	张蓉娟	女	1987年11月15日 星期日	☐	江苏	598.00
190219	谭赫	男	1984年6月23日 星期六	☑	河南	576.00
200101	李裘浩	男	1987年8月30日 星期日	☐	云南	580.00
220203	方晓花	女	1988年7月23日 星期六	☐	江苏	605.00
220204	舒铁导	男	1987年10月24日 星期六	☑	湖南	593.00

图 5-48 设置“或”条件的筛选结果

还可以把筛选作为查询对象存放起来，以备今后使用。操作方法是：在“按窗体筛选”窗口单击快速访问工具栏上的“存盘”按钮，弹出“另存为查询”对话框，如图5-49所示。输入查询名后单击“确定”按钮，以后需要查询非1988年出生的男生记录时只需在导航窗格中找到该查询并打开即可。

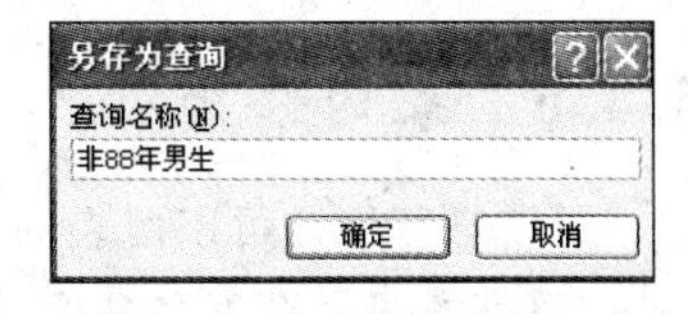

图 5-49 “另存为查询”对话框

4. 高级筛选

前面介绍的3种筛选方法能设置的筛选条件单一，但在实际应用中，常常涉及更复杂的筛选条件，此时使用高级筛选可以更容易地实现。使用高级筛选不仅可以筛选出满足复杂条件的记录，而且还可以对筛选的结果进行排序。

【例5-20】 使用高级筛选操作在学生表中筛选出非1988年出生的男生的记录，且将记录按“出生日期”降序排列。

操作步骤如下：

(1) 用数据表视图打开学生表，单击“开始”选项卡，再在“排序和筛选”命令组中单击“高级”命令按钮，在弹出的高级筛选菜单中选择“高级筛选/排序”命令，此时出现“学生筛选1”窗口，在该窗口中为字段设定条件，如图5-50所示。

(2) 单击设计网格中第1列“字段”行，并单击右侧的下三角按钮，从打开的列表中选择“性别”字段，然后用同样的方法在第2列“字段”行选择“出生日期”字段。

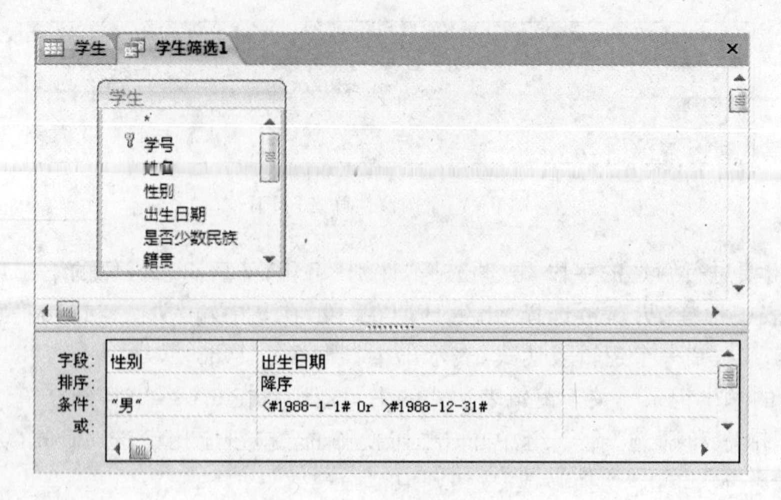

图 5-50　高级筛选窗口

(3) 在“性别”列的“条件”行中输入“男”，在“出生日期”列的“条件”行中输入“＜＃1988-1-1＃ Or ＞＃1988-12-31＃”。在“出生日期”列的“排序”行选择“降序”选项。设置结果如图 5-50 所示。

(4) 在“排序和筛选”命令组中单击“切换筛选”按钮应用筛选，筛选的记录结果如图 5-51 所示。可以和图 5-43 作一比较，看看筛选结果的差异。

学号	姓名	性别	出生日期	是否少数民族	籍贯	入学成绩	简历
220204	舒铁导	男	1987年10月24日 星期六	☑	湖南	593.00	
200101	李蓑浩	男	1987年8月30日 星期日	☐	云南	580.00	
190219	谭赫	男	1984年6月23日 星期六	☑	河南	576.00	

图 5-51　高级筛选结果

5.4.6　表的修饰

对表进行修饰可以使表的外观更加美观、清晰。表修饰的操作包括：改变字段显示次序、调整字段显示宽度和高度、设置数据字体、调整表中网格线样式及背景颜色、隐藏列等。

1. 改变字段显示次序

在默认情况下，Access 数据表中字段的显示次序与其在表或查询中创建的次序相同。但是，在使用数据表视图时，往往需要移动某些列来满足查看数据的要求。此时，可以改变字段的显示次序。

【例 5-21】 将学生表中“姓名”字段和“学号”字段互换位置。

操作步骤如下：

(1) 使用数据表视图打开教师表，选中“姓名”字段列。

(2) 将鼠标放在“姓名”字段列的字段名上，然后按下左键并拖曳鼠标到“学号”字段前，释放左键。

使用此方法，可以移动任何单独的字段或者所选的多个字段。移动数据表视图中的字段，不会改变表设计视图中字段的排列顺序，而只是改变在数据表视图中字段的显示顺序。

2. 调整行显示高度

调整行显示高度有两种方法：使用鼠标和菜单命令。

使用鼠标调整行显示高度的操作方法是：使用数据表视图打开要调整的表，然后将指针放在表中任意两行选定器之间，当指针变为双箭头时，拖曳鼠标上下移动，调整到所需高度后，松开左键。

使用菜单命令调整行显示高度的操作方法是：使用数据表视图打开要调整的表，单击表中任一单元格，然后单击“开始”选项卡，在“记录”命令组中单击“其他”命令按钮，在弹出的下拉列表中选择“行高”命令。在弹出的图 5-52 所示的“行高”对话框中输入所需的行高值，单击“确定”按钮。改变行高后，整个表的行高都得到了调整。

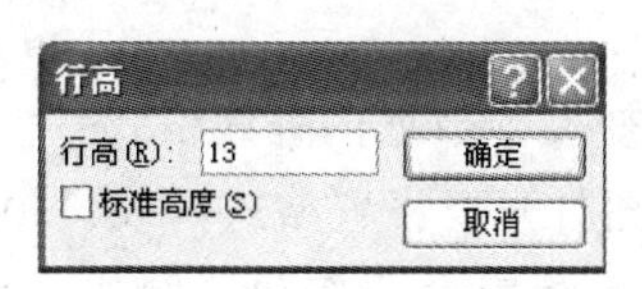

图 5-52 “行高”对话框

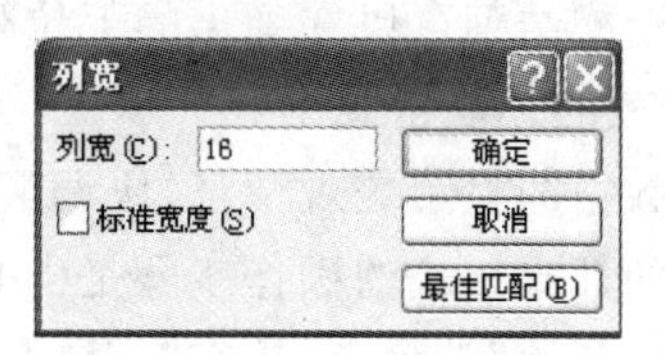

图 5-53 “列宽”对话框

3. 调整列显示宽度

与调整行显示高度的操作一样，调整列显示宽度也有使用鼠标和菜单命令两种方法。

使用鼠标调整列显示宽度的操作方法是：使用数据表视图打开要调整的表，然后将指针放在要改变宽度的两列字段名中间，当指针变为双箭头时，拖曳鼠标左右移动，当调整到所需宽度时，松开左键。在拖曳字段列中间的分隔线时，如果将分隔线拖曳超过下一个字段列的右边界时，将会隐藏该列。

使用菜单命令调整列显示宽度的操作方法是：使用数据表视图打开要调整的表，选择要改变宽度的字段列，然后单击“开始”选项卡，再在“记录”命令组中单击“其他”命令按钮，在弹出的下拉列表中选择“列宽”命令。在弹出的图 5-53 所示的“列宽”对话框中输入所需的列宽值，单击“确定”按钮。如果在“列宽”对话框中输入的值为 0，则隐藏该字段列。

重新设定列宽不会改变表中字段的“字段大小”属性所允许的字符数，它只是简单地改变字段列所包含数据的显示空间。

4. 隐藏不需要的列

在数据表视图中，为了便于查看表中主要数据，可以将某些字段列暂时隐藏起来，需要时再将其显示出来。

【例 5-22】 将学生表中的“性别”字段列隐藏起来。

操作步骤如下：

(1) 用数据表视图打开学生表，选中“性别”字段列。如果要一次隐藏多列，单击要隐藏的第 1 列字段选定器，然后按住左键不放，拖曳鼠标到最后一个需要选择的列。

(2) 单击“开始”选项卡，再在“记录”命令组中单击“其他”命令按钮，在弹出的下拉列表选择“隐藏列”命令，将选定的列隐藏起来。

5. 显示隐藏的列

如果希望将隐藏的列重新显示出来，操作步骤是：用数据表视图打开学生表，单击“开始”选项卡，在“记录”命令组中单击“其他”命令按钮，在弹出的下拉列表选择“取消隐藏列”

命令，弹出“取消隐藏列”对话框，在“列”列表中选中要显示列的复选框，单击“关闭”按钮。

6. 冻结列

有时表的字段较多，在数据表视图中，有些字段值由于水平滚动后无法看到，影响了数据的查看。此时可以利用Access提供的冻结列功能。在数据表视图中，冻结某字段列或某几个字段列后，无论怎样水平滚动窗口，这些字段总是可见的，并且总是显示在窗口的最左侧。

例如，冻结学生表中的“姓名”列，具体操作步骤是：用数据表视图打开学生表，选中“姓名”字段列。单击“开始”选项卡，再在“记录”命令组中单击“其他”命令按钮，在弹出的下拉列表选择“冻结”命令。此时水平滚动窗口时，可以看到“姓名”字段列始终显示在窗口的最左侧。要取消冻结列可以在弹出的下拉列表选择“取消冻结”命令。

7. 设置表的外观格式

为了使数据的显示美观清晰、协调醒目，可以改变表中数据的外观格式。

设置表的外观格式的操作步骤是：用数据表视图打开要设置格式的表。根据需要设置的项目，单击“开始”选项卡，再在“字体”命令组中单击相应命令按钮。例如，如果要去掉水平方向的网格线，可以单击“网格线”命令按钮，并选择“网格线：纵向”命令。如果要将背景颜色设置为其他颜色，可以单击“替补填充/背景色”下拉列表框中的下三角按钮，并从打开的列表中选择所需颜色。如果要设置字体，可以单击“字体”下拉列表框中的下三角按钮，并从打开的列表中选择所需字体。

本章小结

本章围绕Access 2007表的创建以及表的编辑修改而展开。通过本章的学习，应掌握表结构的组成、表的创建、向表中输入数据的方法、定义表之间的关系以及对表的修改与操作等内容。

(1) Access表由表结构和表记录两部分构成。创建表的操作包括创建表结构和向表中输入数据两部分，对表的修改和操作也包括对表结构的修改以及对表中内容的修改和操作两部分。

(2) 定义表的结构就是确定字段名、字段类型、字段大小以及其他的字段属性。Access 2007的数据类型有文本、备注、数字、日期/时间、货币、自动编号、是/否、OLE对象、超链接、查阅向导和附件11种。确定字段类型应方便对数据的操作、符合数据的性质，一般和金额有关的数据用货币型，和金额无关但需数值计算的选数字型，无需数值计算又不超过255个字符的选文本型，超过255个字符的选备注型。如果只有两个确定的值可供选择，可以用是/否型，也可以用文本型。

(3) 在Access 2007中创建表的方法有4种：使用设计视图创建表、使用数据表视图创建表、使用表模板创建表和通过导入外部数据创建表。在表的操作过程中经常用到表的设计视图和数据表视图，两者的主要区别在于操作的对象不同。设计视图是对表进行创建和设计，数据表视图则是使用和操作。表的设计视图是对表的结构进行操作和定义，如对各个字段的名称、类型、大小、其他属性等进行修改。数据表视图则是打开这个表，对保存在表里的内容进行各种操作，如浏览、修改、增删、排序、筛选等。

(4) 表之间的关系中，如果两个表中相关联的字段都是主键，则建立的是一对一关系。如果一个是主键(或不允许重复的索引)，而另一个是允许重复的字段，通常称为外键，则建立的是一对多关系，应该是先设定主键、外键(字段类型要与主键匹配)后再建立关系。关系建立后，就可以进一步设置参照完整性，以保持两个表的相关内容的一致性。

(5) 用设计视图打开表，可以修改表结构，包括添加字段、删除字段、移动字段、修改字段、重新设置主键等操作。表中记录的操作则在数据表视图中进行，包括定位记录、选择记录、添加记录、删除记录、修改数据和复制字段中的数据等操作，还有表中数据的查找与替换、记录的排序、记录的筛选等操作。

习　题　5

1. 选择题

(1) Access 表中字段的数据类型不包括(　　)。

A. 货币型　　B. 通用型　　C. 备注型　　D. 日期/时间型

(2) 如果字段内容为声音文件，则该字段的数据类型应定义为(　　)型。

A. 文本　　B. 备注　　C. 超链接　　D. OLE 对象

(3) 在员工表中，"姓名"字段的大小为 10，则在此列输入数据时，最多可输入的汉字数和英文字符数分别是(　　)。

A. 5 5　　B. 5 10　　C. 10 10　　D. 10 20

(4) 邮政编码是由 6 位数字组成的字符串，为邮政编码设置输入掩码，正确的是(　　)。

A. 000000　　B. 999999　　C. CCCCCC　　D. LLLLLL

(5) 要求主表中没有相关记录时就不能将记录添加到相关表中，则应该在表关系中设置(　　)。

A. 参照完整性　　B. 有效性规则

C. 输入掩码　　D. 级联更新相关字段

(6) 下列关于字段属性的说法中，错误的是(　　)。

A. 不同的字段类型，其字段属性有所不同

B. 有效性规则属性是用来限制该字段输入值的表达式

C. 任何类型的字段都可以设置默认值属性

D. 一个表只能设置一个主键，但可以设置多个索引

(7) 下面关于 Access 表的叙述中，错误的是(　　)。

A. 在 Access 表中，可以对备注型字段进行格式属性设置

B. 若删除表中含有自动编号型字段的一条记录后，Access 不会对表中自动编号型字段重新编号

C. 创建表之间的关系时，应关闭所有打开的表

D. 可在 Access 表的设计视图"说明"列中对字段进行具体的说明

(8) 数据库中，当一个表的字段数据取自与另一个表的字段数据时，最好采用下列方法输入数据而不会发生输入错误(　　)。

A. 直接输入数据

B. 把该字段的数据类型定义为查阅向导，利用另一个表的字段数据创建一个查阅列表，通过选择查阅列表的值进行输入数据

C. 不能用查阅列表值输入，只能直接输入数据

D. 只能用查阅列表值输入，不能直接输入数据

(9) 一般情况下，使用(　　)建立表结构，要详细说明每个字段的名称、数据类型和大小。

A. 数据表视图　　B. 数据透视表视图

C. 数据库视图　　D. 设计视图

(10) 在数据表视图中，不可以(　　)。

A. 修改字段的类型　　B. 修改字段的名称

C. 删除一个字段　　D. 删除一条记录

2. 填空题

(1) 在学生表中有“助学金”字段，其数据类型可以是数字型或________。

(2) 在员工表中有“性别”字段，其数据类型除文本型外，还可以是________。

(3) 某学校学生的学号由9位数字组成，其中不能包含空格，则“学号”字段正确的输入掩码是________。

(4) 表的组成包括________和表内容。

(5) 用于建立两表之间关系的两个字段必须具有相同的________。

(6) 字段输入掩码是给字段输入数据时设置的某种特定的________。

(7) ________的作用是规定输入到字段中的数据的范围，________的作用是当输入的数据不在规定范围时显示相应的提示信息。

(8) ________的作用是规定数据的输入格式，提高数据输入的正确性。

3. 问答题

(1) 文本型字段和备注型字段有什么区别？OLE对象型字段和附件型字段有什么区别？

(2) 简述Access 2007中创建表的方法。

(3) Access表的字段有哪两类属性？分别列举常用属性的作用。

(4) 如何将一个字段设置为主键？如何设置多字段主键？

(5) 什么叫筛选？Access 2007提供了哪几种筛选方法？各种方法有什么特点？

4. 应用题

在教学管理数据库中已经创建了学生表、课程表和选课表，现对该数据库进行扩充，完成以下操作：

(1) 增加教师表：教师(教师号，姓名，性别，出生日期，职称，电话，邮箱)，其中电话字段的输入格式为(0731)55556634，邮箱字段为超链接型，职称字段利用查询向导输入。

(2) 增加授课表：授课(教师号，课程号，考核等级)，而且规定一名教师可以讲授多门课程，一门课程也可能有多名任课教师。

(3) 增加专业介绍表：专业介绍(专业，成立日期，学制年限，就业去向)，而且规定一名学生只就读于一个专业，但一个专业有多名学生。

第6章 查询的创建与操作

查询是 Access 处理和分析数据的工具，它不仅可以从一个或多个表中检索出符合条件的数据，而且能对表中的数据进行编辑和计算。也可以将查询对象作为窗体和报表的数据源，因此查询是 Access 数据库应用系统中一个不可或缺的组成部分。本章介绍查询的基本概念、查询的创建和基本操作等内容。

6.1 查询概述

通常意义的查询就是对数据库中数据的查找，Access 查询是对数据库中一个或多个表的数据进行浏览、检索、排序、编辑和计算的重要方法。

6.1.1 查询的功能

查询最直接的目的是根据给定的条件从数据库的一个或多个表中找出符合条件的记录，但一个 Access 查询不是数据记录的集合，而是操作命令的集合。创建查询后，保存的是查询的操作，只有在运行查询时才会从查询数据源中抽取数据，并创建动态的记录集合，只要关闭查询，查询的动态数据集就会自动消失。所以，可以将查询的运行结果看作是一个临时表，称为动态的数据集。它形式上很像一个表，但实质是完全不同的，这个临时表并没有存储在数据库中。

在 Access 中，利用查询可以实现多种功能。

(1) 选择字段。在查询中，可以只选择表中的部分字段。例如，建立一个查询，只显示学生表中每名学生的姓名、性别、入学成绩和专业。利用此功能，可以选择一个表中的不同字段来生成所需的其他表。

(2) 选择记录。可以根据指定的条件查找所需的记录，并显示找到的记录。例如，建立一个查询，只显示学生表中 1990 年出生的学生记录。

(3) 编辑记录。编辑记录包括添加、修改和删除记录等操作。在 Access 中，可以利用查询来添加、修改和删除表中的记录。例如，删除学生表中“姓名”为空(Null)的记录。

(4) 实现计算。查询不仅可以找到满足条件的记录，而且还可以在建立查询的过程中进行各种统计计算。例如，计算每门课程的平均成绩。另外，还可以建立一个计算字段，利用计算字段保存计算的结果。例如，根据学生表的“出生日期”字段计算每名学生的年龄。

(5) 建立新表。利用查询得到的结果可以建立一个新表。例如，查询 1990 年出生的学生记录并存放在一个新表中。

(6) 为窗体和报表提供数据。为了从一个或多个表中选择合适的数据显示在窗体或报表中,可以先建立一个查询,然后将该查询的结果作为数据源。每次打开窗体或打印报表时,该查询就从基表中检索出符合条件的最新记录。

6.1.2 查询的类型

在 Access 中,根据对数据源操作方式和操作结果的不同,可以把查询分为 5 种类型,分别是选择查询、交叉表查询、参数查询、操作查询和 SQL 查询。

1. 选择查询

选择查询是最常用,也是最基本的一种查询。它是从一个或多个数据源中提取数据并显示结果,还可以使用选择查询来对记录进行分组,并且对分组的记录进行总计、计数、求平均值以及其他类型的计算。

2. 交叉表查询

使用交叉表查询能够对表中数值字段计算平均值、总计、最大值和最小值等,并将它们分组,一组放在交叉数据表的左侧,一组放在数据表的上面,在数据表的交叉位置上显示字段的分组计算结果。例如,统计每个专业男女学生的人数。此时,可以将"专业"作为交叉表的行标题,"性别"作为交叉表的列标题,统计的人数显示在交叉表行与列的交叉位置。

3. 参数查询

参数查询是一种交互式查询,它利用对话框来提示用户输入查询条件,然后根据所输入的条件检索记录。

将参数查询作为窗体和报表的数据源,可以方便地显示和打印所需要的信息。例如,可以用参数查询为基础创建某个专业的成绩统计报表。打印报表时,Access 弹出对话框询问报表所需显示的专业,在输入专业后,Access 便打印该专业的成绩报表。

4. 操作查询

操作查询与选择查询相似,都需要指定查找记录的条件,但选择查询是检索符合特定条件的一组记录,而操作查询是在一次查询操作中对检索出的记录进行操作。

操作查询共有 4 种类型:生成表查询、删除查询、更新查询和追加查询。生成表查询利用一个或多个表中的数据创建一个新表,删除查询可以从一个或多个表中删除一组记录,更新查询可对一个或多个表中的一组记录进行全面更改,追加查询可将一个或多个表中的一组记录追加到一个表的末尾。

5. SQL 查询

SQL 查询是使用 SQL 语句创建的查询。有一些特定 SQL 查询无法使用查询设计视图进行创建,而必须使用 SQL 语句创建。这类查询将在第 7 章介绍。

6.1.3 查询的条件

在实际查询操作中,往往需要设置查询条件。例如,查找 1988 年出生的男生的记录,"1988 年出生的男生"就是一个条件,如何在 Access 2007 中表达这个条件是需要了解和学习的问题。

查询条件是常量、字段名、函数等运算对象用各种运算符连接起来的一个表达式,在创建带条件的查询时经常用到。因此,掌握查询条件的书写规则非常重要。

1. Access 的常量

在 Access 中，常量有数字型常量（也称数值常量）、文本型常量（也称字符型常量或字符串常量）、日期/时间型常量、是/否型常量（也称逻辑型常量），不同类型的常量有不同的表示方法。

（1）数字型常量分为整数和实数，表示方法和数学中的表示方法类似。

（2）文本型常量用英文单引号或英文双引号作为定界符，如'Central South University'、"低碳经济"。

（3）日期/时间型常量要用"#"作为定界符，例如 2010 年 4 月 15 日表示成#2010-4-15#，年月日之间也可用"/"来分隔，即#2010/4/15#。

（4）是/否型常量有两个，用 True、Yes 或-1 表示"是"（逻辑真），用 False、No 或 0 表示"否"（逻辑假）。

2. Access 常用函数

Access 提供了大量的标准函数，这些函数为更好地表示查询条件提供了方便，也为进行数据的统计、计算和处理提供了有效的方法。下面列举一些常用的函数，函数详细的用法可以查阅系统帮助文档。

1）常用的算术函数

（1）Abs（＜数值表达式＞） 返回数值表达式的绝对值。

（2）Sqr（＜数值表达式＞） 返回数值表达式的平方根值。

（3）Sin（＜数值表达式＞） 返回数值表达式的正弦值。

（4）Cos（＜数值表达式＞） 返回数值表达式的余弦值。

（5）Tan（＜数值表达式＞） 返回数值表达式的正切值。

（6）Atn（＜数值表达式＞） 返回数值表达式的反正切值。

（7）Exp（＜数值表达式＞） 将数值表达式的值作为指数 x，返回 e^x 的值。

（8）Log（＜数值表达式＞） 返回数值表达式的自然对数值。

例如，当 $x=3-\sqrt{17}$ 时，求表达式 $y=\dfrac{\ln(1+|x|)+\mathrm{e}^2}{2x+1}$ 的值。进入 Access 的 SQL 视图（见第 7 章），使用以下 SELECT 语句可以输出表达式的值。

```
SELECT 3 - Sqr(17) As x,(Log(1 + Abs(x)) + Exp(2))/(2 * x + 1) As y
```

输出的值依次为－1.12310562561766、－6.53335140839301。

（9）Rnd（＜数值表达式＞） 返回一个 0～1 之间的随机数。

（10）Round（＜数值型表达式＞，n） 对数值型表达式求值并保留 n 位小数，从 $n+1$ 位小数起进行四舍五入。例如，Round(3.1415,3)输出的函数值为 3.142。

（11）Fix（＜数值表达式＞） 返回数值表达式的整数部分，即截掉小数部分。

（12）Int（＜数值表达式＞） 返回不大于数值表达式的最大的整数。

2）常用的日期/时间函数

（1）Date（） 返回系统日期。

（2）Time（） 返回系统时间。

（3）Now（） 返回系统日期和时间。

（4）DateDiff（＜间隔方式＞，＜日期表达式 1＞，＜日期表达式 2＞） 返回日期表达式

2与日期表达式1之间的间隔。例如,DateDiff("d","2006-5-1","2006-6-1")返回两个日期之间相差的天数31,其中d可以换为yyyy、m、w等,分别返回两个日期之间相差的年数、月数和周数。

(5) Year(＜日期表达式＞) 返回日期表达式的年份。

(6) Month(＜日期表达式＞) 返回日期表达式的月份。

(7) Day(＜日期表达式＞) 返回日期表达式所对应月份的第几天的数据。

(8) Hour(＜日期/时间表达式＞) 返回日期/时间表达式的小时部分(按24小时制)。

(9) Minute(＜日期/时间表达式＞) 返回日期/时间表达式的分钟部分。

(10) Second(＜日期/时间表达式＞) 返回日期/时间表达式的秒部分。

(11) Weekday(＜日期表达式＞) 返回某个日期的当前星期(星期天为1,星期一为2,星期二为3)。

例如,进入Access的SQL视图,输入SELECT语句:

```
SELECT #2010-4-29 19:24:25# As d,Weekday(d),Year(d),Hour(d)
```

输出的值依次为"2010-4-29 19:24:25"、5、2010、19。

3) 条件函数

IIf(逻辑表达式,表达式1,表达式2) 如果逻辑表达式的值为真,取表达式1的值为函数值,否则取表达式2的值为函数值。例如,IIf(3>1,"Yes","No")返回"Yes"。

4) 字符函数

(1) Asc(＜字符表达式＞) 返回字符表达式首字符的ASCII代码值。例如,Asc("A")返回65。

(2) Chr(＜字符的ASCII代码值＞) 将ASCII代码值转换成字符。例如,Chr(65)返回字符A。

(3) Len(＜字符表达式＞) 返回字符表达式的字符个数。例如,Len("中南大学")返回4。

(4) Left(＜字符表达式＞,＜数值表达式＞) 从字符表达式的左边截取若干个字符,字符的个数由数值表达式的值确定。例如,Left("中南大学",2)返回"中南"。

(5) Right(＜字符表达式＞,＜数值表达式＞) 从字符表达式的右边截取若干个字符,字符的个数由数值表达式的值确定。例如,Right("中南大学",2)返回"大学"。

(6) Mid(＜字符表达式＞,＜数值表达式1＞,＜数值表达式2＞) 从字符表达式的某个字符开始截取若干个字符,起始字符的位置由数值表达式1的值确定,字符的个数由数值表达式2的值确定。例如,Mid("ABCDEFG",3,2)返回CD。

(7) Space(＜数值表达式＞) 产生空字符串,空格的个数由数值表达式值确定。例如,Space(4)返回4个空格。

(8) Ucase(＜字符表达式＞) 将字符串中的小写字母转换为相应的大写字母。

(9) Lcase(＜字符表达式＞) 将字符串中的大写字母转换为相应的小写字母。

(10) Format(＜表达式＞[,＜格式串＞]) 对表达式的值进行格式化。例如,Format(4/3,"0.000")返回1.333,Format(#05/04/2010#,'yyyy-mm-dd')返回2010-05-04。

(11) InStr(＜字符表达式1＞,＜字符表达式2＞) 查询字符表达式2在字符表达式

1 中的位置。例如,Instr("abc","a")返回 1,Instr("abc","f")返回 0。

(12) LTrim(＜字符表达式＞) 删除字符串的前导空格。

(13) RTrim(＜字符表达式＞) 删除字符串的尾部空格。

(14) Trim(＜字符表达式＞) 删除字符串的前导和尾部空格。

3. Access 的运算

1) 算术运算

Access 的算术运算符有^(乘方)、*(乘)、/(除)、\(整除)、Mod(求余)、＋(加)、－(减)。各运算符运算的优先顺序和数学中的算术运算规则完全相同,乘方运算优先级最高,接下来是乘除,最后是加减。同级运算按自左向右的方向进行运算。各运算符的运算规则也和一般算术运算相同,其中,求余运算符 Mod 的作用是求两个数相除的余数,例如 5 Mod 3 的结果为 2。“/”与“\”的运算含义不同,前者是做除法运算,后者是做除法运算后将结果取整,例如 5/2 的结果为 2.5,而 5\2 的结果为 2。

2) 字符运算

字符运算符可以将两个字符连接起来得到一个新的字符。Access 字符运算符有“＋”和“&”两个。

(1)“＋”运算的功能是将两个字符连接起来形成一个新的字符,要求连接的两个量必须是字符。例如,"李"＋"得富"的结果是“李得富”。

(2)“&”连接的两个量可以是字符、数值、日期/时间或逻辑型数据,当不是字符时,Access 先把它们转换成字符,再进行连接运算。例如,"ABC"&"XYZ"的结果是 ABCXYZ,123&456 的结果是 123456,True & False 的结果是－10,"总计:"&5*6 的结果是“总计:30”。

3) 日期运算

有关日期的运算符有“＋”和“－”两种。

(1) 一个日期型数据加上或减去一个整数(代表天数)将得到将来或过去的某个日期。例如,#2010-4-15#＋10 的结果是 2010-4-25。

(2) 一个日期型数据减去另一个日期型数据将得到两个日期之间相差的天数。例如,#2009-4-15#－#2010-4-15#的结果是 365。

4) 关系运算

关系运算符表示两个量之间的比较,其值是逻辑量。关系运算符有:＜(小于)、＜＝(小于等于)、＞(大于)、＞＝(大于等于)、＝(等于)、＜＞(不等于)。例如,"助教"＞"教授"的结果为 True,"abc"＞"a"的结果为 False。

数据库操作中,经常还用到一组特殊的关系运算符。

(1) Between A And B:判断左侧表达式的值是否介于 A 和 B 两值之间(包括 A 和 B,A≤B)。如果是,结果为 True,否则为 False。例如,Between 10 and 20 判断是否在[10,20]区间范围内。

(2) In:判断左侧表达式的值是否在右侧的各个值中。如果在,结果为 True,否则为 False。例如,In("优","良","中","及格")判断是否等于“优”、“良”、“中”和“及格”中的一个。

(3) Like:判断左侧表达式的值是否符合右侧指定的模式。如果符合,结果为 True,否则为 False。例如,Like "Ma*"表示以 Ma 开头的字符串。

(4) Is Null：判断字段是否为空，Is Not Null 判断字段是否非空。注意，Null(空值)表示未定义值，而不是空格或 0。

5) 逻辑运算

逻辑运算符可以将逻辑型数据连接起来，能表示更复杂的条件，其值仍是逻辑量。常用的逻辑运算符有：Not(逻辑非)、And(逻辑与)、Or(逻辑或)。

(1) 逻辑非运算符是单目运算符，只作用于后面的一个逻辑操作数，若操作数为 True，则返回 False，若操作数为 False，则返回 True。例如，Not Like "Ma *"表示不是以 Ma 开头的字符串。

(2) 逻辑与运算符将两个逻辑量连接起来，只有两个逻辑量同时为 True 时，结果才为 True，只要其中有一个为 False，结果即为 False。例如，"＞＝10 And ＜＝20"与 Between 10 and 20 等价。

(3) 逻辑或运算符将两个逻辑量连接起来，两个逻辑量中只要有一个为 True 结果即为 True，只有两个均为 False 时，表达式才为 False。例如，"＜10 Or ＞20"表示小于 10 或大于 20。

4. 查询条件举例

在对表进行查询时，常常要表达各种条件，即对满足条件的记录进行操作，此时就要综合运用 Access 各种数据对象的表示方法。表 6-1 所示为一些查询条件示例。

表 6-1　查询条件示例

字段名	条　件	功　能
籍贯	"湖南" Or "湖北"	查询"湖南"或"湖北"学生的记录
	In("湖南","湖北")	
姓名	Like "张 * "	查询姓"张"学生的记录
	Left([姓名],1)＝"张"	
	Mid([姓名],1,1)＝"张"	
出生日期	DATE()－[出生日期]＜＝20 * 365	查询 20 岁以下学生的记录
	YEAR(DATE())－YEAR([出生日期])＜＝20	
出生日期	YEAR([出生日期])＝1990	查询 1990 年出生的学生的记录
	Between #1990-1-1# And #1990-12-31#	
是否少数民族	Not [是否少数民族]	查询汉族学生的记录
	IIf([是否少数民族],"少数民族","汉族")＝"汉族"	

注意：

(1) 查询籍贯为"湖南"或"湖北"学生记录的查询条件可以表示为：

```
= "湖南" Or = "湖北"
```

但为了输入方便，Access 允许在表达式中省略"＝"，所以直接表示为：

```
"湖南" Or "湖北"
```

输入字符时，如果没有加双引号，Access 会自动加上。

(2) 在条件中，字段名可以用方括号括起来。在引用字段时，字段名和字段类型应遵循字段定义时的规则，否则会出现错误。

6.2 创建选择查询

选择查询的目的是用来挑选表中的记录，并组合成动态数据集。该动态数据集既可供数据的查看或编辑使用，又可作为窗体或报表的数据源。选择查询的另一个目的是对记录进行分组以及对字段进行各种计算。

创建选择查询有两种方法，一是使用查询向导；二是使用查询设计视图。查询向导能够有效地提示并解释在创建查询过程中需要做的选择，并能以图形方式显示结果。在设计视图中，不仅可以完成新建查询的设计，也可以修改已有查询。两种方法特点不同，查询向导操作简单、方便，设计视图功能丰富、灵活。因此，可以根据实际需要进行选择。

6.2.1 使用查询向导

Access 2007 提供了 4 个向导程序创建查询：简单查询向导、交叉表查询向导、查找重复项查询向导和查找不匹配项查询向导。其中，交叉表查询向导用于创建交叉表查询，而其他查询向导创建的都是选择查询。

1. 简单查询向导

简单查询向导可以从一个或多个表中检索数据，并可对记录进行计算。

创建查询时，先要确定数据来源，即确定创建查询所需要的字段由哪些表或查询提供，然后确定查询中要使用的字段。

【例 6-1】 查询学生选课信息，要求显示学号、姓名、课程名和成绩等字段。

这里所要求的“学号”和“姓名”字段来源于学生表，“课程名”字段则由课程表提供，而“分数”字段来自选课表。因此，该查询的数据来源于这 3 个表对象。操作步骤如下：

(1) 打开教学管理数据库，单击“创建”选项卡，再在“其他”命令组中单击“查询向导”命令按钮，弹出“新建查询”对话框，如图 6-1 所示。

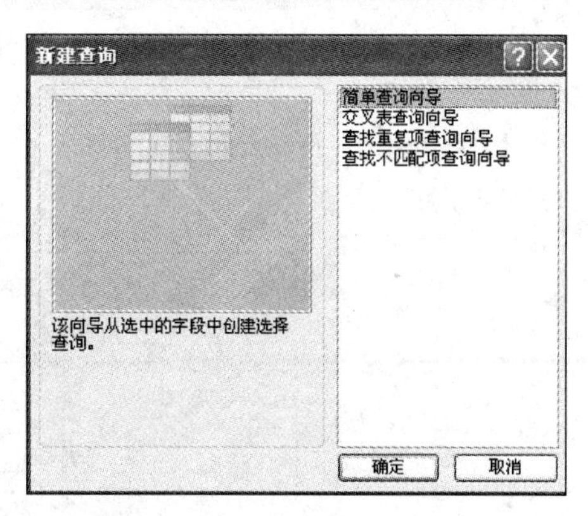

图 6-1 “新建查询”对话框

(2) 选中“简单查询向导”选项后单击“确定”按钮或双击“简单查询向导”选项，将弹出“简单查询向导”对话框。从“表/查询”下拉列表框中选择一个表或查询作为查询的数据来源，如学生表。这时在“可用字段”列表框中显示学生表包含的所有字段，双击要使用的字段，如“学号”，将它添加到“选定字段”列表框中。这里从 3 个数据来源中共选出 4 个字段，如图 6-2 所示。

在选择字段时，也可以使用 > 和 >> 按钮。使用 > 按钮一次选择一个字段，使用 >> 按钮一次选择全部字段。若对已选择的字段不满意，可以使用 < 和 << 按钮删除所选字段。

字段确定完成后，单击“下一步”按钮。

(3) 在如图 6-3 所示的对话框中，用户可以选择是明细查询还是汇总查询。这里不需要计算只是查看明细，所以直接单击“下一步”按钮。

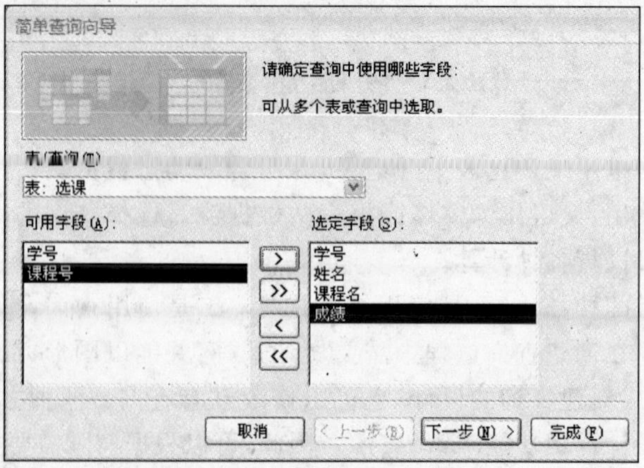

图 6-2　选择数据源和字段

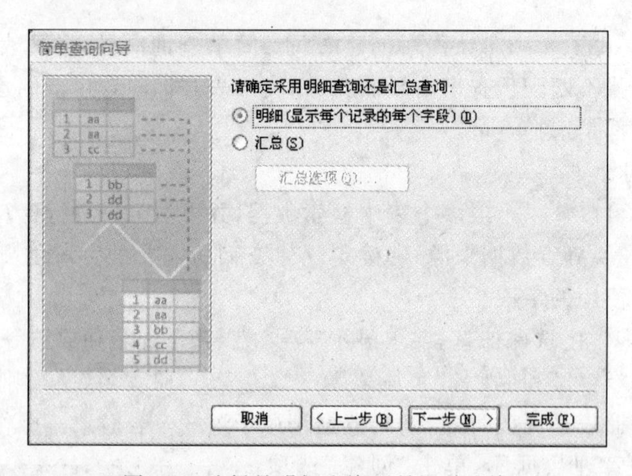

图 6-3　选择是明细查询还是汇总查询

(4) 弹出如图 6-4 所示的对话框,在文本框中输入查询名,然后单击"完成"按钮。如果要修改查询设计,则选中"修改查询设计"单选按钮。

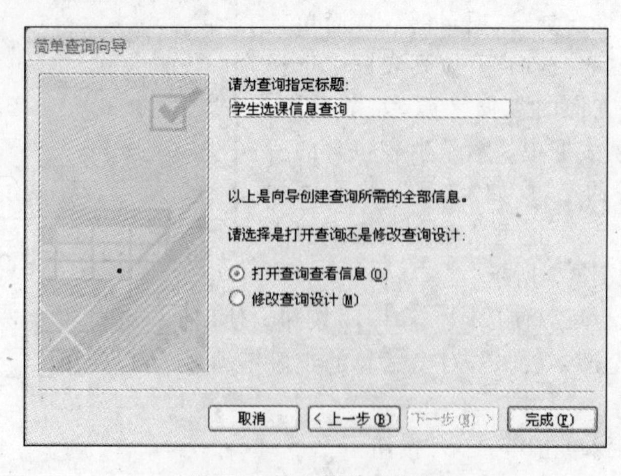

图 6-4　输入简单查询名

（5）系统将自动存储查询对象，从导航窗格中可以看到新创建的查询，使用时双击查询名就可以显示查询结果，如图 6-5 所示。

学生选课信息查询

学号	姓名	课程名	成绩
180110	冯淮楼	英语	89
180110	冯淮楼	微积分	88
190101	沃泰华	英语	90
190102	张蓉娟	微积分	76
190102	张蓉娟	大学计算机基础	78
190210	梨佩汪	微积分	87
190210	梨佩汪	法律基础	67
190210	梨佩汪	数据库技术与应用	96
190219	谭赫	法律基础	75
200101	李蓉浩	大学计算机基础	90
200109	程丽杜	英语	79
220203	方晓花	英语	67
220203	方晓花	大学计算机基础	98
220204	舒铁导	英语	76
220204	舒铁导	数据库技术与应用	65
230500	蔡丽丽	微积分	86

图 6-5　简单查询的结果

在数据表视图显示查询结果时，字段的排列顺序与在“简单查询向导”对话框中选定字段的顺序相同。因此，在选定字段时，应该考虑按字段的显示顺序选取。当然，也可以在数据表视图中改变字段的顺序。还应注意，当所建查询的数据源来自于多个表时，应建立表之间的关系。

2. 查找重复项查询向导

查找重复项是指查找一个或多个字段的值相同的记录，其数据来源只能有一个。

【例 6-2】 查找学分相同的课程记录，要求显示学分和课程名。

学分以及要求显示的课程名都包含在课程表中，因此课程表就是该查询的数据来源。操作步骤如下：

（1）参考简单查询向导的操作步骤，当出现“新建查询”对话框时双击“查找重复项查询向导”，在弹出的对话框中选择课程表，如图 6-6 所示，然后单击“下一步”按钮。

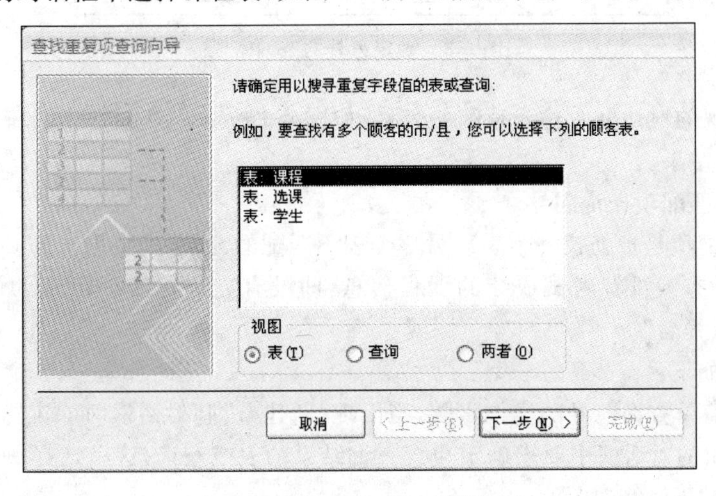

图 6-6　选择课程表作为数据源

(2) 确定可能包含重复信息的字段，即要求哪些字段取值相同，这里将“学分”字段添加到“重复值字段”列表框中，如图 6-7 所示，然后单击“下一步”按钮。

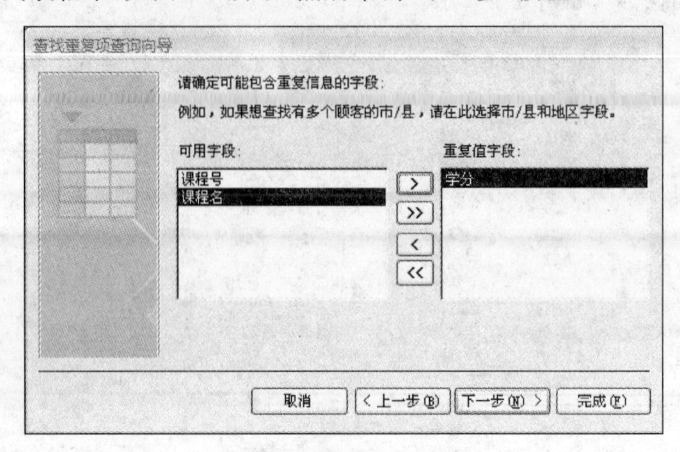

图 6-7　确定重复值字段

(3) 确定在查询结果中除了显示上一步选择的带有重复值的字段外，还需要显示哪些字段。按要求将“课程名”字段添加到“另外的查询字段”列表框中，如图 6-8 所示，然后单击“下一步”按钮。

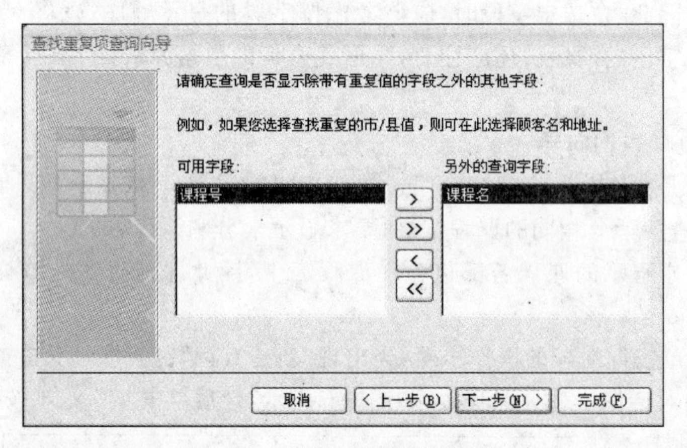

图 6-8　确定另外的查询字段

(4) 在出现的对话框中输入查询的名称，如图 6-9 所示。单击“完成”按钮，即可看到如图 6-10 所示的结果。

3. 查找不匹配项查询向导

查找不匹配项是指查找一个表和另一个表不匹配的记录，其数据来源必须是两个。

【例 6-3】 查找没有考试成绩的课程信息，即没有在选课表中出现的课程，要求显示“课程号”和“课程名”。

操作步骤如下：

(1) 参考简单查询向导的操作步骤，当出现“新建查询”对话框时双击“查找不匹配项查询向导”，在弹出的对话框中要求确定包含查询结果的表或查询，这里选择课程表，如图 6-11 所示，然后单击“下一步”按钮。

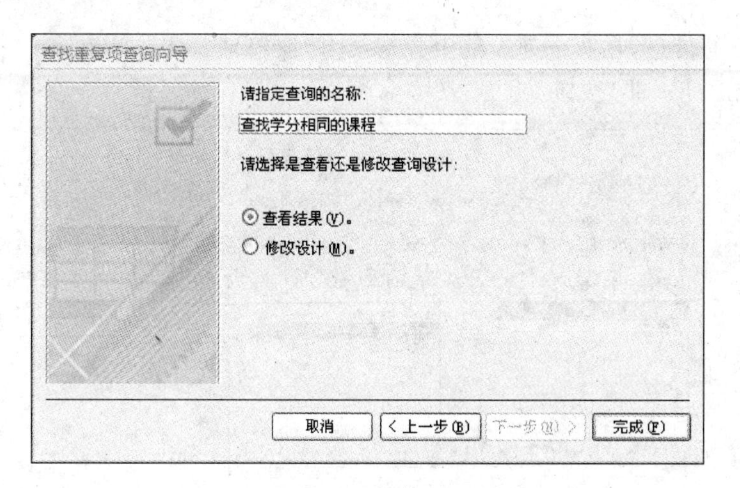

图 6-9 输入查找重复项查询名

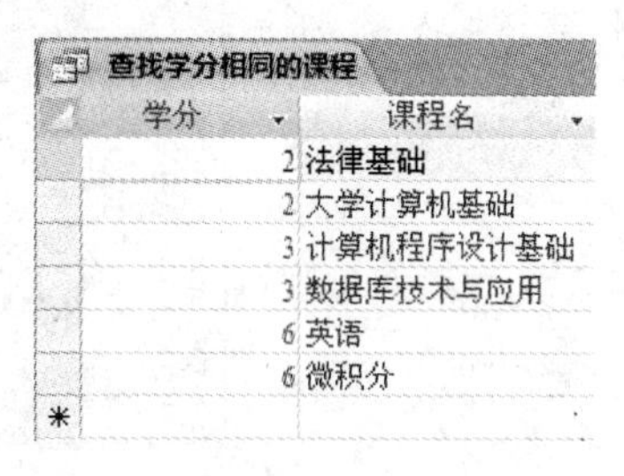

图 6-10 查找重复项查询结果

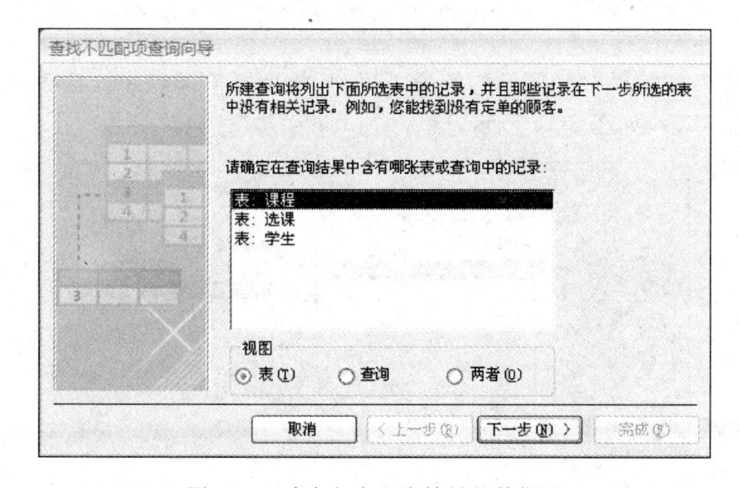

图 6-11 确定包含查询结果的数据源

(2) 确定查询结果中的哪些记录在下面所选的表中没有相关记录，这里选择选课表，如图 6-12 所示，然后单击“下一步”按钮。

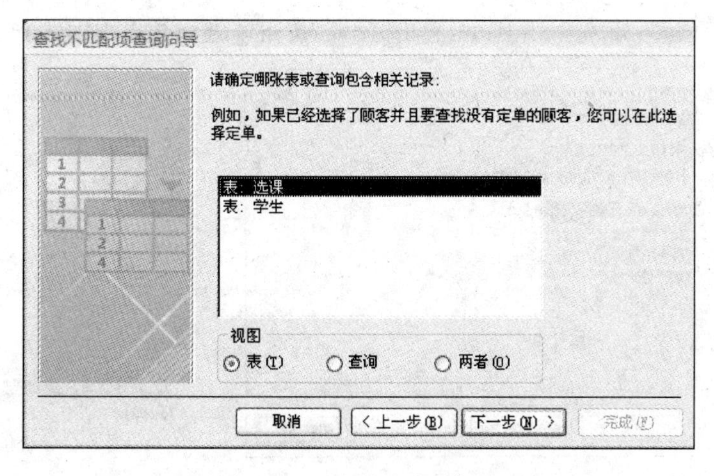

图 6-12 选择另一个数据源

(3) 确定在两个表中都有的信息，在两个列表框中分别单击“课程号”，然后单击 <=> 按钮，如图 6-13 所示，然后单击“下一步”按钮。

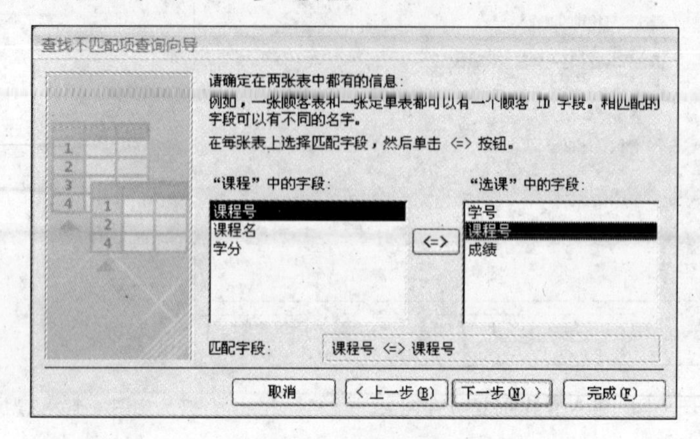

图 6-13　选择匹配字段

(4) 确定在查询结果中要显示的字段，它们只能来源于课程表。按要求选择“课程号”字段和“课程名”字段，如图 6-14 所示，然后单击“下一步”按钮。

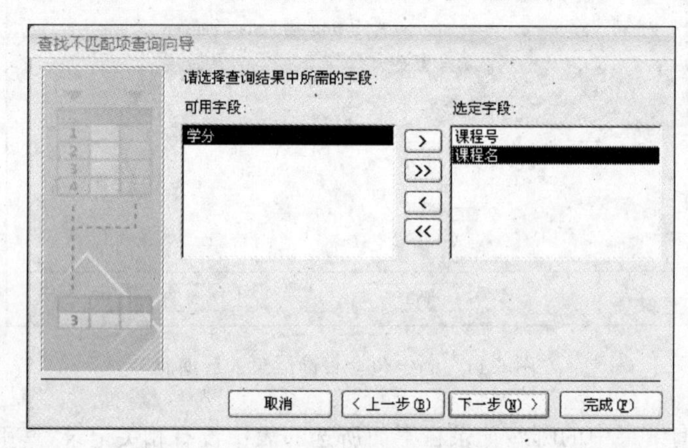

图 6-14　选择查询结果要显示的字段

(5) 输入查询名，如图 6-15 所示，单击“完成”按钮。查询结果如图 6-16 所示。

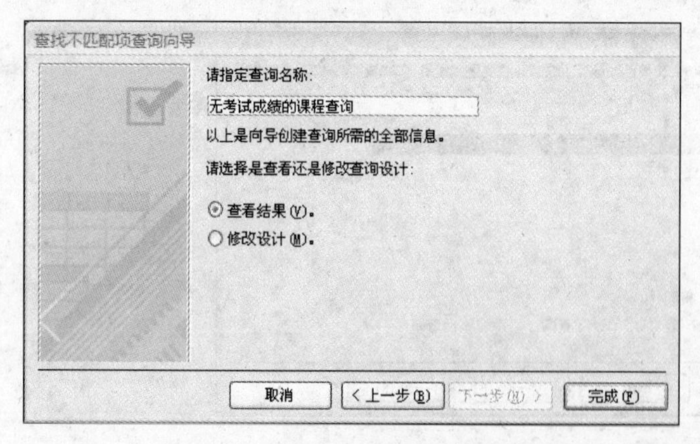

图 6-15　输入查找不匹配项查询名

图 6-16　查找不匹配项查询结果

6.2.2 使用查询设计视图

在实际应用中,需要创建的选择查询多种多样,有些带条件,有些不带任何条件。使用查询向导虽然可以快速、方便地创建查询,但它只能创建不带条件的查询,而对于有条件的查询需要通过使用查询设计视图完成。

1. 查询设计视图窗口

在 Access 2007 中查询有 5 种视图:设计视图、数据表视图、SQL 视图、数据透视表视图和数据透视图视图。在设计视图中,既可以创建不带条件的查询,也可以创建带条件的查询,还可以对已建查询进行修改。

打开教学管理数据库,单击"创建"选项卡,再在"其他"命令组中单击"查询设计"命令按钮,打开查询设计视图,如图 6-17 所示。

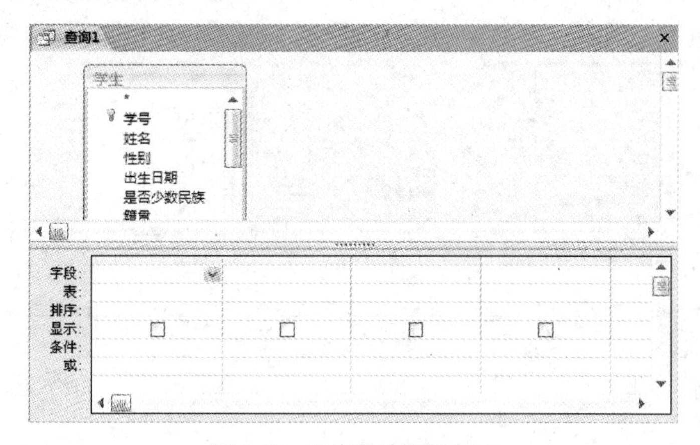

图 6-17 查询设计视图窗口

查询设计视图窗口分为上下两部分:上半部分是字段列表区,其中显示所选表的所有字段;下半部分是设计网格区,其中的每一列对应查询动态数据集中的一个字段,每一行对应字段的一个属性或要求。"字段"行设置查询要选择的字段,"表"行设置字段所在的表或查询的名称,"排序"行定义字段的排序方式,"显示"行定义选择的字段是否在数据表视图(查询结果)中显示出来,"条件"行设置字段限制条件,"或"行设置"或"条件限制记录的选择。汇总时还会出现"总计"行,用于定义字段在查询中的计算方法。

2. 创建不带条件的查询

不带条件的查询,虽无法实现对记录的选择,但可以实现对字段的选择,属于较简单的查询。

【例 6-4】 查询学生的选课信息,要求显示学号、姓名、课程名和成绩。

曾用简单查询向导实现该操作,下面在查询设计视图中创建该查询。操作步骤如下:

(1) 打开教学管理数据库,单击"创建"选项卡,再在"其他"命令组中单击"查询设计"命令按钮,打开查询设计视图,并弹出"显示表"对话框,如图 6-18 所示。

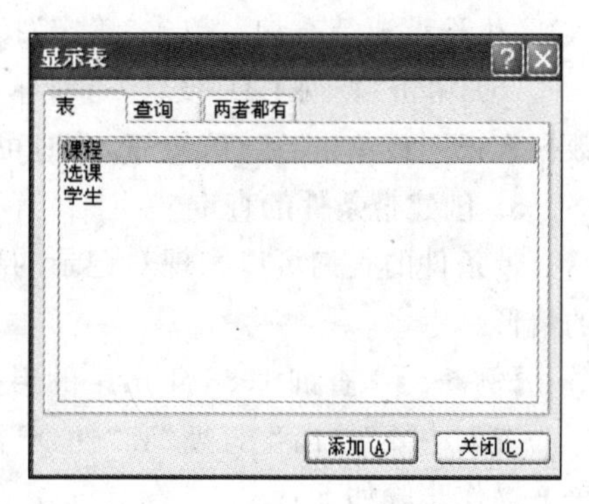

图 6-18 "显示表"对话框

(2) 双击学生表，将学生表的字段列表添加到查询设计视图上半部分的字段列表区中，同样分别双击选课表和课程表，也将它们的字段列表添加到查询设计视图的字段列表区中。单击“关闭”按钮关闭“显示表”对话框。

(3) 在表的字段列表中选择字段并放在设计网格的“字段”行上，选择字段有3种方法：

- 单击某字段，按住鼠标左键不放将其拖到设计网格中的“字段”行上。
- 双击选中的字段。
- 单击设计网格中“字段”行上要放置字段的列，单击下三角按钮，并从下拉列表中选择所需的字段。

这里分别双击学生表中的“学号”字段和“姓名”字段，课程表中的“课程名”字段，选课表中的“成绩”字段，将它们添加到“字段”行的第1～第4列上，这时“表”行上显示了这些字段所在表的名称，设置结果如图6-19所示。

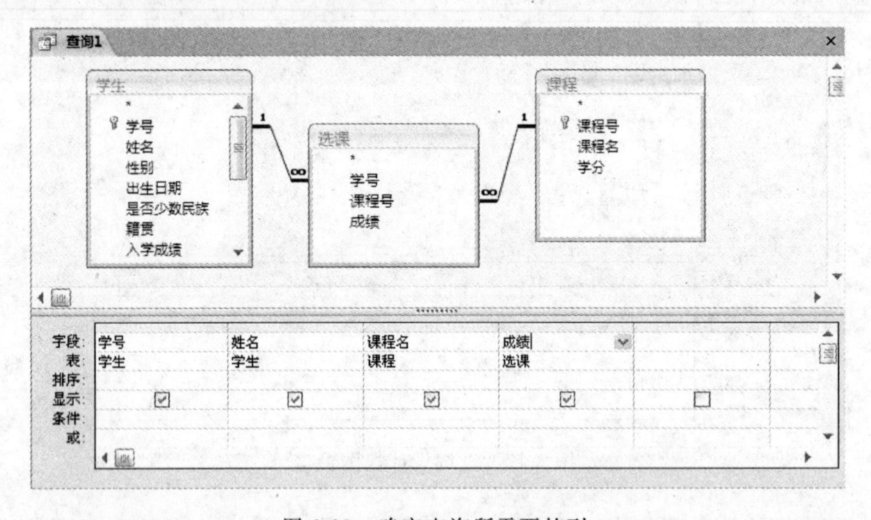

图6-19 确定查询所需要的列

可以看到，在设计网格中的第4行是“显示”行，行上每一列都有一个复选框，用它确定其对应的字段是否在查询结果中显示。当选中复选框时，表示显示这个字段。按照查询要求，所有字段都需要显示出来，因此需将4个字段所对应的复选框都选中。如果其中有些字段仅作为条件使用，而不需要在查询结果中显示，应取消选中的复选框，使对应的复选框内变为空白。

(4) 单击工具栏上的“保存”按钮 ，打开“另存为”对话框，在“查询名称”文本框中输入“学生选课成绩查询”，单击“确定”按钮。

(5) 单击“查询工具 设计”选项卡，再在“结果”命令组中单击“视图”命令按钮，并选择数据表视图或单击“运行”按钮，这时可看到学生选课成绩查询运行结果与图6-5相同。

3. 创建带条件的查询

带条件的查询可以实现对记录的选择，也可以实现对字段的选择，这是实际应用中较多的情形。

【例6-5】 查询1988年出生的男生的信息，要求显示学号、姓名和出生日期。

查询中要对“出生日期”和“性别”两个字段设置条件，所操作的所有字段均来自于学生表。操作步骤如下：

（1）参考不带条件查询的操作步骤，打开查询设计视图窗口，添加数据来源、字段并设置查询条件。

查询条件涉及"出生日期"和"性别"两个字段，要求两个字段条件均满足，即两个条件是"与"的关系，此时应将两个条件同时写在"条件"行上。若两个条件是"或"关系，应将其中一个条件放在"或"行。因为"性别"字段不要求在结果中显示，所以不能选中该字段的"显示"行。此时查询设计视图如图 6-20 所示。

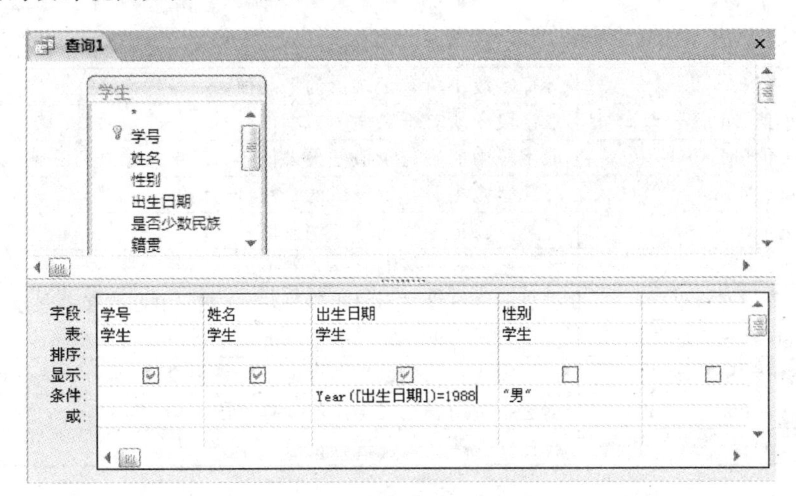

图 6-20　带条件查询的设计视图

（2）按要求保存查询，如图 6-21 所示，运行后的结果如图 6-22 所示。

图 6-21　保存查询

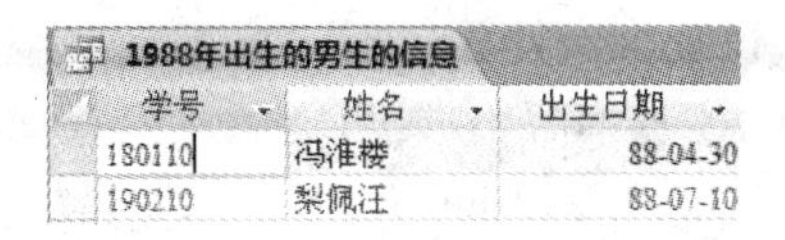

学号	姓名	出生日期
180110	冯淮楼	88-04-30
190210	梨佩江	88-07-10

图 6-22　带条件查询结果

出生日期字段的条件还有多种描述方法。例如，Between ＃1988-1-1＃ And ＃1988-12-31＃、>＝＃1988-1-1＃ And <＝＃1988-12-31＃或 Like "1988＊"。

6.2.3　在查询中进行计算

前面介绍了创建查询的一般方法，但所建查询仅仅是为了获取符合条件的记录，并没有对查询得到的结果进行计算分析。而在实际应用中，常常需要对查询结果进行统计计算，如求和、计数、求最大值和平均值等。Access 允许在查询中利用设计网格中的"总计"行进行各种统计，通过创建计算字段进行任意类型的计算。

1. 查询计算功能

在 Access 查询中，可以执行两种类型的计算：预定义计算和自定义计算。

预定义计算是系统提供的用于对查询结果中的记录组或全部记录进行的计算，包括总计、平均值、计数、最大值、最小值、标准偏差或方差等。

在查询设计视图窗口单击“查询工具 设计”选项卡，再在“显示/隐藏”命令组中单击“汇总”命令按钮，可以在设计网格中显示出“总计”行。对设计网格中的每个字段，都可在“总计”行中选择所需选项来对查询中的全部记录、一条或多条记录组进行计算。

“总计”行中有 12 个选项，其名称与含义如表 6-2 所示。

表 6-2 “总计”选项名称及作用

选项名称		作用
函数	总计(Sum)	计算字段中所有记录值的总和
	平均值(Avg)	计算字段中所有记录值的平均值
	最小值(Min)	取字段中所有记录值的最小值
	最大值(Max)	取字段中所有记录值的最大值
	计算(Count)	计算字段中非空记录值的个数，即计数
	StDev	计算字段记录值的标准偏差值
	Var	计算字段记录值的总体方差值
其他选项	Group By(分组)	将当前字段设置为分组字段，一个查询中可以有多个分组字段
	First(第一条记录)	找出表或查询中第一个记录的该字段值
	Last(最后一条记录)	找出表或查询中最后一个记录的该字段值
	Expression(表达式)	创建一个用表达式产生的计算字段
	Where(条件)	设置分组条件以便选择记录

自定义计算可以用一个或多个字段的值进行数值、日期和文本计算。例如，用某一个字段值乘上某一数值，用两个日期/时间字段的值相减等。对于自定义计算，必须直接在设计网格中创建新的计算字段，创建方法是将表达式输入到设计网格的空字段行中，表达式可以由多个计算组成。

2. 在查询中计算

在创建查询时，有时可能更注重查询的统计结果，而不是表中的记录。例如，对学生表查询时，可能需要 1990 年出生的学生人数、每名学生各科的平均成绩等。为了获取这样的数据，需要创建能够进行统计计算的查询。使用查询设计视图中的“总计”行，可以对查询中全部记录或记录组计算一个或多个字段的统计值。

【例 6-6】 统计湖南学生人数。

该查询的数据来源是学生表，要实施的总计方式是计算(Count)，选择“学号”字段作为计算对象。由于“籍贯”字段只能作为条件，因此在“籍贯”的“总计”行选择 Where。Access 规定，Where 总计项指定的字段不能出现在查询结果中，因此查询结果中只显示学生人数。查询的设计视图和运行结果分别如图 6-23 和图 6-24 所示。

3. 在查询中进行分组统计

在查询中，如果需要对记录进行分类统计，可以使用分组统计功能。分组统计时，只需在设计视图中将用于分组字段的“总计”行设置成 Group By 即可。

【例 6-7】 统计各专业的男女生人数。

该查询的数据源是学生表，分组字段是“专业”和“性别”，要实施的总计方式是计算(Count)，选择“学号”字段作为计算对象。查询的设计视图和运行结果分别如图 6-25 和图 6-26 所示。

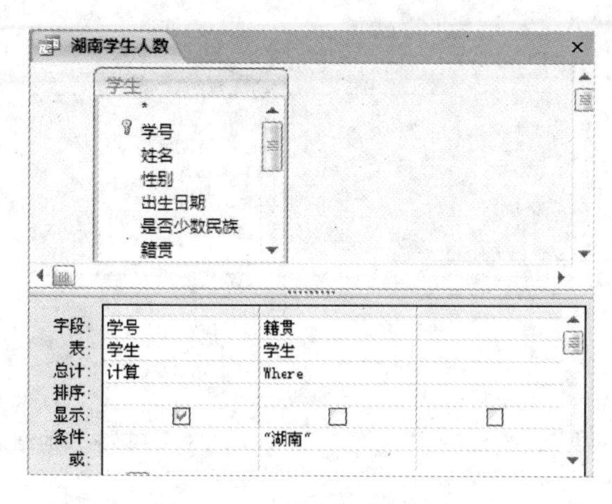

图 6-23　查询中的统计计算

图 6-24　统计计算的结果

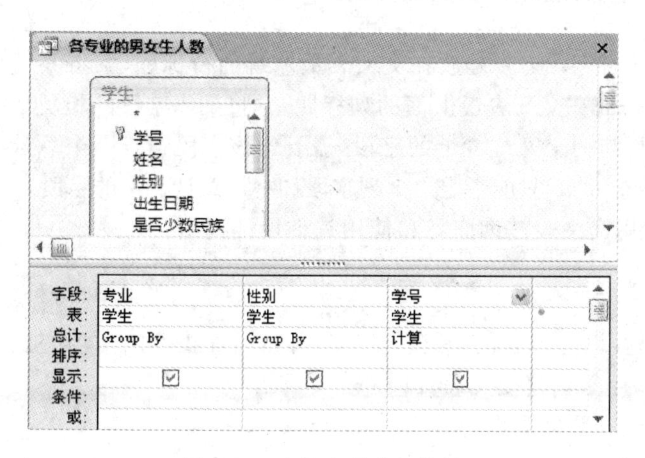

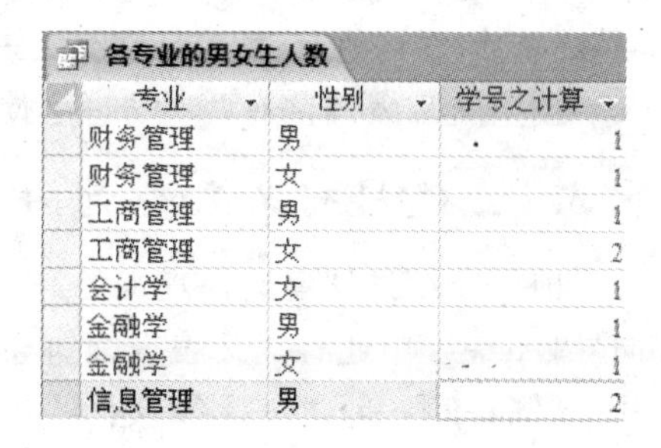

各专业的男女生人数

专业	性别	学号之计算
财务管理	男	1
财务管理	女	1
工商管理	男	1
工商管理	女	2
会计学	女	1
金融学	男	1
金融学	女	1
信息管理	男	2

图 6-25　查询中的分组统计

图 6-26　分组统计的结果

4. 添加计算字段

在统计时,无论是一般统计还是分组统计,统计后显示的列名往往不太直观。例如,图 6-26 所示的查询结果中统计列名为“学号之计算”,如果将列名改为“人数”,将使统计结果的含义变得更加明了。为了实现这一点,可以在查询设计视图的“字段”行“学号”列中输入“人数: 学号”。

另外,在有些统计中,需要统计的值并未出现在表中,或用于计算的数据值来源于多个字段,此时也需要在设计网格中添加一个新的字段列。新字段列的值是根据一个或多个表中的一个或多个字段并使用表达式计算得到,也称为计算字段。

【例 6-8】 显示学生的姓名和年龄。

查询中的“年龄”值并未直接包含在学生表中,而只能根据“出生日期”用一个表达式来计算。这时在查询设计视图的“字段”行第 2 列中添加一个计算字段,字段名为“年龄”,表达式为“Year(Date())-Year([出生日期])”,即输入“年龄: Year(Date())-Year([出生日期])”。查询的设计视图和运行结果分别如图 6-27 和图 6-28 所示。

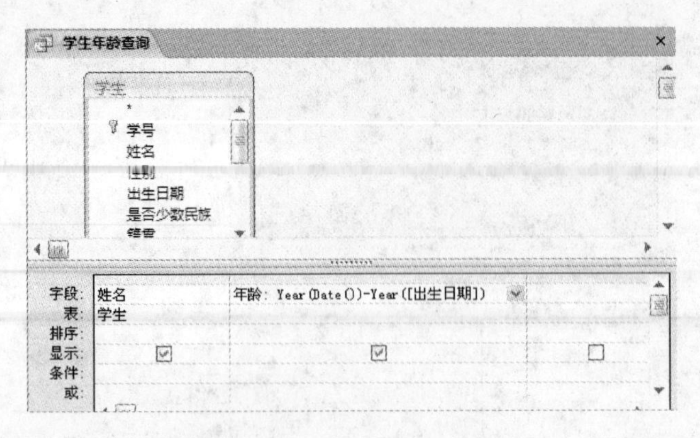

图 6-27　查询中的计算字段

学生年龄查询

姓名	年龄
冯淮楼	22
沃泰华	22
张蓉娟	23
梨佩汪	22
谭赫	26
李蕊浩	23
程丽杜	21
方晓花	22
舒铁导	23
蔡丽丽	20

图 6-28　计算字段的结果

6.3　创建交叉表查询

在创建交叉表查询时，需要指定 3 种字段：一是放在交叉表最左端的行标题，它将某一字段的相关数据放入指定的行中；二是放在交叉表最上面的列标题，它将某一字段的相关数据放入指定的列中；三是放在交叉表行与列交叉位置上的字段，需要为该字段指定一个总计项，如总计、平均值、计数等。在交叉表查询中，只能指定一个列字段和一个总计类型的字段。

创建交叉表查询有两种方法：使用交叉表查询向导和使用查询设计视图。

6.3.1　使用交叉表查询向导

前面介绍过创建选择查询的简单查询向导、查找重复项查询向导和查找不匹配项查询向导，Access 中还有交叉表查询向导，用于创建交叉表查询。

【例 6-9】　创建统计各专业男女生人数的查询。

查询中要显示学生的专业名和性别，它们都来源于学生表。作为行标题的是“专业”字段的取值，而作为列标题的是“性别”字段的取值。行和列的交叉点采用“计数”运算计算字段取值非空的记录个数，因此可选取不允许为空的“学号”字段进行计算。操作步骤如下：

(1) 参考简单查询向导的操作步骤，当出现“新建查询”对话框时双击“交叉表查询向导”，在弹出的对话框中选择数据来源，这里选择学生表，如图 6-29 所示，然后单击“下一步”按钮。

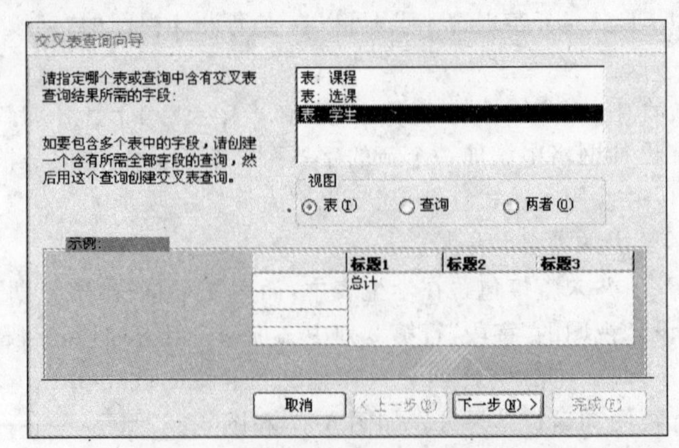

图 6-29　选择数据来源

(2) 选择行标题字段，这里只需要一个行标题字段，双击"专业"字段将它添加到"选定字段"列表框中，如图 6-30 所示，然后单击"下一步"按钮。

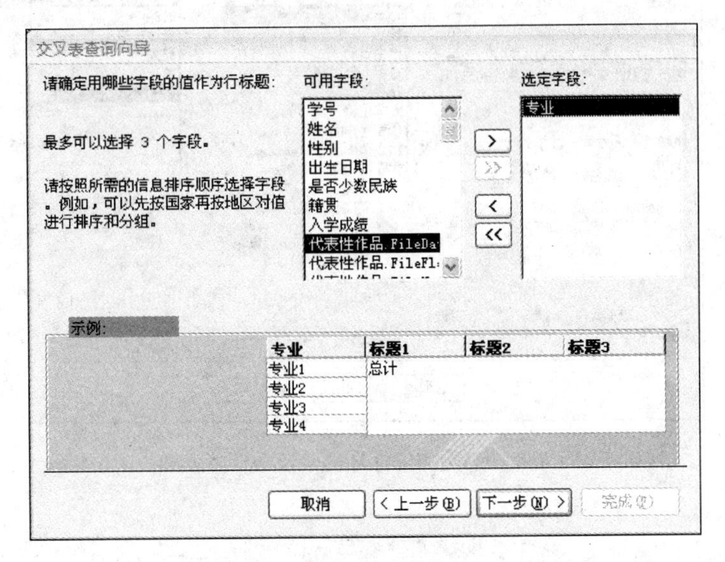

图 6-30　选择行标题字段

(3) 选择列标题字段，选中"性别"字段，如图 6-31 所示，然后单击"下一步"按钮。

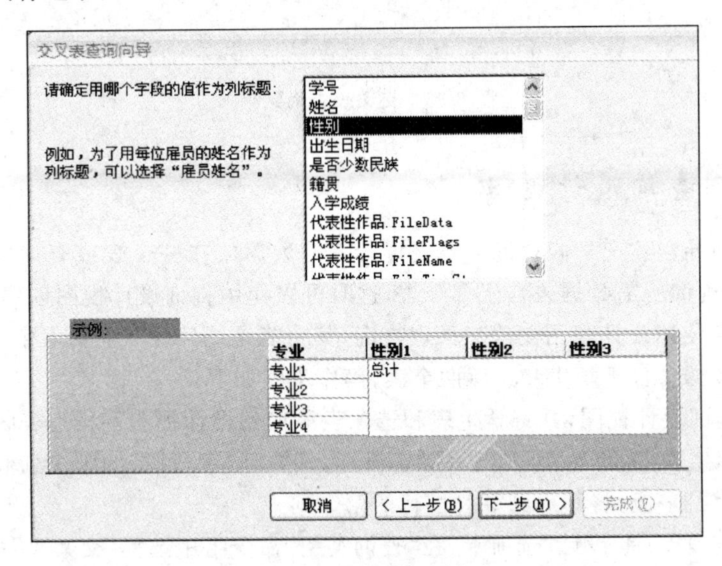

图 6-31　选择列标题字段

(4) 确定用于计算的字段和计算函数，在"字段"列表框中选中"学号"字段，在"函数"列表框中选中"计数"函数。若不在交叉表的每行前面显示总计数，应取消"是，包括各行小计"复选框的选择，如图 6-32 所示，然后单击"下一步"按钮。

(5) 在出现的对话框中输入查询的名称，单击"完成"按钮，即可看到图 6-33 所示的结果。

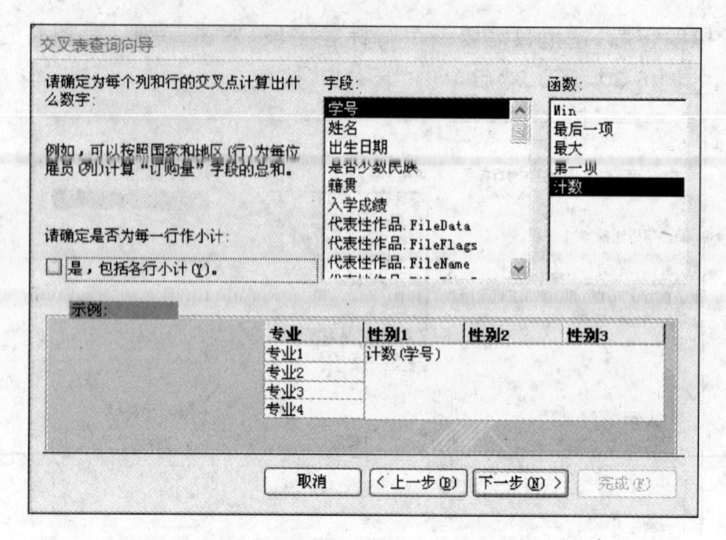

图 6-32　确定用于计算的字段和计算函数

各专业男女人数交叉表查询

专业	男	女
财务管理	1	1
工商管理	1	2
会计学		1
金融学	1	1
信息管理	2	

图 6-33　交叉表查询结果

6.3.2　使用查询设计视图

使用查询向导创建交叉表查询需要先将所需的数据放在一个表或查询里，然后才能创建此查询，有时查询所需数据来自于多个表，这时可以使用查询设计视图创建交叉表查询。

【例 6-10】　使用设计视图创建交叉表查询，其功能是统计各专业男女生平均成绩。

查询所需数据来自于学生和选课两个表，操作步骤如下：

(1) 打开查询设计视图，并将学生表和选课表添加到设计视图字段列表区中。

(2) 双击学生表中的“专业”和“性别”字段，将其放到“字段”行的第 1 列和第 2 列，双击选课表中的“成绩”字段，将其放到“字段”行的第 3 列中。

(3) 单击“查询工具 设计”选项卡，在“查询类型”命令组中选择“交叉表”命令按钮。

(4) 为了将“专业”放在第 1 列，应单击专业字段的“交叉表”行，然后单击其右侧下三角按钮，从打开的下拉列表框中选择“行标题”；为了将“性别”放在第 1 行上，单击“性别”字段的“交叉表”行，然后单击其右侧的下三角按钮，从打开的下拉列表框中选择“列标题”；为了在行和列交叉处显示成绩的平均值，应单击“成绩”字段的“交叉表”行，然后单击其右侧的下三角按钮，从打开的下拉列表框中选择“值”；单击“成绩”字段的“总计”行，单击右侧的下三角按钮，然后从下拉列表框中选择“平均值”，设置结果如图 6-34 所示。

(5) 保存查询，并切换到数据表视图，查询结果如图 6-35 所示。

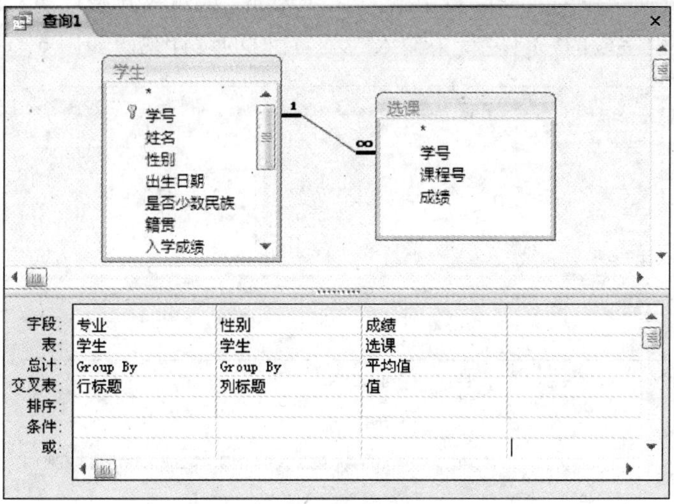

图 6-34　交叉表查询设计视图

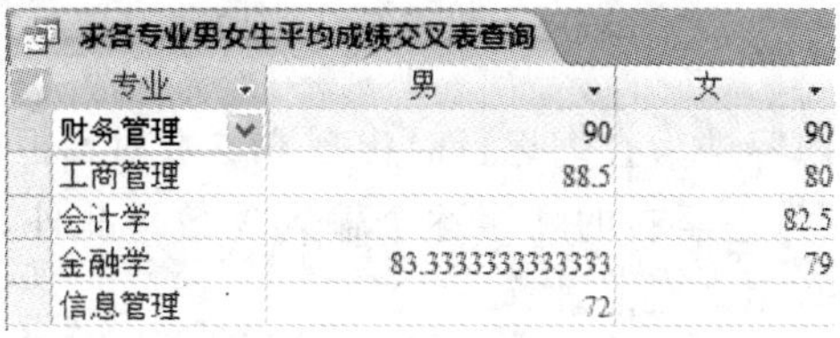
求各专业男女生平均成绩交叉表查询

专业	男	女
财务管理	90	90
工商管理	88.5	80
会计学		82.5
金融学	83.3333333333333	79
信息管理	72	

图 6-35　交叉表查询的结果

显然，当所创建交叉表查询的数据来源于多个表或查询时，最简单、灵活的方法是使用设计视图。在设计视图中可以自由地选择一个或多个表，选择一个或多个查询。因此如果所用数据源来自于一个表或查询，使用交叉表查询向导比较简单；如果所用数据源来自于几个表或几个查询，使用设计视图则更方便。另外，如果“行标题”或“列标题”需要通过建立新字段得到，那么使用设计视图建立查询是最好的选择。

6.4　创建参数查询

使用前面介绍的方法创建的查询，无论是内容，还是条件都是固定的，如果希望根据某个或某些字段不同的值来查找记录，就需要不断地更改所建查询的条件，显然很麻烦。为了更灵活地实现查询，可以使用 Access 提供的参数查询。

参数查询利用对话框提示用户输入参数，并检索符合所输入参数的记录。

【例 6-11】　创建参数查询用于显示指定出生日期范围内出生的女生信息，要求显示学号、姓名、性别和出生日期。

这里需要输入开始日期和结束日期两个参数，操作步骤如下：

(1) 打开查询设计视图，并将学生表添加到查询设计视图的字段列表区中。

(2) 双击学生表字段列表中的“学号”、“姓名”、“性别”和“出生日期”字段，将它们添加到设计网格中“字段”行的第 1 列到第 4 列中。

(3) 在出生日期字段的“条件”行中输入“Between [请输入开始日期:] And [请输入结束日期:]”,在性别字段的“条件”行中输入“女”,此时的设计视图如图 6-36 所示。

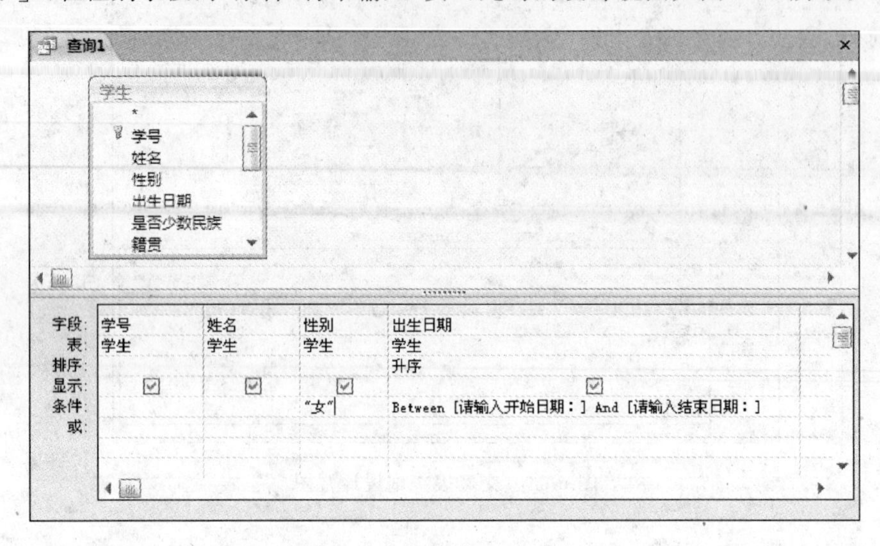

图 6-36 参数查询的设计视图

“条件”行方括号中的内容即为查询运行时出现在参数对话框中的提示文本。在运行查询时,系统将提示用户按照从左至右的顺序逐个输入参数。此外,为了方便查看结果,这里还设置按照出生日期字段升序排列记录。

(4) 单击“查询工具 设计”选项卡,再在“结果”命令组中单击“运行”命令按钮运行查询时,屏幕会先提示输入开始日期,如图 6-37 所示,输入后单击“确定”按钮,在下一个对话框中输入结束日期 1988-12-31,运行结果如图 6-38 所示。

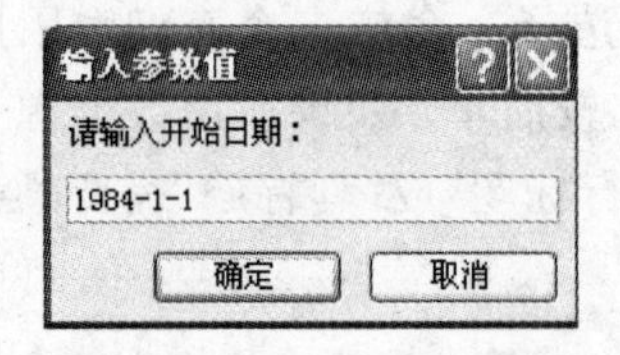

图 6-37 “输入参数值”对话框

查询1

学号	姓名	性别	出生日期
190102	张蓉娟	女	87-11-15
220203	方晓花	女	88-07-23
190101	沃泰华	女	88-09-07

图 6-38 参数查询结果

(5) 保存查询。单击工具栏上的“保存”按钮,在“另存为”对话框中按照题目要求输入查询名,单击“确定”按钮完成保存,关闭查询窗口。

6.5 创建操作查询

前面介绍的查询在进行检索或计算时都不会改变数据库中的原始数据,但操作查询不同,它可以增加、修改或者删除数据库中的数据,还可以在数据库中增加表对象。操作查询包括生成表查询、删除查询、更新查询和追加查询 4 种。操作查询会引起数据库的变化,一般先对数据库进行备份后再运行操作查询。

6.5.1 创建生成表查询

生成表查询是利用一个或多个表中的全部或部分数据新建一个表对象。在 Access 中，从表中访问数据要比从查询中访问数据快得多，因此如果经常要从几个表中提取数据，最好的方法是使用生成表查询，将从多个表中提取的数据组合起来生成一个新表。

【例 6-12】 将会计学专业中的湖南或湖北籍学生信息存入到一个"财务管理湖南云南籍学生表"中，要求包括学号、姓名、专业和籍贯。

查询的数据来源是学生表，"专业"和"籍贯"字段都需要设置条件，然后运行生成表查询。操作步骤如下：

(1) 打开查询设计视图，并将学生表添加到查询设计视图的字段列表区中。

(2) 双击学生表中的"学号"、"姓名"、"专业"和"籍贯"字段，将它们添加到设计网格第 1 列到第 4 列中。在专业字段的"条件"行中输入"财务管理"，在籍贯字段的"条件"行中输入""湖南" Or "云南""，此时的设计视图如图 6-39 所示。

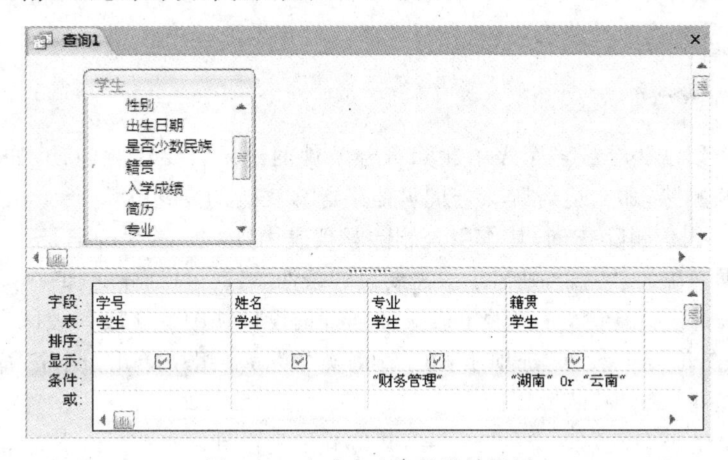

图 6-39　生成表查询的设计视图

也可以利用"或"条件，在专业字段的"条件"行中输入"财务管理"，在籍贯字段的"条件"行中输入"湖南"，同时，在专业字段的"或"行中输入条件"财务管理"，在籍贯字段的"或"行中输入"云南"。

(3) 单击"查询工具 设计"选项卡，在"查询类型"命令组中单击"生成表"命令按钮，这时将弹出"生成表"对话框，在表名称文本框中输入生成新表的名称"财务管理湖南云南籍学生表"，单击"当前数据库"单选按钮，将新表放入当前打开的教学管理数据库中，然后单击"确定"按钮，如图 6-40 所示。

图 6-40　"生成表"对话框

(4) 单击“查询工具 设计”选项卡，在“结果”命令组中单击“运行”命令按钮，将弹出对话框提示准备运行生成表查询，单击“是”按钮则完成生成表查询的运行。

注意：这时切换到数据表视图的操作不会引起操作查询的运行。

(5) 单击快速访问工具栏上的“保存”按钮，在“另存为”对话框中输入查询名，单击“确定”按钮完成保存，关闭查询窗口。

(6) 查询运行后将生成一个新的表对象。在导航窗格找到新表，双击打开查看内容，结果如图 6-41 所示。

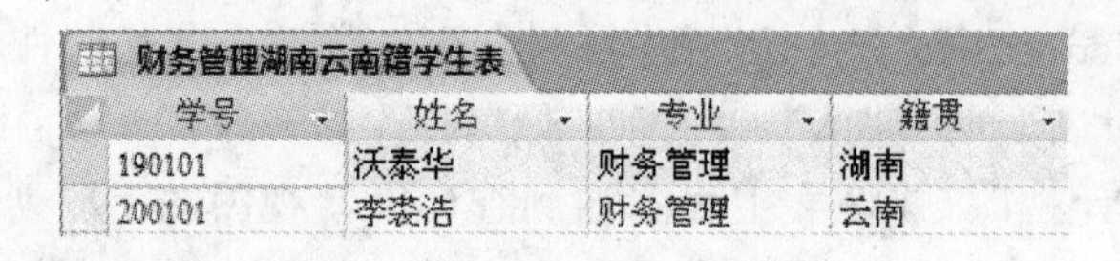

财务管理湖南云南籍学生表

学号	姓名	专业	籍贯
190101	沃泰华	财务管理	湖南
200101	李蓑浩	财务管理	云南

图 6-41　生成表查询的新表内容

注意：如果在导航窗格双击操作查询的名称，那么操作查询就将运行，并引起数据库的变化。因此，如果要修改操作查询，应该打开其设计视图进行编辑。

6.5.2　删除查询

删除查询可以从一个或多个表中删除符合条件的记录。要注意的是，如果建立表间关系时设置了级联删除，那么运行删除查询可能引起多张表的变化。

【例 6-13】　创建删除查询，其作用是删除学生表中姓“李”学生的记录。

查询的数据来源是学生表，姓名字段需要设置条件，然后运行删除查询。操作步骤如下：

(1) 打开查询设计视图，并将学生表添加到查询设计视图的字段列表区中。

(2) 单击“查询工具 设计”选项卡，在“查询类型”命令组中单击“删除”命令按钮，这时在查询设计网格中将出现“删除”行。

(3) 单击学生表字段列表中的“ * ”号，并将其拖到设计网格中“字段”行的第 1 列上，这时第 1 列上显示“学生. * ”，表示已将该表中的所有字段放在了设计网格中。同时，在字段“删除”行中显示 From，表示从何处删除记录。

(4) 双击字段列表中的“姓名”字段，这时学生表中的“姓名”字段被放到了设计网格中“字段”行的第 2 列。同时在该字段的“删除”行中显示 Where，表示要删除哪些记录。

(5) 在“姓名”字段的“条件”行中键入条件“Left([姓名],1)='李'”，此时的设计视图如图 6-42 所示。

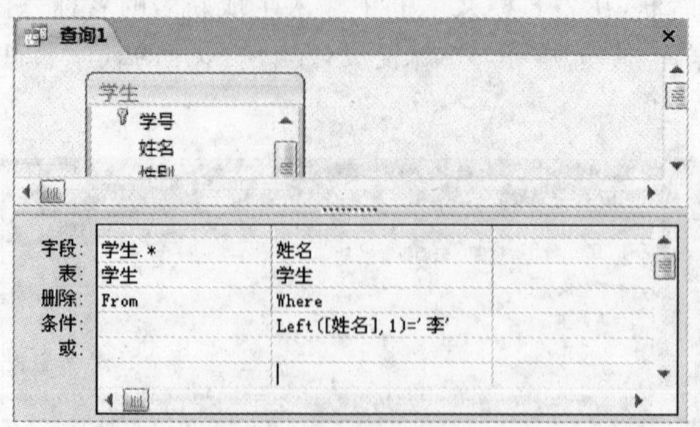

图 6-42　删除查询的设计视图

（6）单击“查询工具 设计”选项卡，在“结果”命令组中单击“视图”按钮中的“数据表视图”命令，能够预览“删除查询”检索到的一组记录。如果预览到的记录不是要删除的，可以再次单击“视图”按钮，返回到设计视图，对查询进行所需的更改，直到满意为止。

（7）单击快速访问工具栏上的“保存”按钮，在“另存为”对话框中输入查询名，单击“确定”按钮完成保存，关闭查询窗口。

（8）单击“查询工具 设计”选项卡，在“结果”命令组中单击“运行”命令按钮，将弹出提示准备运行删除查询的对话框，单击“确定”按钮则完成删除查询的运行。

（9）打开学生表查看其变化，因为级联删除的关系，选课表也有记录被删除。

删除查询将永久删除指定表中的记录，并且无法恢复。因此在运行删除查询时要十分慎重，最好对要删除记录所在的表进行备份，以防由于误操作而引起数据丢失。删除查询每次删除整个记录，而不是指定字段中的数据。如果只删除指定字段中的数据，可以使用更新查询将该值改为空值。

6.5.3 更新查询

更新查询可以批量修改表中符合条件的一组记录。如果建立表间关系时设置了级联更新，那么运行更新查询也可能引起多张表的变化。

【例 6-14】 创建更新查询，其作用是将少数民族学生的入学成绩增加 20 分。

查询的数据来源是学生表，“是否少数民族”字段需要设置条件，需要更新的字段是入学成绩。操作步骤如下：

（1）打开查询设计视图，并将学生表添加到查询设计视图的字段列表区中。

（2）单击“查询工具 设计”选项卡，在“查询类型”命令组中单击“更新”命令按钮，这时查询设计网格中显示一个“更新到”行。

（3）双击学生表字段列表中的“是否少数民族”字段和“入学成绩”字段，将它们添加到设计网格中“字段”行的第 1 列到第 2 列中。

（4）在“是否少数民族”字段的“条件”行中输入条件“True”，在“入学成绩”字段的“更新到”行中输入欲更新的内容“[入学成绩]＋20”，此时的设计视图如图 6-43 所示。

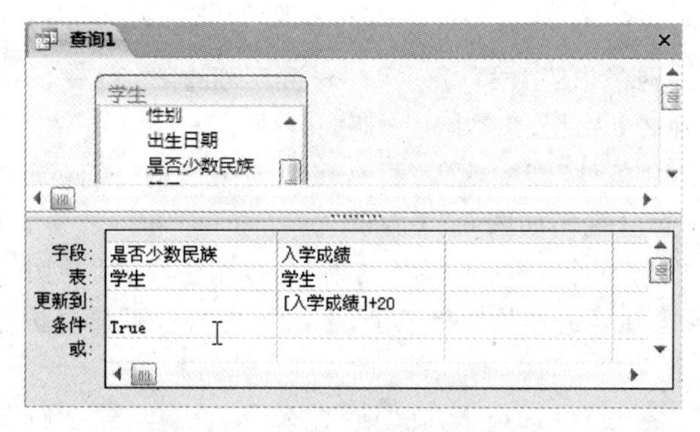

图 6-43 更新查询的设计视图

（5）单击“查询工具 设计”选项卡，在“结果”命令组中单击“视图”命令按钮中的“数据表视图”命令，能够预览到要更新的一组记录，再次单击“视图”命令按钮中的“设计视图”命令，可返回到设计视图。

(6) 单击快速访问工具栏上的“保存”按钮，在“另存为”对话框中输入查询名，单击“确定”按钮完成保存，关闭查询窗口。

(7) 单击“查询工具 设计”选项卡，在“结果”命令组中单击“运行”命令按钮，将弹出提示准备运行更新查询的对话框，单击“确定”按钮则完成更新查询的运行。

(8) 打开学生表可以查看到入学成绩发生了变化。

Access 除了可以更新一个字段的值，还可以更新多个字段的值。只要在查询设计网格中指定要修改字段的内容即可。

6.5.4 追加查询

追加查询可以将一个或多个表中符合条件的记录添加到另一个表的尾部。

【例 6-15】 建立一个追加查询，将选课成绩在 80～89 分之间的男生信息添加到已建立的“良好成绩的男生情况表”中。

查询的数据来源是学生表和选课表，学生表的“性别”字段和选课表的“成绩”字段都需要设置条件，然后运行追加表查询。操作步骤如下：

(1) 打开查询设计视图，并将学生表和选课表添加到查询设计视图的字段列表区中。

(2) 单击“查询工具 设计”选项卡，在“查询类型”命令组中单击“追加”命令按钮，这时将弹出“追加”对话框，在“表名称”文本框中输入或从下拉列表中单击“良好成绩的男生情况表”，单击“当前数据库”单选按钮，如图 6-44 所示，然后单击“确定”按钮。

图 6-44 “追加”对话框

(3) 这时查询设计网格中显示一个“追加到”行。双击学生表中的“学号”字段、选课表中的“课程号”字段、学生表中的“姓名”、“性别”和“出生日期”字段以及选课表中的“成绩”字段，将它们添加到设计网格中“字段”行的第 1～第 5 列中，并且在“追加到”行中自动填上“学号”、“课程号”、“姓名”、“性别”、“出生日期”和“成绩”。

(4) 在性别字段的“条件”行中输入“男”，在成绩字段的“条件”行中输入条件“＞＝80 And ＜＝89”，此时的设计视图如图 6-45 所示。

(5) 单击“查询工具 设计”选项卡，在“结果”命令组中单击“视图”命令按钮中的“数据表视图”命令，能够预览到要追加的一组记录，再次单击“视图”命令按钮中的“设计视图”命令，可返回到设计视图。

(6) 单击“查询工具 设计”选项卡，在“结果”命令组中单击“运行”命令按钮，将弹出提示准备运行追加查询的对话框，单击“是”按钮，开始将符合条件的一组记录追加到指定的表中。单击“否”按钮，不将记录追加到指定的表中。这里单击“是”按钮。

(7) 单击快速访问工具栏上的“保存”按钮，在“另存为”对话框中输入查询名，单击“确定”按钮完成保存，关闭查询窗口。

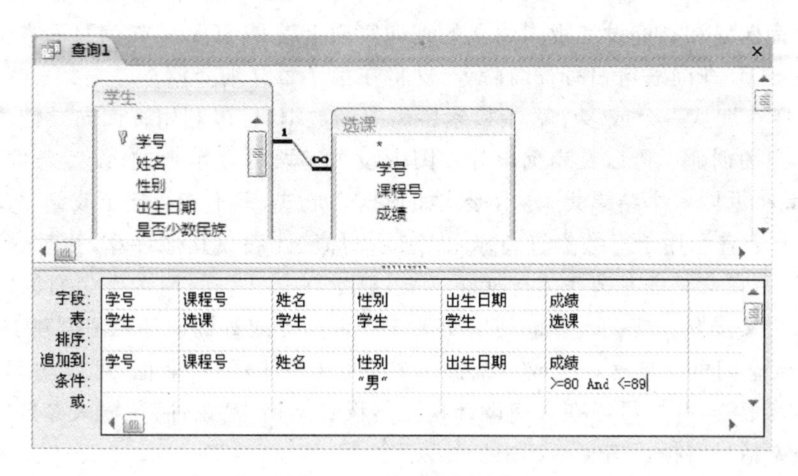

图 6-45　设置追加查询

(8) 双击导航窗格中的“良好成绩的男生情况表”查询，就可以看到表中增加了选课成绩在 80～89 分之间的男生信息，如图 6-46 所示。

良好成绩的男生情况表

学号	课程号	姓名	性别	出生日期	成绩
180110	K1002	冯淮楼	男	1988-4-30	88
180110	W0101	冯淮楼	男	1988-4-30	89
190210	K1002	梨佩汪	男	1988-7-10	87

图 6-46　追加查询的运行结果

无论哪一种操作查询，都可以在一个操作中更改许多记录，并且在执行操作查询后，不能撤销刚刚做过的更改操作。因此在执行操作查询之前，最好单击“查询工具 设计”选项卡，在“结果”命令组中单击“视图”命令按钮，预览即将更改的记录，如果预览到的记录就是要操作的记录，再执行操作查询，这样可防止误操作。另外，在使用操作查询之前，应该备份数据。

操作查询与选择查询、交叉表查询以及参数查询有所不同。操作查询不仅选择表中数据，还对表中数据进行修改。由于运行一个操作查询时，可能会对数据库中的表进行大量的修改，因此为了避免因误操作引起的不必要的改变，在导航窗格中的每个操作查询图标后显示一个感叹号，以引起注意。

本 章 小 结

本章围绕 Access 2007 数据库的查询操作而展开。查询是 Access 中的主要内容之一，通过本章的学习，应掌握 Access 查询的基本概念、查询条件的书写方法以及在 Access 中创建选择查询、交叉表查询、参数查询和操作查询 4 类查询的方法。

(1) 在 Access 中，建立查询的方法主要有 3 种：利用查询向导、利用查询设计视图和利用 SQL 查询语句。利用查询向导可以创建简单查询、交叉表查询、查找重复项查询和查找不匹配查询，这是初学者入门经常采用的方法。使用查询设计视图创建和修改各类查询是建立查询最主要的方法，使用查询设计视图可以帮助用户更好地理解数据库中数据之间的关系。由查询向导和查询设计视图建立的查询实质上就是 SQL 语句编写的查询命令，也可以直接使用 SQL 查询语句编写查询命令，这将在第 7 章详细介绍。

(2) 选择查询从一个或多个表中检索所需要的数据，可以利用查询向导创建，也可以利用查询设计视图创建。可以在查询设计视图中设置字段的显示形式、设置条件和排序依据等，运行查询将返回一个结果集，显示形式如数据表形式，但不能直接更改结果集内的数据。

(3) 交叉表查询用于对数据进行求和、求平均值、计数或其他计算，并对这些数据进行分组，一组显示在交叉表左边作为行标题，一组显示在交叉表的顶端作为列标题，具体数据显示在行列交叉位置。交叉表查询利用交叉表查询向导或查询设计视图创建。

(4) 参数查询可以显示一个或多个提示参数值(条件)的对话框，可以动态地构建查询条件。设置参数查询时，可以在查询设计视图的设计网格中“条件”行输入参数的提示信息，而且必须用方括号将提示信息括起来。

(5) 操作查询包括生成表查询、删除查询、更新查询和追加查询 4 种类型。生成表查询和追加查询属于复制现有数据，删除查询和更新查询属于更改现有数据。操作查询可以利用查询设计视图创建。

习　题　6

1. 选择题

(1) 如果要查询最近 30 天之内参加工作的记录，应在“条件”行中输入(　　)。

A. ＜Date()－30　　　　B. Between Date()－30 And Date()

C. ＞Date()－30　　　　D. ＞Date()－30 Or ＜Date()

(2) 查询设计视图窗口中通过设置(　　)行，可以让某个字段只用于设定条件，而不出现在查询结果中。

A. 显示　　B. 排序　　C. 字段　　D. 条件

(3) 以下不属于操作查询的是(　　)。

A. 生成表查询　　B. 更新查询　　C. 删除查询　　D. 交叉表查询

(4) 条件 Like t[iou]p 将查找(　　)。

A. tap　　B. top　　C. tioup　　D. tiup

(5) 如果产品销售表中有产品、数量和单价等字段，要了解每个产品销售金额情况，可以在设计查询时，通过(　　)实现。

A. 汇总查询　　B. 增加金额字段　　C. 计算项　　D. 以上都可以

2. 填空题

(1) ________是对表中的数据进行查找，同时产生一个类似于表的结果。

(2) 在 Access 中，创建和修改查询最方便的方法是使用________。

(3) 使用交叉表查询向导建立交叉表查询，所用的字段来源于________或________。

(4) 设计查询时，设置在同一行的条件之间是________的关系，设置在不同行的条件之间是________的关系。

(5) 创建分组统计查询，总计项应选择________。

(6) 如果要求通过输入员工编号查询员工基本信息，可以采用________查询。如果在教师表中按年龄生成青年教师表,可以采用________查询。

3. 问答题

(1) 查询有几种类型? 创建查询的方法有几种?

(2) 查询和表有什么区别? 查询和筛选有什么区别?

(3) 写出根据出生日期求年龄的表达式。

(4) 查询对象中的数据源有哪些?

(5) 简述在查询中进行计算的方法。

4. 应用题

对教学管理数据库完成以下操作:

(1) 显示教师的姓名和年龄。

(2) 查询所有教师的授课情况。

(3) 查询教授或副教授的授课情况。

(4) 统计不同职称的男女教师人数。

(5) 将今年成立的专业信息存入到新专业表中。

第7章 SQL 查询的操作

SQL 是 Structured Query Language(结构化查询语言)的缩写。SQL 语言是一个通用的关系数据库标准语言,用来执行各种各样的操作,包括数据查询、数据定义、数据操纵和数据控制 4 个方面。SQL 语言结构简洁,功能强大,在关系数据库中得到了广泛的应用,目前流行的关系数据库管理系统都支持 SQL。本章介绍 SQL 的基本概念、SQL 语句及其应用。

7.1 SQL 语言与 SQL 查询

本质上讲,Access 以 SQL 语句为基础来实现查询功能。在查询设计视图创建查询时,Access 将生成等价的 SQL 语句,可以在 Access 的 SQL 视图中查看和编辑 SQL 语句。

7.1.1 SQL 语言的发展与功能

SQL 最早是在 20 世纪 70 年代由 IBM 公司开发出来的,并被应用在 DB2 关系数据库系统中,主要用于关系数据库中的信息检索。

SQL 语言提出以后,由于它具有功能丰富、使用灵活、语言简洁易学等突出优点,在计算机工业界和计算机用户中备受欢迎。1986 年 10 月,美国国家标准协会(ANSI)的数据库委员会批准了 SQL 作为关系数据库语言的美国标准。1987 年 6 月国际标准化组织(ISO)将其采纳为国际标准。这个标准也称为 SQL86。SQL 标准的出台使 SQL 作为标准关系数据库语言的地位得到了加强。随后,SQL 标准几经修改和完善,其间经历了 SQL89、SQL92、SQL99、SQL2003 等多个版本,每个新版本都较前面的版本有重大改进。随着数据库技术的发展,还会有更新的标准。

目前流行的关系数据库管理系统,如 Access、SQL Server、Oracle、Sybase 等都采用了 SQL 语言标准,而且很多数据库都对 SQL 语句进行了再开发和扩展。

图 7-1 所示为 SQL 的工作原理。图中有一个存放数据的数据库以及管理、控制数据库的软件系统,即数据库管理系统。当用户需要检索数据库中的数据时,就可以通过 SQL 语言发出请求,数据库管理系统对 SQL 请求进行处理,并将检索结果返回给用户。

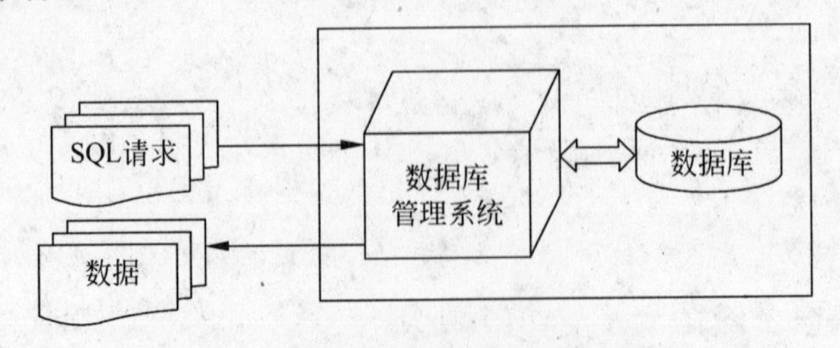

图 7-1 SQL 的工作原理

尽管设计 SQL 的最初目的是查询,查询数据也是其最重要的功能之一,但 SQL 绝不仅仅是一个查询工具,它可以独立完成数据库的全部操作。按照其实现的功能可以将 SQL 划分为如下几类。

(1) 数据查询语言(Data Query Language,DQL):按一定的查询条件从数据库对象中检索符合条件的数据。

(2) 数据定义语言(Data Definition Language,DDL):用于定义数据的逻辑结构以及数据项之间的关系。

(3) 数据操纵语言(Data Manipulation Language,DML):用于更改数据库,包括增加新数据、删除旧数据、修改已有数据等。

(4) 数据控制语言(Data Control Language,DCL):用于控制其对数据库中数据的操作,包括基本表和视图等对象的授权、完整性规则的描述、事务开始和结束控制语句等。

可见 SQL 是一种关系数据库操作语言,但 SQL 并不是一种像 Visual Basic、C/C++、Java 等语言那样完整的程序设计语言,它没有用于程序流程控制的语句。不过,SQL 语言可以嵌入到 Visual Basic、C/C++、Java 等语言中使用,为数据库应用开发提供了方便。

Access 支持 SQL 的数据定义、数据查询和数据操纵功能,但在具体实现上也存在一些差异。另外,由于 Access 自身在安全控制方面的缺陷,所以它没有提供数据控制功能。

7.1.2 SQL 语句的查看与修改

第 6 章介绍的查询设计视图的操作是在可视化界面实现的操作,直观方便。实际上,在使用设计视图创建查询时,Access 会自动将操作步骤转换为一个等价的 SQL 语句,只要打开查询,并进入该查询的 SQL 视图就可以看到系统生成的 SQL 语句。

例如,打开男生信息查询,进入查询设计视图窗口,如图 7-2 所示。单击"查询工具 设计"选项卡,在"结果"命令组中单击"视图"命令按钮,弹出一个下拉菜单,如图 7-3 所示。

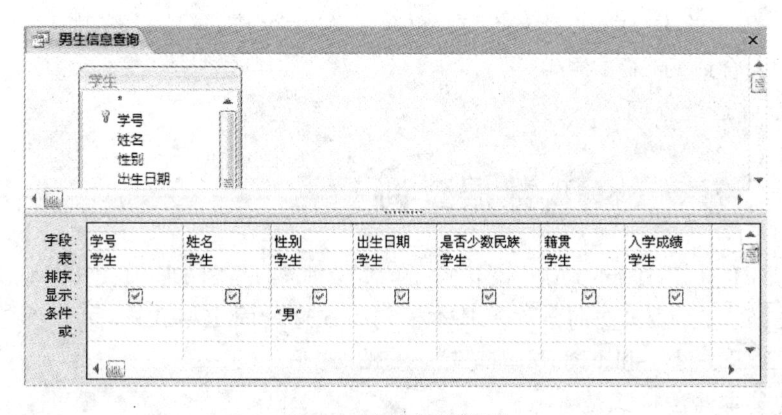

图 7-2 查询设计视图

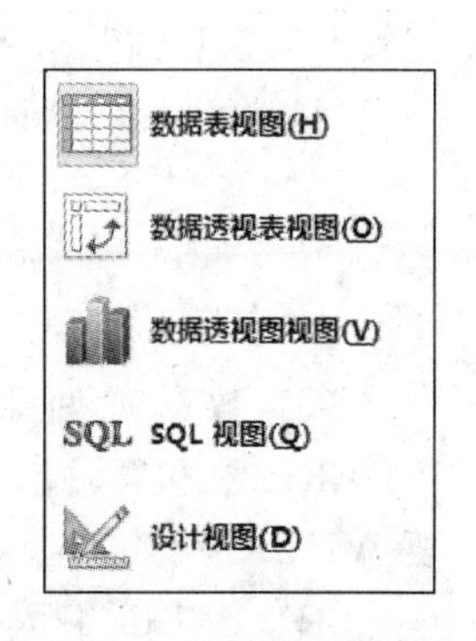

图 7-3 查询视图菜单

在菜单中单击"SQL 视图"命令进入该查询的 SQL 视图,如图 7-4 所示。其中显示了男生信息查询的 SQL 语句,这是一个 SELECT 语句,该语句给出了查询所需要显示的字段、数据源以及查询条件,两种视图设置的内容是等价的。

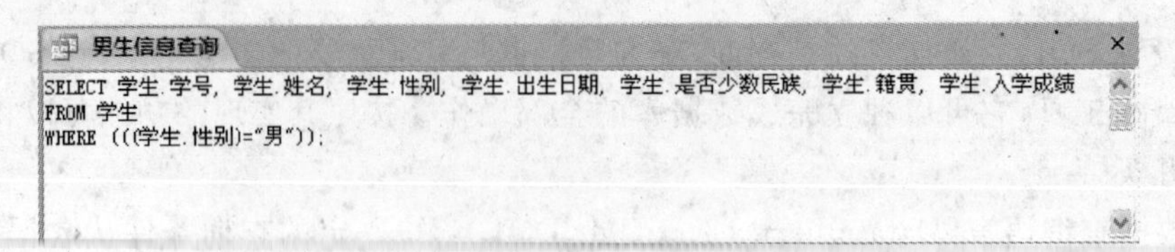

图 7-4　在 SQL 视图中查看和修改查询

如果想修改该查询,例如将查询条件由性别为“男”改为性别为“女”,只要在“SQL 视图”的语句中将“男”改为“女”即可。相应地,查询设计视图中的“条件”行会发生改变,运行查询后的结果也会改变。所有的 SQL 语句都可以在 SQL 视图中输入、编辑和运行。

7.1.3　SQL 特定查询的创建

通过 SQL 语句不仅可以实现第 6 章的各种查询操作,而且可以实现在 Access 查询设计视图中不能实现的查询,如联合查询、传递查询和数据定义查询。

联合查询将两个或更多个表或查询中的字段合并到查询结果的一个字段中,使用联合查询可以合并两个表中的数据,并可以根据联合查询创建生成表查询,以生成一个新表。

当不使用 Access 数据库引擎时,可利用传递查询将未编译的 SQL 语句发送给后端数据库,由后端数据库系统对 SQL 语句编译执行并返回查询结果。在传递查询中,Access 数据库引擎不对 SQL 语句进行任何语法检查和分析,也不编译 SQL 语句,而是直接发送给后端数据库在后端执行。

利用数据定义查询可以创建、删除或更改表,也可以在数据库表中创建索引。在数据定义查询中要输入 SQL 语句,每个数据定义查询只能由一个数据定义语句组成。

这 3 种查询称为 SQL 特定查询,创建这些查询的步骤如下:

(1) 打开数据库,单击“创建”选项卡,在“其他”命令组中单击“查询设计”命令按钮,在弹出的“显示表”对话框中不选择任何表,进入空白的查询设计视图。

(2) 在“结果”命令组中单击“SQL 视图”命令按钮,进入 SQL 视图。

(3) 在“查询类型”命令组中单击“联合”、“传递”或“数据定义”命令按钮,即打开相应查询类型的窗口,在窗口中输入合适的 SQL 语句。

(4) 将创建的查询存盘并运行查询。

7.2　SQL 数据查询

SQL 数据查询通过 SELECT 语句实现,该语句的基本框架是 SELECT-FROM-WHERE,它包含输出字段、数据来源和查询条件等基本子句。在这种固定格式中,可以不要 WHERE 子句,但 SELECT 关键字和 FROM 子句是必需的。

SQL SELECT 语句的基本语法格式是:

```
SELECT [ALL|DISTINCT|TOP n]
[<别名>.]<选项>[AS <显示列名>][,[<别名>.]<选项>[AS <显示列名>… ]]
FROM <表名 1> [<别名 1>][,<表名 2> [<别名 2>… ]]
[WHERE <条件>]
[GROUP BY <分组选项 1>[,<分组选项 2>… ]][HAVING <分组条件>]
```

```
[UNION[ALL] SELECT 语句]
[ORDER BY <排序选项 1>[ASC|DESC][,<排序选项 2>[ASC|DESC]… ]]
```

以上格式中“＜＞”中的内容是必选的，“[]”中的内容是可选的，“|”表示多个选项中只能选择其中之一。SELECT 语句的子句很多，理解了这条语句各项的含义，就能从数据库中查询出各种数据。

7.2.1 简单查询

最简单的 SELECT 语句只包含 SELECT 子句和 FROM 子句，使用格式是：

```
SELECT [ALL|DISTINCT|TOP n]
[<别名>.]<选项>[AS <显示列名>][,[<别名>.]<选项>[AS <显示列名>… ]]
FROM <表名 1> [<别名 1>][,<表名 2> [<别名 2>… ]]
```

各选项的含义是：

(1) ALL 表示输出所有记录，包括重复记录；DISTINCT 表示输出无重复结果的记录；TOP n 表示输出前 n 条记录。

(2) ＜选项＞表示输出的内容，可以是字段名、函数或表达式。当选择多个表中的字段时，可使用别名来区分不同的表。如果要输出全部字段，选项用“*”表示。AS 后面的＜显示列名＞是在输出结果中，如果不希望使用字段名，可以根据要求设置一个显示名称。

(3) FROM 子句用于指定要查询的表，同时可以指定表的别名。

【例 7-1】 对学生表进行如下操作，写出操作步骤和 SQL 语句。

(1) 列出全部学生信息。

(2) 列出前 5 个学生的姓名和年龄。

操作 1 的步骤如下：

(1) 打开教学管理数据库，单击“创建”选项卡，在“其他”命令组中单击“查询设计”命令按钮，在弹出的“显示表”对话框中不选择任何表，进入空白的查询设计视图。

(2) 在“结果”命令组中单击“SQL 视图”命令按钮，此时进入 SQL 视图。

(3) 在 SQL 视图中输入 SELECT 语句：

```
SELECT * FROM 学生
```

此时 SQL 视图如图 7-5 所示。

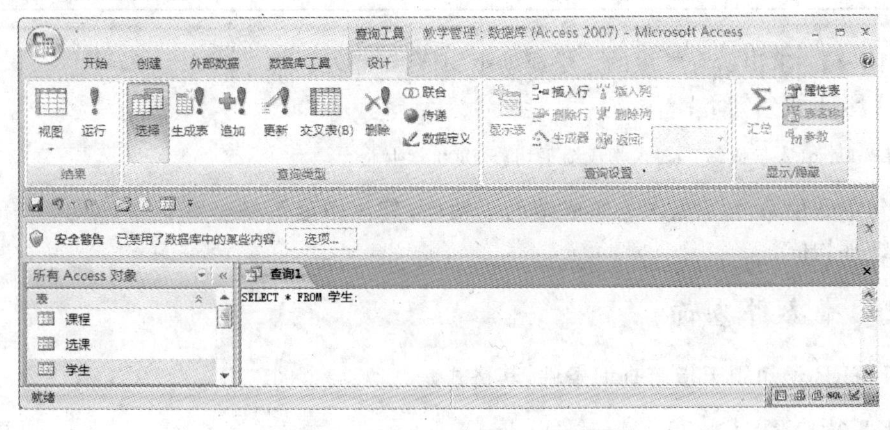

图 7-5 学生信息查询的 SQL 视图

(4) 在“结果”命令组中单击“运行”命令按钮，此时进入该查询的数据表视图，显示查询结果如图 7-6 所示。

图 7-6 学生信息查询结果

(5) 将查询存盘。

操作 2 的步骤与操作 1 类似，SELECT 语句如下：

```
SELECT TOP 5 姓名,Year(Date())-Year(出生日期) AS 年龄 FROM 学生
```

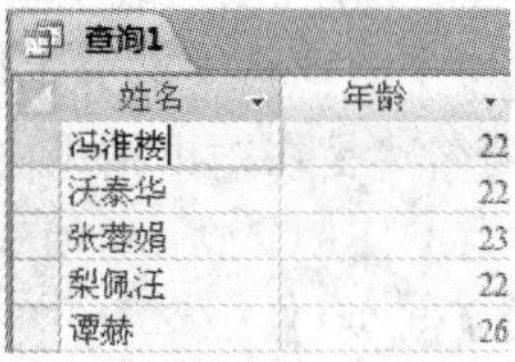

学生表中没有“年龄”字段，要显示年龄，只能通过“出生日期”字段求年龄。查询结果如图 7-7 所示。

图 7-7 显示前 5 个学生的姓名和年龄

SELECT 语句中的选项，不仅可以是字段名，还可以是表达式，也可以是一些函数。有一类函数可以针对整个或几个列进行数据汇总，常用来计算 SELECT 语句查询结果集的统计值。例如，求一个结果集的平均值、最大值、最小值或求全部元素之和等。这些函数称为统计函数，也称为集合函数或聚集函数。表 7-1 所示为常用的统计函数，除 Count(*)函数外，其他函数在计算过程中均忽略 Null 值。

表 7-1 SELECT 语句中的常用统计函数

函数	功能	函数	功能
Avg(<字段名>)	求该字段的平均值	Min(<字段名>)	求该字段的最小值
Sum(<字段名>)	求该字段的和	Count(<字段名>)	统计该字段值的个数
Max(<字段名>)	求该字段的最大值	Count(*)	统计记录的个数

【例 7-2】 求出所有学生的入学成绩平均值。

SELECT 语句如下：

```
SELECT Avg(入学成绩) AS 入学成绩平均分 FROM 学生
```

语句中利用 Avg 函数求入学成绩的平均值，其作用范围是全部记录，即求所有学生的入学成绩平均值。

7.2.2 带条件查询

WHERE 子句用于指定查询条件，其格式是：

```
WHERE <条件表达式>
```

其中，条件表达式是指查询的结果集合应满足的条件，如果某行条件为真就包括该行记录。条件表达式的书写方法见6.1.3节。

【例7-3】 写出对教学管理数据库进行如下操作的语句。

(1) 列出入学成绩在580分以上的学生记录。

(2) 求出湖南学生入学成绩平均值。

操作1：

```
SELECT * FROM 学生 WHERE 入学成绩>580
```

该语句的执行过程是：从学生表中取出一条记录，测试该记录的"入学成绩"字段的值是否大于580，如果大于，则取出该记录的全部字段值在查询结果中产生一个输出记录，否则跳过该记录，取出下一个记录。

操作2：

```
SELECT Avg(入学成绩) AS 入学成绩平均分 FROM 学生 WHERE 籍贯="湖南"
```

相对于例7-2而言，语句中增加了WHERE子句，限制了查询操作的记录范围，Avg函数只作用于湖南学生的记录，即求湖南学生的入学成绩平均值。

在6.1.3节中曾介绍过用于条件表达式中的几个特殊运算符的使用方法，如Between A And B、In、Like、Is Null等。这类条件运算的基本使用要领是：左边是一个字段名，右边是一个特殊的条件运算符，语句执行时测定字段值是否满足条件。

【例7-4】 写出对教学管理数据库进行如下操作的语句。

(1) 列出江苏籍和贵州籍的学生名单。

(2) 列出入学成绩在560～650分之间的学生名单。

(3) 列出所有的姓"张"的学生名单。

(4) 列出所有成绩为空值的学生学号和课程号。

操作1：

```
SELECT 学号,姓名,籍贯 FROM 学生 WHERE 籍贯 In("江苏","贵州")
```

语句中的WHERE子句还有等价的形式：

```
WHERE 籍贯="江苏" Or 籍贯="贵州"
```

操作2：

```
SELECT 学号,姓名,入学成绩 FROM 学生 WHERE 入学成绩 Between 560 And 650
```

语句中的WHERE子句还有等价的形式：

```
WHERE 入学成绩>=560 And 入学成绩<=650
```

操作3：

```
SELECT 学号,姓名 FROM 学生 WHERE 姓名 Like "张*"
```

语句中的WHERE子句还有等价的形式：

```
WHERE Left(姓名,1)="张"
```

操作 4：

```
SELECT 学号,课程号 FROM 选课 WHERE 成绩 Is Null
```


语句中使用了运算符 Is Null，该运算符是测试字段值是否为空值。注意，在查询时用"字段名 Is Null"的形式，而不能写成"字段名=Null"。

7.2.3 嵌套查询

有时候一个 SELECT 语句无法完成查询任务，而需要一个子 SELECT 语句的结果作为查询的条件，即需要在一个 SELECT 语句的 WHERE 子句中出现另一个 SELECT 语句，这种查询称为嵌套查询。

1. 返回单值的子查询

【例 7-5】 对教学管理数据库，列出选修"数据库技术与应用"的所有学生的学号。

```
SELECT 学号 FROM 选课 WHERE 课程号 =
  (SELECT 课程号 FROM 课程 WHERE 课程名 = "数据库技术与应用")
```

语句的执行分两个阶段，首先在课程表中找出"数据库技术与应用"的课程号（如 J0015），然后再在选课表中找出课程号等于 J0015 的记录，列出这些记录的学号。

2. 返回一组值的子查询

若某个子查询返回值不止一个，则必须指明在 WHERE 子句中应怎样使用这些返回值。通常使用条件运算符 Any（或 Some）、All 和 In。

1）Any 运算符的用法

Any 运算符可以找出满足子查询中任意一个值的记录，使用格式为：

```
<字段> <比较符> Any(<子查询>)
```

【例 7-6】 对教学管理数据库，列出选修 J0015 课的学生中成绩比选修 K1002 的最低成绩高的学生的学号和成绩。

```
SELECT 学号,成绩 FROM 选课 WHERE 课程号 = "J0015" And 成绩> Any
  (SELECT 成绩 FROM 选课 WHERE 课程号 = "K1002")
```

该查询必须做两件事，首先找出选修 K1002 课的所有学生的成绩，然后在选修 J0015 课的学生中选出其成绩高于选修 K1002 课的任何一个学生的成绩的那些学生。

2）All 运算符的用法

All 运算符可以找出满足子查询中所有值的记录，使用格式为：

```
<字段> <比较符> All(<子查询>)
```

【例 7-7】 对教学管理数据库，列出选修 J0015 课的学生，这些学生的成绩比选修 K1002 课的最高成绩还要高的学生的学号和成绩。

```
SELECT 学号,成绩 FROM 选课 WHERE 课程号 = "J0015" And 成绩> All
  (SELECT 成绩 FROM 选课 WHERE 课程号 = "K1002")
```

该查询的含义是，首先找出选修 K1002 课的所有学生的成绩，然后再在选修 J0015 课的学生中选出其成绩中高于选修 K1002 课的所有成绩的那些学生。

3）In 运算符的用法

In 是属于的意思，等价于“＝Any”，即等于子查询中任何一个值。

【例 7-8】 写出对教学管理数据库进行如下操作的语句。

（1）列出选修“数据库技术与应用”或“微积分”的所有学生的学号。

（2）显示选课表的第 6～10 号记录。

操作 1：

```
SELECT 学号 FROM 选课 WHERE 课程号 In
    (SELECT 课程号 FROM 课程 WHERE 课程名 = "数据库技术与应用" Or 课程名 = "微积分")
```

该查询首先在课程表中找出“数据库技术与应用”或“微积分”的课程号，然后在选课表中查找课程号属于所指两门课程的那些记录。

操作 2：

```
SELECT TOP 5 * FROM 选课 WHERE 学号 Not In
    (SELECT TOP 5 学号 FROM 选课)
```

该查询首先找到选课表中第 1～5 号记录的“学号”字段的值，然后列出选课表的 5 条记录，要求这些记录的“学号”字段不属于第 1～5 号记录的“学号”，也就是第 6～10 号记录。

7.2.4 多表查询

上面所述查询的数据源均来自一个表，而在实际应用中，许多查询是要将多个表的数据组合起来，也就是说，查询的数据源来自多个表，使用 SELECT 语句能够完成此类查询操作。

【例 7-9】 写出对教学管理数据库进行如下操作的语句。

（1）输出所有学生的成绩单，要求给出学号、姓名、课程号、课程名和成绩。

（2）列出男生的选课情况，要求列出学号、姓名、课程号、课程名和成绩。

操作 1：

```
SELECT a.学号,姓名,b.课程号,课程名,成绩 FROM 学生 a,选课 b,课程 c
  WHERE a.学号 = b.学号 And b.课程号 = c.课程号
```

语句执行结果如图 7-8 所示。

查询1

学号	姓名	课程号	课程名	成绩
180110	冯淮楼	W0101	英语	89
180110	冯淮楼	K1002	微积分	88
190101	沃泰华	W0101	英语	90
190102	张蓉娟	K1002	微积分	76
190102	张蓉娟	J0014	大学计算机基础	78
190210	梨佩汪	K1002	微积分	87
190210	梨佩汪	Z0003	法律基础	67
190210	梨佩汪	J0015	数据库技术与应用	96
190219	谭赫	Z0003	法律基础	75
200101	李蓁浩	J0014	大学计算机基础	90
200109	程丽杜	W0101	英语	79
220203	方晓花	W0101	英语	67
220203	方晓花	J0014	大学计算机基础	98
220204	舒铁导	W0101	英语	76
220204	舒铁导	J0015	数据库技术与应用	65
230500	蔡丽丽	K1002	微积分	86

图 7-8　学生成绩查询结果

由于此查询数据源来自 3 个表，因此在 FROM 子句中列出了多个表，同时使用 WHERE 子句指定连接表的条件。这里还应注意，在涉及多表查询中，如果字段名在两个表中出现，应在所用字段的字段名前加上表名（如果字段名是唯一的，可以不加表名），但表名一般输入时比较麻烦。所以此语句中，在 FROM 子句中给相关表定义了别名，以利于在查询语句的其他部分中使用。

操作 2：

```
SELECT a.学号,a.姓名,b.课程号,课程名,成绩 FROM 学生 a,选课 b,课程 c
  WHERE a.学号 = b.学号 And b.课程号 = c.课程号 And 性别 = "男"
```

语句执行结果如图 7-9 所示。

查询1

学号	姓名	课程号	课程名	成绩
180110	冯淮楼	W0101	英语	89
180110	冯淮楼	K1002	微积分	88
190210	梨佩汪	K1002	微积分	87
190210	梨佩汪	Z0003	法律基础	67
190210	梨佩汪	J0015	数据库技术与应用	96
190219	谭赫	Z0003	法律基础	75
200101	李蒙浩	J0014	大学计算机基础	90
220204	舒铁导	W0101	英语	76
220204	舒铁导	J0015	数据库技术与应用	65

图 7-9 男生选课情况查询结果

7.2.5 连接查询

SELECT 语句可以在 FROM 子句中建立连接，用于实现不同表之间的连接查询。建立连接的语法格式是：

```
FROM 表名 1 连接类型 JOIN 表名 2 ON 连接条件
```

连接可以对同一个表操作，也可以对多表操作，对同一个表操作的连接又称作自连接。连接类型可分为 3 种：内连接（Inner Join）、外连接（Outer Join）和交叉连接（Cross Join），

1. 内连接

内连接使用比较运算符进行表间某（些）列数据的比较操作，并列出这些表中与连接条件相匹配的记录。

【例 7-10】 对教学管理数据库，列出少数民族学生的学号、课程号及成绩。

```
SELECT a.学号,b.课程号,成绩 FROM 学生 a,选课 b
  WHERE a.学号 = b.学号 AND 是否少数民族
```

如果采用内连接方式，则语句为：

```
SELECT a.学号,b.课程号,成绩 FROM 学生 a INNER JOIN 选课 b
  ON a.学号 = b.学号 WHERE 是否少数民族
```

所得到的结果完全相同。

2. 外连接

外连接又分为左外连接（Left Outer Join）、右外连接（Right Outer Join）和全外连接（Full Outer Join）3 种。与内连接不同的是，外连接不只列出与连接条件相匹配的行，而是

列出左表(左外连接时)、右表(右外连接时)或两个表(全外连接时)中所有符合搜索条件的记录。

1) 左外连接

左外连接也叫左连接,其系统执行过程是左表的某条记录与右表的所有记录依次比较,若有满足连接条件的,则产生一个真实值记录。若都不满足,则产生一个含有 Null 值的记录。接着,左表的下一记录与右表的所有记录依次比较字段值,重复上述过程,直到左表所有记录都比较完为止。连接结果的记录个数与左表的记录个数一致。

2) 右外连接

右外连接也叫右连接,其系统执行过程是右表的某条记录与左表的所有记录依次比较,若有满足连接条件的,则产生一个真实值记录;若都不满足,则产生一个含有 Null 值的记录。接着,右表的下一记录与左表的所有记录依次比较字段值,重复上述过程,直到左表所有记录都比较完为止。连接结果的记录个数与右表的记录个数一致。

3) 全外连接

全外连接也叫完全连接,其系统执行过程是先按右连接比较字段值,然后按左连接比较字段值,重复记录不记入查询结果中。

3. 交叉连接

交叉连接没有 WHERE 子句,它返回连接表中所有记录的笛卡儿积,其结果集合中的记录数等于第一个表中符合查询条件的记录数乘以第二个表中符合查询条件的记录数。

7.2.6 查询结果处理

使用 SELECT 语句完成查询工作后,所查询的结果默认显示在屏幕上,若需要对这些查询结果进行处理,则需要 SELECT 语句的其他子句配合操作。

1. 排序输出(ORDER BY)

SELECT 语句的查询结果是按查询过程中的自然顺序给出的,因此查询结果通常无序,如果希望查询结果有序输出,需要用 ORDER BY 子句配合,其格式是:

```
ORDER BY <排序选项 1 > [ASC|DESC][,<排序选项 2 >[ASC|DESC] … ]
```

其中,<排序选项>可以是字段名,也可以是数字。字段名必须是 SELECT 语句的输出选项,当然是所操作的表中的字段。数字是排序选项在 SELECT 语句输出选项中的序号。ASC 指定的排序项按升序排列,DESC 指定的排序项按降序排列。

【例 7-11】 对教学管理数据库,按性别顺序列出学生的学号、姓名、性别、课程名及成绩,性别相同再先按课程后按成绩由高到低排序。

```
SELECT a.学号,姓名,性别,课程名,成绩 FROM 学生 a,选课 b,课程 c
  WHERE a.学号 = b.学号 And b.课程号 = c.课程号
  ORDER BY 性别,课程名,成绩 DESC
```

语句执行结果如图 7-10 所示。

在该语句中,由于性别、课程名和成绩 3 个排序选项分别是第 3,4,5 个输出选项,所以 ORDER BY 子句也可以写成:

```
ORDER BY 3,4,5 DESC
```

查询1

学号	姓名	性别	课程名	成绩
200101	李裘浩	男	大学计算机基础	90
190219	谭赫	男	法律基础	75
190210	梨佩汪	男	法律基础	67
190210	梨佩汪	男	数据库技术与应用	96
220204	舒铁导	男	数据库技术与应用	65
180110	冯淮楼	男	微积分	88
190210	梨佩汪	男	微积分	87
180110	冯淮楼	男	英语	89
220204	舒铁导	男	英语	76
220203	方晓花	女	大学计算机基础	98
190102	张蓉娟	女	大学计算机基础	78
230500	蔡丽丽	女	微积分	86
190102	张蓉娟	女	微积分	76
190101	沃泰华	女	英语	90
200109	程丽杜	女	英语	79
220203	方晓花	女	英语	67

图 7-10　查询结果的排序输出

2. 输出合并(UNION)

输出合并是指将两个查询结果进行集合并操作,其子句格式是:

```
[UNION [ALL] <SELECT 语句>]
```

其中,ALL 表示结果全部合并。若没有 ALL,则重复的记录将被自动去掉。合并的规则是:

(1) 不能合并子查询的结果。

(2) 两个 SELECT 语句必须输出同样的列数。

(3) 两个表各相应列中的数据类型必须相同,数字和字符不能合并。

(4) 仅最后一个 SELECT 语句中可以用 ORDER BY 子句,且排序选项必须用数字说明。

【例 7-12】 对教学管理数据库,列出选修 J0015 或 K1002 课程的所有学生的学号,要求建立联合查询。

操作步骤如下:

(1) 打开教学管理数据库,单击"创建"选项卡,再在"其他"命令组中单击"查询设计"命令按钮,在弹出的"显示表"对话框中不选择任何表,进入空白的查询设计视图。

(2) 在"结果"命令组中单击"SQL 视图"命令按钮,进入 SQL 视图。

(3) 在"查询类型"命令组中单击"联合查询"命令按钮,在"联合查询"窗口中输入如下 SQL 语句:

```
SELECT 学号 FROM 选课 WHERE 课程号 = "J0015"
  UNION SELECT 学号 FROM 选课 WHERE 课程号 = "K1002"
```

(4) 在"结果"命令组中单击"运行"命令按钮,得到的结果如图 7-11 所示。

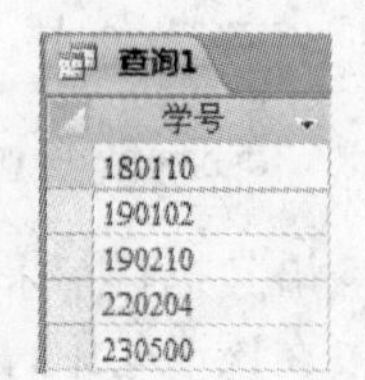

查询1

学号
180110
190102
190210
220204
230500

图 7-11　联合查询的运行结果

(5) 保存该联合查询。

3. 分组统计(GROUP BY)与筛选(HAVING)

使用 GROUP BY 子句可以对查询结果进行分组,其格式是:

```
GROUP BY <分组选项 1>[,<分组选项 2>… ]
```

其中，<分组选项>是作为分组依据的字段名。

GROUP BY 子句可以将查询结果按指定列进行分组，每组在列上具有相同的值。要注意的是，如果使用了 GROUP BY 子句，则查询输出选项要么是分组选项，要么是统计函数，因为分组后每个组只返回一行结果。

若在分组后还要按照一定的条件进行筛选，则需使用 HAVING 子句，其格式是：

```
HAVING <分组条件>
```

HAVING 子句与 WHERE 子句一样，也可以起到按条件选择记录的功能，但两个子句作用对象不同，WHERE 子句作用于表，而 HAVING 子句作用于组，必须与 GROUP BY 子句连用，用来指定每一分组内应满足的条件。HAVING 子句与 WHERE 子句不矛盾，在查询中先用 WHERE 子句选择记录，然后进行分组，最后再用 HAVING 子句选择记录。当然，GROUP BY 子句也可单独出现。

【例 7-13】 写出对教学管理数据库进行如下操作的语句：

(1) 分别统计男女生人数。

(2) 分别统计男女生中少数民族学生人数。

(3) 列出平均成绩大于 80 分的课程号，并按平均成绩升序排序。

操作 1：

```
SELECT 性别,Count(性别) AS 人数 FROM 学生 GROUP BY 性别
```

该语句对查询结果按“性别”字段进行分组，“性别”相同的为一组，对每一组应用 Count 函数求该组的记录个数，即该组学生人数。每一组在查询结果中产生一个记录。语句执行结果如图 7-12 所示。

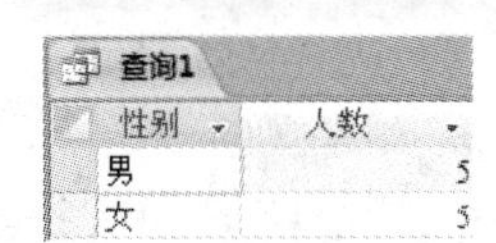

查询1

性别	人数
男	5
女	5

图 7-12 统计男女生人数

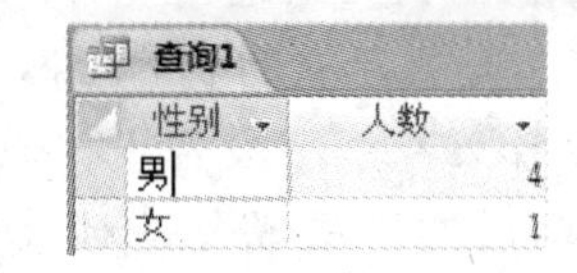

查询1

性别	人数
男	4
女	1

图 7-13 统计男女生中少数民族学生人数

操作 2：

```
SELECT 性别,Count(性别) AS 人数 FROM 学生 WHERE 是否少数民族 GROUP BY 性别
```

该语句是对少数民族学生按“性别”字段进行分组统计，所以相对于操作 1 而言，增加了 WHERE 子句，限定了查询操作的记录范围。另外，“是否少数民族”字段本身就是逻辑量，而且已约定用“真”表示是少数民族，用“假”表示汉族，所以该字段名可以直接用作条件，而不必将 WHERE 子句写成“WHERE 是否少数民族＝True”。语句执行结果如图 7-13 所示。

操作 3：

```
SELECT 课程号,Avg(成绩) AS 平均成绩 FROM 选课
  GROUP BY 课程号 HAVING Avg(成绩)>=80
```

```
ORDER BY Avg(成绩) ASC
```

该语句先用 GROUP BY 子句按“课程号”进行分组，然后计算出每一组的 Avg(成绩)。HAVING 子句指定选择组的条件，最后满足条件 Avg(成绩)＞＝80 的组作为最终输出结果被输出，输出时按平均成绩排序。语句执行结果如图 7-14 所示。

查询1

课程号	平均成绩
W0101	80.2
J0015	80.5
K1002	84.25
J0014	88.6666666666667

图 7-14　成绩平均分大于 80 分的课程号

7.3　SQL 数据定义

有关数据定义的 SQL 语句分为 3 组，它们是建立(CREATE)数据库对象、修改(ALTER)数据库对象和删除(DROP)数据库对象。每一组语句针对不同的数据库对象分别有不同的语句。例如，针对表对象的 3 个语句是建立表结构语句 CREATE TABLE、修改表结构语句 ALTER TABLE 和删除表语句 DROP TABLE。本节以表对象为例介绍 SQL 数据定义功能。

7.3.1　建立表结构

在 SQL 中可以通过 CREATE TABLE 语句建立表结构，其语句格式是：

```
CREATE TABLE <表名>
( <字段名 1> <数据类型 1> [字段级完整性约束 1]
  [,<字段名 2> <数据类型 2> [字段级完整性约束 2]]
  [, … ]
  [,<字段名 n> <数据类型 n> [字段级完整性约束 n]]
  [,<表级完整性约束>]
)
```

语句中各参数的含义是：

(1) ＜表名＞是要建立的表的名称。

(2) ＜字段名 1＞、＜字段名 2＞……＜字段名 n＞是要建立的表的字段名。在语法格式中，每个字段名后的语法成分是对该字段的属性说明，其中字段的数据类型是必需的。表 7-2 列出了 Microsoft Access SQL 中支持的主要数据类型。应当注意，不同系统中所支持的数据类型并不完全相同，使用时可查阅系统说明。

表 7-2　Microsoft Access SQL 常用数据类型

数据类型	字段宽度	说　明
Smallint		短整型，按 2 字节存储
Integer		长整型，按 4 字节存储
Real		单精度浮点型，按 4 字节存储
Float		双精度浮点型，按 8 字节存储
Money		货币型，按 8 字节存储
Char(n)	n	字符型(存储 0～255 字符)
Text(n)	n	备注型(0～2.14GB)
Bit		是/否型，按 1 字节存储
Datetime		日期/时间型，按 8 字节存储
Image		用于 OLE 对象(0～2.14 GB)

(3) 定义表时还可以根据需要定义字段的完整性约束，用于在输入数据时对字段进行有效性检查。当多个字段需要设置相同的约束条件时，可以使用"表级完整性约束"。关于约束的选项有很多，最常用的有：

- 空值约束(Null 或 Not Null)：指定该字段是否允许空值，其默认值为 Null，即允许空值。
- 主键约束(PRIMARY KEY)：指定该字段为主键。
- 唯一性约束(UNIQUE)：指定该字段的取值唯一，即每条记录在此字段上的值不能重复。

【例 7-14】 在教学管理数据库中建立教师表(编号，姓名，性别，基本工资，出生年月，研究方向)，其中允许出生年月为空值。

操作步骤如下：

(1) 打开教学管理数据库，单击"创建"选项卡，在"其他"命令组中单击"查询设计"命令按钮，在弹出的"显示表"对话框中不选择任何表，进入空白的查询设计视图。

(2) 在"结果"命令组中单击"SQL 视图"命令按钮，进入 SQL 视图。

(3) 在"查询类型"命令组中单击"数据定义"命令按钮，在 SQL 视图窗口中输入如下 SQL 语句。

```
CREATE TABLE 教师
( 编号 Char(7),
  姓名 Char(8),
  性别 Char(2),
  基本工资 Money,
  出生年月 Datetime Null,
  研究方向 Text(50)
)
```

(4) 在"结果"命令组中单击"运行"命令按钮，在教学管理数据库中创建教师表。

(5) 在导航窗格中双击教师表，得到的结果如图 7-15 所示。

图 7-15　利用数据定义查询创建的表

(6) 保存该数据定义查询。

7.3.2　修改表结构

如果表不满足要求，就需要修改。可以使用 ALTER TABLE 语句修改已建表的结构，其语句格式是：

```
ALTER TABLE <表名>
[ADD <字段名> <数据类型> [字段级完整性约束条件]]
[DROP [<字段名>]...]
[ALTER <字段名> <数据类型>]
```

该语句可以添加(ADD)新的字段、删除(DROP)指定字段或修改(ALTER)已有的字段，各选项的用法基本可以与CREATE TABLE的用法相对应。

【例7-15】 对课程表的结构进行修改，写出操作语句。

(1) 为课程表增加一个整数类型的"学时"字段。

(2) 删除课程表中的"学时"字段。

操作1：

```
ALTER TABLE 课程 ADD 学时 Smallint
```

操作2：

```
ALTER TABLE 课程 DROP 学时
```

7.3.3 删除表

如果希望删除某个不需要的表，可以使用DROP TABLE语句，其语句格式是：

```
DROP TABLE <表名>
```

其中＜表名＞是指要删除的表的名称。

【例7-16】 在教学管理数据库中删除已建立的教师表。

```
DROP TABLE 教师
```

注意：表一旦被删除，表中数据将自动被删除，并且无法恢复。因此执行删除表的操作一定要慎重。

7.4 SQL数据操纵

数据操纵是完成数据操作的语句，它由INSERT（插入）、DELETE（删除）和UPDATE（更新）3种语句组成。

7.4.1 插入记录

INSERT语句实现数据的插入功能，可以将一条新记录插入到指定表中，其语句格式是：

```
INSERT INTO <表名> [(<字段名1>[,<字段名2>… ])]
    VALUES(<字段值1>[,<字段值2>… ])
```

其中，＜表名＞指定要插入记录的表的名称，＜字段名＞指定要添加字段值的字段名称，＜字段值＞指定具体的字段值。当需要插入表中所有字段的值时，表名后面的字段名可以缺省，但插入数据的格式及顺序必须与表的结构完全一致。若只需要插入表中某些字段的数据，就需要列出插入数据的字段名，当然相应字段值的数据类型应与之对应。

【例7-17】 向学生表中添加记录。

```
INSERT INTO 学生(学号,姓名,出生日期) VALUES("231109","王大力",#1989-09-10#)
```

注意，文本数据应用双引号括起来，日期数据应用"#"号括起来。

7.4.2 更新记录

UPDATE 语句对表中某些记录的某些字段进行修改，实现记录数据更新，其语句格式是：

```
UPDATE <表名>
    SET <字段名 1> = <表达式 1>[,<字段名 2> = <表达式 2>…] [WHERE <条件表达式>]
```

其中，<表名>指定要更新数据的表的名称。<字段名>=<表达式>是用表达式的值替代对应字段的值，并且一次可以修改多个字段。一般使用 WHERE 子句来指定被更新记录字段值所满足的条件，如果不使用 WHERE 子句，则更新全部记录。

【例 7-18】 写出对教学管理数据库进行如下操作的语句。

(1) 将学生表中"蔡丽丽"同学的籍贯改为"广东"。

(2) 将所有男生的各科成绩加 20 分。

操作 1：

```
UPDATE 学生 SET 籍贯 = "广东" WHERE 姓名 = "蔡丽丽"
```

操作 2：

```
UPDATE 选课 SET 成绩 = 成绩 + 20
    WHERE 学号 In(SELECT 学号 FROM 学生 WHERE 性别 = "男")
```

以上语句中，用到了条件运算符 In 并对用 SELECT 语句选择出的记录进行数据更新。注意，UPDATE 一次只能在单一的表中更新记录。

7.4.3 删除记录

DELETE 语句可以删除表中的记录，其语句格式是：

```
DELETE FROM <表名> [WHERE <条件表达式>]
```

其中，FROM 子句指定从哪个表中删除数据，WHERE 子句指定被删除的记录所满足的条件，如果不使用 WHERE 子句，则删除该表中的全部记录。

【例 7-19】 删除学生表所有男生的记录。

```
DELETE FROM 学生 WHERE 性别 = "男"
```

完成以上操作后，学生表中所有男生的记录将被删除。

本章小结

本章围绕 SQL 查询操作和 SQL 语句而展开，是第 6 章的继续。通过本章的学习，应掌握 Access 2007 查询设计视图和 SQL 查询的关系、在 Access 中查看、输入和执行 SQL 语句的方法以及 SELECT 语句的用法。

(1) 任何 SQL 语句所创建的查询称为 SQL 查询。SQL 查询可以通过在 SQL 视图中输入、修改和运行 SQL 语句来实现。SQL 语句能实现查询设计视图中所不能实现的联合查询、传递查询和数据定义查询，这 3 种查询称为 SQL 特定查询。

(2) SELECT 语句的功能非常强大，它的语法结构也比较复杂。其基本框架为 SELECT-FROM-WHERE，它包含输出字段、数据来源、查询条件等基本子句。

(3) 使用 SELECT 语句完成查询工作后，所查询的结果默认显示在屏幕上，若需要对这些查询结果进行处理，则需要 SELECT 的其他子句配合操作。这些子句有 ORDER BY（排序输出）、UNION（合并输出）、GROUP BY（分组统计）及 HAVING（筛选）。

(4) 有时候一个 SELECT 语句无法完成查询任务，而需要一个 SELECT 子句的结果作为查询的条件，即需要在一个 SELECT 语句的 WHERE 子句中出现另一个 SELECT 语句，这种查询称为嵌套查询。

(5) 通过连接运算可以实现多表查询。连接可以在 WHERE 子句中建立。当需要对两个或多个表连接时，可以指定连接的列，在 WHERE 子句中给出连接条件，在 FROM 子句中指定要连接的表。连接也可以在 FROM 子句中建立，而且在 FROM 子句中指出连接时有助于将连接操作与 WHERE 子句中的搜索条件区分开来。

(6) 除 SELECT 语句外，SQL 语句还包括数据定义和数据操纵语句。数据定义语句有 CREATE、ALTER 和 DROP，数据操纵语句有 INSERT、DELETE 和 UPDATE。

习　题　7

1. 选择题

(1) SQL 是一种(　　)语言。

A. 高级算法　　B. 数值计算　　C. 关系数据库　　D. 函数型

(2) 以下不属于 SQL 查询的是(　　)。

A. 选择查询　　B. 传递查询　　C. 联合查询　　D. 数据定义查询

(3) 查询近 5 天内的记录应该使用的条件是(　　)。

A. <Date()－5　　B. >Date()－5

C. Between Date() And Date()－5　　D. Between Date() And Date()＋5

(4) 使用 SQL 语句进行分组检索时，为了去掉不满足条件的分组，应当(　　)。

A. 使用 WHERE 子句

B. 在 GROUP BY 后面使用 HAVING 子句

C. 先使用 WHERE 子句，再使用 HAVING 子句

D. 先使用 HAVING 子句，再使用 WHERE 子句

(5) 若要在表 S 中增加一列 CN(课程名)，可用语句(　　)。

A. ADD TABLE S (CN Char(8))

B. ADD TABLE S ALTER (CN Char(8))

C. ALTER TABLE S ADD (CN Char(8))

D. ALTER TABLE S (ADD CN Char(8))

(6) 下列 SELECT 语句正确的是(　　)。

A. SELECT * FROM "学生表" WHERE 姓名＝"王倩茜"

B. SELECT * FROM "学生表" WHERE 姓名＝张倩茜

C. SELECT * FROM 学生表 WHERE 姓名＝张倩茜

D. SELECT * FROM 学生表 WHERE 姓名＝"张倩茜"

2. 填空题

(1) 已知 D1＝#2009-5-28#,D2＝#2010-2-29#,执行 D＝DateDiff("yyyy",D1,D2)后,返回结果________。

(2) 联合查询指使用________运算将多个________合并到一起。

(3) 要将学生表中女生的入学成绩加 10 分,可使用的语句是________。

(4) 语句"SELECT 成绩表.* FROM 成绩表 WHERE 成绩表.成绩＞(SELECT Avg(成绩表.成绩) FROM 成绩表)"查询的结果是________。

(5) Any 运算符用于子查询中表示条件时,其格式是________。

3. 问答题

(1) 简述 SQL 语句的功能。

(2) 在 SELECT 语句中,对查询结果进行排序的子句是什么?能消除重复行的关键字是什么?

(3) 写出与表达式"仓库号 Not In('wh1','wh2')"功能相同的表达式。

(4) 在一个包含集合函数的 SELECT 语句中,GROUP BY 子句有哪些用途?

(5) HAVING 与 WHERE 同时用于指出查询条件,说明各自的应用场合。

4. 应用题

对教学管理数据库,用 SQL 语句完成以下操作:

(1) 查询年龄大于 25 岁的男生的学号、姓名和年龄。

(2) 查询与"张蓉娟"同学在同一个专业学习的学生。

(3) 把低于总平均成绩的女同学成绩提高 10%。

(4) 求选修 K1002 课程的学生的平均年龄。

(5) 统计每门课程的学生选修人数(超过 2 人的课程才统计),要求输出课程号和选修人数,查询结果按人数降序排列,若人数相同,按课程号升序排列。

第8章 窗体的创建与应用

窗体就是 Windows 应用程序运行时的窗口，有时也被称作表单，它是十分重要的人机操作界面。在 Access 应用系统中，用户对数据库的操作大多通过窗体来完成，因此窗体在 Access 应用系统中发挥重要作用。通过窗体，用户可以输入、编辑或显示表或查询中的数据。利用窗体可以将数据库中的对象组织起来，形成一个功能完整、界面友好的数据库应用系统。本章首先介绍窗体的功能、类型与视图，然后介绍创建窗体的方法、窗体的外观设计、窗体控件的操作以及窗体的应用等内容。

8.1 窗体概述

在 Access 中，窗体是一个重要的数据库对象。通过对窗体的设计和设置，可以创建出形象、美观的操作界面，从而使数据库的各种操作变得更加直观、方便。

8.1.1 窗体的功能

Access 窗体是用户与数据库系统交互的重要对象，通过窗体可以实现以下基本功能：

(1) 显示数据。利用窗体，可以根据需求显示表和查询中的数据字段。在窗体中，通过窗体控件显示数据，同时可以显示数据字段的名称，使数据显示更加直观。另外，根据需要，窗体还可以通过纵栏式、表格式、数据表式等方式显示数据。

(2) 编辑数据。在窗体中，利用数据绑定控件，可以直接修改数据库中的数据，包括录入新记录。在编辑数据时，可以利用宏或 VBA 代码提示编辑数据的规则，避免数据录入错误。

(3) 查找数据。利用窗体的命令按钮以及宏命令可以快速地在数据表中查找记录，并跳转到相应记录。

(4) 分析数据。利用窗体可以对数据进行排序、筛选以及汇总等操作，建立数据透视图和数据表视图，能够更直观地分析数据。

(5) 控制应用程序流程。窗体能够与函数、过程相结合，可以通过编写宏或 VBA 代码完成各种复杂的控制功能。

8.1.2 窗体的类型

根据窗体上显示数据库中数据的控件布局，可以把 Access 窗体大体分为 7 种类型，包括纵栏式窗体、表格式窗体、数据表窗体、分割窗体、主/子窗体、数据透视表窗体和数据透视图窗体。

(1) 纵栏式窗体。纵栏式窗体以列的形式把字段排列在屏幕上，一次显示一条记录的信息，每列的左边显示字段名，右边显示对应的内容。纵栏式窗体示例如图 8-1 所示。

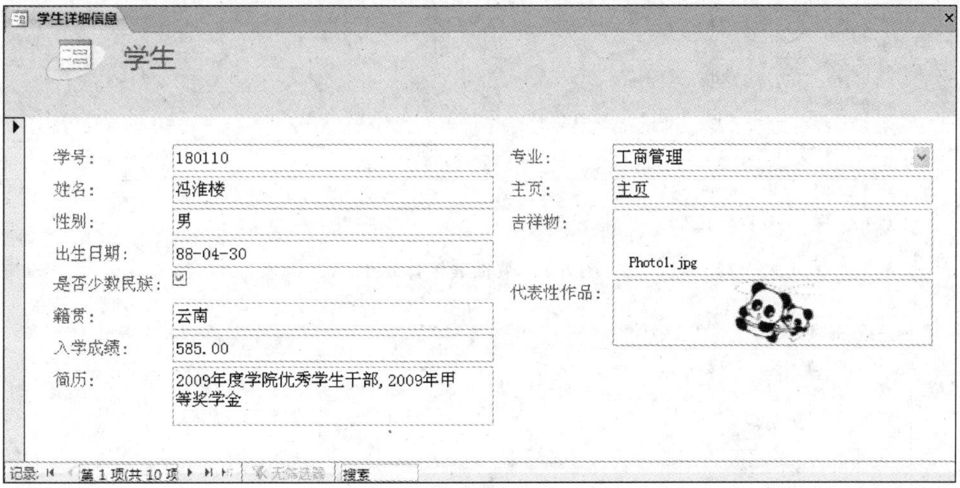

图 8-1 纵栏式窗体示例

(2) 表格式窗体。在表格式窗体中一次可以显示多条记录。表格式窗体与数据表窗体非常相似，但表格式窗体中可以添加窗体控件。表格式窗体示例如图 8-2 所示。

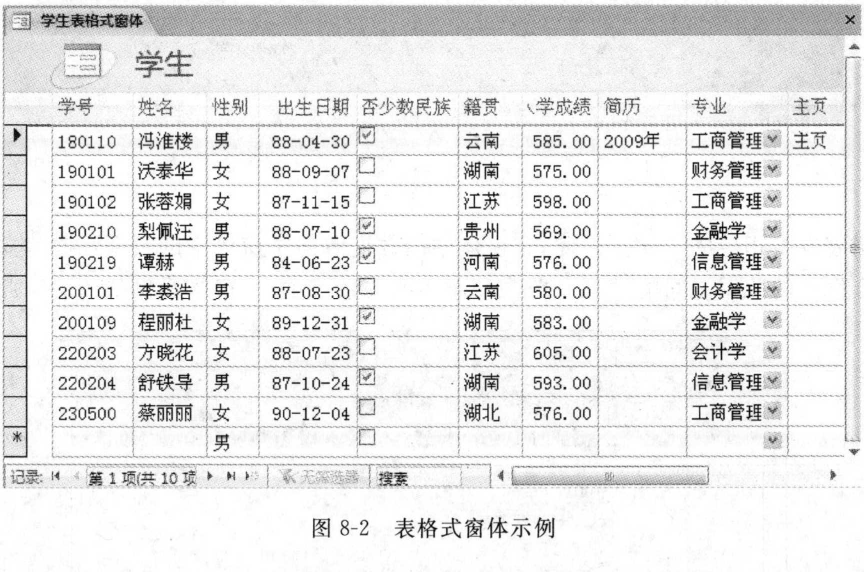

学号	姓名	性别	出生日期	否少数民族	籍贯	入学成绩	简历	专业	主页
180110	冯淮楼	男	88-04-30	☑	云南	585.00	2009年	工商管理	主页
190101	沃泰华	女	88-09-07	☐	湖南	575.00		财务管理	
190102	张蓉娟	女	87-11-15	☐	江苏	598.00		工商管理	
190210	梨佩汪	男	88-07-10	☑	贵州	569.00		金融学	
190219	谭赫	男	84-06-23	☑	河南	576.00		信息管理	
200101	李袭浩	男	87-08-30	☐	云南	580.00		财务管理	
200109	程丽杜	女	89-12-31	☑	湖南	583.00		金融学	
220203	方晓花	女	88-07-23	☐	江苏	605.00		会计学	
220204	舒铁导	男	87-10-24	☑	湖南	593.00		信息管理	
230500	蔡丽丽	女	90-12-04	☐	湖北	576.00		工商管理	
		男		☐					

图 8-2 表格式窗体示例

(3) 数据表窗体。数据表窗体从形式上看与数据表和查询对象显示的界面相同。在数据表窗体视图中可以调整字段的宽度和记录的高度，而且可以动态编辑记录中的内容。数据表窗体示例如图 8-3 所示。

(4) 分割窗体。分割窗体由纵栏式窗体和表格式窗体两部分组成，分割条把窗体分成上下或左右两部分，可以在设计视图中设置分割窗体方向。分割窗体示例如图 8-4 所示。

(5) 主/子窗体。窗体中的窗体被称为子窗体，包含子窗体的窗体称为主窗体。主窗体和子窗体通常用于显示多个表或查询中的数据，当主窗体中的数据发生变化时，子窗体中的

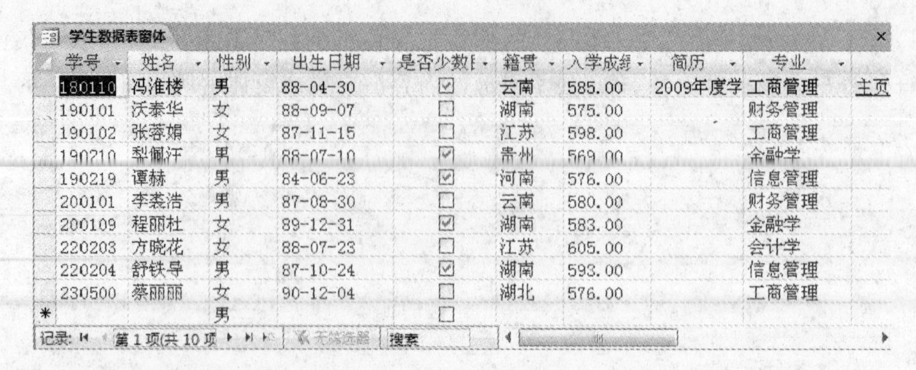

图 8-3 数据表窗体示例

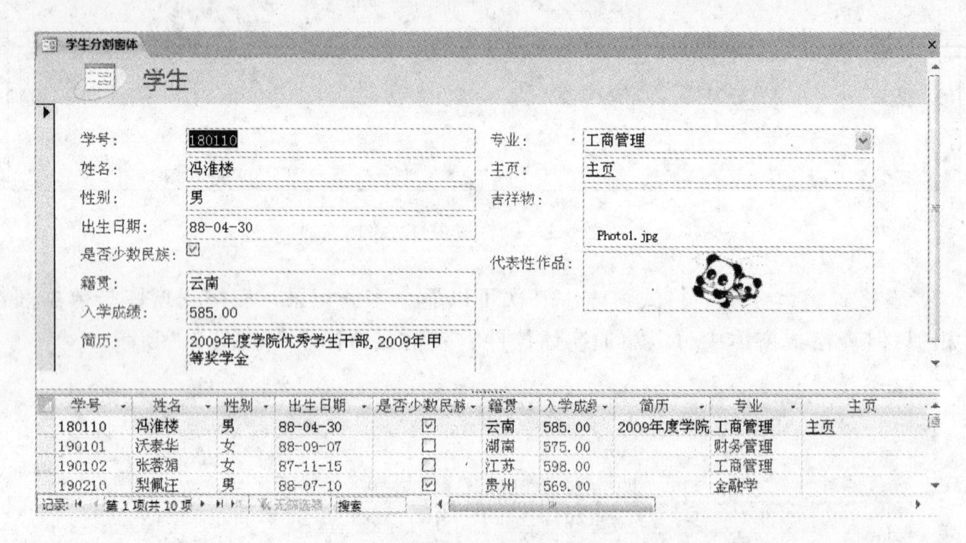

图 8-4 分割窗体示例

数据也跟着发生相应的变化。因此,主窗体中的数据源与子窗体中的数据源要建立关系,并且表或查询中的数据之间的关系一般为一对多的关系。主/子窗体示例如图 8-5 所示。

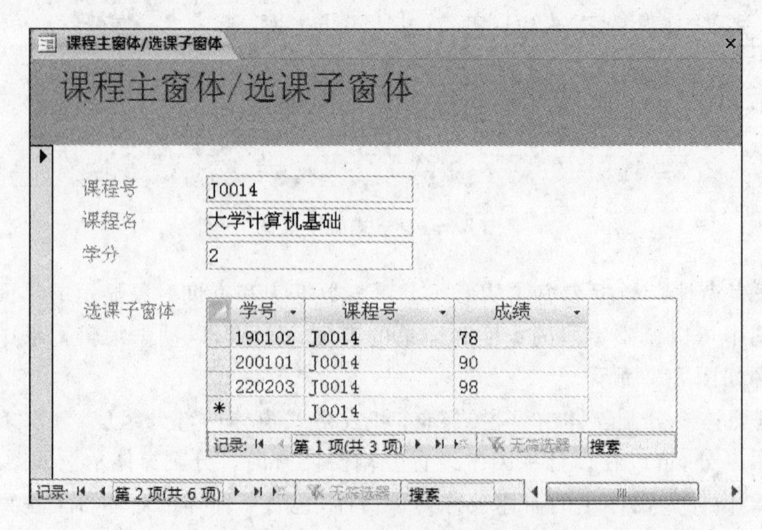

图 8-5 主/子窗体示例

（6）数据透视表窗体。数据透视表窗体是以指定的数据表或查询为数据源，产生一个 Excel 的分析表而建立的一个窗体。通过数据透视表窗体，用户可以对表格内的数据进行操作。也可以改变数据透视表的布局，以满足不同的数据分析方式和要求。数据透视表窗体示例如图 8-6 所示。

选课数据透视表窗体

将筛选字段拖至此处

	学号										
	180110	190101	190102	190210	190219	200101	200109	220203	220204	230500	总计
课程号	成绩	成绩	成绩	成绩	成绩	成绩	成绩	成绩	成绩	成绩	成绩
J0014			78			90		98			78 90 98
J0015				96					65		96 65
K1002	88		76	87						86	88 76 87 86
W0101	89	90					79	67	76		89 90 79 67 76
Z0003				67	75						67 75
总计											

图 8-6　数据透视表窗体示例

（7）数据透视图窗体。数据透视图窗体是用于显示数据表和窗体中数据的图形分析窗体，数据透视图窗体允许通过拖动字段，或通过显示和隐藏字段的下拉列表选项，查看不同级别的详细信息或指定布局。数据透视图窗体示例如图 8-7 所示。

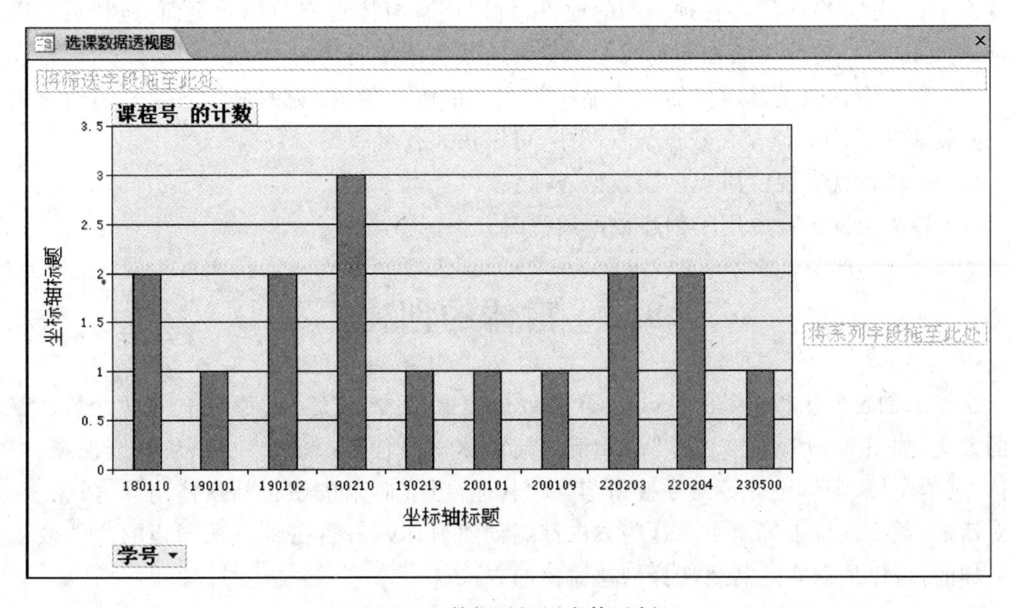

图 8-7　数据透视图窗体示例

实际上，Access 2007 除了以上 7 种窗体类型外，还可以通过空白窗体自由创建窗体类型，根据实际需求可以在空白窗体中添加各种控件，自由创建的窗体可以不属于上面的任何类型。另外，窗体工具中还提供了“模式对话框”窗体工具，用于直接创建对话框窗体。模式对话框窗体是从功能上加以区分的，不属于上面的窗体类型。

8.1.3 窗体的视图

在 Access 2007 中设计窗体时，要注意窗体的视图。Access 2007 提供了 6 种窗体视图：窗体视图、数据表视图、数据透视表视图、数据透视图视图、布局视图、设计视图。打开窗体后，单击“开始”选项卡“视图”命令组中的“视图”命令按钮，在弹出的列表中可以看到如图 8-8 所示的窗体视图命令。切换到窗体的设计视图中，可以在窗体属性表中设置该窗体显示哪些视图。窗体可以在显示的视图间相互切换。

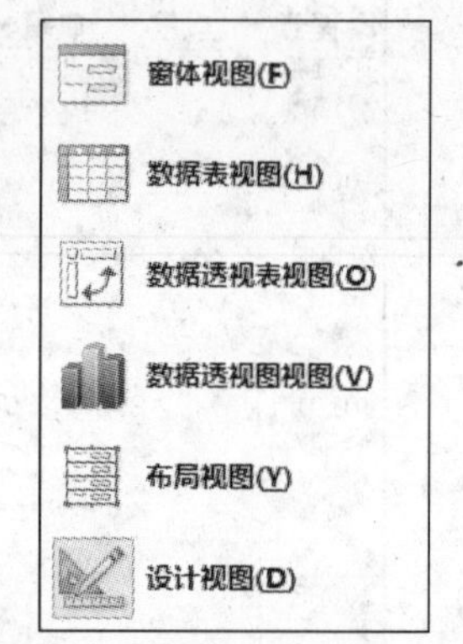

图 8-8 窗体视图命令

各种窗体视图的作用如下：

(1) 窗体视图是窗体运行时的视图，用于实时显示、查看或录入数据记录，此时无法修改窗体中的控件属性。

(2) 布局视图是修改窗体最直观的视图，可对窗体进行几乎所有需要的更改。在布局视图中，窗体实际正在运行，此时看到的数据与它们在窗体视图中的显示外观非常相似。由于可以在修改窗体的同时看到数据，因此，它是非常有用的视图，可用于设置控件大小或执行几乎所有其他影响窗体的外观和可用性的任务。

(3) 设计视图提供了更详细的窗体结构，可以看到窗体的页眉、主体和页脚部分。在设计视图中，窗体处于不运行状态，因此，在进行设计方面的更改时，无法看到基础数据。在设计视图中，可以向窗体添加各种类型的控件，可以调整窗体页眉/页脚、页面页眉/页脚以及主体的大小，可以更改无法在布局视图中更改的某些窗体属性。

(4) 数据表视图是以表格的形式显示表或查询中的数据，它的显示效果与表或查询对象的数据表视图相类似。在数据表视图中，可以快速查看和编辑数据。

(5) 数据透视表视图用于创建数据透视表。

(6) 数据透视图视图用于创建数据透视图。

8.2 窗体的创建

窗体的创建方法很多，在 Access 2007 数据库窗口的“创建”选项卡中可以看到创建窗体的方法，如图 8-9 所示。“窗体”命令组包括窗体、分割窗体、多个项目、数据透视图、空白窗体、其他窗体、窗体设计等命令按钮，其中“其他窗体”命令按钮包括窗体向导、数据表、模式对话框、数据透视表等命令。这些方法都能创建窗体，当然，每种方法创建的窗体效果是不一样的，可以根据实际需要选择创建窗体的方法。

在“窗体”命令组中，创建窗体的各种命令按钮功能如下：

(1) 窗体。根据用户所选定的表或查询自动创建窗体。

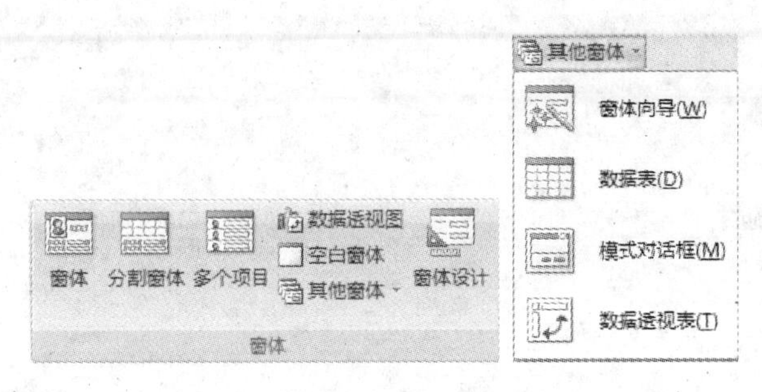

图 8-9 创建窗体的命令组

（2）分割窗体。分割窗体由窗体视图和数据表视图组成，这两种视图连接到同一数据源，并且总是保持相互同步。

（3）多个项目。像数据表一样布局的窗体，字段名称在最上面，下面是数据记录。

（4）数据透视图。数据透视图使用 Office Chart 组件，可以创建动态的交互式图表。

（5）空白窗体。直接创建一个空白窗体，在空白窗体中用户可以自由添加控件来设计窗体。

（6）窗体向导。通过向导对话框的方式设计窗体，用户可以通过选择对话框中的各种选项设计窗体。

（7）数据表。以数据表的形式，通过行和列一次显示多条数据记录的窗体。

（8）模式对话框。模式对话框用于创建对话框窗体，窗体运行时为浮动窗体，可以放置在屏幕的任何地方，默认有“确认”和“取消”按钮。用户在对话框窗体中可以做出选择是否执行窗体的操作。

（9）数据透视表。数据透视表使用 Office 数据透视表组件，用于汇总并分析数据表或查询中的数据。

（10）窗体设计。直接创建空白窗体并显示窗体设计视图。

8.2.1 使用基本窗体工具创建窗体

使用基本窗体工具只需要单击一次鼠标就可以创建窗体。基本窗体工具包括窗体、分割窗体和多个项目，这些工具利用选择的表或查询自动创建一个窗体。

1. 通过窗体工具创建窗体

使用窗体工具创建窗体时，来自数据源的所有字段都会放置到窗体上。

【例 8-1】 通过窗体工具，以学生表为数据源，创建一个名为“学生”的窗体。

操作步骤如下：

（1）打开教学管理数据库，在屏幕左侧的导航窗格的“表”对象下，单击需要创建窗体的学生表。

（2）单击“创建”选项卡，再在“窗体”命令组中单击“窗体”命令按钮，学生表的基本窗体就自动创建了，如图 8-10 所示。

（3）以默认的“学生”窗体名称保存该窗体。

从自动创建的窗体可以看出，数据表中的文本和数字字段全部通过文本框来显示，而“是否少数民族”字段由复选框来呈现，“出生日期”呈现为日期格式等。利用该窗体，可以快速查看、修改和输入学生的相关信息。

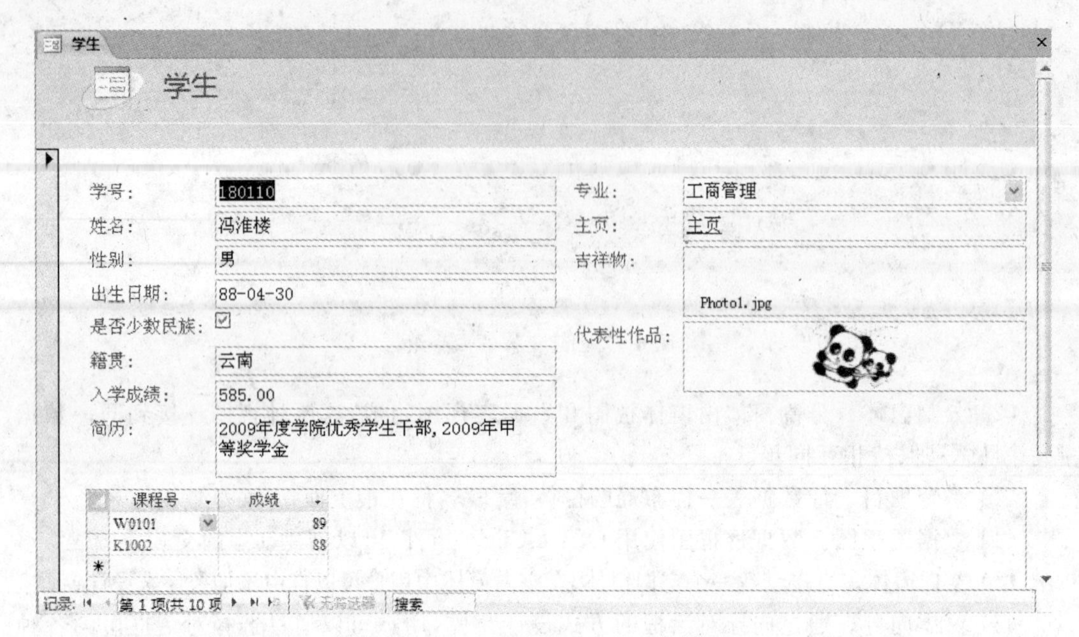

图 8-10　由学生表创建的基本窗体

注意：自动创建窗体时，窗体主体中控件的布局由系统自动完成，当 Access 应用程序窗口大小不同时，窗体布局可能存在差异。

在 Access 2007 中，如果某个表与用于创建窗体的表或查询具有一对多关系，Access 将向基于相关表或查询的窗体中添加一个数据表。例如，在例 8-1 中创建基于学生表的窗体，而学生表与选课表之间定义了一对多关系，则数据表将显示选课表中与当前的学生记录有关的所有记录。如果不要该数据表，可以将其从窗体中删除。如果有多个表与用于创建窗体的表具有一对多关系，Access 将不会向该窗体中添加任何数据表。

2. 通过分割窗体工具创建窗体

利用分割窗体工具创建窗体与利用窗体创建窗体的操作步骤是一样的，只是创建窗体的效果不一样。分割窗体同时显示窗体视图和数据表视图。

【例 8-2】 通过分割窗体工具，以学生表为数据源，创建一个名为“学生分割窗体”的窗体。

操作步骤如下：

(1) 打开教学管理数据库，在屏幕左侧的导航窗格的“表”对象下，单击需要创建窗体的学生表。

(2) 单击“创建”选项卡，在“窗体”命令组中单击“分割窗体”命令按钮，学生表的分割窗体就自动创建了。窗体界面如图 8-11 所示。

(3) 将窗体另存为“学生分割窗体”。

在分割窗体中，如果在窗体的一个部分中选择了某个字段，则会在窗体的另一部分中选择相同的字段。可以在任何一部分中添加、编辑或删除数据。

3. 通过多个项目工具创建窗体

利用多个项目创建窗体的方法与利用窗体工具创建窗体的操作步骤也是一样的，同样是创建窗体的效果不一样。多个项目窗体通过行与列的形式显示数据，一次可以查看多条记录。多个项目窗体提供了比数据表更多的自定义选项，如添加图形元素、按钮和其他控件功能。

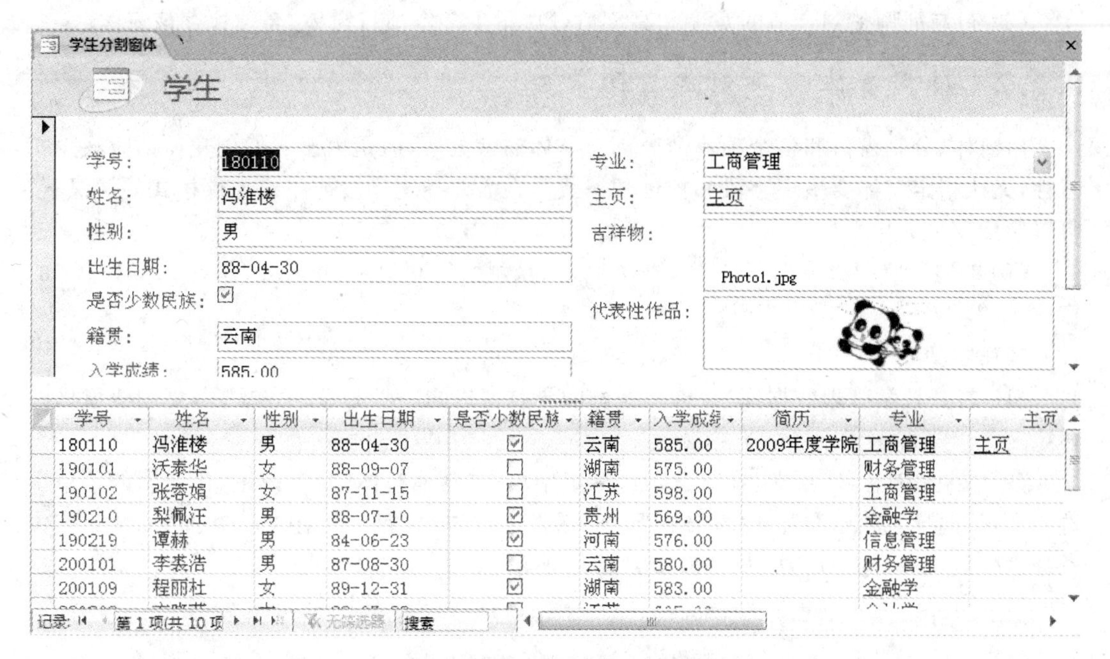

图 8-11　由学生表创建的分割窗体

【例 8-3】 通过多个项目工具，以学生表为数据源，创建一个名为“学生多个项目窗体”的窗体。

操作步骤如下：

(1) 打开教学管理数据库，在屏幕左侧的导航窗格的“表”对象下，单击需要创建窗体的学生表。

(2) 单击“创建”选项卡，在“窗体”命令组中单击“多个项目”命令按钮，学生表的多个项目窗体就自动创建了。窗体默认是布局视图，可以在布局视图调整行与列的高度和宽度。窗体界面如图 8-12 所示。

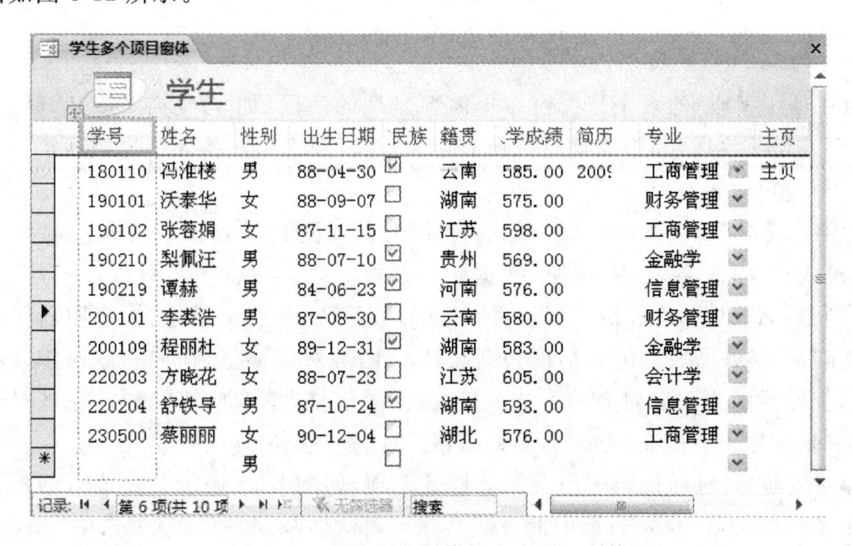

图 8-12　由学生表创建的多个项目窗体

(3) 行与列调整到合适的宽度和高度后，以“学生多个项目窗体”名称保存该窗体。

8.2.2 使用窗体向导创建窗体

由窗体、分割窗体和多个项目命令创建窗体非常方便，但是由于它们创建窗体时缺少交互性，无法指定窗体要呈现字段和控件的格式。在需要指定字段或指定控件格式的情况下，可以使用窗体向导。

【例 8-4】 使用窗体向导工具，以学生表为数据源，创建一个名为“学生向导窗体”的窗体。

操作步骤如下：

(1) 打开教学管理数据库，在屏幕左侧的导航窗格的“表”对象下，单击需要创建窗体的学生表。

(2) 单击“创建”选项卡，在“窗体”命令组中单击“其他窗体”命令按钮，在弹出的菜单中选择“窗体向导”命令，会弹出“窗体向导”对话框。在该对话框中，在“表/查询”下拉列表中选择学生表，然后选择需要的字段，如图 8-13 所示。

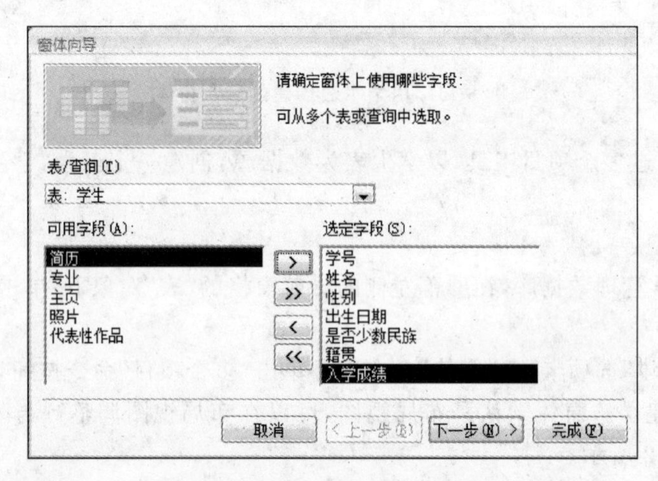

图 8-13 确定窗体上使用哪些字段

(3) 在“可用字段”列表中选择窗体中需要呈现的字段，如“学号”、“姓名”等，然后单击 [>] 按钮可选定该字段，如果需要选择所有字段，可以单击 [>>] 按钮。完成所需字段的选择后，单击“下一步”按钮。

(4) “窗体向导”对话框中出现窗体的布局模式，如图 8-14 所示。

布局模式有 4 种：纵栏表、表格、数据表和两端对齐。“纵栏表”只显示一条记录，字段控件以排列的形式呈现；“表格”以表格的形式排列字段，一行一条记录，字段名称在记录的顶端；“数据表”以数据表的形式呈现数据记录；“两端对齐”通过横向和纵向排列布局窗体中的控件，控件显示为两端对齐的形式。这里选择“表格”单选按钮，此时，在该对话框的左侧可以看到要创建窗体的布局效果，然后单击“下一步”按钮。

(5) “窗体向导”对话框出现设置窗体样式选项，如图 8-15 所示。在该对话框右侧列表框中，列出了窗体的若干样式，选中的样式会在该对话框左侧显示，这里选中“Access 2007”样式，然后单击“下一步”按钮。

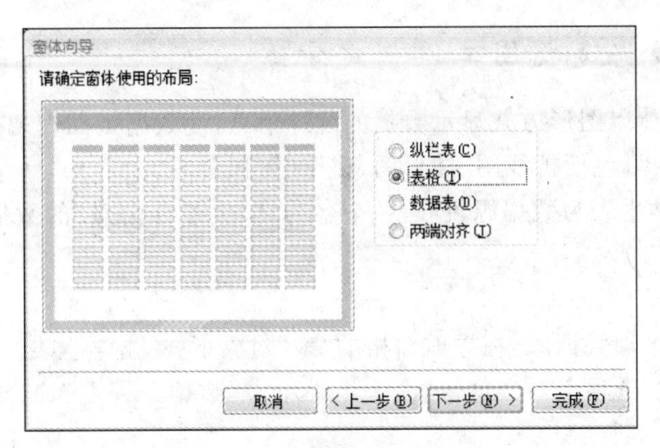

图 8-14　确定窗体使用的布局

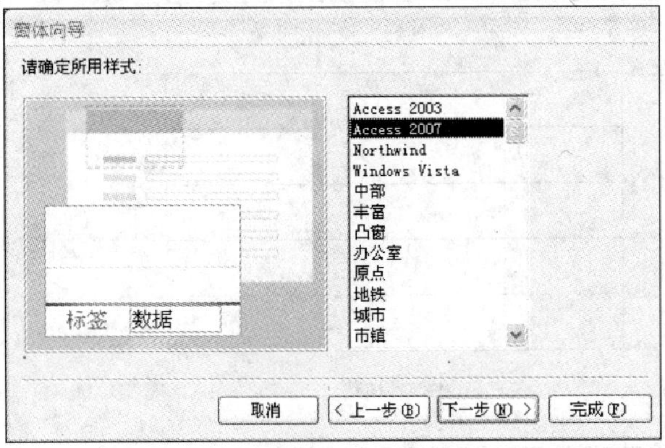

窗体向导

请确定所用样式:

标签　数据

Access 2003
Access 2007
Northwind
Windows Vista
中部
丰富
凸窗
办公室
原点
地铁
城市
市镇

取消　< 上一步(B)　下一步(N) >　完成(F)

图 8-15　确定窗体使用的样式

(6) 设定窗体名称为“学生向导窗体”,最后单击“完成”按钮,生成窗体如图 8-16 所示。

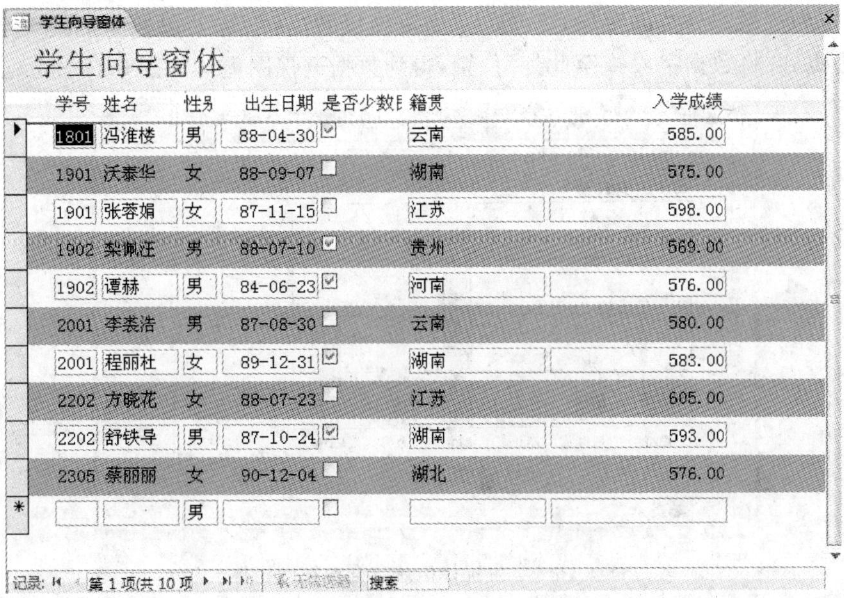

学生向导窗体

学号	姓名	性别	出生日期	是否少数民	籍贯	入学成绩
1801	冯淮楼	男	88-04-30	☑	云南	585.00
1901	沃泰华	女	88-09-07	☐	湖南	575.00
1901	张蓉娟	女	87-11-15	☐	江苏	598.00
1902	梨佩汪	男	88-07-10	☑	贵州	569.00
1902	谭赫	男	84-06-23	☑	河南	576.00
2001	李袭浩	男	87-08-30	☐	云南	580.00
2001	程丽杜	女	89-12-31	☑	湖南	583.00
2202	方晓花	女	88-07-23	☐	江苏	605.00
2202	舒铁导	男	87-10-24	☑	湖南	593.00
2305	蔡丽丽	女	90-12-04	☐	湖北	576.00
*		男		☐		

记录: 第 1 项(共 10 项　无筛选器　搜索

图 8-16　用窗体向导生成的学生向导窗体

8.2.3 使用数据透视图工具创建窗体

数据透视图窗体以图形方式显示数据的统计信息,使数据更加直观。Access 2007 提供了多种图形可供选择,包括折线图、柱形图、饼图、面积图等。

【例 8-5】 以学生表为数据源,创建一个名为"学生统计信息"的数据透视图窗体,显示各省市的学生人数。

操作步骤如下:

(1) 打开教学管理数据库,在导航窗格的"表"对象下,单击学生表。

(2) 单击"创建"选项卡,在"窗体"命令组中单击"数据透视图"命令按钮,进入"数据透视图"视图,如图 8-17 所示。

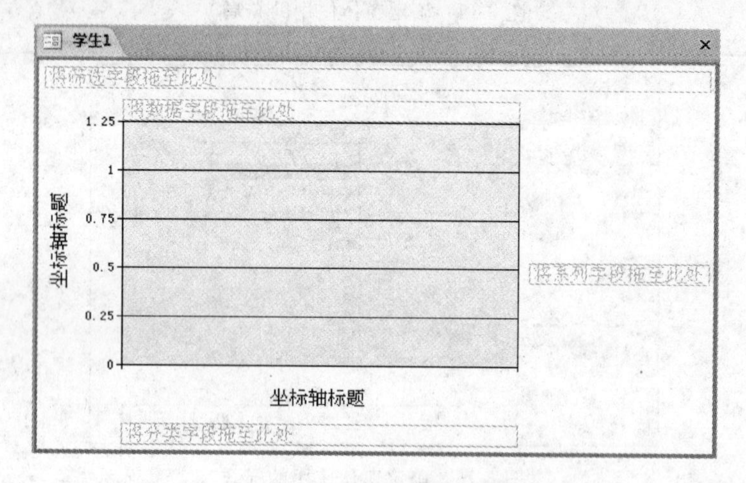

图 8-17 "数据透视图"视图

(3) 单击"显示/隐藏"命令组中的"字段列表"命令按钮,在弹出的"图表字段列表"窗口中选择要作为透视图分类的字段,将"籍贯"字段拖曳到"将筛选字段拖至此处"位置,将"学号"字段拖曳到"将数据字段拖至此处"位置,得到数据透视图窗体如图 8-18 所示。

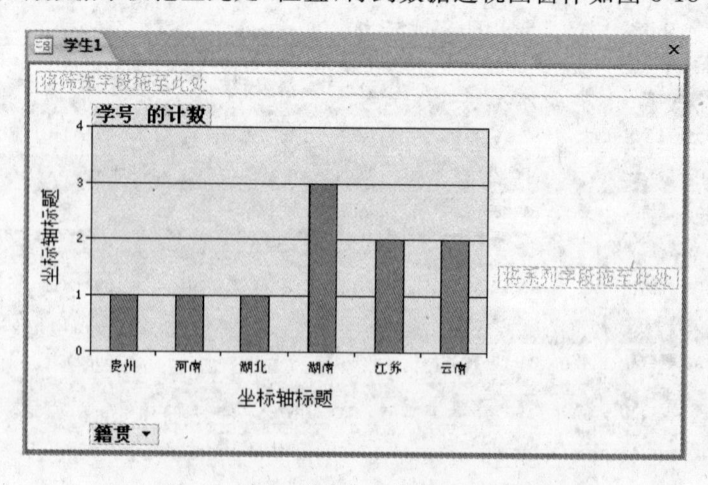

图 8-18 学生统计信息数据透视图窗体

(4) 单击“保存”按钮，输入窗体名称“学生统计信息”，保存窗体。

在数据透视图窗体中，系统默认创建的是直方图。选定图表后，单击“数据透视图工具 设计”选项卡“类型”组中的“更改图表类型”按钮，将弹出如图 8-19 所示的“属性”对话框，从中可以选择其他类型的图表。

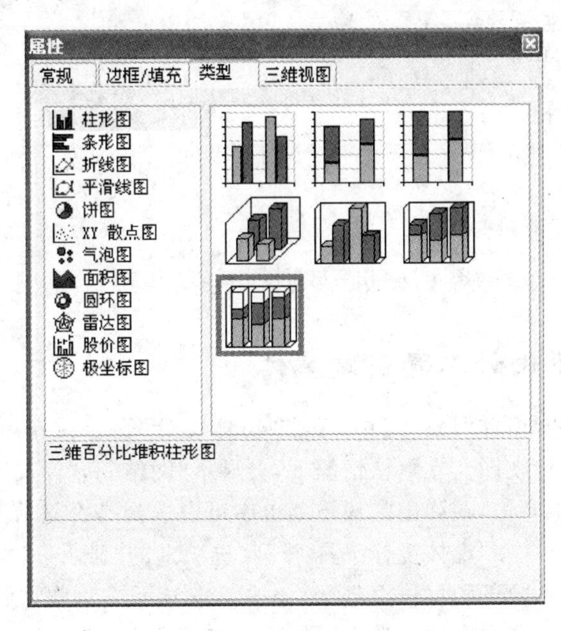

图 8-19 “属性”对话框

8.2.4 使用空白窗体工具创建窗体

空白窗体与基本工具创建窗体不同，空白窗体不会自动添加任何控件，而是显示字段列表属性框，通过手动添加数据表中的字段设计窗体。

【例 8-6】 使用空白窗体工具，以学生表为数据源，创建一个名为“学生信息”的窗体。

操作步骤如下：

(1) 打开教学管理数据库，在“创建”选项卡的“窗体”命令组中单击“空白窗体”命令按钮，将打开一个空白窗体，显示为布局视图，并在窗体右侧显示“字段列表”窗格。

(2) 在“字段列表”窗格中，单击数据表旁边的加号“+”，可以显示表的所有字段，这里选择并展开学生表。

(3) 若要向窗体添加一个字段，双击该字段，或将其拖动到窗体上。若要一次添加多个字段，按住 Ctrl 键，同时单击所需的多个字段，然后将它们同时拖动到窗体上。如图 8-20 所示，空白窗体中已添加学生表的多个字段，并显示了首条记录的相关信息。

(4) 如果要向窗体中添加更多类型的控件，可以右击该窗体，然后从弹出的快捷菜单中选择“设计视图”切换到设计视图。然后使用“窗体设计工具 设计”选项卡的“控件”命令组中的工具添加控件。

(5) 单击“保存”按钮，在弹出的对话框中输入窗体名称“学生信息”，保存窗体。

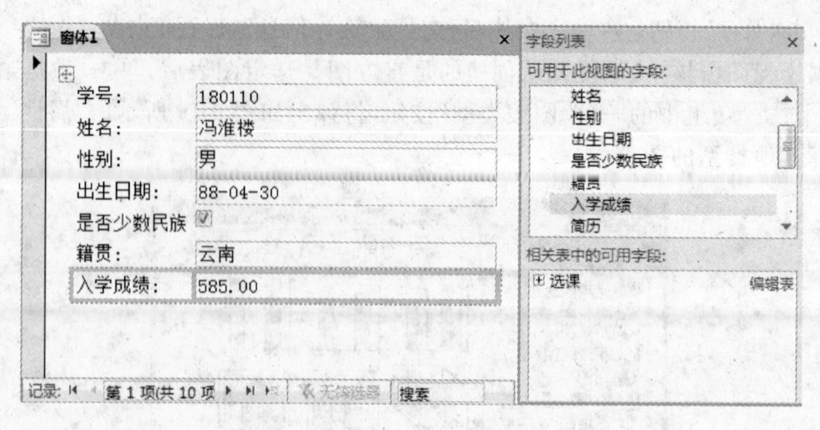

图 8-20　用空白窗体生成的学生窗体

8.2.5　使用窗体设计工具创建窗体

在"创建"选项卡的"窗体"命令组中,单击"窗体设计"命令按钮,Access 会建立一个空白窗体,窗体显示为设计视图。在默认情况下,会显示"网格"和"标尺"来辅助窗体的设计。

在窗体设计视图中右击,在弹出的快捷菜单中可以选择是否显示窗体页眉/页脚与页面页眉/页脚。另外,也可以在"窗体设计工具 排列"选项卡的"显示/隐藏"命令组中,单击"窗体页眉/页脚"命令按钮、"页面页眉/页脚"命令按钮来显示或隐藏它们。添加了窗体页眉/页脚与页面页眉/页脚的空白窗体设计视图如图 8-21 所示。

注意:隐藏页眉/页脚会删除其中包含的控件。

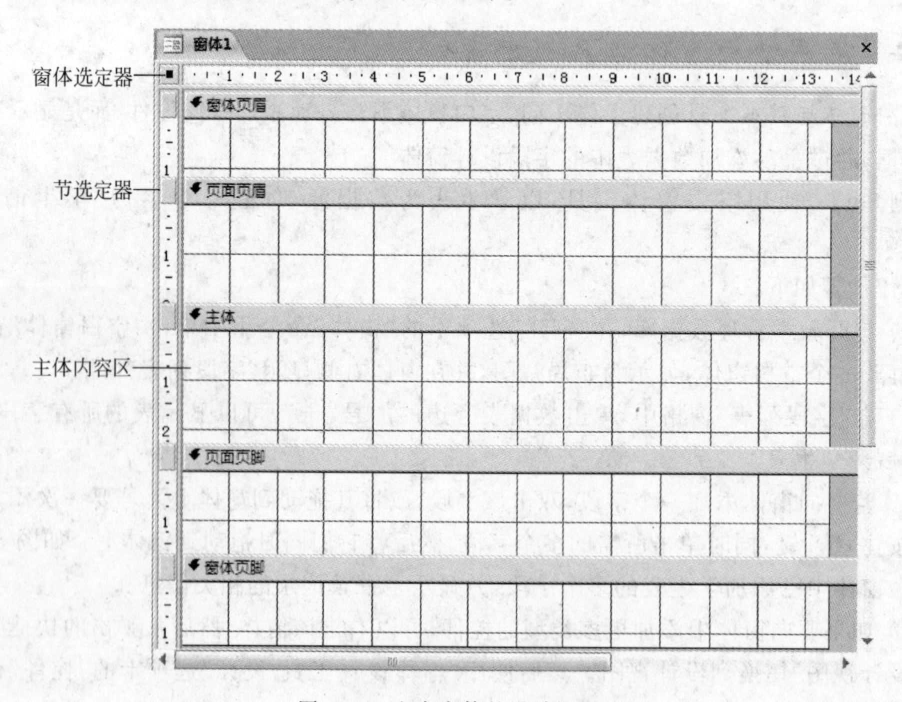

图 8-21　空白窗体的设计视图

1. 窗体设计窗口

从设计视图中可以看出窗体的组成部分，包括窗体标题栏、窗体页眉/页脚、页面页眉/页脚以及主体部分。各部分的作用如下：

(1) 窗体标题栏：显示窗体名称以及窗体的控制按钮。打开多个窗体时，选择窗体标题可以在打开的窗体之间相互切换，在窗体标题上右击，可以保存窗体或关闭窗体，切换窗体视图。

(2) 窗体页眉和页脚：窗体页眉用于放置和显示与数据相关的一些信息，如标题、公司标志或其他需要与数据记录分开的一些信息，如当前日期、时间等。在打印时，窗体页眉内容只出现在第一页的顶部。窗体页脚用于放置和显示与数据相关的说明信息，如当前记录以及如何录入数据等。在打印时，窗体页脚内容只出现在最后一页。

(3) 主体：主体区域是窗体的核心部分，用来显示数据记录，显示数据的控件也在此区域进行排列，这个区域是窗体必须具备的区域。打印窗体时，页面内容为窗体主体中的内容。

(4) 页面页眉和页脚：用于放置和显示在打印窗体时在每页窗体的页面页眉和页脚必须出现的内容，一般用来显示日期、页码等信息。页面页眉和页脚的内容除了在设计视图显示外，在布局视图和窗体视图都不会显示。

2. 自定义窗体

利用窗体设计工具可以设计出不同类型的操作界面，设置各种功能，构建需要的窗体。操作步骤如下：

(1) 在空白窗体设计视图的各个部分中，可以根据需要自由添加控件，具体方法在8.3节介绍。也可以利用“字段列表”窗格，往窗体中添加所需要的字段。单击“窗体设计工具 设计”选项卡，在“工具”命令组中单击“添加现有字段”命令按钮，可以显示或隐藏“字段列表”窗格。

(2) 打开属性表窗口设置对象的各种属性。

(3) 单击“保存”按钮，在弹出的对话框中输入窗体名称，保存窗体。

3. 属性表

属性表可以设置对象的各种属性，如图8-22所示，属性表在窗体视图不会出现，只有在设计视图或布局视图才会出现。通过“窗体设计工具 设计”选项卡“工具”命令组中的“属性表”命令按钮可以打开或关闭属性表，另外按F4键或Alt + Enter键也可以打开或关闭属性表。属性表有一个对象下拉列表，其中包含窗体中所有的对象，通过选择下拉列表中的对象可以选择窗体中的某个对象。下拉列表下面是属性的选项卡，其中前4个是分类选项，分别是格式、数据、事件和其他，另一个是全部，包含前面4项的全部内容。属性选项卡中包含各种属性，通过属性名对应的属性值，可以查看或修改控件对象的属性。

各属性选项卡的含义如下：

(1) 格式：设置对象的位置、大小、样式等外观属性，包括字体、字体大小、字体颜色、特殊效果、边界、滚动条等。

(2) 数据：设置对象的数据来源和数据显示格式等属性，包括控件来源、格式、输入掩码、默认值等。

(3) 事件：设置对象的事件属性，包括设置鼠标按下、单击、双击、进入、退出等事件发生时要处理的程序或宏操作。

(4) 其他：设置控件名称和标签等其他属性值。

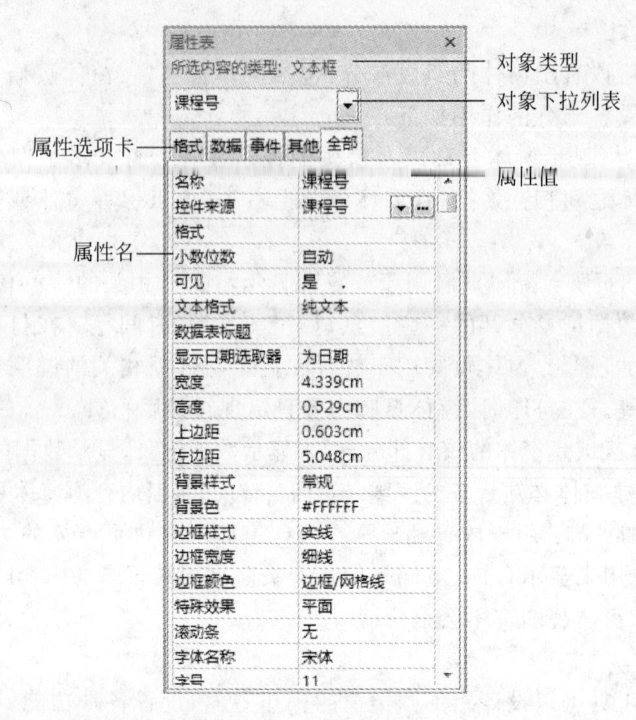

图 8-22 属性表窗口

8.2.6 创建和使用主/子窗体

子窗体指插入到其他窗体中的窗体。主要的窗体称为主窗体,而该窗体内的窗体称为子窗体。主窗体/子窗体的组合有时被称为分层窗体、大纲/细节窗体或父/子窗体。

在处理关系数据时,通常需要在同一窗体中查看来自多个表或查询的数据。例如,在查看学生数据的同时还想查看有关该学生的选课信息。利用子窗体工具能迅速实现在同一窗体中查看多个表或查询的数据,Access 2007 提供了许多快速创建子窗体的方法。

在显示具有一对多关系的表或查询中的数据时,使用子窗体特别有效。例如,可以创建一个包含子窗体的窗体,以显示来自课程表和选课表的数据,如图 8-23 所示。课程表中的数据是关系的一端,选课表中的数据是关系的多端,多个学生可以选择同一门课程。

课程主窗体显示来自关系的一端的课程数据,选课子窗体显示来自关系的多端的选课数据。窗体的主窗体和子窗体链接在一起,子窗体只会显示与主窗体中当前记录有关的记录。例如,当主窗体课程名显示“大学生计算基础”时,子窗体显示与课程名为“大学生计算基础”相同的选课记录。如果该窗体与子窗体未链接在一起,则子窗体将显示所有选课记录,而不是当前选择课程的记录。

1. 使用窗体向导创建主/子窗体

创建主/子窗体的方法很多,最简单方法是通过窗体向导创建主/子窗体。

【例 8-7】 使用窗体向导工具,以课程表和选课表为数据源,创建包含了选课子窗体的课程窗体。

操作步骤如下:

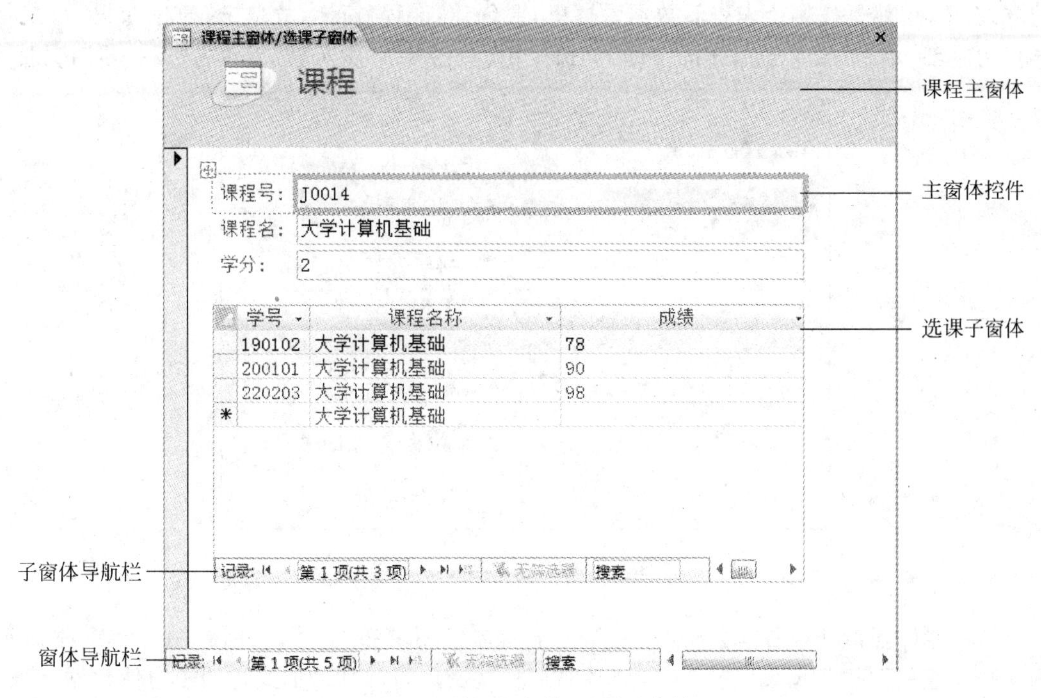

图 8-23　课程主窗体/选课子窗体

（1）打开教学管理数据库，单击“创建”选项卡“窗体”命令组中的“其他窗体”命令按钮，在弹出的菜单中单击“窗体向导”命令，打开窗体向导的第一个对话框。在向导的“表/查询”下拉列表中，选择一个表或查询，如图 8-24 所示。

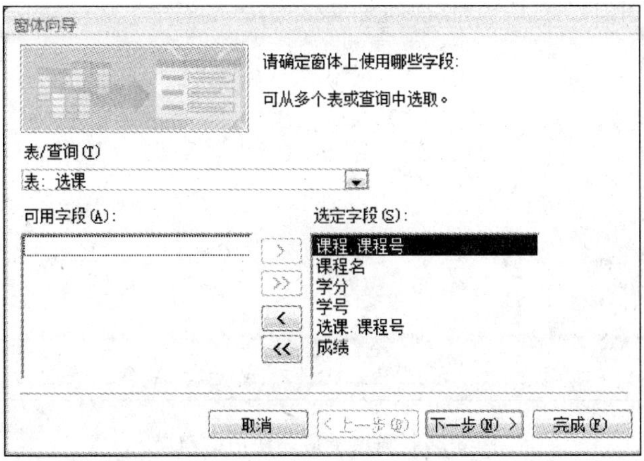

窗体向导
请确定窗体上使用哪些字段:
可从多个表或查询中选取。
表/查询(T)
表: 选课
可用字段(A):
选定字段(S):
课程.课程号
课程名
学分
学号
选课.课程号
成绩
取消　< 上一步(B)　下一步(N) >　完成(F)

图 8-24　确定窗体使用哪些字段

这里，要创建课程主窗体和选课子窗体，首先选择“表：课程”，在此表中双击所有字段，然后选择“表：选课”，在此表中双击所有字段。课程表为一对多关系的一端，选课表为一对多关系的多端。选择表的先后次序并不影响下面的操作。设置好向导对话框，然后单击“下一步”按钮。

（2）假设在启动该向导之前已对关系进行了正确设置，则向导会询问“请确定查看数据的方式：”，也就是按哪个表查看数据。这里，要创建“课程”窗体，故单击“通过课程”。在向导页的底部，单击“带有子窗体的窗体”单选按钮，如图 8-25 所示，然后单击“下一步”按钮。

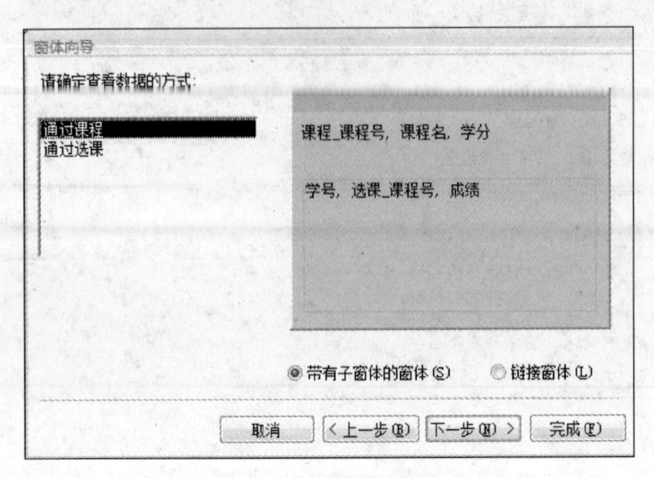

图 8-25　确定查看数据的方式

(3) “窗体向导”对话框会显示“请确定子窗体使用的布局：”，根据要用于子窗体的布局，选择“表格”或“数据表”选项。这两种布局样式都以行和列的形式排列子窗体数据，但表格布局具有更大的自定义空间。可以向表格布局的子窗体添加颜色、图形和其他格式元素，而数据表则更加紧凑，与数据表视图一样。这里选择“表格”选项，如图 8-26 所示，然后单击“下一步”按钮。

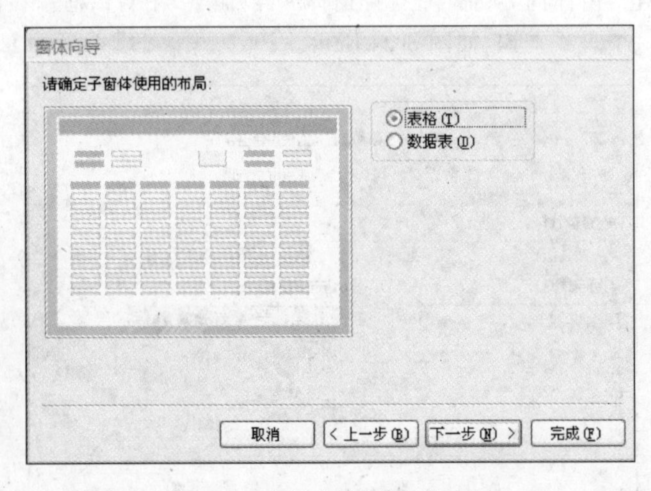

图 8-26　确定子窗体使用的布局

(4) “窗体向导”对话框显示“请确定所用样式：”，为窗体选择一个格式样式。如果在上一步选择了“表格”，则选择的格式样式还将应用到子窗体。这里选择样式 Windows Vista，如图 8-27 所示，然后单击“下一步”按钮。

(5) 在窗体向导的最后一个对话框中，为“窗体”、“子窗体”输入所需的标题。可以指定是否要在窗体视图中打开窗体，以便查看或输入信息；或指定是否要在设计视图中打开窗体，以便修改其设计，如图 8-28 所示。

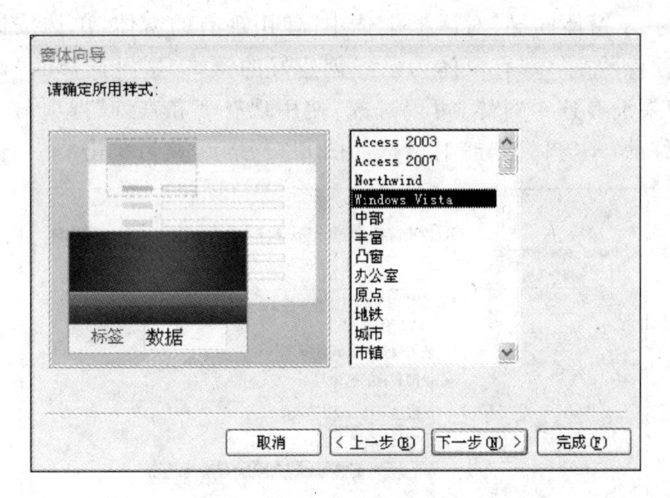

图 8-27 确定窗体使用的样式

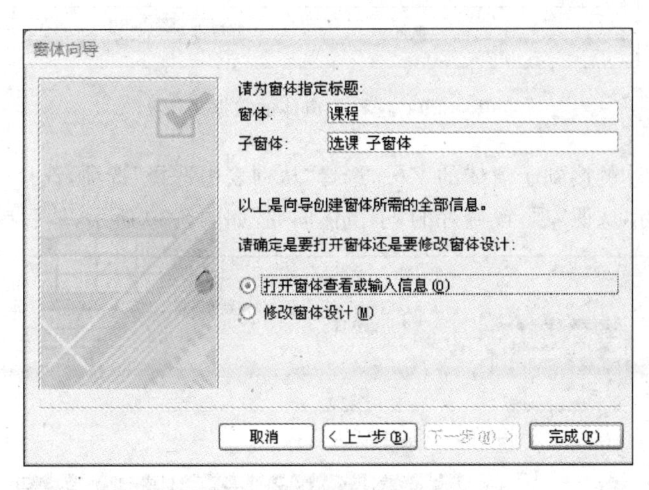

图 8-28 为窗体指定标题

(6) 选择“打开窗体查看或输入信息”单选按钮,单击“完成”按钮,这样一个包含“选课”子窗体的“课程”窗体就创建好了。Access 将创建两个窗体:一个用作包含子窗体控件的“课程”主窗体,另一个用作子窗体本身的“选课子窗体”。

2. 通过子窗体控件来创建主/子窗体

利用窗体控件中的“子窗体/子报表”控件,可以快速创建一个主/子窗体。

【例 8-8】 利用“子窗体/子报表”控件,在课程主窗体中添加选课子窗体。

操作步骤如下:

(1) 打开教学管理数据库,在屏幕左侧的导航窗格的“表”对象下选择课程表。然后单击“创建”选项卡,再在“窗体”命令组中单击“窗体”命令按钮,创建课程窗体,保存为“课程主窗体”,并切换到该窗体的设计视图。

(2) 在设计视图适当调整窗体主体区域的大小,单击“窗体设计工具 设计”选项卡,再在“控件”命令组中单击“子窗体/子报表”命令按钮,选中该控件,确认控件组中的“使用控件向导”按钮处于选中状态,如果没有,则选中,然后在窗体的主体区域单击鼠标并拖动。

(3) 在弹出的“子窗体向导”对话框中选中“使用现有的窗体”单选按钮。选择“选课子窗体”项，这里要注意的是：现有窗体为已经创建好的窗体，这里选择的“选课子窗体”项为例 8-6 所创建，如果没有这个窗体，可以选择“使用现有表和查询”选项，选择选课表创建选课子窗体。设置好的“子窗体向导”对话框如图 8-30 所示，然后单击“下一步”按钮。

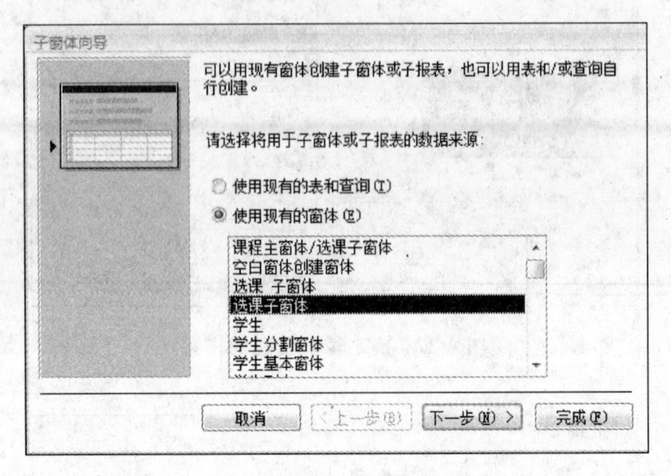

图 8-29　选择子窗体的数据来源

(4) 确定主窗体链接到子窗体的字段，选择“从列表中选择”选项，选择“对 课程 中的每个记录用 课程号 显示 选课”项，设置好的“子窗体向导”如图 8-30 所示，然后单击“下一步”按钮。

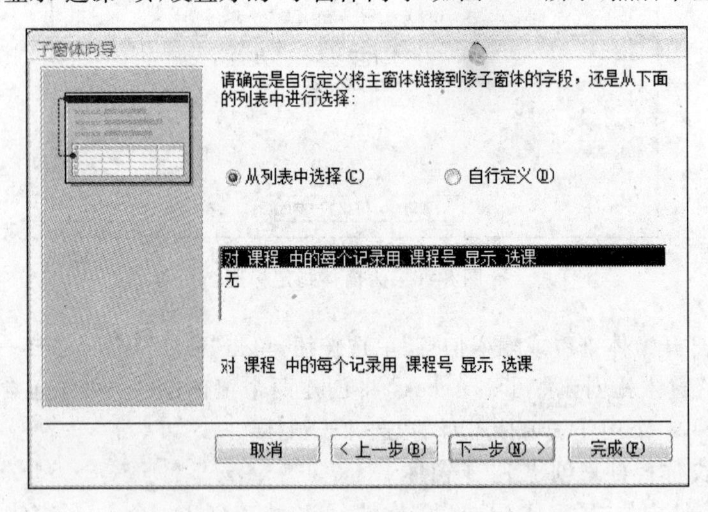

图 8-30　定义主窗体链接到子窗体的字段

(5) 在“子窗体向导”对话框中设定子窗体名称，然后单击“完成”按钮，这样一个包含“选课”子窗体的“课程”窗体就创建了。

3. 通过将一个窗体拖曳到另一个窗体上创建子窗体

如果有两个现成的窗体，可以将一个窗体用作另一窗体的子窗体。

【例 8-9】 通过拖曳选课窗体来创建课程的子窗体。

操作步骤如下：

(1) 打开教学管理数据库，打开要作为主窗体的“课程”窗体，切换到该窗体的设计视图。

(2) 从导航窗格中将“选课”窗体拖曳到“课程”主窗体上。

注意：向主窗体中添加子窗体控件，子窗体会自动绑定到主窗体上。如果无法确定如何将子窗体链接到主窗体，则子窗体控件的“链接子字段”和“链接主字段”属性将保留为空白，可以手动设置这些属性，操作步骤如下：

(1) 右击导航窗格中作为主窗体的“课程”窗体，然后从弹出的菜单中选择“设计视图”命令。

(2) 单击子窗体控件将它选中，显示子窗体的属性表，如果属性表没有显示，可以按 F4 键显示。

(3) 在属性表的“数据”选项卡上，单击“链接子字段”属性框旁边的省略号按钮[...]。将显示“子窗体字段链接器”对话框。

(4) 在“主字段”和“子字段”下拉列表中，选择要用来链接窗体的字段。如果不确定要使用哪些字段，则单击“建议”按钮，让 Access 尝试确定链接字段。完成后，单击“确定”按钮。如果没有看到要用于链接窗体的字段，则可能需要对主窗体或子窗体的记录源进行编辑，以确保链接字段包含在其中。例如，如果窗体是基于查询的，则应确保链接字段出现在查询结果中。

(5) 保存主窗体并切换到窗体视图，验证窗体数据是否按设计的字段进行显示。

8.2.7 设定窗体的外观

窗体的设计直接影响数据库的操作效率，窗体的用户界面除了要根据数据库的内容设计之外，在外观设计上也一定要美观、大方，使数据浏览、录入、查找等操作更加轻松方便。

1. 使用窗体主题格式设定窗体外观

Access 2007 提供了 25 种窗体的主题格式，用户可以直接在窗体上套用某个主题格式。

【例 8-10】 在教学管理数据库中，为学生窗体设定“平衡”主题格式。

操作步骤如下：

(1) 打开教学管理数据库，打开学生窗体，切换到设计视图。

(2) 单击“窗体设计工具 排列”选项卡中的“自动套用格式”命令按钮，打开主题格式列表，如图 8-31 所示。

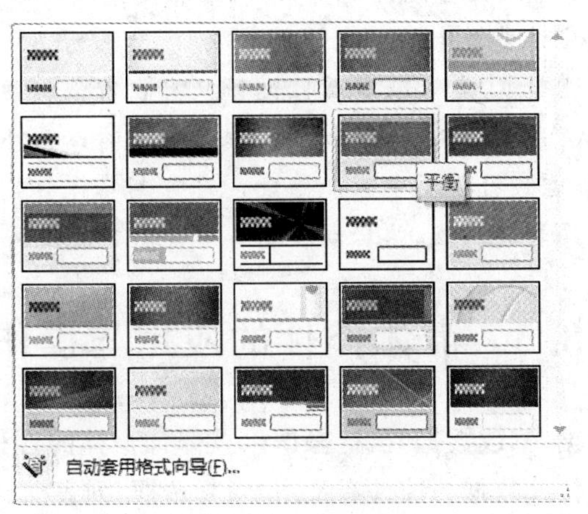

图 8-31 主题格式列表

(3) 选择要使用的"平衡"格式,窗体随即就会使用该主题格式。也可以选择"自动套用格式向导"选项,显示"自动套用格式"对话框,如图 8-32 所示,选择所需的窗体格式。

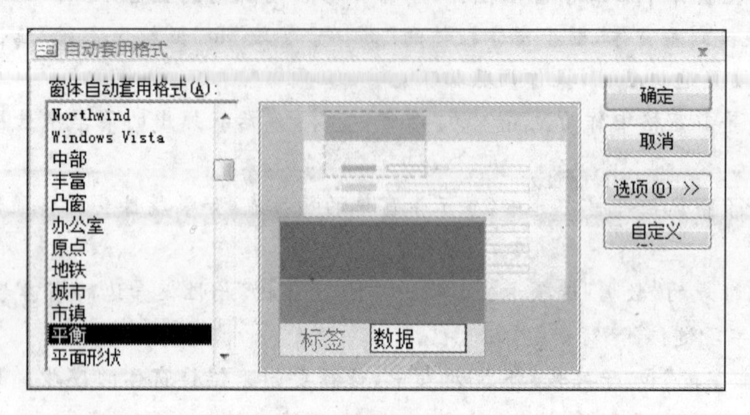

图 8-32 "自动套用格式"对话框

完成后,窗体的样式将应用到窗体上,主要影响窗体以及窗体控件的字体、颜色以及边框属性。设定主题格式之后,还可以继续在属性表里修改窗体的格式属性。

2. 使用窗体属性设定窗体外观

在窗体的属性表中,可以修改窗体的格式属性来修改窗体的外观,比如窗体大小、边框样式等。窗体自身的一些控件,如关闭按钮、最大化最小化按钮、滚动条、记录选择器、导航按钮等,可以在属性表中设置是否显示。

【例 8-11】 在窗体属性表中为学生窗体添加背景图片。

(1) 在教学管理数据库中,打开学生窗体,切换到设计视图。

(2) 打开属性表,在所有控件列表中,选择"窗体"选项,并在属性表中切换到"格式"选项卡。

(3) 单击"图片"属性框,在右边显示的省略号按钮 ... 上单击,会弹出"插入图片"对话框,在该对话框中选择合适的图片,单击"确定"按钮,属性框中会显示图片名称,窗体背景将显示该图片。

(4) 在窗体属性表中继续设置图片对齐方式、缩放模式以及图片是否平铺等,改变图片的属性可以改变图片在窗体背景中的显示效果。

注意: 在窗体的属性表中,窗体很多属性设置只有在窗体视图中才能看到效果,如"弹出方式",修改"弹出方式"属性为"是",可以让窗体运行时自动弹出,呈现在其他窗体之上。另外,还有一些属性只能在设计视图中才能修改,如"分割窗体分割条"是否显示等,可以尝试在设计视图修改窗体的各种属性,然后切换到窗体视图查看效果。

8.3 窗体控件的应用与操作

控件是用于显示数据、修改数据、执行操作以及修饰窗体的各种对象,是构成窗体的基本元素。常用于显示和修改数据的控件有文本框、复选框、列表框、组合框等,修饰窗体的控件包括标签、直线、矩形等。另外,窗体还可以插入 ActiveX 控件,可以插入声音、视频等特定对象。

8.3.1 控件的分类

根据控件与窗体数据源的关系,控件可以分为绑定控件、未绑定控件和计算控件。

1. 绑定控件

数据源为表或查询中字段的控件称为绑定控件。使用绑定控件可以显示数据库中字段的值。这些值可以是文本、日期、数字、是/否值、图片或图形。例如,窗体中显示学生姓名的文本框可以从学生表中的“姓名”字段获得信息。

2. 未绑定控件

未绑定控件为无数据源的控件,“控件来源”没有绑定字段或表达式。使用未绑定控件可以显示文本、线条、矩形和图片等。例如,窗体页眉中显示窗体标题的标签就是未绑定控件。

3. 计算控件

数据源是表达式而不是字段的控件为计算控件。计算控件通过定义表达式指定其数据源的值。表达式可以是运算符、控件名称、字段名称、返回单个值的函数以及常量值的组合,计算结果只能为单个值。例如,表达式“=[成绩] * 0.8”将“成绩”字段的值乘以 0.8。表达式所使用的数据可以来自窗体的基础表或查询中的字段,也可以来自窗体上的其他控件。

8.3.2 向窗体添加控件

向窗体添加控件的方法很多,最简单的方法是自动添加。例如,将字段从“字段列表”窗格添加到窗体时会创建绑定控件。其次是通过在设计视图中使用“窗体设计工具 设计”选项卡“控件”命令组中的控件按钮,向窗体添加控件。“控件”命令组如图 8-33 所示,分组排列了各种控件,指针在控件上停留较长时间,就会显示控件的名称。

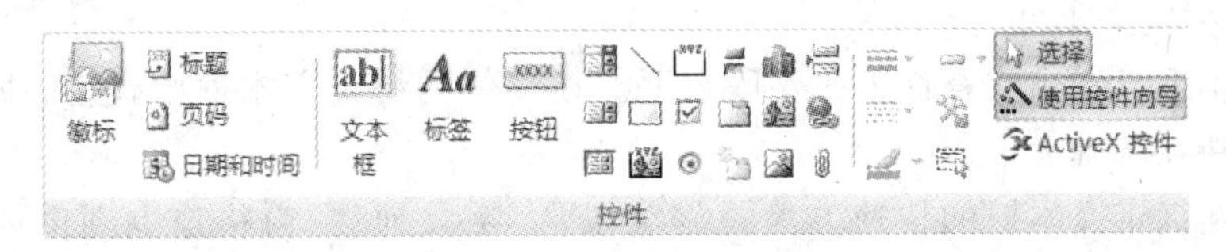

图 8-33 “控件”命令组

注意:“控件”命令组中的许多工具只有在窗体设计视图中才能使用。

向窗体添加控件的基本步骤如下:

(1) 切换到窗体的设计视图,在“控件”命令组中单击所需要的控件命令按钮。

(2) 如果在“控件”命令组中,“使用控件向导”已经选中,取消对它的选择。选中状态为 使用控件向导,未选中状态为 使用控件向导。注意,当应用程序窗口比较窄的时候,选中状态为 ,未选中状态为 。没有选中时,创建控件时将不会弹出向导对话框。

(3) 移动鼠标到窗体中,在需要放置控件的位置,单击并拖动,Access 会呈现一个矩形框,矩形框为将要创建控件的大小。

(4) 松开鼠标,窗体上将创建选中的控件。控件会自动创建一个名称,如 Text2,Text 表示该控件为文本框,后面的数字提示该控件为窗体创建的第 2 个控件。在添加文本框的时候，文本框前面会自动添加一个关联标签。

(5) 在窗体上添加的控件，可以反复调整大小和位置。如果选择了“使用控件向导”，在创建控件时会弹出向导对话框，向导对话框用来设置添加控件的属性。

1. 在窗体中添加徽标、标题、页码、日期和时间控件

徽标、标题、日期和时间控件主要用于窗体的页眉，页码控件一般用于页面页脚。

徽标控件用于显示图标，添加徽标控件的方法很简单，打开要修改的窗体，切换到设计视图或布局视图，在控件组中单击“徽标”控件，会弹出“插入图片”对话框，从对话框中选择要插入的图片，图片会自动缩放并替换原有的“徽标”，默认显示在窗体页眉的左上角，可以反复调整“徽标”的大小和位置。

标题控件用于显示一些标题性的文本，要添加“标题”控件，同样要切换到设计视图或布局视图。单击“标题”按钮，标题控件会自动添加到窗体页眉左上角，徽标的右侧，默认标题文字为窗体名称。

日期和时间控件用于显示当前日期和时间。要添加“日期和时间”控件，同样要切换到设计视图或布局视图。单击“日期和时间”按钮，会弹出“日期和时间”选项框，可以设置是否同时显示时间和日期，以及设置日期时间的格式。自动创建的默认位置在窗体页眉的右上角。注意日期和时间只有在窗体视图，也就是运行时才会显示内容。创建完成后在设计视图可以查看一下，在窗体页眉的右边，有两个文本框，文本框的控件来源一个为“＝Date()”；另一个为“＝Time()”。这两个控件实际上分别绑定到了日期函数和时间函数。

页码控件只能在设计视图中使用，单击“页码”按钮，会自动弹出“页码”选项框，可以选择页码格式、对齐方式、插入页面页眉还是页脚等，这与 Word 插入页码类似。

2. 在窗体中添加文本框控件

文本框是用于在窗体中查看和编辑数据的标准控件，可以显示不同类型的数据。文本框可以是绑定型控件，也可以是非绑定型控件。

1) 添加绑定文本框

绑定文本框显示表或查询中的字段数据。在窗体的绑定文本框中，输入或编辑字段中的数据将反映在基础表中。

一种创建绑定文本框的快速方法是将字段从“字段列表”窗格拖曳到窗体上。Access 会自动为文本、备注、数字、日期/时间、货币、超链接类型的字段创建文本框。具体操作步骤为：

(1) 打开窗体，切换到设计视图或布局视图。

(2) 在“格式”选项卡“控件”命令组中，单击“添加现有字段”命令按钮。

(3) 在“字段列表”窗格中，展开包含要绑定到文本框的字段的表。

(4) 将字段从“字段列表”窗格拖动到窗体。

2) 添加未绑定文本框

未绑定文本框不连接到表或查询中的字段，可用于显示计算的结果或接收不想直接存储在表中的输入。在设计视图中添加未绑定文本框的基本步骤如下：

(1) 打开窗体，切换到设计视图或布局视图。

(2) 在“窗体设计工具 设计”选项卡的“控件”命令组中，单击“文本框”命令按钮。

(3) 将指针定位在窗体上要放置文本框的位置，然后单击，即插入文本框。这时文本框将显示“未绑定”而不是字段名称。在布局视图中，文本框将不再显示数据，实际上，它将是空的。添加文本框控件时左侧会放置一个标签，标签可以用来描述文本框的用途，可以单击标签，然后按 Delete 键将它删除。

3）添加计算文本框

添加计算文本框的操作步骤是，首先创建一个未绑定文本框，然后将光标放在文本框中，输入一个用于计算的表达式，或选择文本框，按 F4 键显示属性表，然后在“控件来源”属性框中输入该表达式，也可以使用表达式生成器来生成表达式。表达式以等于号“＝”开头，例如“＝Date()”或“＝[成绩]＊0.8”等。

4）设置文本框控件属性

无论采用哪种方式创建的文本框，都可以设置某些属性，使文本框根据需要的方式工作和显示。

文本框控件的文本属性以及边框属性可以分别在“窗体设计工具 设计”选项卡中的“字体”命令组以及“控件”命令组中设置，如图 8-34 所示。

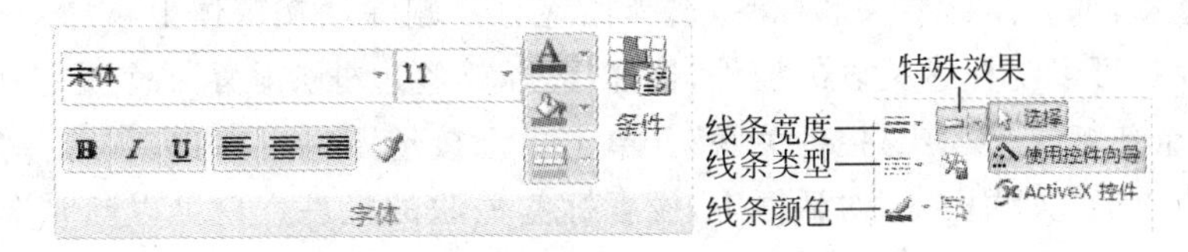

图 8-34 “文本框”控件的文字、边框选项设置

对于文本框的属性，要注意以下几个比较重要的属性：

(1) 名称：控件最基本的属性，窗体中每个对象必须指定一个唯一的名称，为了方便识别和查找，可以取有意义的简短名称。在开发比较复杂的数据库系统时，在文本框名称添加前缀(如 Text)是一个好的习惯，可以将文本框与其他类型的控件区分开。

注意：在从“字段列表”窗格中拖动字段以创建绑定文本框时，Access 使用字段名称作为文本框名称。通常，这样做是可行的，但是如果编辑“控件来源”属性并创建表达式，则最好先更改文本框的名称，以使其不同于字段名称。否则，Access 可能无法确定表达式引用的是文本框还是表中的字段。例如，假设有一个包含“名字”文本框的窗体，该文本框已绑定到名为“名字”的表字段。如果想要裁剪“名字”字段值前面的所有空格，则可能会将文本框的“控件来源”属性设置为“＝Trim([名字])”。然而，这会导致在文本框中显示“＃错误”，这是因为 Access 无法确定表达式引用的是字段还是文本框。要解决此问题，可以重命名文本框，以使其具有唯一的名称。

(2) 控件来源：此属性决定了文本框是绑定文本框、未绑定文本框还是计算文本框。如果“控件来源”属性框中的值是表中字段的名称，则说明文本框绑定到该字段。如果“控件来源”中的值为空白，则文本框是未绑定文本框。如果“控件来源”中的值是表达式，则文本框是计算文本框。修改控件来源属性，可以使文本在绑定控件与未绑定控件之间转换。

(3) 文本格式：如果文本框绑定到“备注”字段，则可以将“文本格式”属性框中的值设置为“格式文本”。这样，可以向文本框中包含的文本应用多种格式样式。例如，可以向一个单词应用加粗格式，而向另一个单词应用下划线格式。

(4) 可以扩大：此属性对于绑定到“文本”或“备注”字段的文本框尤其重要。默认设置为“否”。如果文本框中要打印的文本过多，文本将会被截断。然而，如果将“可以扩大”属性框的值设置为“是”，文本框就会自动调整其垂直大小，以便打印或以预览的方式显示它包含的所有数据。

3. 在窗体中添加标签

标签用于在窗体中显示一些描述性的信息，如字段的名称、窗体的标题、文本输入框提示信息以及图片说明等。

在窗体上添加标签很简单，选择“标签”按钮，然后在窗体上单击，就能创建一个新标签。新标签需要录入标签文本。标签分为未关联标签和关联标签两种，未关联标签为独立的控件，可以任意调整大小和位置，标题控件实际上是一个未关联标签，是默认添加到页眉位置的标签。关联控件是指标签关联到其他控件上。注意，一个标签控件同时只能关联一个控件。关联标签在调整位置时，被关联的控件也会一起移动。

将字段从“字段列表”窗格拖动到窗体上，Access 会自动为字段创建关联标签，往布局控件中添加控件时，会自动为新增的控件添加关联标签。另外，在窗体上添加文本框时会自动添加关联标签，如果不需要关联标签，选择标签直接删除。在窗体上添加新标签控件时，如果窗体中存在可以与标签关联的控件，选择标签，标签边框会显示一个提示按钮图标 ，提示“这是一个新标签，没有与控件关联”。单击提示按钮图标下拉选项，选择“将标签与控件关联”，在弹出的“关联标签”对话框中，设置标签关联的控件。也可以同时选择标签与需要关联的控件，在提示按钮图标下拉选项中关联。

标签同样可以设置文本、边框属性，这些属性的设置与文本框的相关属性设置相同。

4. 在窗体中添加列表框和组合框

列表框是显示值或选项的列表。列表框中的列表为数据行，通过设定大小设定默认显示多少行。数据行可以有一个或多个列，这些列可以显示或不显示标题。如果列表中包含的行数超过控件中可以显示的行数，会在控件中显示一个滚动条。用户只能选择列表框中提供的选项，而不能在列表框中输入值。组合框控件以更紧凑的方式显示选项列表，通过单击下拉箭头，显示并选择列表项。组合框还能够输入不在列表中的值，同时具备文本框和列表框的功能。在窗体中添加组合框的方法与添加列表框的方法相同。

1）使用向导创建列表框

通过使用向导可以快速地在窗体中添加列表框，窗体向导中设置的相关选项可以在列表框的属性表中修改。

【例 8-12】 利用控件向导在空白窗体中创建“学生列表”列表框。

(1) 打开教学管理数据库，新建一个空白窗体，切换到设计视图，在“窗体设计工具 设计”选项卡的“控件”命令组中，确保选中“使用控件向导”按钮。

(2) 单击“列表框”按钮，在窗体要放置列表框的位置单击并拖曳鼠标，松开左键，将启动列表框向导，如图 8-35 所示，其中包括 3 个选项，“使用列表框查阅表或查询中的值”指控件显示记录源中的某些数据；“自行键入所需的值”用于显示输入少量的且不需要修改的固定值列表；“在基于列表框中选定的值而创建的窗体上查找记录”指控件执行查找操作而非用作数据输入工具，此操作将创建一个未绑定控件，该控件带有查找操作的嵌入宏，用于在窗体中查找基于用户输入值的相关数据。这里选择“使用列表框查阅表或查询中的值”选项，然后单击“下一步”按钮。

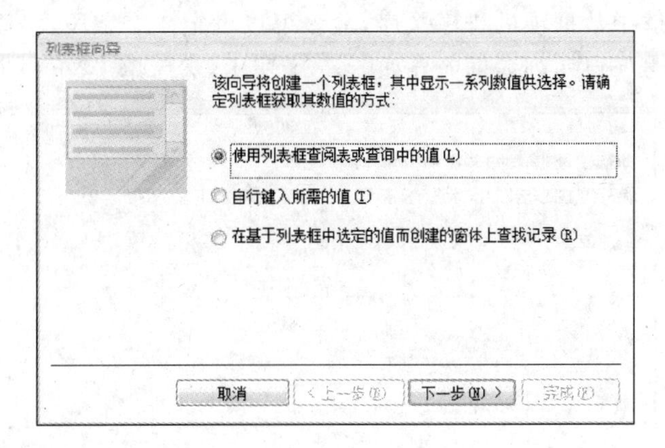

图 8-35　确定列表框获取其熟知的方式

(3) 选择为列表提供数据的表或查询，列表框向导如图 8-36 所示。这里选择“表：学生”，然后单击“下一步”按钮。

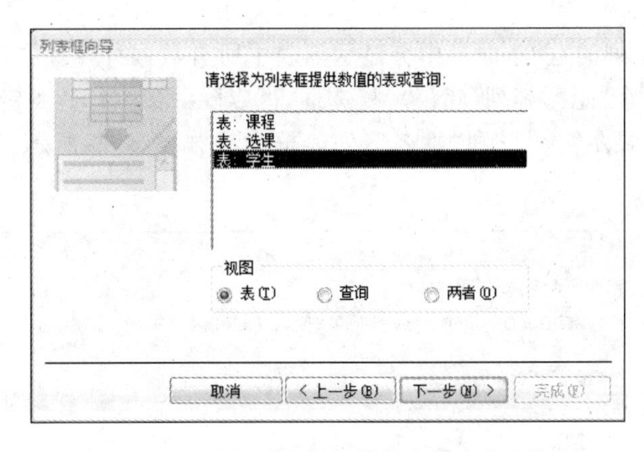

图 8-36　选择列表框提供数值的表或查询

(4) 确定列表框中要包含表中的哪些字段，在向导中选定字段“学号”、“姓名”，列表框向导如图 8-37 所示，然后单击“下一步”按钮。

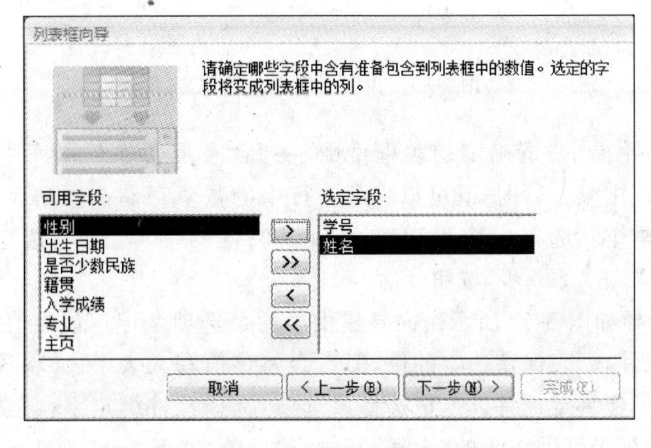

图 8-37　确定哪些字段包含在列表框中

(5) 设定列表框中数据项的排序次序，最多可以设定 4 个字段，字段可以升序，也可以降序，这里设定“学号”升序，列表框向导如图 8-38 所示，然后单击“下一步”按钮。

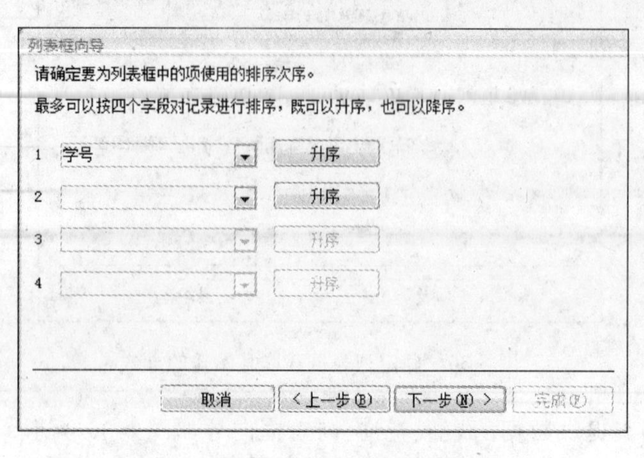

图 8-38　确定列表框中数据项的排列次序

(6) 指定列表框列的宽度，向导中会显示列表中所有数据行，可以拖曳列边框调整列的宽度，对话框中有一个“隐藏键列(建议)”复选框，可以隐藏数据行的关键字段。这里取消对该选项的选择，同时显示“学号”和“姓名”，列表框向导如图 8-39 所示，然后单击“下一步”按钮。

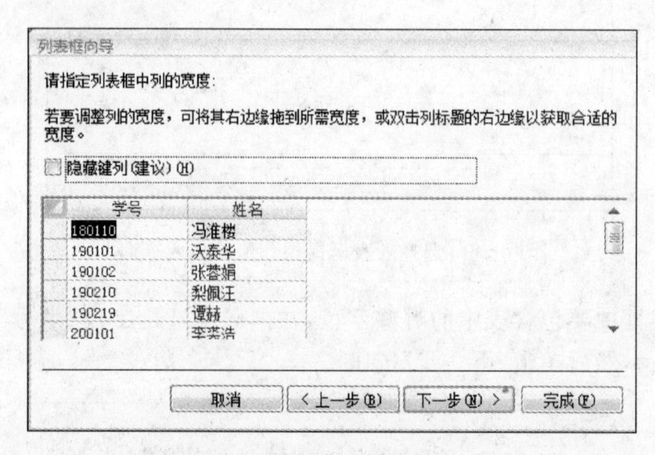

图 8-39　指定列表框列的宽度

(7) 列表框向导提示“请确定列表框中哪一列含有准备在数据库中存储或使用的数值:”，当选中列表框中某一行时，既可以将那一行中的数值存储在数据库中，也可以以后用该值来执行某项操作。选择一个可以唯一标识该行的字段，这里选定“学号”字段，如图 8-40 所示，然后单击“下一步”按钮。

(8) 列表框向导如图 8-41 所示。向导提供了两个选项，“记忆该数值供以后使用”选项可以创建未绑定控件，列表保留选定的值，但不会将该值写入表中。“将该数值保存在这个字段中”选项可以创建绑定控件。这里选择该选项，选择控件绑定字段“学号”，列表框中选定的数据项将直接绑定到课程表的“学号”字段，然后单击“下一步”按钮。

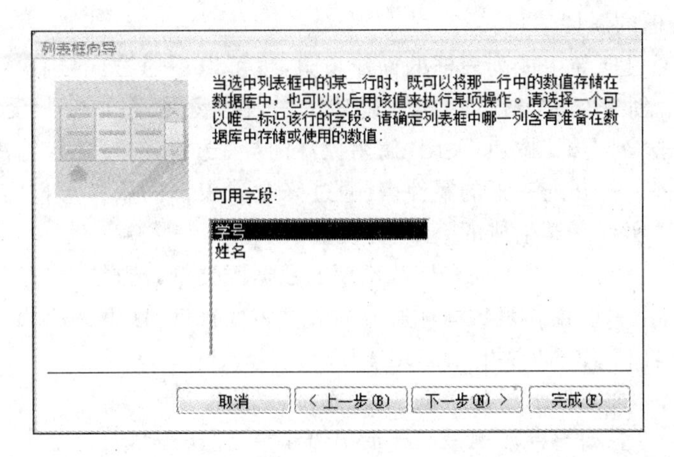

图 8-40　确定列表框中准备在数据库中存储或使用的值

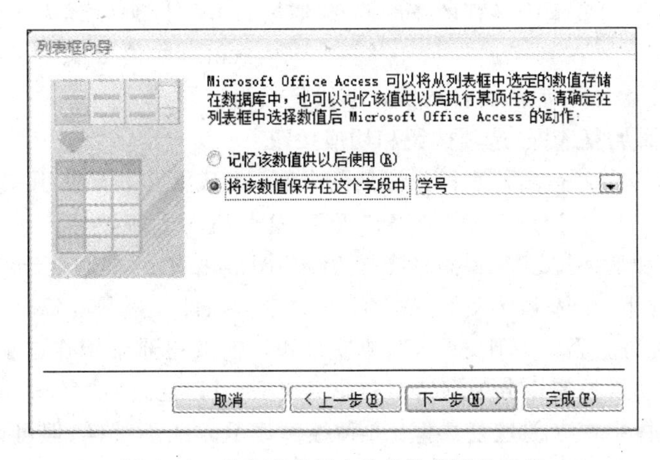

图 8-41　确定列表框中选择数值后的动作

(9) 列表框向导如图 8-42 所示。为列表框指定标签“学号列表”，单击“完成”按钮。这样在窗体中就生成了一个显示所有学号以及姓名的学生列表框。

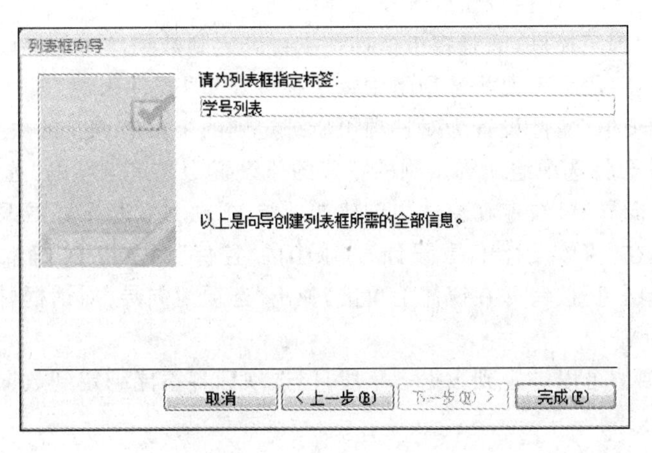

图 8-42　指定列表框的标签

2）修改列表框的属性

上面介绍了通过向导生成列表框的操作步骤，也可以不通过向导直接在窗体生成列表框。操作步骤是：创建空白窗体，切换到设计设图，在“窗体设计工具 设计”选项卡的“控件”命令组中，单击“列表框”按钮，关闭“使用控件向导”选项，在窗体上拖曳鼠标，窗体上就会出现一个列表框。打开列表框的属性表，通过修改列表框的属性可以实现利用向导生成的列表框效果。要实现向导生成的效果，需设置以下属性：

(1) 行来源类型：用于设置列表框数据项的数据源类型，选择“表/查询”。

(2) 行来源：用于设置列表数据项对应的数据表或查询，这里为“SELECT [学生].[学号]，[学生].[姓名] FROM 学生 ORDER BY [学号]；”。

(3) 控件来源：列表框绑定的数据字段，选择：“学号”。

(4) 绑定列：设置列表框要绑定的数据字段序号，默认为“1”。

(5) 列数：设置列表框要显示的列数，修改为 2，同时显示“学号”、“姓名”。

(6) 列宽：设置列表框中各列的宽度，如果需要将“学号”列宽设为 3 厘米，“姓名”列宽设为 2 厘米，那么需要在列宽属性值中输入“3cm；2cm”，如果要隐藏学号列，输入“0cm；2cm”，“学号”列宽为 0cm，但该控件的绑定字段仍然为“学号”。

5. 在窗体中添加复选框、选项按钮和切换按钮

在 Access 2007 中，“是/否”字段只存储两个值：是或否。如果使用文本框显示“是/否”字段，该值将显示 1 和 0，分别表示“是”和“否”。这些值对大多数用户而言没有什么意义，复选框、选项按钮和切换按钮，提供了“是/否”值的图形化表示，非常便于使用和阅读。

在大多数情况下，复选框是表示“是/否”值的最佳控件。这是在窗体中添加“是/否”字段时创建的默认控件类型。相比之下，选项按钮和切换按钮通常用作选项组的一部分。复选框、选项按钮和切换按钮也分为绑定型和非绑定型，可以通过将“字段列表”窗格中的“是/否”字段拖曳到窗体中快速创建复选框。3 种控件显示方式不一样，但可以相互更换，即通过任意一种方法都可以呈现“是/否”字段。

6. 在窗体中添加选项组

选项组用来显示一组有限的选项，一次只能从一个选项组中选择一个选项。选项组由一个组框和一组复选框、切换按钮或选项按钮组成。

如果选项组为绑定控件，只是将组框控件本身绑定到数据库中的字段，而框内包含的控件并没有绑定到该字段。不要为选项组中每个控件设置“控件来源”属性，而是要将选项组中每个控件的“选项值”属性设置为对选项组所绑定到的字段有意义的数字。在选项组中选择选项时，Access 会将选项组所绑定到的字段的值设置为选定选项的“选项值”属性的值。

使用“选项组向导”可快速在窗体中创建选项组，方法是：选择需要添加选项组的窗体，切换到设计视图，在“窗体设计工具 设计”选项卡的“控件”命令组中，确保选中“使用控件向导”选项，选择“选项组”按钮并在窗体上单击，弹出“选项组向导”对话框，按照步骤完成组合框的添加。

组合框的选项值可以绑定到数据表字段，但选项标签不能绑定到数据表中的字段，要通过输入完成。

7. 在窗体中添加按钮

使用窗体上的命令按钮可以启动一个或一系列操作。例如，可以创建命令按钮打开另一个窗体。若要使用命令按钮执行操作，可以编写一个宏或事件过程，并将它附加到命令按钮的"单击"事件。还可以在命令按钮的"单击"事件中直接嵌入宏，这样，将按钮复制到其他窗体上时，并不会丢失按钮的功能。

1）使用向导创建按钮

通过按钮向导创建按钮的步骤很简单，下面通过例子进行说明。

【例 8-13】 利用控件向导在学生窗体中添加文本按钮。

（1）打开教学管理数据库，再打开需要添加文本按钮的学生窗体，并切换到设计视图。在"窗体设计工具 设计"选项上的"控件"命令组中，确保选中了"使用控件向导"按钮。

（2）单击"窗体设计工具 设计"选项卡，在"控件"命令组中单击"按钮"命令按钮。然后在设计网格中单击窗体页眉位置，这时会启动命令按钮向导，如图 8-43 所示。此时可以设定命令按钮执行的不同操作，各种操作被分成了 6 种类别，包括记录导航、记录操作、窗体操作、报表操作、应用程序和杂项。操作方法是先选择左边的类别，再在右边列表中选择某项操作，如"窗体操作"中的"关闭窗体"，然后单击"下一步"按钮。

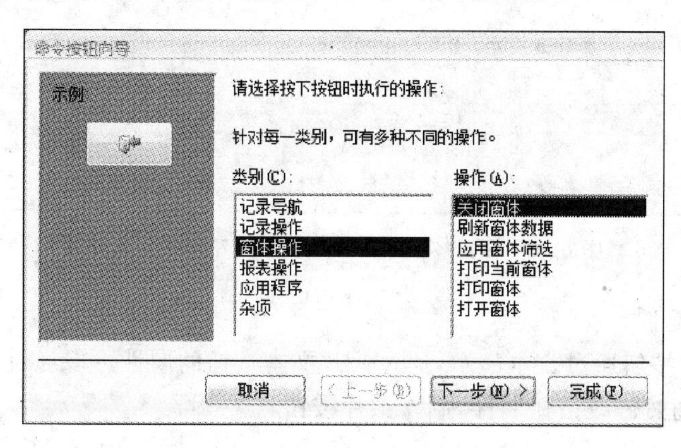

图 8-43 选择按钮执行的操作

（3）确定按钮上显示的是文字还是图片，这里选中"文本"单选按钮，如图 8-44 所示，然后单击"下一步"按钮。

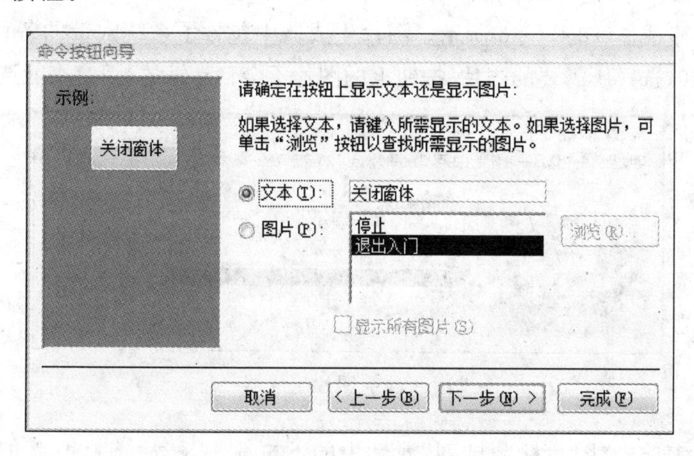

图 8-44 确定按钮显示文本还是图片

(4) 在向导对话框中继续设定按钮的名字，单击“完成”按钮，这样一个文本命令按钮就在窗体中生成了。

通过以上相同步骤，在学生信息窗体页眉添加 4 个按钮，适当调整按钮的位置，窗体效果如图 8-45 所示。添加按钮的同时，按钮会自动在单击事件中添加“[嵌入的宏]”，切换到窗体视图，单击按钮会执行相应的命令操作。

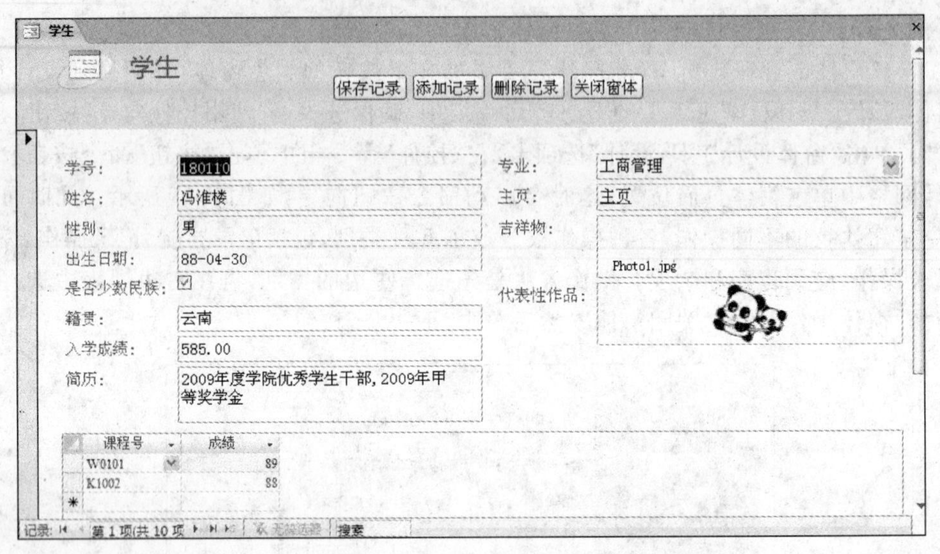

图 8-45　在窗体页眉添加了四个按钮的学生窗体

2) 修改按钮属性

在例 8-13 中，按钮通过文本显示，通过修改文本按钮的属性可以通过图片显示按钮。

【例 8-14】 通过修改按钮属性，制作图片按钮。

操作步骤如下：

(1) 打开例 8-13 完成的窗体，切换到设计视图。

(2) 选择文本命令按钮，按 F4 键显示按钮属性，在“图片”属性框中，输入图片文件的路径和文件名，图片格式可以是 .bmp、.ico 或 .dib 等文件。如果无法确定路径或文件名，可以单击 按钮打开图片生成器，如图 8-46 所示。图片生成器中包含了系统附带的各种可用图片，还可以单击“浏览”按钮，选择所需要的图片，按钮上的图片不会自动缩放，因此不能选择太大的图片。

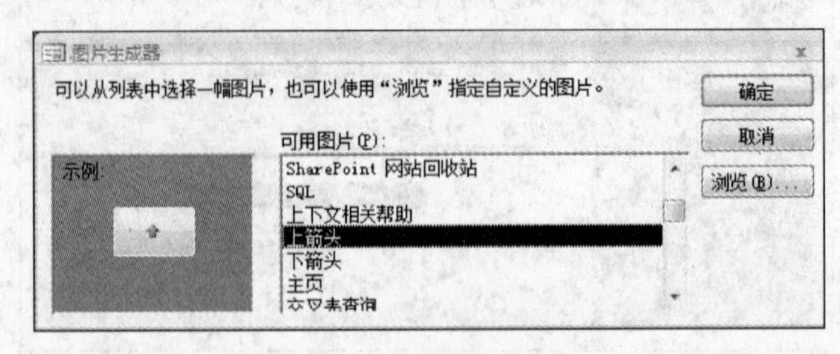

图 8-46　图片生成器

(3) 在属性表单击“图片标题排列”属性中的下拉箭头，然后选择所需的排列方式，可以同时显示标题和图片。例如，要使标题显示在图片右侧，选择“右侧”项。

【例 8-15】 通过修改按钮属性，制作透明按钮。

操作步骤如下：

(1) 打开例 8-13 所完成的窗体，切换到设计视图。

(2) 选择文本命令按钮，按 F4 键显示按钮属性，在“透明”属性框中选择“是”。

可以将透明的命令按钮放在窗体上的任何对象上，使该对象具有命令按钮的功能。例如，假设希望将某个图像分成多个独立的可单击区域，每个区域都启动一个不同的宏，则可以通过在该图像上放置多个透明的命令按钮完成。

注意：将命令按钮的“透明”属性设置为“是”与将它的“可见”属性设置为“否”不同。这两个操作都会隐藏命令按钮，但是，将“透明”属性设置为“是”会使按钮仍处于启用状态，将“可见”属性设置为“否”会禁用该按钮。

另外，在文本命令按钮属性中，可以将“背景样式”设为透明，可以隐藏背景，只显示按钮上的文本，把命令按钮上的文本字体格式加上颜色和下划线，命令按钮会显示为超链接。

8. 在窗体中添加选项卡

选项卡控件可以用来展示单个集合中的多页信息，可以把不同格式的数据操作封装在一个选项卡的各个选项页中。或者说，选项卡中的每一页包含不同类型的信息及其操作。

在窗体内添加选项卡的操作很简单，方法是：在窗体的设计视图，单击“窗体设计工具 设计”选项卡，再在“控件”命令组中单击“选项卡”命令按钮，然后在窗体上单击，窗体就会添加一个选项卡控件。选项卡默认包括两个选项页，可以通过右键添加、删除选项页和修改选项页的次序。

9. 在窗体中添加其他控件

除了以上介绍的控件之外，在窗体上还可以添加其他很多控件，包括直线、矩形、绑定对象框、图表、未绑定对象框、图像、分页符、超链接、附件、ActiveX 控件。这些控件的作用各不相同。直线和矩形控件用于绘制直线和矩形，主要用于窗体的设计和布局；绑定对象框用于绑定 OLE 对象。图表用于在窗体中绘制图表。未绑定控件用于在窗体中显示未绑定的 OLE 对象，如 Excel 电子表格。图像用于在窗体中显示静态图片。分页符用于在窗体上开始一个新的屏幕，或在打印窗体上开始一个新页。超链接用于创建指向网页、电子邮件地址、文件或程序的链接。附件显示附件类型字段中存储的不同类型的单个或多个文件。利用附件可以显示附件字段中的照片，如果是别的类型文件则显示文件类型图标。ActiveX 控件可以直接在窗体中添加并显示一些具有某一功能的组件，如利用日历控件显示日期等。

8.3.3 窗体控件的布局

当窗体中存在较多的控件时，需要对控件的位置、大小、对齐方式进行调整，使得窗体更加美观。在“窗体设计工具 排列”选项卡中，可以对控件进行调整和布局。

1. 调整控件的位置、大小和对齐方式

在窗体的设计视图，选择控件，控件的周围会显示一个矩形框，框的左上角会显示一个移动手柄，边框的中间会显示调整手柄，如图 8-47 所示。

在排列选项卡中，分别可以选择“控件对齐方式”、“大小”、“位置”命令组中的命令按钮，如图 8-48 所示。图中显示了调整控件的各个选项和命令，当应用程序窗口比较窄时，选项按钮只显示图标，而不显示旁边的文本。

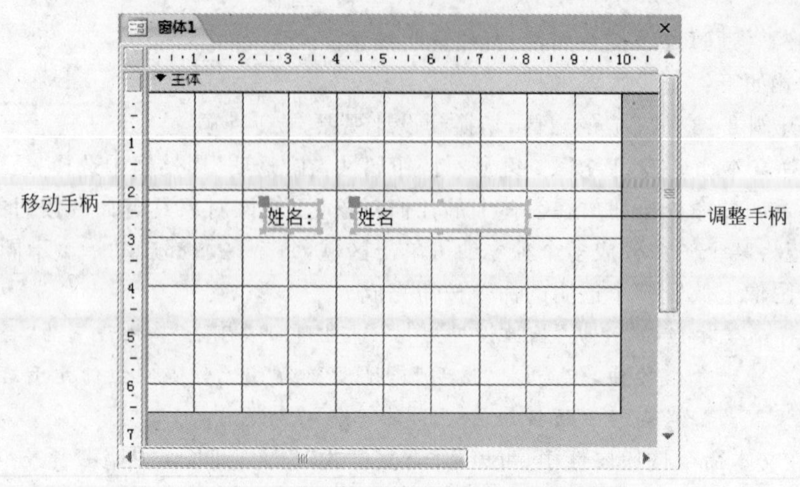

图 8-47 已选中的控件及其控制手柄

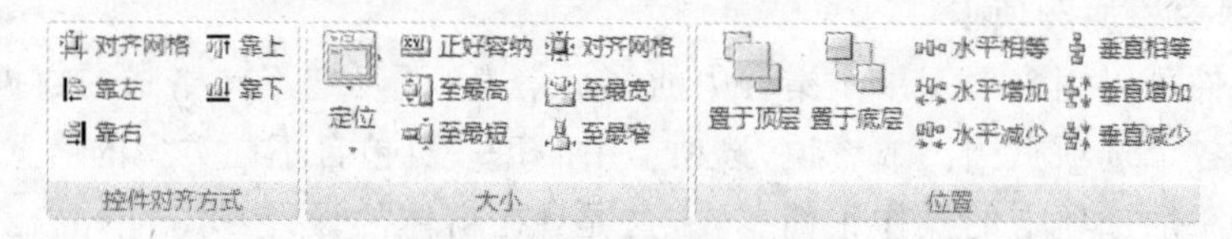

图 8-48 控件的对齐方式、大小、位置选项组

在窗体中调整控件的具体操作方式如下：

(1) 移动控件：把鼠标移动至移动手柄上或边框上，当指针变成四向箭头时按下鼠标，拖动控件到目标位置，松开鼠标。当控件处于选择状态时，利用键盘上的上、下、左、右箭头可移动控件。

(2) 位置调整：选择窗体中的控件，在“位置”命令组中，单击“置于顶层”或“置于底层”命令按钮可改变控件的叠放次序，同时选择多个控件时，可以在“位置”命令组中调整控件间水平和垂直之间的距离。

(3) 调整大小：把鼠标移动到调整边框中间的调整手柄上，鼠标指针变成双向箭头时按下鼠标，拖动手柄可调整控件水平宽度或垂直高度。拖动角上的调整手柄可以同时调整宽度和高度。在“大小”命令组中，可以选择正好容纳设置控件正好显示文本内容；至最高、至最宽、至最短、至最窄一般用于相同类型的控件，它们可以使选择的控件自动调整为相同的高度或宽度。

(4) 对齐控件：选择窗体中多个控件，然后选择控件对齐方式。可以选择对齐网格、靠上、靠下、靠左、靠右 5 种对齐方式，对齐网格是以网格为参照，选中的控件自动与网格对齐，靠上是基于选择控件中那个最上方的控件为参照，向上自动对齐控件。

2. 控件布局

控件布局是将控件在水平方向和垂直方向上对齐，以便窗体有统一的外观，控件布局有两种：表格式和堆积式。

1) 表格式布局

在表格式控件布局中，控件以行和列的形式排列，就像电子表格一样，且标签横贯控件的顶部。表格式控件布局始终跨窗体的两部分，默认为窗体页眉和主体，标签在窗体页眉部分，控件在主体部分。通过学生表创建了一个控件的表格式布局窗体，如图 8-49 所示。

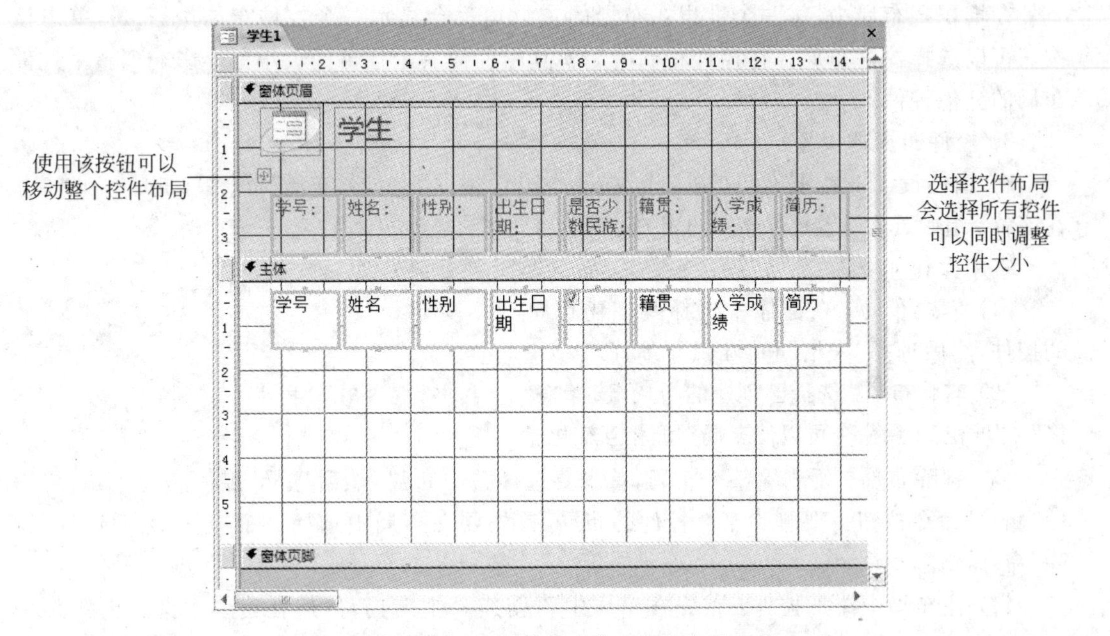

图 8-49　由学生表创建的表格式控件布局窗体

2）堆积式布局

在堆积式布局中,控件沿垂直方向排列,标签位于每个控件的左侧。堆积式布局始终包含在一个窗体部分中,在通过"字段列表"往窗体内添加的控件,会为添加的控件自动生成堆积式布局。在通过窗体工具自动创建的窗体中,控件也会自动生成堆积式布局。通过学生表创建了一个控件的堆积式布局窗体,如图 8-50 所示。

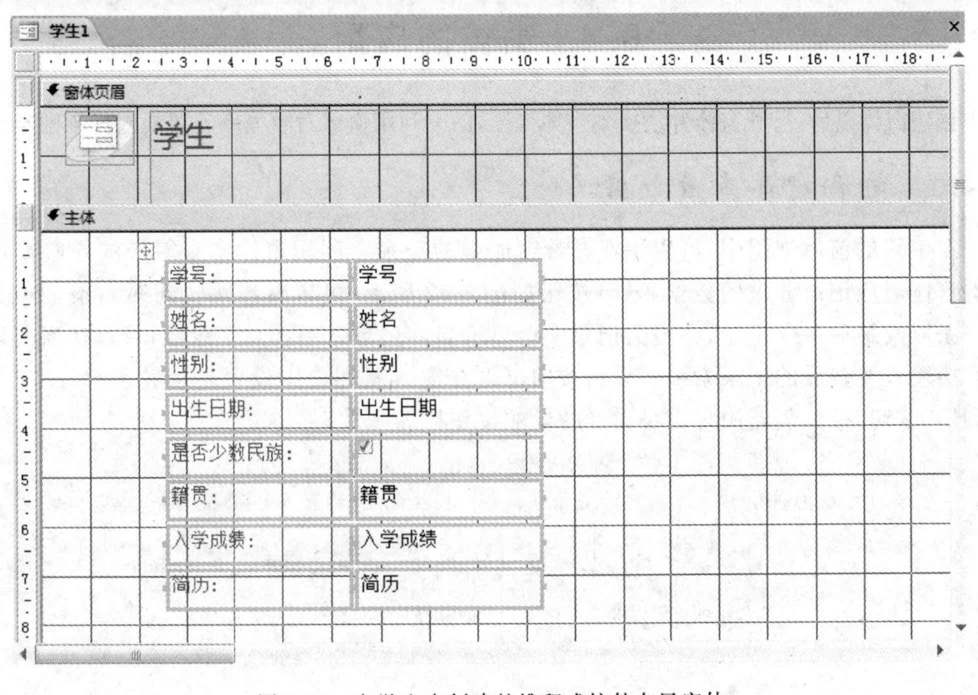

图 8-50　由学生表创建的堆积式控件布局窗体

在堆积式布局中，每一个堆积式布局的左上角都会显示一个控件布局按钮，单击该按钮可以选择控件布局。在控件布局中调整其中任何一个控件的大小都会影响到整个控件布局的其他控件。

3）控件布局的设置

在“窗体设计工具 排列”选项卡中，Access 2007 提供了“控件布局”命令组，如图 8-51 所示，在该命令组中可以设置控件布局的相关选项。

常用操作如下：

(1) 创建布局：在窗体中选择要创建布局的控件，然后选择“表格”和“堆积”布局命令。

(2) 转化布局：选择已创建的布局，选择“表格”和“堆积”布局命令可以使布局类型相互转化。

图 8-51 “控件布局”命令组

(3) 删除布局：要删除整个布局，首先要选择整个布局，然后选择“控件布局”命令组中的“删除”命令按钮。要删除某个控件的布局，首先要在布局中选择这个控件，然后选择“删除”命令按钮。

(4) 往布局中添加控件：首先在窗体中要创建一个布局，然后在窗体中选择要添加到布局中的控件，拖动控件到布局控件之上，与布局控件中的控件基本重合时会显示一条黄线，黄线提示控件将添加到布局的位置，释放左键，控件将添加到布局控件中。

在“控件布局”命令组中，“控件边距”命令按钮可以设置控件中文本内容到边框的距离，“控件填充”命令按钮可以设置控件间的间距。组合按钮可以组合选中的多个控件，取消组合按钮可以将已经组合的对象解散为单个对象。“对齐网格”按钮处于选中状态时，调整控件布局会使控件自动对齐网格，“Tab 键次序”按钮可以设置窗体中所有控件的 Tab 键索引值。

8.4 窗体的应用

创建窗体以后，打开窗体并切换到窗体视图，即可利用窗体对数据库的数据进行各种操作。

8.4.1 利用窗体查看数据

在窗体的窗体视图中，可以快速查看窗体中的记录。利用窗体本身附带的导航栏可以查看窗体对应记录源中的数据，导航按钮如图 8-52 所示，可以直接跳转到第一条、上一条、下一条以及最后一条记录，在当前记录中会显示当前记录索引和总记录数，可以在当前记录中直接输入要查看的记录索引。导航按钮可以在窗体属性表中设置是否显示，可以在窗体中利用“按钮”控件创建用户自身设计的导航按钮栏。

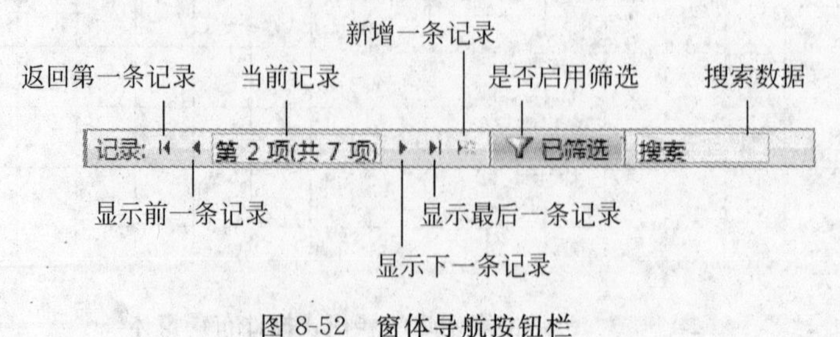

图 8-52 窗体导航按钮栏

8.4.2 利用窗体新建、保存、删除记录

在"开始"选项卡中，有一个"记录"命令组，如图 8-53 所示。如果在窗体的属性表中允许数据进行添加、删除和编辑，在"记录"命令组中，选择"新建"命令按钮，窗体上将显示一个空白记录。可以在空白的字段区域输入相应的值，在输入数据时，要注意数据类型和数据格式，如果数据格式不正确，系统会提示错误，无法保存。输入完整的数据后选择"保存"命令按钮，那么对应窗体的数据表就会添加一条新记录。选择"删除"命令按钮，可以删除字段中的内容，其中的"删除记录"命令可以删除当前记录。

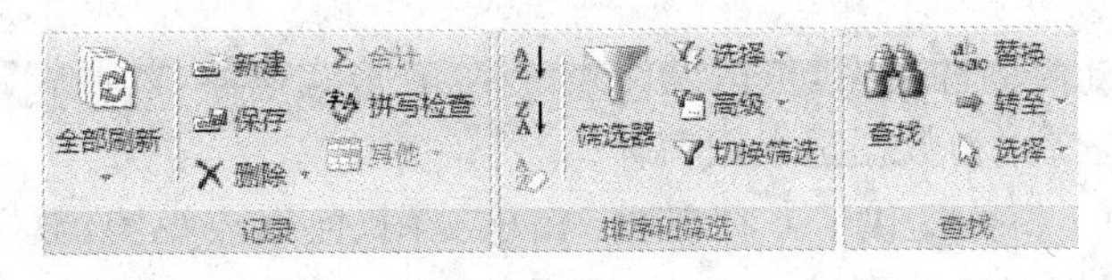

图 8-53 记录、排序和筛选、查找选项组

8.4.3 利用窗体筛选、排序、查找数据

在窗体视图中，可以对窗体中的数据进行排序和筛选操作。如果要用某个字段排序窗体中的记录，单击与该字段相连接的控件，然后在"排序和筛选"命令组中选择"升序"和"降序"命令按钮。还可以使用筛选器、选择、高级筛选等操作。在"查找"命令组中可以使用查找和替换来查找和替换某个字段的值。

8.4.4 窗体的数据导航

在窗体的数据中，可以用键盘快速地在字段或数据记录间切换。在窗体中录入完数据后，按 Enter 键，数据完成录入，并且把焦点移到下一个字段。表 8-1 所示为一些快捷键及作用。

表 8-1 在字段或数据记录间切换的快捷键列表

快 捷 键	作 用
Tab 或右箭头	移动到下一个字段，如果是记录的最后一个字段，则移动到下一条记录的第一个字段
Shift+Tab 或左箭头	移动到上一个字段，如果是记录的第一个字段，则移动到上一条记录的最后一个字段
Home	移动到该记录的第一个字段
End	移动到该记录的最后一个字段
Page Down	移动到下一条记录的相同字段
Page Up	移动到上一条记录的相同字段
Ctrl+Home	移动到第一条记录的第一个字段
Ctrl+End	移动到最后一条记录的最后一个字段

本章小结

本章围绕 Access 2007 窗体的操作而展开。窗体是 Access 重要的数据库对象之一，通过本章的学习，应掌握 Access 窗体的功能、类型以及窗体的组成，掌握创建 Access 窗体的各种方法、窗体控件的作用与操作，以及窗体的应用。

(1) 窗体是用于在数据库中输入和显示数据的数据库对象。一个数据库应用系统的数据浏览、编辑修改、添加删除以及查询统计等功能模块都是通过窗体实现的，而且这些模块又可以通过一个总窗口来统一组织。

(2) 窗体大体分为 7 种类型，包括纵栏式窗体、表格式窗体、数据表窗体、分割窗体、主/子窗体、数据透视表窗体和数据透视图窗体。

(3) Access 2007 窗体提供了 6 种视图：窗体视图、数据表视图、数据透视表视图、数据透视图视图、布局视图和设计视图。窗体可以在不同的视图间相互切换。

(4) 创建窗体的方法很多，在“创建”选项卡中可以看到创建窗体的方法，包括窗体、分割窗体、多个项目、数据透视图、空白窗体、其他窗体、窗体设计等命令按钮。

使用窗体向导创建窗体是最基本的方法，在创建过程中允许用户自行选择字段、布局和样式等。在窗体设计视图中创建窗体是常用的方法，通过控件工具可以设计出不同类型的操作界面，创建需要的窗体。

(5) 子窗体指插入到其他窗体中的窗体。在处理关系数据时，通常需要在同一窗体中查看来自多个表或查询的数据。利用子窗体工具能迅速实现在同一窗体中查看多个表或查询的数据，Access 2007 提供了许多快速创建子窗体的方法。

(6) 控件可以分为绑定控件、未绑定控件和计算控件。窗体及窗体中的控件都具有各自的属性，可以打开属性表窗口设置对象的各种属性。当窗体中存在较多的控件时，需要对控件的位置、大小、对齐方式进行调整，使得窗体更加美观。

(7) 窗体创建以后，打开窗体并切换到窗体视图，即可利用窗体对数据库的数据进行各种操作，包括查看数据，新建、保存、删除记录，筛选、排序、查找数据等。

习 题 8

1. 选择题

(1) Access 2007 自动创建的窗体类型不包括(　　)。

A. 空白窗体　　B. 分割窗体　　C. 多个项目　　D. 帮助窗体

(2) 在窗体视图中既能够显示结果，又能够对控件进行调整的视图是(　　)。

A. 窗体视图　　B. 布局视图　　C. 设计视图　　D. 数据表视图

(3) 如果在窗体上输入的数据总是取自于查询或某些固定的值，可以使用(　　)控件显示该字段。

A. 列表框　　B. 文本框　　C. 选项组　　D. 选项卡

(4) 下列关于窗体的说法中，错误的是(　　)。

A. 窗体是一种主要用于在数据库中输入和显示数据的数据库对象

B. 可以对窗体的数据进行查找、排序和筛选

C. 窗体是数据库系统中用户和应用程序之间的主要操作接口

D. 窗体可以包含文字、图形、图像，但不能包含声音和视频

(5) 窗体组成部分中，可用于在每个打印页底部显示信息的区域是(　　)。

A. 页面页眉　　B. 页面页脚　　C. 窗体页脚　　D. 窗体页眉

2. 填空题

(1) 窗体中，用于输入或编辑字段数据的基本控件是________。

(2) 插入到其他窗体中的窗体称为________。

(3) 构成窗体的基本元素是________。

(4) Access 2007 提供了 3 种基本的窗体命令选项：窗体、分割窗体、________。

(5) 将字段从“字段列表”窗格拖曳到窗体上，Access 会自动为________、备注、________、日期/时间、货币、超链接类型的字段创建文本框。

3. 问答题

(1) 窗体的视图包含哪几种？

(2) 基本窗体与主/子窗体有什么区别？

(3) 窗体由哪几部分组成？各部分主要用来放置哪些信息和数据？

(4) 在窗体中可以添加哪些类型的控件？

(5) 在“窗体设计工具 排列”选项卡中，“控件布局”命令组的作用是什么？如何创建布局？

4. 应用题

(1) 在教学管理数据库中为学生表创建分割窗体，窗体保存为“学生列表”，窗体自动套用格式“平衡”，利用属性表隐藏窗体的“记录筛选器”、“滚动条”。

(2) 在教学管理数据库中为选课表创建多个项目窗体，窗体保存为“选课”。

(3) 在教学管理数据库中为课程表创建窗体，设置“课程号”的字段字体为蓝色、下划线，利用窗体添加一门课程的信息，如 W0105、“大学英语”、4。

(4) 在教学管理数据库中建立一个空白窗体，将学生表的前 7 个字段从“字段列表”窗格拖曳到窗体上，将控件布局设置为“表格”，调整列宽，利用“子窗体/子报表”控件添加“选课”子窗体。

(5) 创建一个窗体，在该窗体中添加文本命令按钮，单击命令按钮打开已创建的窗体。

第9章 报表的创建与应用

报表是 Access 数据库中一个重要的对象，用于输出和打印数据库中的数据。报表与窗体的区别在于，窗体用于录入和管理数据，实现用户与数据库系统之间的交互操作；而报表主要是呈现数据，把数据库中的数据清晰而有条理地展现在用户面前。在 Access 2007 中，通过选择表或查询作为报表的数据源，利用报表工具可以创建不同的报表。报表可以显示、打印或以电子邮件的形式发送给用户。本章介绍报表的基本概念、报表的创建和报表的应用等内容。

9.1 报表概述

报表由从表或查询中获取的信息以及在设计报表时所提供的信息（如标签、标题和图形等）组成。报表可以对数据库中的数据进行分组、排序和筛选，另外在报表中还可以插入文本、图形和图像等其他对象。报表和窗体的创建过程基本上是一样的，只是创建的目的不同而已，窗体的目的是用于显示和交互，报表的目的是用于浏览和打印。

9.1.1 报表的类型

Access 2007 能创建各种类型的报表，根据报表的输出形式可以把报表分为 4 种类型：纵栏式报表、表格式报表、图表报表和标签报表。

(1) 纵栏式报表。纵栏式报表在一页的主体节内以垂直列表的方式显示记录信息。每个字段显示在一个独立的行。

(2) 表格式报表。表格式报表一般每条记录显示为一行，每个字段显示为一列。在一页中显示多条记录。

(3) 图表报表。图表报表指以图表为主要内容的报表。图表可以直观地表示数据之间的关系。

(4) 标签报表。标签报表是一种特殊形式的报表，主要用于输出和打印不同规格的标签，如价格标签、书签、信封、名片和邀请函等。

9.1.2 报表的视图

在 Access 2007 中，报表提供了 4 种视图：报表视图、打印预览、布局视图和设计视图。设计报表时，要注意报表的视图。打开任一报表，单击“开始”选项卡“视图”命令组中的“视图”命令按钮,在弹出的列表中可以看到如图 9-1 所示的报表视图命令。通过选择不同的命令可以在不同的视图间相互切换。

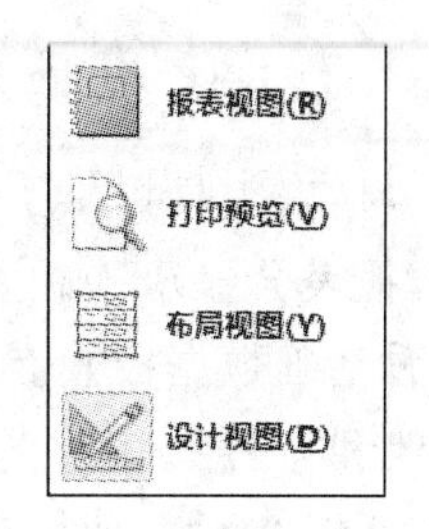

图 9-1 报表视图命令

各种报表视图的作用如下:

(1) 报表视图可以执行数据的筛选和查找操作。该视图是报表的数据显示视图效果,并不是实际的打印效果。

(2) 打印预览可以直接查看报表的打印效果。如果效果不理想,可以随时更改打印设置。在打印预览中,可以放大以查看细节,也可以缩小以查看数据在页面上放置的位置如何。

(3) 布局视图是更改报表时最易于使用的一种视图,它提供了微调报表所需的大多数工具。可以调整列宽、将列重新排列、添加或修改分组级别和汇总。还可以在报表设计上放置新的字段,并设置报表及其控件的属性。采用布局视图的好处是可以在对报表格式进行更改的同时查看数据,因而可以立即看到所做的更改对数据显示的影响。但布局视图不能直接添加常用控件,如标签、按钮等。

(4) 设计视图显示了报表的基础结构,并提供了比布局视图更多的设计工具和功能。例如,可以在报表上放置更多种类的控件,可以更精确地调整控件的对齐方式,以及设置比布局视图中更多的属性。

9.2 报表的创建

在 Access 2007 中,可以创建由各种不同的报表。创建报表应从报表的数据源入手,首先必须确定报表中要包含哪些字段以及要显示的数据,然后就是确定数据所在的表或查询。提供基础数据的表或查询称为报表的数据源。如果要包括的字段全部存在于一个表中,可以直接使用该表作为数据源。如果字段包含在多个表中,则需要使用多个表作为数据源。有时需要专门针对报表的具体要求创建查询来作为数据源。

图 9-2 “报表”命令组

选择数据源后,可以使用多种方法创建报表,包括报表工具、报表向导以及空白报表等。报表工具是最快的报表创建方法,报表向导是最容易的报表创建方法。

在“创建”选项卡中,可以看到“报表”命令组,如图 9-2 所示,在其中可以选择创建报表的各种命令按钮。

“报表”命令组中各个命令按钮的功能如下:

(1) 报表:创建当前表或查询中数据的基本报表,可以在基本报表中继续添加功能,如分组和合计。

(2) 标签:启动标签向导,创建标准标签或自定义标签。

(3) 空报表:新建空报表并自动进入布局视图,通过在其中插入字段和控件设计报表。

(4) 报表向导:通过对话框的方式设计报表,用户可以通过选择对话框中的各种选项设计报表。

(5) 报表设计:直接创建空白报表并显示报表设计视图。在设计视图中,可以对报表进行更为高级的设计和修改,如添加自定义控件类型以及编写代码。

9.2.1 使用报表工具创建报表

报表工具提供了最快的报表创建方式。报表工具不向用户提示任何信息，直接生成报表，报表会显示基础表或查询中的所有字段。报表工具无法创建最理想的报表，但对于迅速查看基础数据极其有用。利用报表工具创建的报表可以继续在布局视图或设计视图中进行修改和完善。

【例 9-1】 使用报表工具，以学生表为数据源，创建一个名为“学生”的报表。

操作步骤如下：

(1) 打开教学管理数据库，在导航窗格的“表”对象下，单击要作为报表数据基础的学生表。

(2) 单击“创建”选项卡，在“报表”命令组中单击“报表”命令按钮，学生表的基本报表就创建好了，报表默认为布局视图，如图 9-3 所示。

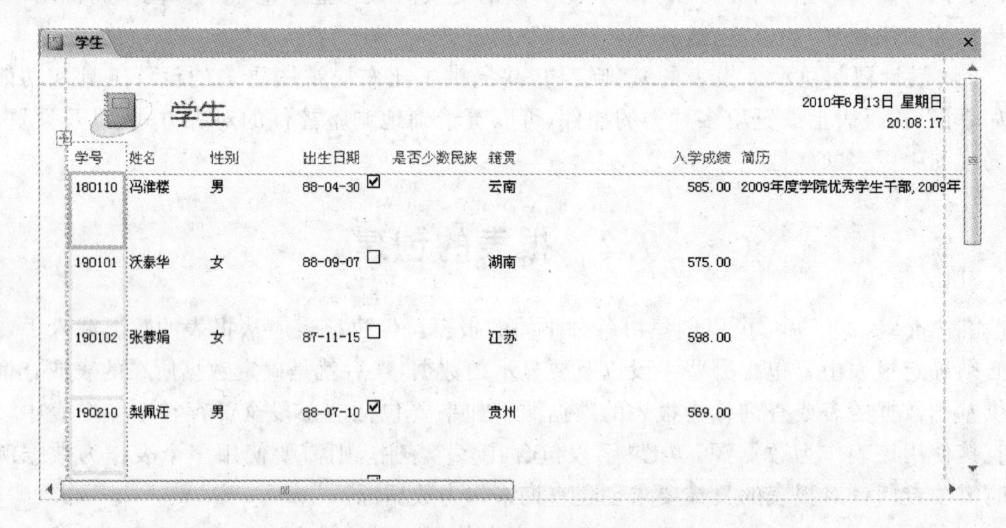

图 9-3 通过报表工具创建学生报表

(3) 以默认的“学生”报表名称保存该报表。

从报表的布局视图可以看出，在自动创建的报表中，包含了数据表中所有字段，因此报表在版面的布局上可能不是很理想，有些字段并不需要，可以切换到设计视图，对报表中的控件布局进行修改和调整。

9.2.2 使用报表向导创建报表

使用报表向导可以选择在报表上要显示的具体字段，指定数据的分组和排序方式，并且，如果事先指定了表与查询之间的关系，那么还可以使用来自多个表或查询的字段。

【例 9-2】 使用报表向导工具，以学生表为数据源，创建一个名为“学生信息”的报表。

操作步骤如下：

(1) 打开教学管理数据库，在导航窗格中的“表”对象中，单击选择要作为报表数据基础的学生表。

(2) 单击“创建”选项卡，在“报表”命令组中单击“报表向导”命令按钮，会弹出“报表向导”对话框，如图 9-4 所示。首先要确定报表中使用哪些字段，如果要在报表中包含多个表和查询中的字段，可以在“表/查询”的下拉列表中选择表或查询，然后单击报表中要包含的任何字段。这里，选定学生表中的“学号”、“姓名”等字段，然后单击“下一步”按钮。

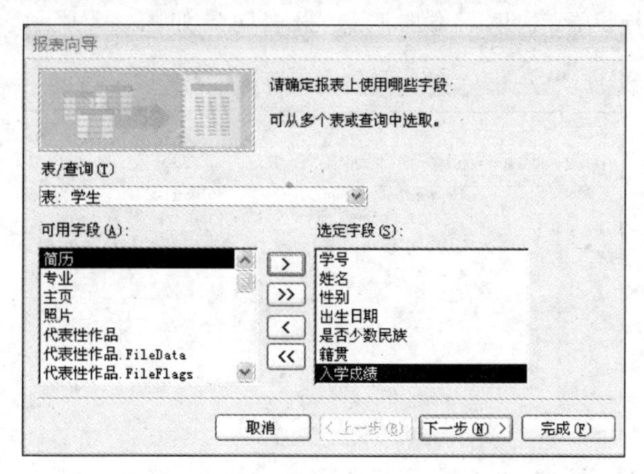

图 9-4　报表向导：“请确定报表上使用哪些字段：”

(3) 报表向导显示“是否添加分组级别?”，向导可以为报表添加多个分组，并且可以设置分组的优先级。这里选择添加“姓名”字段，向导对话框如图 9-5 所示。然后在向导中单击“分组选项”按钮，弹出“分组间隔”对话框，如图 9-6 所示。选择“第一个字母”选项，即以姓名中的第一个字作为分组依据，也就是以名字中的姓作为分组依据，当然，复姓除外。单击“确定”按钮，关闭“分组间隔”对话框，回到“报表向导”对话框，然后单击“下一步”按钮。

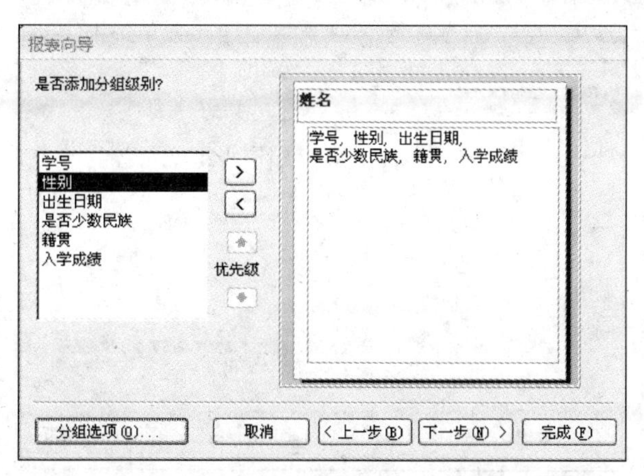

图 9-5　报表向导：“是否添加分组级别?”

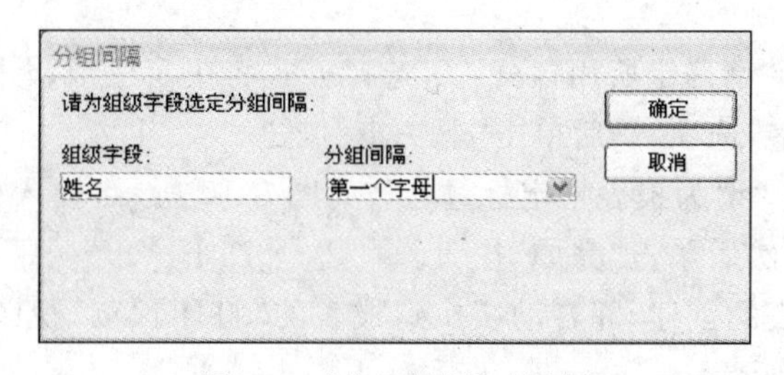

图 9-6　“分组间隔”对话框

(4) 报表向导显示"请确定明细信息使用的排序次序和汇总信息："，最多选择 4 个字段对记录进行排序。这里在第一个下拉列表中选择"学号"，升序排列。在这个对话框中还可以对数据表中的数字字段进行汇总，如果要做汇总处理，可以单击"汇总选项"按钮，在弹出的对话框中进行设置，这里不添加汇总，报表向导如图 9-7 所示，然后单击"下一步"按钮。

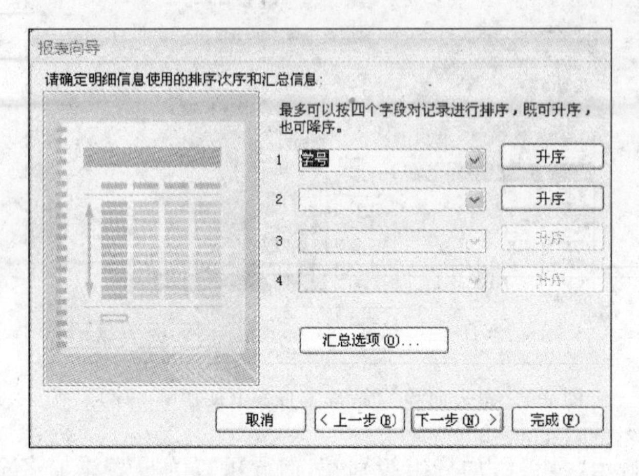

图 9-7　报表向导："请确定明细信息使用的排序次序和汇总信息："

(5) 报表向导显示"请确定报表的布局方式："，可以选择"递阶"、"块"和"大纲"3 种方式布局报表。切换不同的选项，在对话框的左侧会显示布局的效果图。这里选择"递阶"，方向选择"纵向"，如图 9-8 所示，然后单击"下一步"按钮。

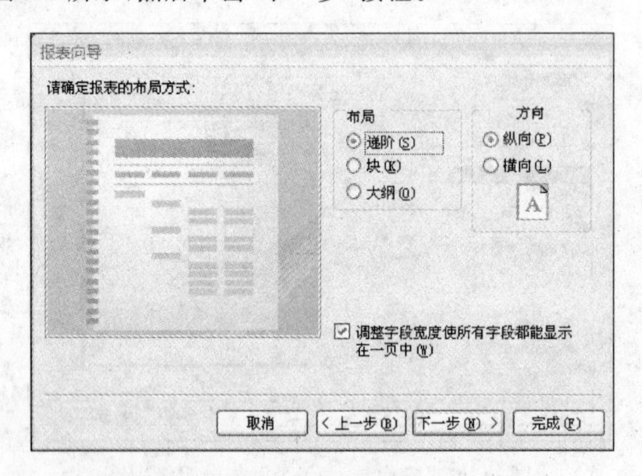

图 9-8　报表向导："请确定报表的布局方式："

(6) 报表向导显示"请确定所用样式："，选择样式将决定生成报表的显示效果，如图 9-9 所示，这里选择"办公室"选项，然后单击"下一步"按钮。

(7) 报表向导显示"请为报表指定标题："，如图 9-10 所示，输入标题"学生信息列表"，选择"预览报表"选项，然后单击"完成"按钮。

报表向导完成报表的创建，并自动切换到报表的"打印预览"视图。"学生信息列表"报表预览效果如图 9-11 所示。

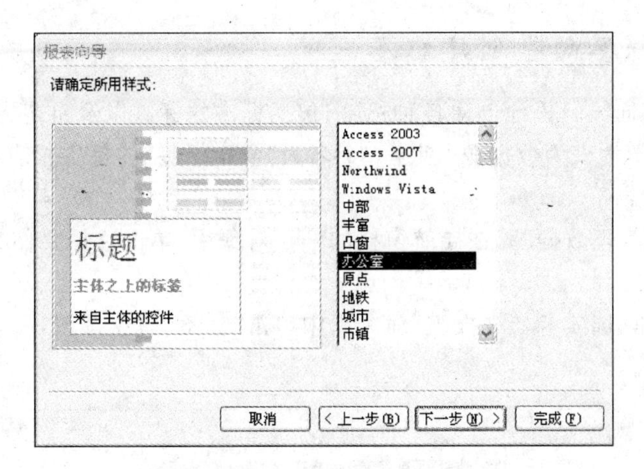

图 9-9 报表向导:“请确定所用样式:”

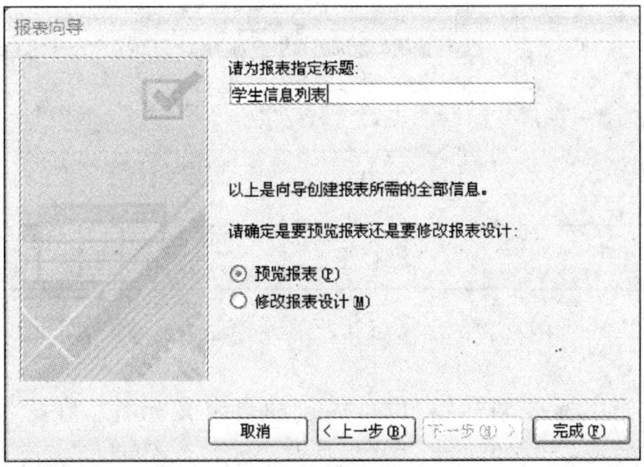

图 9-10 报表向导:“请为报表指定标题:”

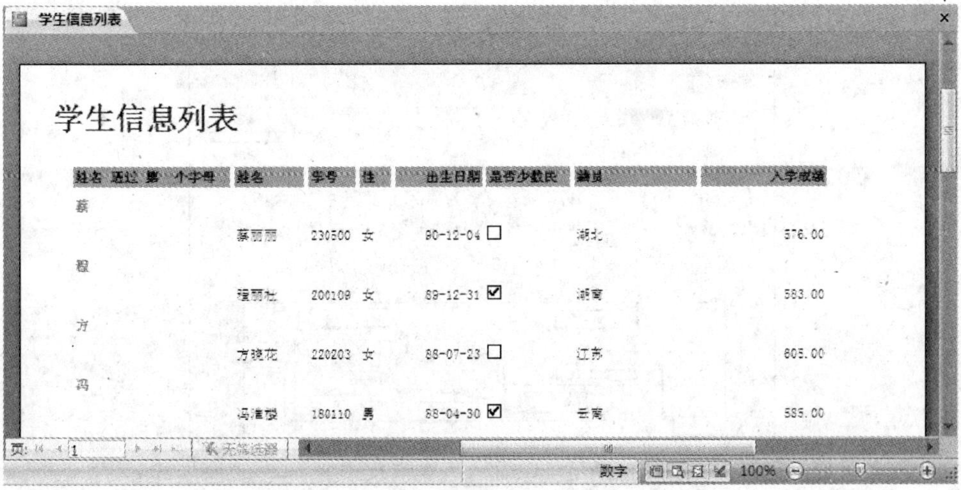

图 9-11 利用报表向导生成的“学生信息列表”报表的打印预览效果

9.2.3 使用标签向导创建标签

可以使用标签向导轻松地创建各种标签，包括标准的标签以及自定大小的标签。

【例 9-3】 以学生表为数据源，创建一个名为“学生标签”的标签报表。

操作步骤如下：

(1) 打开教学管理数据库，在导航窗格的“表”对象中，单击选择要作为标签数据源的学生表。

(2) 单击“创建”选项卡，在“报表”命令组中单击“标签”命令按钮，Access 将启动标签向导，如图 9-12 所示。

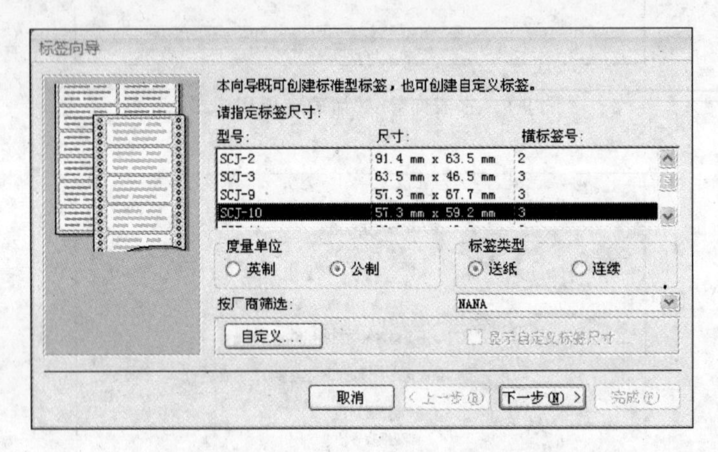

图 9-12 标签向导：“请指定标签尺寸：”

标签向导中可以使用标准型标签，也可以创建自定义标签。在标准型标签中，可以按照标签的厂商和型号来选择标签的尺寸。这里选择 NANA 公司的标准标签类型 SCJ-10，“标签类型”为“送纸”，度量单位为“公制”，然后单击“下一步”按钮。

如果没有找到类似的标签，可以单击“自定义”按钮，出现“新建标签尺寸”对话框，然后单击其中的“新建”按钮。此时将显示“新建标签”对话框，如图 9-13 所示。

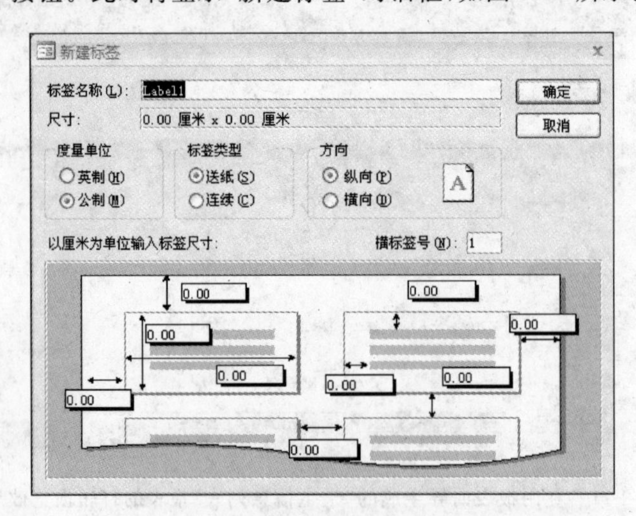

图 9-13 “新建标签”对话框

在“新建标签”对话框中，可以详细设置标签的大小，包括标签的边距、高度、宽度等信息，在“标签名称”文本框中为自定义标签输入一个名称。创建的自定义标签会显示在标签向导列表中。

(3) 标签向导将显示“请选择文本的字体和颜色:”，如图9-14所示。在“标签向导”对话框中可以设置标签上的字体、字号、字体粗细和文本颜色。设置完成后，单击“下一步”按钮。

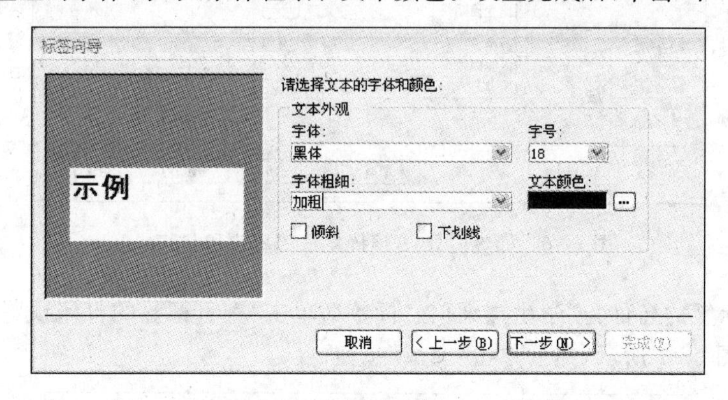

图 9-14　标签向导:“请选择文本的字体和颜色:”

(4) 标签向导显示为“请确定邮件标签的显示内容:”，从“可用字段”列表中选择要在标签上显示的字段，然后双击它们以添加到“原型标签”框中。

可以在“原型标签”框中的字段之间添加空格以及其他文本或标点符号。若要创建新行，直接按 Enter 键。输入的文本在每个标签上都会显示。注意，使用标签向导只能添加文本、数字、日期/时间、货币、是/否或附件等数据类型的字段。若要添加备注、OLE 对象或超链接数据类型的字段，可以在完成标签向导后在设计视图中打开标签报表，然后使用“字段列表”窗格添加字段。依次在原型标签中添加文本和字段，如图9-15所示。将“学号”、“姓名”等字段按照所需的方式排列在“原型标签”框中，单击“下一步”按钮。

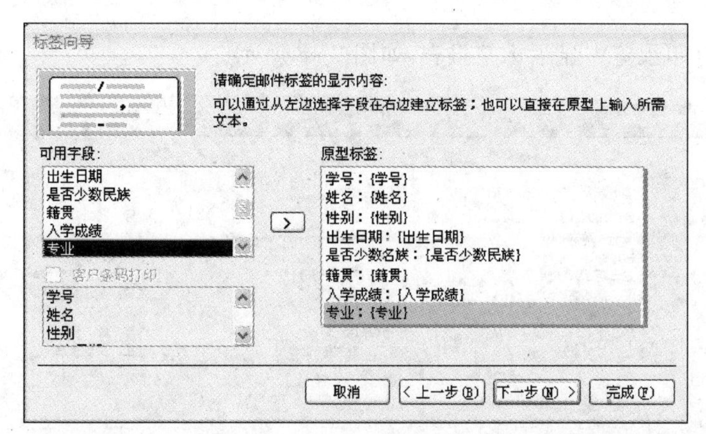

图 9-15　标签向导:“请确定邮件标签的显示内容:”

(5) 标签向导如图9-16所示，可以选择作为标签排序依据的字段。从“可用字段”列表中选择要作为排序依据的“学号”字段，然后双击该字段将其添加到“排序依据”框中，单击“下一步”按钮。

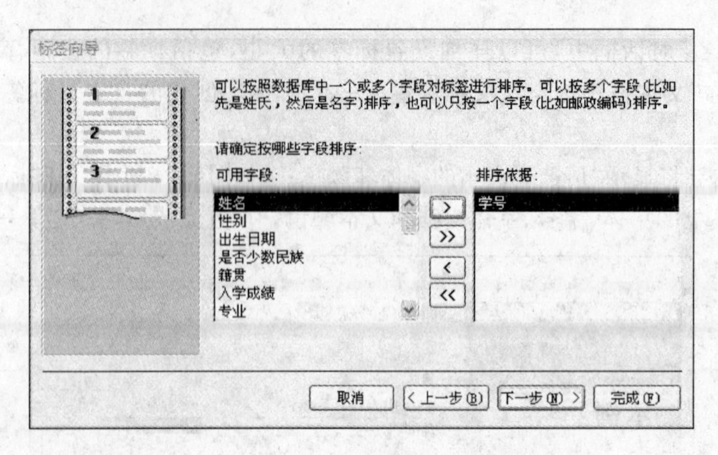

图 9-16　标签向导："请确定按哪些字段排序："

(6) 输入标签的名称为"学生详细信息标签",单击"查看标签的打印预览"单选按钮,标签向导设置如图 9-17 所示,然后单击"完成"按钮。

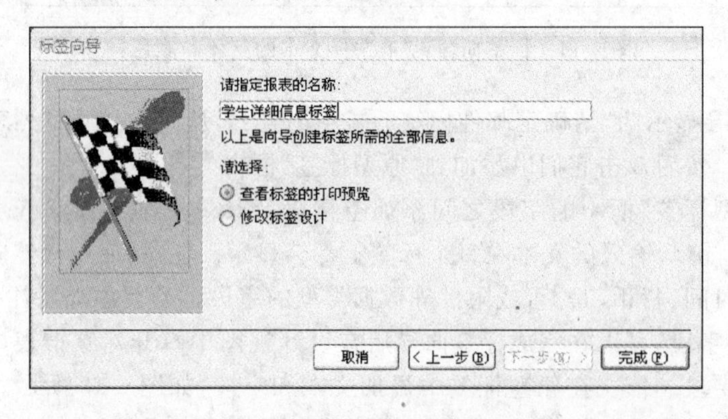

图 9-17　标签向导："请指定报表的名称："

Access 在打印预览中显示标签报表,如图 9-18 所示。

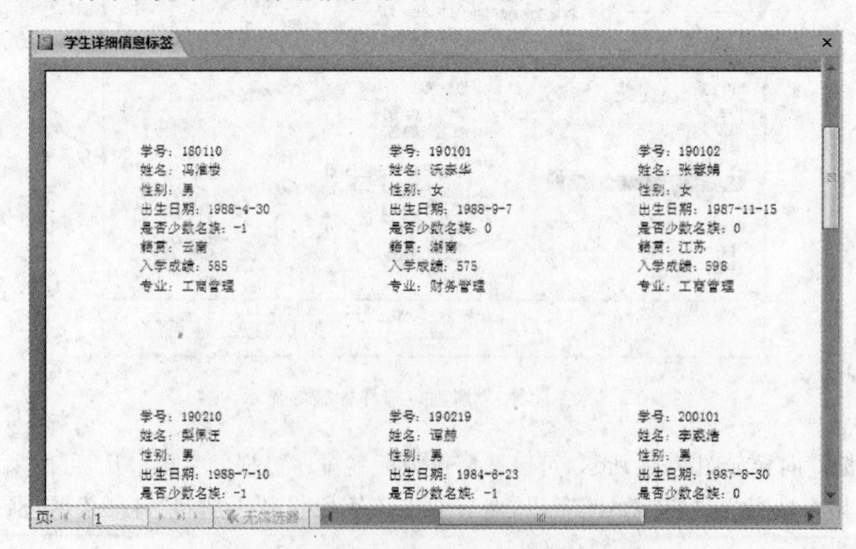

图 9-18　"学生详细信息标签"打印预览效果

9.2.4 使用空白报表工具创建报表

除使用报表工具或报表向导创建报表外，还可以使用空白报表工具从头开始生成报表。

【例 9-4】 利用空白报表工具，以学生表为数据源，创建一个名为“学生入学成绩”的报表。

操作步骤如下：

(1) 打开教学管理数据库，在“创建”选项卡的“报表”命令组中，单击“空报表”命令按钮。此时将显示一个空白报表并自动切换到布局视图中，在窗口右侧会显示字段列表窗格。

(2) 在“字段列表”中，单击学生表旁边的加号，展开字段列表。然后将“学号”、“姓名”和“入学成绩”等字段逐个拖曳到报表上，或按住 Ctrl 键同时选择多个字段，然后同时将所有字段拖曳到报表上，如图 9-19 所示。

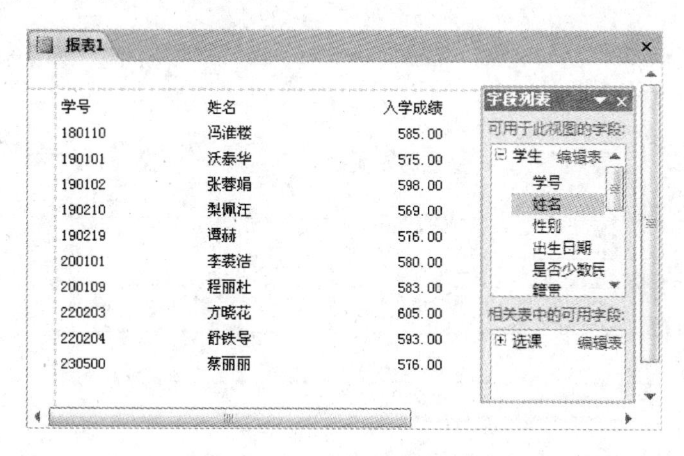

图 9-19 空白报表设计效果

(3) 使用“格式”选项卡“控件”命令组中的工具向报表中添加标题、页码或日期和时间等选项，其方法和在窗体中的添加操作是一样的。如果要添加更多其他控件，可以切换到设计视图添加。

(4) 单击“保存”按钮，输入报表名称“学生入学成绩”，保存报表并使用“报表视图”查看报表效果，如图 9-20 所示。

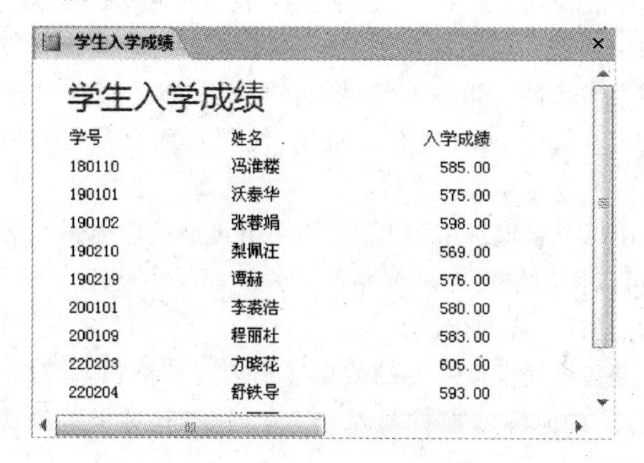

图 9-20 空白报表效果

9.2.5 使用报表设计工具创建报表

除了可以使用报表工具或报表向导创建报表外，还可以使用报表设计工具创建报表，也可以使用设计视图对报表工具或向导创建的报表进行修改。

在 Access 中，报表是按节来设计的。打开报表的设计视图，可以查看到报表的各个节。在创建报表时，需要了解每个节的工作方式。例如，选择用来放置计算控件的节将确定 Access 计算结果的方式。报表的节的类型包括报表页眉、页面页眉、组页眉、主体、组页脚、页面页脚、报表页脚。图 9-21 所示是添加了分组的学生报表设计视图，下面介绍报表各个部分的作用。

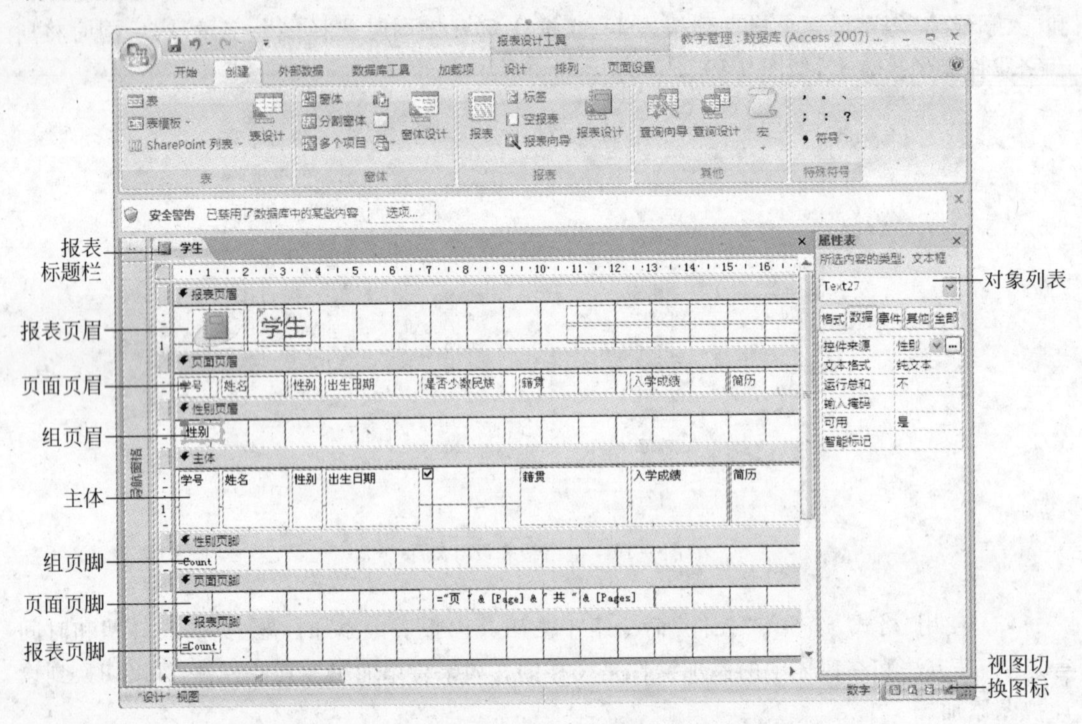

图 9-21 添加了分组的学生报表设计视图

(1) 报表页眉仅在报表开头显示一次，使用报表页眉可以放置通常可能出现在封面上的信息，如徽标、标题或日期。如果将使用 Sum 聚合函数的计算控件放在报表页眉中，则计算后的总和是针对整个报表的。报表页眉显示在页面页眉之前。

(2) 页面页眉显示在每一页的顶部。例如，使用页面页眉可以在每一页上重复报表标题。

(3) 组页眉显示在每个新记录组的开头，使用组页眉可以显示组名称。例如，在按课程分组的选课报表中，可以使用组页眉显示课程名称。如果将使用 Sum 聚合函数的计算控件放在组页眉中，则总计是针对当前组的。

(4) 主体是用来定义报表中最主要的数据输出内容和格式，针对每条记录进行处理，各字段数据通过文本框或其他绑定控件显示出来。主体节对于数据源中的每一行只显示一次。

(5) 组页脚显示在每个记录组的结尾,使用组页脚可以显示组的汇总信息。

(6) 页面页脚显示在每一页的结尾,使用页面页脚可以显示页码或每一页的特定信息。

(7) 报表页脚仅在报表结尾显示一次,使用报表页脚可以显示针对整个报表的报表汇总或其他汇总信息。

在不同的报表视图中,报表各组成部分的呈现形式也不一样,可以试着切换到不同的视图查看报表的显示效果。

在报表设计视图中右击,在弹出的对话框中可以选择是否显示报表页眉/页脚与页面页眉/页脚。另外,也可以在"报表设计工具 排列"选项卡中的"显示/隐藏"命令组中,单击"窗体页眉/页脚"按钮、"页面页眉/页脚"按钮显示或隐藏它们。注意,隐藏页眉/页脚会删除报表中对应的节,同时会删除节中所有控件。报表中如果没有启用分组,则不会显示组页眉与组页脚,报表可以添加多个分组。另外,报表的设计视图默认会显示辅助报表设计的"网格"和"标尺"。

【例 9-5】 使用报表的设计视图,以学生表为数据源,创建一个名为"学生信息设计视图"的报表。

操作步骤如下:

(1) 打开教学管理数据库,单击"创建"选项卡"报表"组中的"报表设计"命令按钮,在设计视图中创建一个空白报表。

(2) 在报表设计视图中右击,在弹出的快捷菜单中选择"报表页眉/页脚"命令,添加"报表页眉"和"报表页脚"节。

(3) 单击"报表设计工具 设计"选项卡,在"控件"命令组中单击"标题"命令按钮,自动将该控件添加到"报表页眉"节中,将标题名称改为"学生信息设计视图"。

(4) 单击"报表设计工具 设计"选项卡,在"工具"命令组中单击"添加现有字段"命令按钮,打开"字段列表"窗格,在其中选择学生表中的"学号"、"姓名"、"性别"、"出生日期"和"籍贯"5 个字段,拖曳到该报表的"主体"节中,设计效果如图 9-22 所示。

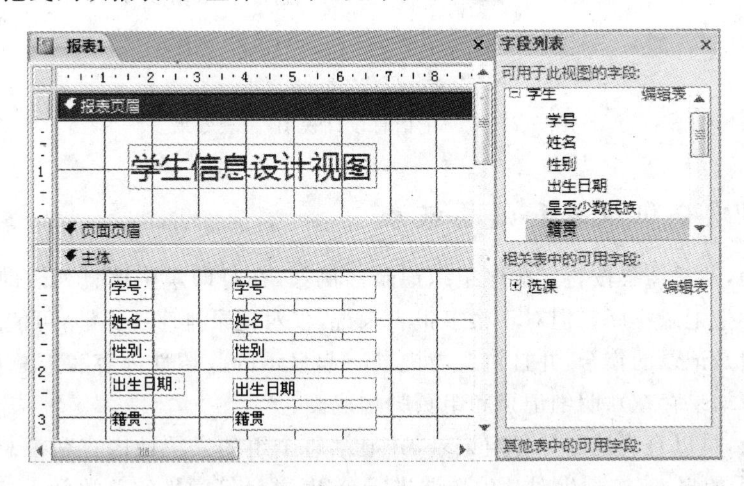

图 9-22 "报表页眉"和"主体"节的设计效果

(5) 选中"主体"节中 5 个标签和文本框控件,在"报表设计工具 排列"选项卡中,选择"表格"布局命令,创建表格布局,然后调整这些控件的大小、位置及对齐方式等,调整"报表页面页眉”和“主体”节的高度，以合适的尺寸容纳其中包含的控件，设计效果如图 9-23 所示。

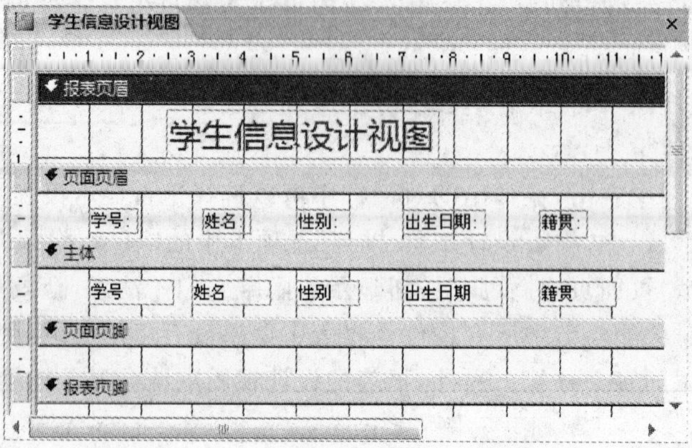

图 9-23 “页面页眉”节的设计效果

(6) 单击“保存”按钮，输入报表名称“学生信息设计视图”，保存报表并使用“报表视图”查看报表效果，如图 9-24 所示。

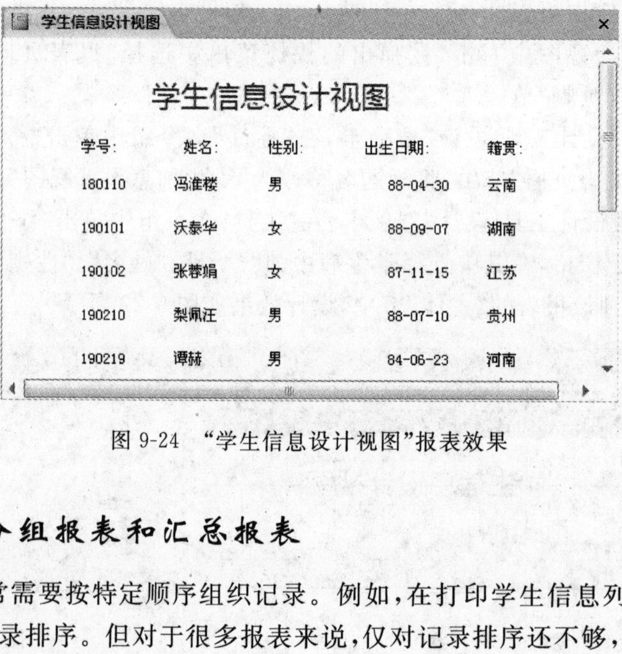

图 9-24 “学生信息设计视图”报表效果

9.2.6 创建分组报表和汇总报表

在报表中，通常需要按特定顺序组织记录。例如，在打印学生信息列表时，希望按学生姓名顺序对学生记录排序。但对于很多报表来说，仅对记录排序还不够，可能还需要将它们划分为组。组是记录的集合，并且包含与记录一起显示的介绍性内容和汇总信息。组由组页眉、嵌套组(如果存在)、明细记录和组页脚构成。

通过分组，可以直观地区分各组记录，并显示每个组的介绍性内容和汇总数据。例如，如图 9-25 所示的报表，按学生对学生选课进行分组，并计算学生的总学分。

下面通过例子介绍如何创建分组报表以及汇总报表。

【例 9-6】 以学生的选课成绩及学分查询为数据源，创建学生成绩学分分组汇总报表。

操作步骤如下：

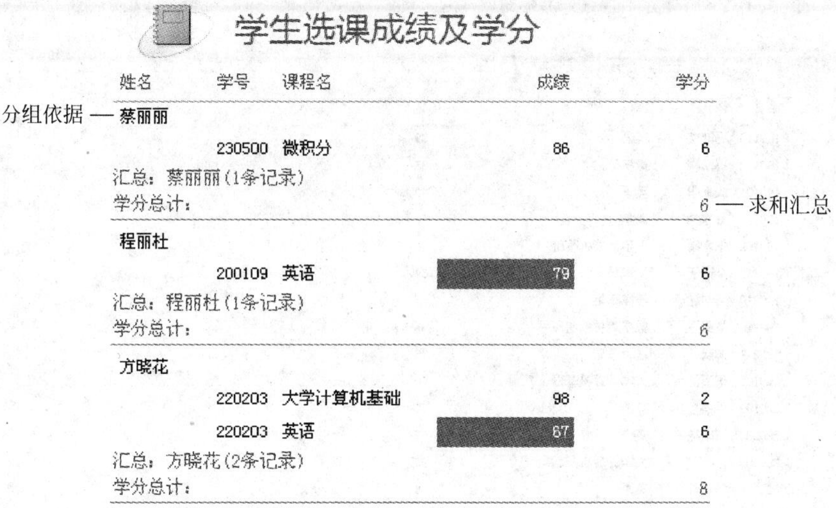

学生选课成绩及学分

姓名	学号	课程名	成绩	学分
蔡丽丽				
	230500	微积分	86	6
汇总：蔡丽丽(1条记录)				
学分总计：				6
程丽杜				
	200109	英语	79	6
汇总：程丽杜(1条记录)				
学分总计：				6
方晓花				
	220203	大学计算机基础	98	2
	220203	英语	67	6
汇总：方晓花(2条记录)				
学分总计：				8

分组依据 — 蔡丽丽

6 — 求和汇总

图 9-25 “学生学分汇总”报表

(1) 创建学生的选课成绩及学分的数据查询。由于数据库中没有学生课程成绩以及学分的数据表,这里首先要创建学生选课成绩及学分的查询,然后通过查询创建报表。创建查询的操作步骤可以参考第 6 和第 7 章。查询的 SQL 语句如下:

```
SELECT 学生.学号, 学生.姓名, 课程.课程名, 选课.成绩, 课程.学分 FROM 学生 INNER JOIN (课程
INNER JOIN 选课 ON 课程.课程号 = 选课.课程号) ON 学生.学号 = 选课.学号
```

将查询保存为“学生选课成绩及学分”,查询的数据表视图如图 9-26 所示。

学生选课成绩及学分

学号	姓名	课程名	成绩	学分
180110	冯淮楼	英语	89	6
180110	冯淮楼	微积分	88	6
190101	沃泰华	英语	90	6
190102	张蓉娟	微积分	76	6
190102	张蓉娟	大学计算机基础	78	2
190210	梨佩汪	微积分	87	6
190210	梨佩汪	法律基础	67	2
190210	梨佩汪	数据库技术与应用	96	3
190219	谭赫	法律基础	75	2
200101	李裘浩	大学计算机基础	90	2
200109	程丽杜	英语	79	6
220203	方晓花	英语	67	6
220203	方晓花	大学计算机基础	98	2
220204	舒铁导	英语	76	6
220204	舒铁导	数据库技术与应用	65	3
230500	蔡丽丽	微积分	86	6

记录: 第 1 项(共 16 项 无筛选器 搜索

图 9-26 “学生选课成绩及学分”查询的数据表

(2) 在导航窗格中单击要作为报表数据基础的“学生选课成绩及学分”查询,在“创建”选项卡的“报表”命令组中单击“报表”命令按钮。“学生选课成绩及学分”的基本报表就创建好了,如图 9-27 所示。

从基本报表的数据中可以看出,姓名和课程名在记录中会重复出现,为了清楚地浏览学

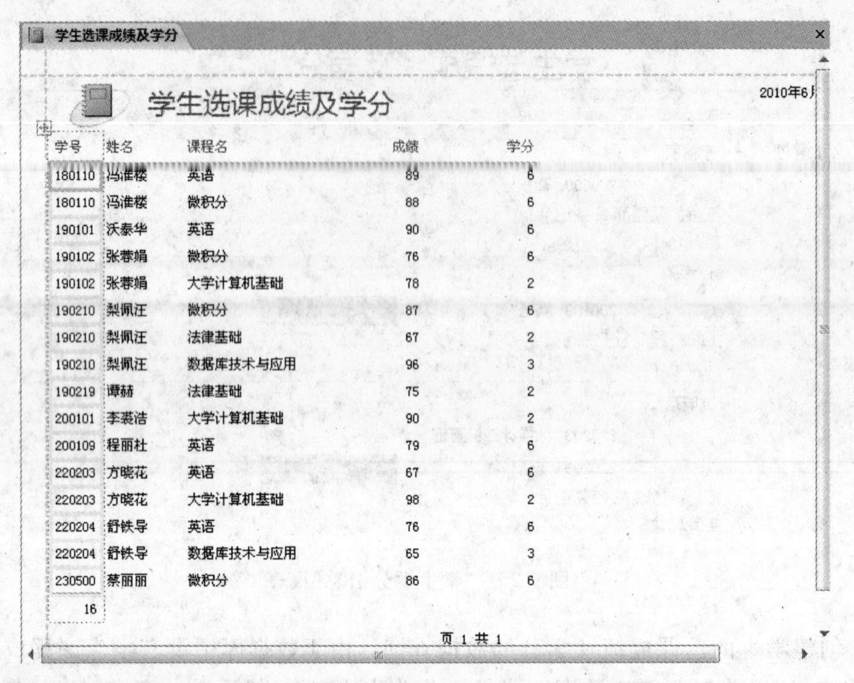

学生选课成绩及学分

2010年6

学号	姓名	课程名	成绩	学分
180110	冯淮楼	英语	89	6
180110	冯淮楼	微积分	88	6
190101	沃泰华	英语	90	6
190102	张蓉娟	微积分	76	6
190102	张蓉娟	大学计算机基础	78	2
190210	梨佩汪	微积分	87	6
190210	梨佩汪	法律基础	67	2
190210	梨佩汪	数据库技术与应用	96	3
190219	谭赫	法律基础	75	2
200101	李裘洁	大学计算机基础	90	2
200109	程丽杜	英语	79	6
220203	方晓花	英语	67	6
220203	方晓花	大学计算机基础	98	2
220204	舒铁导	英语	76	6
220204	舒铁导	数据库技术与应用	65	3
230500	蔡丽丽	微积分	86	6
16				

页 1 共 1

图 9-27 “学生选课成绩及学分”的基本报表

生的选课情况，需要对数据进行分组。Access 可以按作为排序依据的任何字段和表达式进行分组，分组最多为 10 个。可以多次按同一字段或表达式分组。当按多个字段或表达式进行分组时，Access 将根据其分组级别嵌套各个组。作为分组依据的第一个字段是最重要的分组级别，第二个分组依据字段是下一个分组级别，以此类推。

分组嵌套的结构如图 9-28 所示，每一个分组页眉与一个组页脚对应。通常，在组开头单独的节中使用组页眉显示该组的标识数据，在组结尾单独的节中使用组页脚汇总组中的数据。

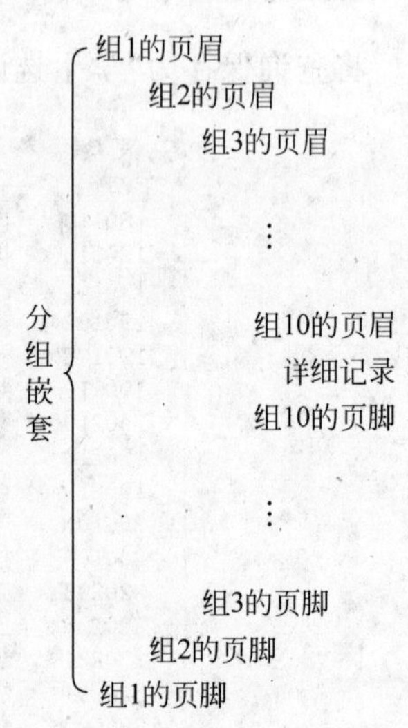

图 9-28 分组嵌套的结构图

在例 9-2 中，通过报表向导直接为报表创建分组和汇总。下面通过使用“分组、排序和汇总”窗格来添加分组、排序和汇总。

(3) 切换到报表的布局视图，在“报表布局工具 格式”选项卡的“分组和汇总”命令组中，单击“分组和排序”命令按钮，显示“分组、排序和汇总”窗格。“分组、排序和汇总”窗格将显示在报表下面，如图 9-29 所示。

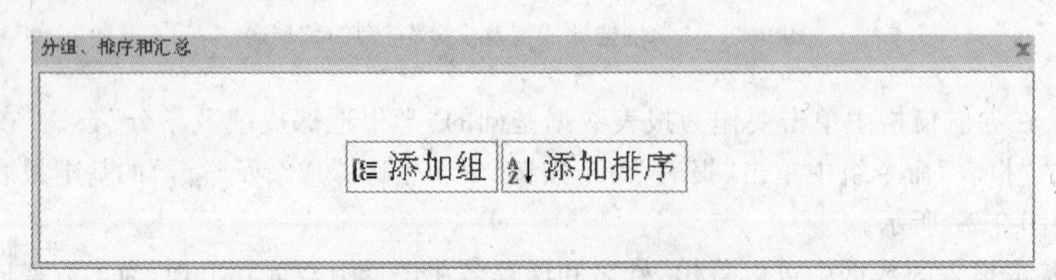

图 9-29 “分组、排序和汇总”窗格

(4) 单击“添加组”按钮，“分组、排序和汇总”窗格中将添加一个新行，并显示可用字段的列表，如图 9-30 所示。

图 9-30　在“分组、排序和汇总”窗格中添加分组

(5) 单击“姓名”字段，在布局视图中，报表显示内容立即更改为显示分组效果，如图 9-31 所示。可以继续添加分组或排序。

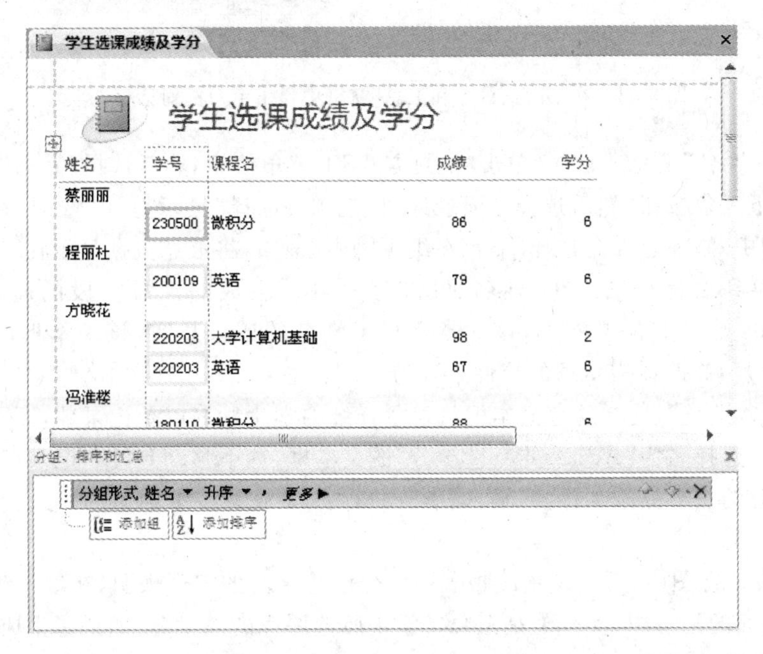

图 9-31　添加了分组的报表视图

(6) 更改分组选项。选择“分组、排序和汇总”窗格中的“姓名”分组，单击“更多”选项，将显示分组的所有选项，如图 9-32 所示。在所有选项中，可以设置分组的各种形式，包括分组的字段、排序方式、汇总字段等。

(7) 单击“汇总”选项旁边的黑色三角形，会弹出汇总的对话框选项，如图 9-33 所示，通过汇总选项可以为报表添加汇总，可以添加多个字段的汇总，并且可以对同一字段执行多种类型的汇总。执行以下操作：

① 取消“学号”的汇总。“学号”默认会显示总计，取消“显示总计”的选择。

② 添加“学分”汇总。首先，单击“汇总方式”下拉箭头，选择“学分”字段。然后，确认计算类型为“合计”。选择“显示在组页脚中”选项，将汇总数据显示在“姓名页脚”中。

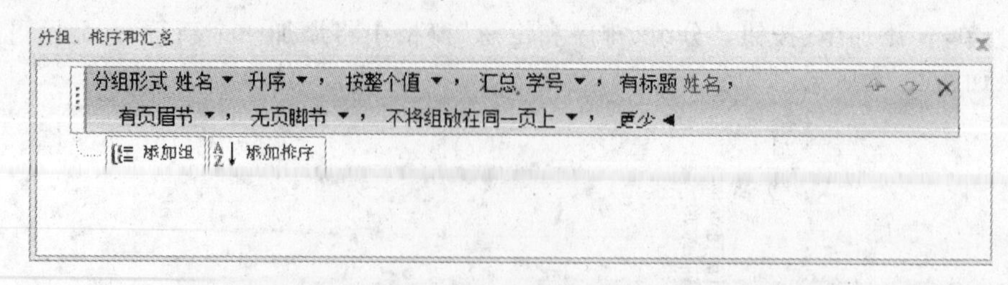

图 9-32　在“分组、排序和汇总”窗格中显示分组的所有选项

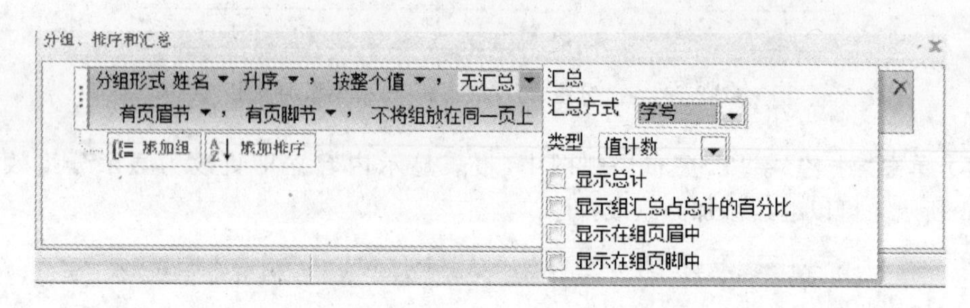

图 9-33　在“分组、排序和汇总”窗格中弹出汇总的对话框选项

③ 添加“姓名”汇总。首先，单击“汇总方式”下三角按钮，然后选择“姓名”字段。然后，单击“类型”下三角按钮，然后选择 “记录计数”选项。选择“显示总计”选项，在报表的结尾(即报表页脚中)添加总计。选择“显示在组页脚中”选项，将汇总数据显示在“姓名页脚”中。

(8) 切换到设计视图。在“姓名页脚”修改自动生成的汇总字段的属性，选择名为“AccessTotals 姓名 1”的文本框，该文本框显示姓名的记录总数，该为本框的控件来源为“=Count(*)”，修改该文本框的控件来源为“="汇总：" & [姓名] & "(" & Count(*) & "条记录" & ")"”，这样这个文本框将显示详细的学生姓名以及记录数，而不是自动生成的简单数字。选择名为“AccessTotals 学分”的文本框，往下移动到姓名记录汇总的下方，在姓名记录汇总的正下方添加标签，输入“学分总计：”。在标签下面添加一条直线，用于分隔分组数据。

(9) 在设计视图中，可继续更改报表中学分汇总字段的控件来源，获取学生真正意义上的学分，在前面的汇总中，实际上是汇总了学生所选课程的总学分，如果考生成绩没有及格，那么实际上并没有得到学分。因此这里要修改汇总字段的控件来源，设置控件来源的表达式为“=Sum(IIf([成绩]＜60,0,[学分]))”，表达式的作用是当成绩少于 60 分时，学分设为 0。

这里要注意，由于报表通过报表工具自动生成，会自动生成名字为“学分”的文本框控件，而在数据源中也存在一个名字为“学分”的字段，在表达式中调用“学分”，系统会产生错误，为了避免错误，在设计视图，要把自动生成的“学分”文本框重名为别的名字，如“学分 1”。“学分 1”文本框的控件来源也可以更改为“=IIf([成绩]＜60,0,[学分])”，当成绩少于 60 时，直接显示 0，否则显示学分。报表在设计视图的界面如图 9-34 所示。

(10) 切换到布局视图，报表效果如图 9-35 所示。在布局视图显示报表数据，可以对报表中的字段格式继续进行细微的调整，并保存报表为“学生选课成绩及学分”。

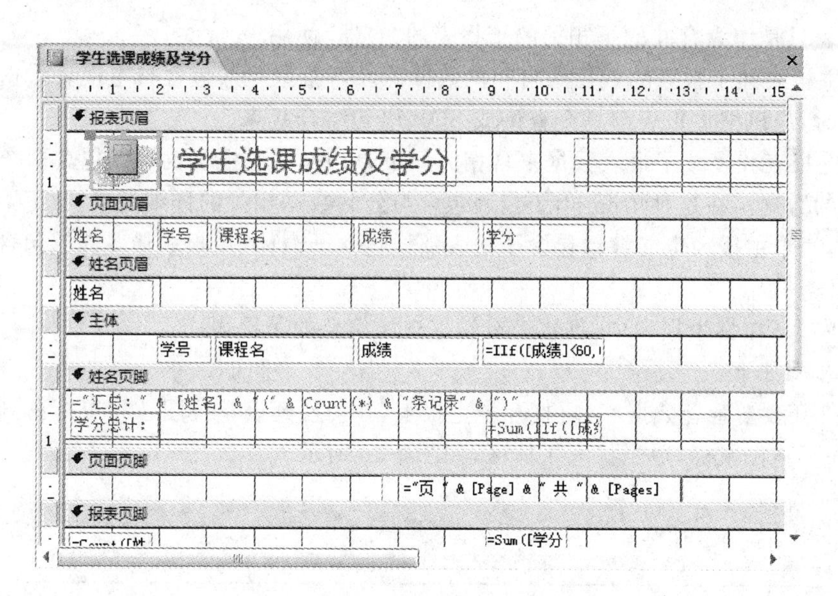

图 9-34　添加了分组的报表设计视图

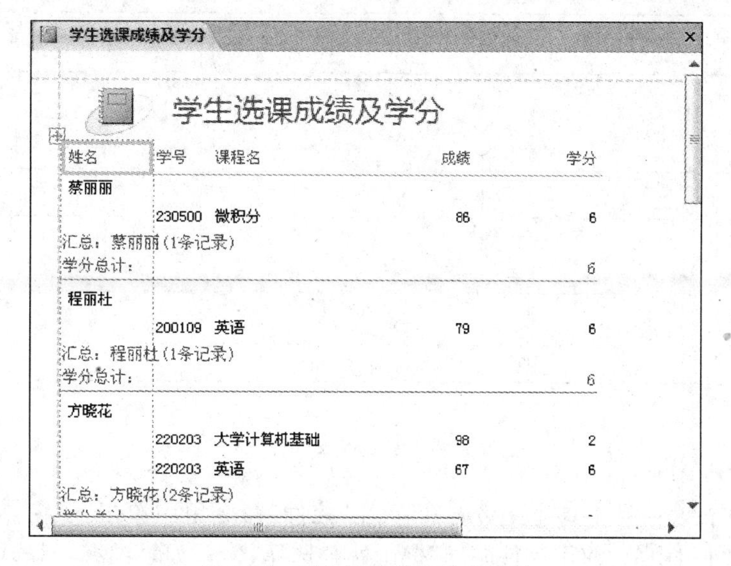

图 9-35　添加了分组的报表视图

9.2.7　创建子报表

在窗体的设计中，通过子窗体可以建立一对多关系表之间的联系；同样，在报表中可以利用子报表实现这种对应关系。子报表是指出现在另一个报表内部的报表，包含子报表的报表叫做主报表。主报表中包含的是一对多关系中一方表的记录，而子报表显示多方表的相关记录。

一个主报表，可以是结合型，也可以是非结合型。也就是说，它可以基于查询或 SQL 语句，也可以不基于它们。通常，主报表与子报表的数据来源有以下几种关系。

(1) 一个主报表内的多个子报表的数据来自不相关的记录源。在这种情况下，非结合型的主报表只是作为合并的不相关的子报表的"容器"使用。

(2) 主报表和子报表的数据来自相同数据源。当希望插入包含与主报表数据相关信息的子报表时，应该把主报表与一个查询或 SQL 语句结合起来。

(3) 主报表和多个子报表数据来自相关记录源。一个主报表也可以包含两个或多个子报表共用的数据。在这种情况下，子报表包含与公共数据相关的详细记录。

此外，一个主报表也能够像包含子报表那样包含子窗体，主报表最多能够包含两级子报表和子窗体。

【例 9-7】 在学生报表中，创建带有学生选课信息的子报表。

操作步骤如下：

(1) 打开教学管理数据库，再打开学生报表，并切换到设计视图。将鼠标移到主体区的下沿，并向下拖曳鼠标，适当扩大主体区，如图 9-36 所示。

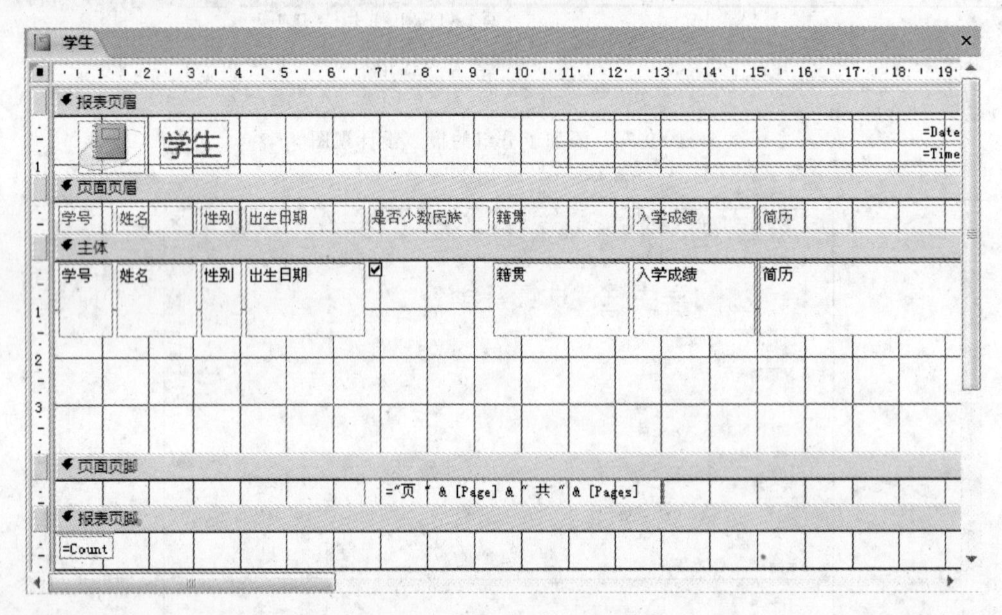

图 9-36 学生报表设计视图

(2) 单击"报表设计工具 设计"选项卡，在"控件"命令组中单击"子窗体/子报表"命令按钮。确认控件组中的"使用控件向导"按钮处于选择状态，如果没有，则选中，然后在报表的主体区域单击鼠标并拖曳，弹出"子报表向导"对话框，如图 9-37 所示。选中"使用现有的表和查询"单选按钮，然后单击"下一步"按钮。

(3) 在子报表向导的"表/查询"下拉列表中，选择"表：选课"项，并选择选课表中的所有字段，设置后的"子报表向导"对话框如图 9-38 所示，然后单击"下一步"按钮。

(4) 确定主报表和子报表的连接字段，这里选中"从列表中选择"单选按钮，如图 9-39 所示，然后单击"下一步"按钮。

(5) 在"子报表向导"对话框中设定子报表的名称"学生选课子报表"，然后单击"完成"按钮，这样一个包含"选课"子报表的学生报表就创建了。

(6) 切换到报表打印预览视图，效果如图 9-40 所示。

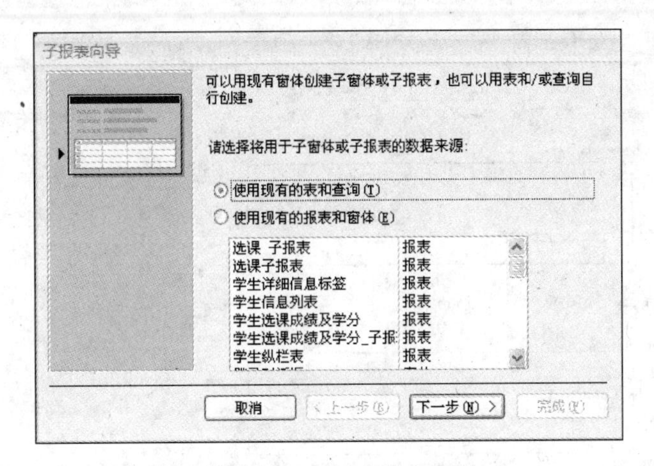

图 9-37　选择子报表的数据来源

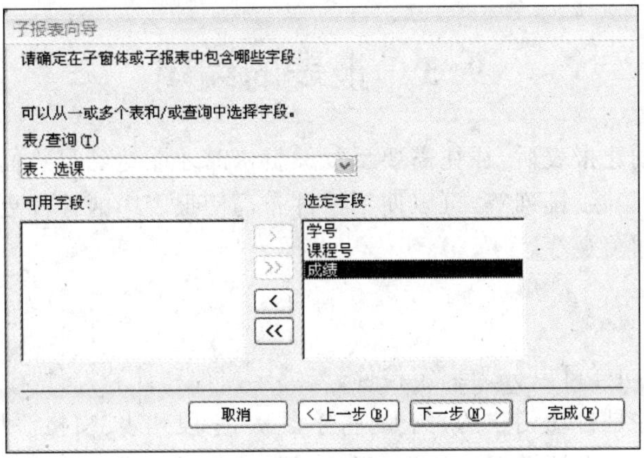

子报表向导
请确定在子窗体或子报表中包含哪些字段:
可以从一或多个表和/或查询中选择字段。
表/查询(T)
表: 选课
可用字段:
选定字段:
学号
课程号
成绩
取消
< 上一步(B)
下一步(N) >
完成(F)

图 9-38　确定子报表中使用哪些字段

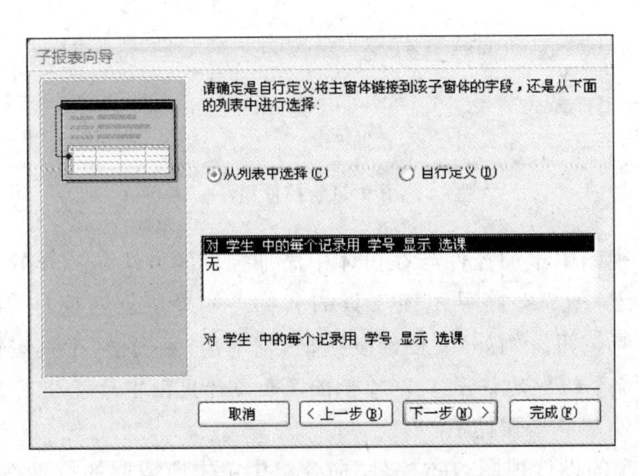

图 9-39　确定主报表和子报表的连接字段

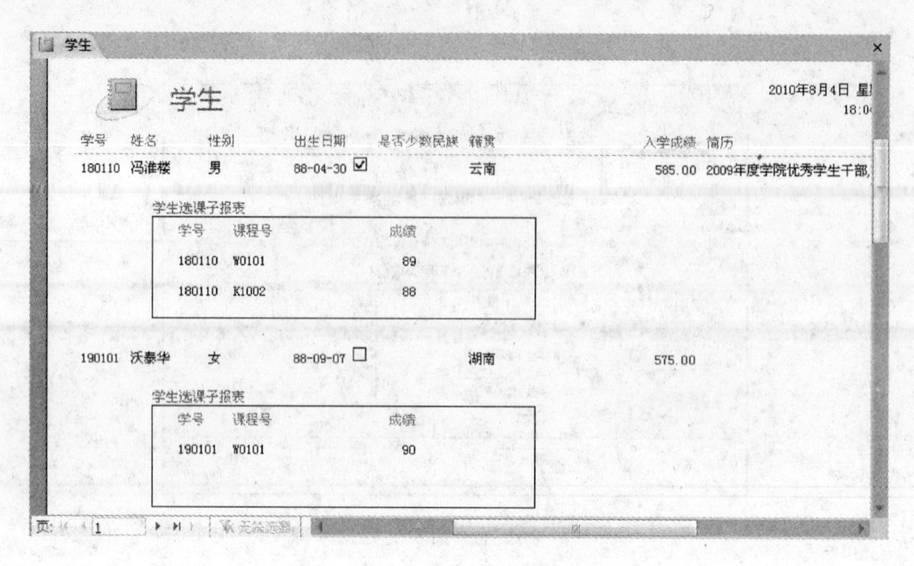

图 9-40　学生选课子报表打印预览效果

9.3　报表的编辑

利用报表工具创建报表后，往往需要反复编辑修改才能达到最终需要的结果，报表的编辑包括控件的添加、删除、排列等，可以使用控件布局使报表中的控件更加整齐，可以设置报表的样式使报表更加美观等。

9.3.1　控件的编辑

在报表中，控件同样可以分为绑定控件、未绑定控件和计算控件。

报表中某些控件是自动创建的，例如，将字段从“字段列表”窗格添加到报表时会创建绑定文本框控件。通过在设计视图中使用“报表设计工具 设计”选项卡上“控件”命令组中的工具，可以创建更多的其他控件，控件组如图 9-41 所示。

图 9-41　控件组

在报表的设计视图中添加控件与在窗体中添加控件的方法是一样的，在控件列表中，将鼠标指针放在工具上，Access 将显示该工具的名称。如果要创建控件，则单击要添加的控件类型所对应的工具按钮。例如，要创建复选框，则单击“复选框”工具按钮 。

注意：“控件”命令组中的许多工具只有在报表设计视图中才能使用。

添加报表控件的基本步骤如下：

(1) 切换到报表的设计视图，在“控件”命令组中单击所需要的控件按钮。

(2) 如果在“控件”命令组中，“使用控件向导”已经选中，取消对它的选择。选中状态为 使用控件向导，未选中状态为 使用控件向导。注意，当应用程序窗口比较窄的时候，选中状态

为 ，未选中状态为 。如果没有选中，则创建控件时将不会弹出向导对话框。

(3) 移动鼠标到报表中，在需要放置控件的位置，单击并拖曳，Access 会呈现一个矩形框，矩形框为将要创建控件的大小。

(4) 松开鼠标，报表上将创建选中的控件。控件会自动创建一个名称，如 Text1，Text 表示该控件为文本框，后面的数字提示该控件为报表创建的第 1 个控件。在添加文本框的时候，文本框前面会自动添加一个关联标签。

(5) 在报表上添加的控件，可以反复调整大小和位置。如果选择了"使用控件向导"，在创建控件时会弹出向导对话框，向导对话框主要用来设置添加控件的某些属性。

注意：如果需要连续在窗体上添加同一个控件，如"文本框"，可以在文本框上双击，文本框控件会一直处于选择状态，再次单击取消选择。

在报表中添加控件之后，同样要对控件的大小和位置进行调整，在"报表设计工具 排列"选项卡中，可以对控件进行调整和布局。报表控件的布局与窗体中控件的布局是一样的。具体操作方法可以参考窗体的控件布局。

控件属性的修改在控件属性表中完成，包括控件的格式、数据、事件以及其他属性。

9.3.2 报表的外观设计

报表主要用于输出和显示数据，因此报表的外观设计很重要。报表设计要做到数据清晰并且有条理地显示，使用户一目了然地浏览数据。

1. 使用报表主题格式设定报表外观

与窗体一样，Access 2007 提供了 25 种主题格式，用户可以直接在报表上套用某个主题格式。

【例 9-8】 设定学生报表的主题格式。

操作步骤如下：

(1) 打开教学管理数据库，再打开需要使用主题格式的学生报表，并切换到设计视图。

(2) 单击"报表设计工具 排列"选项卡下的"自动套用格式"按钮，打开主题格式列表，如图 9-42 所示。

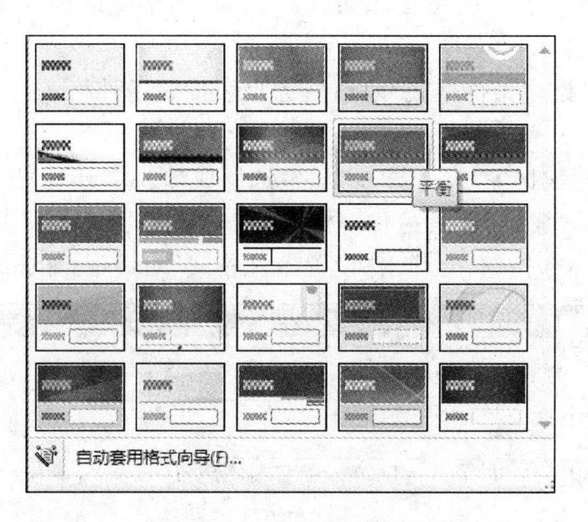

图 9-42 主题格式列表

（3）选择要使用的格式，如“平衡”，报表随即就会使用该主题格式。也可以选择“自动套用格式向导”选项，显示“自动套用格式”对话框，如图 9-43 所示，通过单击选择所需的报表格式。

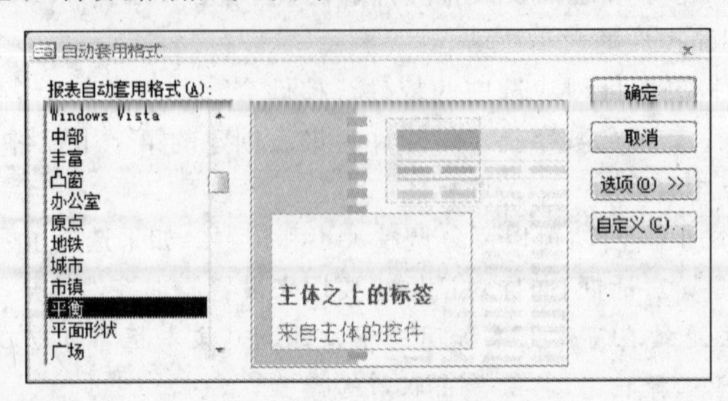

图 9-43 “自动套用格式”对话框

完成后，报表的样式将应用到报表上，主要影响报表以及报表控件的字体、颜色以及边框属性。设定主题格式之后，还可以继续在属性表里修改报表的格式属性。

2. 使用报表属性设定报表外观

在报表的属性表中，可以修改报表的格式属性设定报表的外观，如报表大小、边框样式等。报表自身的一些控件，如关闭按钮、最大化按钮、最小化按钮、滚动条等，可以在属性表中设置是否显示。

【例 9-9】 为学生报表添加背景图片。

（1）打开教学管理数据库，再打开学生报表，并切换到设计视图。

（2）打开属性表，在所有控件列表中，选择“报表”，并在属性表中切换到“格式”选项卡。

（3）单击“图片”属性框，在右边显示的省略号按钮[...]上单击，会弹出“插入图片”对话框，在对话框中选择合适的图片，单击“确定”按钮，属性框中会显示图片名称，报表背景将显示该图片。

9.3.3 利用条件更改报表控件外观

使用设置条件格式，可以更改窗体和报表上控件的外观，或更改控件中的值（文本或数字）的外观，具体情况取决于一个或多个条件。例如，当学生成绩少于 80 分时，可以将其背景改成红色。

【例 9-10】 使用“设置条件格式”对话框为报表设置条件格式。

操作步骤如下：

（1）打开教学管理数据库，打开报表“学生选课成绩及学分”，切换到布局视图。

（2）选择要更改的“成绩”字段控件，然后单击“报表设计工具 设计”选项卡，在“字体”命令组中单击“条件”命令按钮，会弹出“设置条件格式”对话框，如图 9-44 所示。

图 9-44 “设置条件格式”对话框

(3) 在条件 1 的第一个字段选择“字段值”，第二个字段选择“小于”，在第三个字段输入 80。然后在字段的下面设置文本框的格式，这里设置背景色为红色，字体颜色为白色。设置完成后单击确定。报表效果如图 9-45 所示，选课成绩少于 80 分，会突出显示。这里只设置了一个条件，可以单击“添加”按钮继续添加条件，也可以选择其他字段设置更多条件格式。

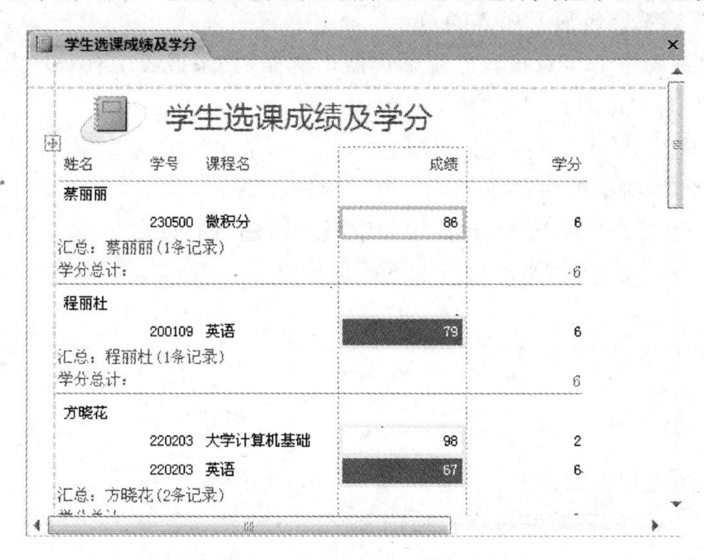

图 9-45　设置了条件格式的报表效果

在条件 1 的第一个字段选择“表达式”，利用条件表达式也可以实现相同的效果，条件表达式为：“[成绩]<80”，利用相同的条件表达式，可以把“学号”、“课程名”和“学分”字段设置成相同的格式。

9.4　报表的应用

保存报表设计之后，可以多次使用。报表的设计保持不变，但每次打印报表时可以获得当前的数据。如果报表需求有更改，那么可以修改报表设计或在原来的基础上新建类似的报表。

9.4.1　查看报表

查看报表方式有很多种，可以使用报表视图、布局视图和打印预览查看报表，如果要在打印之前对报表上所显示的数据进行临时更改，或如果要将数据从报表复制到剪贴板上，可以使用报表视图；如果要更改报表的设计，又要查看数据，可以使用布局视图；如果只是要查看报表打印时的效果，可以使用打印预览。

1. 在报表视图中查看报表

在导航窗格中双击报表时，所使用的默认视图为报表视图。如果报表未打开，可以在导航窗格中双击报表，以在报表视图中进行查看。

2. 在报表视图中处理数据

在报表视图中，可以选择文本并将其复制到剪贴板上。要选择整行，可在要选择的行旁边的页边距中单击并拖动。随后，可以通过执行下列操作之一将这些行复制到剪贴板上：

(1) 在"开始"选项卡的"剪贴板"命令组中，单击"复制"命令按钮。

(2) 右击所选的行，然后单击"复制"按钮。

(3) 按 Ctrl+C 组合键。

3. 通过使用筛选器仅显示所需的行

可以在报表视图中直接对报表应用筛选器。例如，如果报表中有一列为"性别"，而只想查看性别为"男"的行，可执行以下操作：

(1) 在报表中找到"男"一词，右击该词。

(2) 在弹出的快捷菜单中选择"等于'男'"选项。

Access 将创建并应用筛选器，并在报表中显示筛选后的数据。

要创建更详细的筛选器，则可执行以下操作：

(1) 右击要筛选的字段。

(2) 选择"公用筛选器"命令。

(3) 单击所需的筛选条件。

(4) 输入条件。

4. 打开、关闭或删除筛选器

通过单击"开始"选项卡的"排序和筛选"命令组中的"切换筛选"命令按钮，可以在筛选的和非筛选的显示之间切换。这不会删除筛选功能，该操作仅仅是打开和关闭筛选器。

删除筛选器的操作方法是右击要从中删除筛选器的字段，在打开的快捷菜单中选择"移除筛选器"命令。

一旦删除了筛选器，则使用"切换筛选"命令无法将其切换回打开状态，必须先重新创建筛选器。

注意：如果对报表应用筛选器，然后保存和关闭报表，则筛选器也将保存。不过，下次打开报表时，Access 将不会应用筛选器。要重新应用筛选器，可在"起始页"选项卡的"排序和筛选"命令组中，单击"切换筛选"命令按钮。

5. 使用打印预览来预览报表

在导航窗格中右击报表，然后选择快捷菜单上的"打印预览"命令可预览报表。可以使用导航按钮按顺序逐页查看报表或跳转到报表中的任意页。

在打印预览中，可以放大以查看细节，也可以缩小以查看数据在页面上放置的位置如何。将光标放在报表上方，单击一次。要恢复缩放的效果，可再单击一次。此外，还可以使用 Access 状态栏中的缩放控件来进行进一步放大或缩小。

要关闭"打印预览"，可直接在"打印预览"选项卡上，单击"关闭打印预览"命令按钮。

9.4.2 打印报表

在 Access 中可以打印所有视图中的报表，在报表关闭时也可以选择打印。打印之前，确保重新检查页面设置，如页边距或页面方向。报表会将页面设置与之一起保存，所以页面设置只需要设置一次。如果需要更改打印，以后可以再次对其进行设置。

1. 更改页面设置

(1) 打开报表并切换到"打印预览"视图。页面设置可以在任何视图中更改，但打印预览是最合适的视图，因为在该视图中可以立即看到任何更改的效果。

(2) 在“打印预览”选项卡的“页面布局”命令组中，单击“纵向”命令按钮或“横向”命令按钮可以设置页面方向，单击“纸张大小”命令按钮可以设置页面尺寸，单击“页边距”命令按钮可以调整页边距。

(3) 进行更改之后，使用导航按钮查看多个页面，确保后面的页面不存在任何格式问题。

2. 将报表发送到打印机

(1) 在任意视图中打开报表或在导航窗格中选择报表。

(2) 单击 Office 按钮，然后单击“打印”命令。Access 会显示“打印”对话框。

(3) 针对各个选项(如打印机、打印范围和份数)输入相应的选择。

(4) 单击“确定”按钮，打印报表。

9.4.3 导出报表

报表可以通过多种方式输出，除了直接打印之外，还可以把报表导出为别的格式文件，然后通过邮件进行发送。

导出报表的方法也有多种，首先，可以直接在导航窗格中对需要导出的报表右击，然后在快捷菜单中选择“导出”命令，在弹出的对话框中设置导出的目标文件名和文件格式，完成导出。其次，在报表的“打印预览”视图中，在“外部数据”选项卡的“导出”命令组中，单击所需格式对应的按钮，然后通过对话框进行相应操作。

如果计算机安装了 Microsoft Office Outlook 软件，可以直接将报表作为电子邮件发给收件人。发送电子邮件的操作步骤如下：

(1) 在导航窗格中，单击报表以选中它，单击 Office 按钮，然后单击“电子邮件”命令。

(2) 在“对象发送为”对话框中的“选择输出格式”列表内，单击要使用的文件格式，如图 9-46 所示。

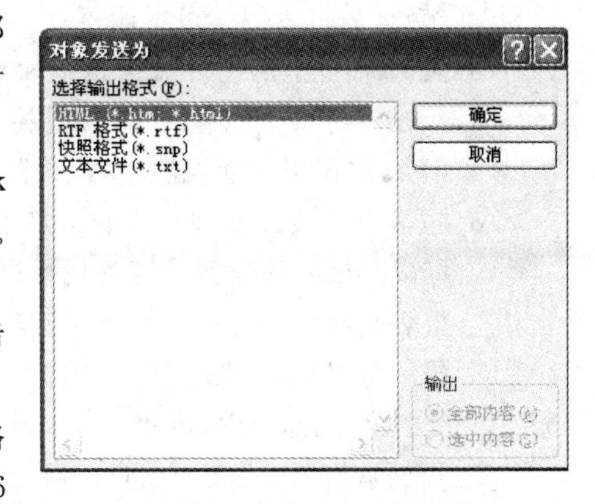

图 9-46 “对象发送为”对话框

(3) 依次设置其余的对话框。

(4) 在电子邮件程序中输入邮件正文，然后发送邮件。

本 章 小 结

本章围绕 Access 2007 报表的创建与应用而展开。通过本章的学习，需要了解 Access 报表的类型、视图与组成，掌握 Access 2007 中创建报表的各种方法，能够在报表上添加控件，设计报表的样式和控件的格式，打印和导出报表。

(1) 报表主要用于输出和打印数据库中的数据。Access 2007 能创建各种类型的报表，根据报表的输出形式可以把报表分为 4 种类型：纵栏式报表、表格式报表、图表报表和标签报表。

(2) Access 2007 报表提供了 4 种视图：报表视图、打印预览、布局视图和设计视图。

(3) 在 Access 中，报表是按节来设计的。报表的节的类型包括报表页眉、页面页眉、组页眉、主体、组页脚、页面页脚和报表页脚。可以在 Access 2007 中创建各种不同类型的报表。

(4) 创建报表有多种方法，包括使用报表工具自动创建报表、使用报表向导、使用空白报表工具以及使用报表设计视图等。

(5) 在报表中，仅对记录排序还不够，还需要将它们划分为组。通过分组，可以直观地区分各组记录，并显示每个组的介绍性内容和汇总数据。

(6) 可以使用报表视图、布局视图和打印预览来查看报表。报表可以直接打印或导出为别的文件格式，该文件可以以电子邮件附件发送。

习　题　9

1. 选择题

(1) Access 的报表视图不包括(　　)。

A. 数据表视图　　B. 布局视图　　C. 设计视图　　D. 报表视图

(2) 在 Access 中，报表是按(　　)来设计的。

A. 节　　B. 段落　　C. 字段　　D. 章

(3) 如果报表上的控件数据总是取自于查询或表，那么该控件为(　　)。

A. 绑定控件　　B. 未绑定控件　　C. 计算控件　　D. ActiveX 控件

(4) 下列关于报表的说法中，错误的是(　　)。

A. 报表由从表或查询获取的信息以及在设计报表时所提供的信息组成

B. 可以对报表的数据进行查找、排序和筛选

C. 报表是数据库中用户和应用程序之间的主要接口

D. 报表可以包含文字、图形、图像、声音和视频

(5) 报表组成部分中，可用于在每个打印页底部显示信息的区域是(　　)。

A. 页面页眉　　B. 页面页脚　　C. 报表页脚　　D. 报表页眉

2. 填空题

(1) 根据报表的输出形式，可以把报表分为 4 种类型：纵栏式报表、表格式报表、图表报表和________。

(2) 提供基础数据的表或查询称为报表的________。

(3) 插入到其他报表中的报表称为________。

(4) 将字段从“字段列表”窗格拖曳到报表上，Access 会自动为________、备注、________、日期/时间、货币、超链接类型的字段创建文本框。

(5) 计算控件的控件来源必须是________开头的计算表达式。

(6) 一个报表最多可以对________个字段或表达式进行分组。

3. 问答题

(1) 报表的功能是什么？和窗体的主要区别是什么？

(2) 报表的视图包含哪几种？各自的作用是什么？

(3) 创建报表的方法有哪些?

(4) 报表由哪几部分组成? 各部分主要用来放置哪些信息和数据?

(5) 什么是分组? 分组的作用是什么? 如何添加分组?

4. 应用题

(1) 在教学管理数据库中为选课表创建报表,报表保存为"选课列表",报表自动套用格式"平衡",利用属性表隐藏报表的"滚动条"。

(2) 在教学管理数据库中为课程表创建标签报表,报表保存为"课程标签",标签显示"课程号"、"课程名"。

(3) 在教学管理数据库中为学生表创建报表,报表保存为"学生男女分组报表",在布局视图为报表添加分组,报表以学号进行排序,以性别进行分组显示。

(4) 在教学管理数据库中为"学生选课成绩查询"表创建报表,报表保存为"学生选课成绩查询报表",为报表添加筛选,筛选出成绩大于等于85的学生。

(5) 创建一个学生统计报表,包括学号、姓名、性别、出生日期、专业等字段,并统计各专业的学生人数。

第10章　宏的创建与应用

在 Access 中，宏是一个或多个操作命令的集合。Access 提供了大量的宏操作命令，可以把各种宏操作命令依次定义在宏中。运行宏时，Access 就会按照所定义的顺序依次执行各个宏操作。通过应用宏，能够自动执行重复的任务，使用户更方便快捷地操作 Access 数据库系统。本章介绍宏的基本概念、创建宏的方法、宏的运行和调试以及宏的应用等内容。

10.1　宏　概　述

宏是一种工具，利用宏可以在窗体、报表和控件中添加功能，自动完成某项任务。例如，可以在窗体中的命令按钮上将"单击"事件与一个宏关联，每次单击按钮执行该宏，完成相应的操作。

在 Access 中，可以将宏看作一种简化的编程语言，这种语言通过一系列要执行的宏操作命令来编写程序。编写宏时，从操作命令列表中选择需要的操作，然后填写每个操作命令所需的参数。通过使用宏操作，无须在 VBA 模块中编写代码，即可向窗体、报表和控件中添加功能。

10.1.1　宏的类型

根据宏所在的位置，可以将宏分为两类：宏对象和嵌入的宏。

1. 宏对象

导航窗格中的"宏"下面看到的对象称为宏对象。一个宏对象可以由一个宏或多个宏组成，由一个宏组成的宏对象称为单个宏，由多个宏组成的宏对象称为宏组。宏对象是一个独立的对象，窗体、报表或控件的任意事件都可以调用宏对象中的宏。

2. 嵌入的宏

在窗体、报表或控件提供的任意事件中可以嵌入宏。嵌入的宏与宏对象的区别在于嵌入的宏在导航窗格中不可见，它成为创建它的窗体、报表或控件的一部分。如果为包含嵌入式宏的窗体、报表或控件创建副本，则这些宏也会存在于副本中。宏对象可以被多个对象以及不同的事件引用，而嵌入的宏只作用于对象嵌入的事件。

10.1.2　宏的组成

宏的基本组成部分是操作。宏可以是一个操作或多个操作的集合，不同的操作组合可以实现特定的功能。宏在宏生成器中创建，宏生成器的界面如图 10-1 所示。要显示宏生成器的界面，可以在"创建"选项卡的"其他"命令组中单击"宏"命令按钮。如果此命令没有呈现，单击“模块”或“类模块”按钮下面的箭头，然后在弹出的列表中选择“宏”命令。

在“宏工具 设计”选项卡的“行”命令组中，单击“插入行”命令按钮，可以在操作列表中插入一个操作行；单击“删除行”命令按钮，可以删除选定的操作行；通过单击操作名称左侧的行选择器选择一个操作行，按住鼠标左键拖动行选择器可以将一个操作行移到一个新位置。

首次打开宏生成器时，会显示“操作”列、“参数”列和“注释”列。另外，宏操作还包括“宏名”列和“条件”列。在“宏工具 设计”选项卡的“显示/隐藏”命令组中单击相应命令可显示宏操作的所有列。

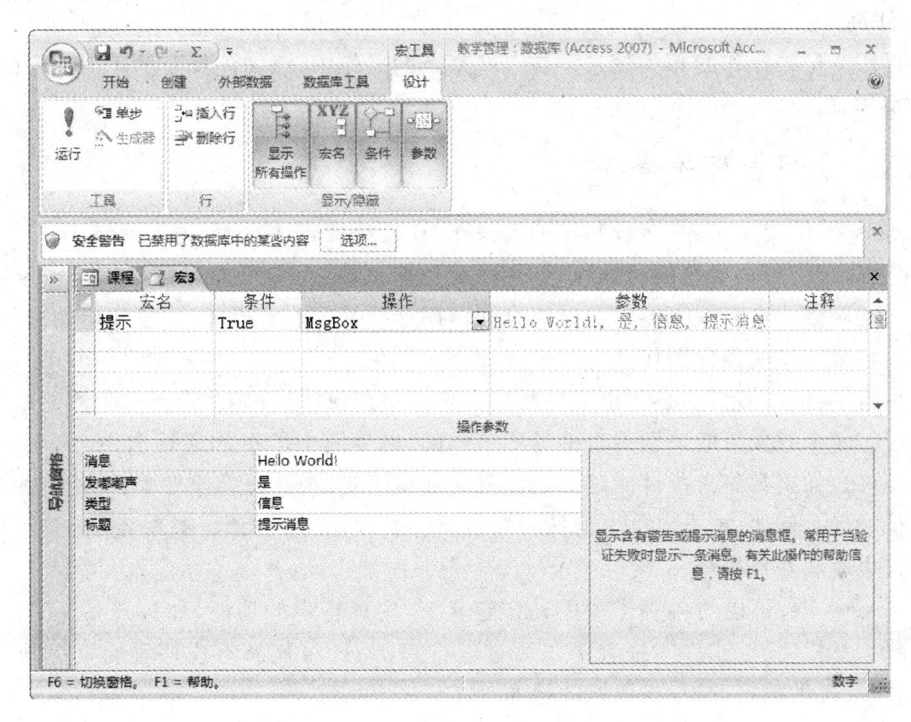

图 10-1　宏生成器的设计编辑视图

1. 宏名

宏名主要用于宏组中，用于区分宏组中的不同的宏，如果宏对象仅仅包含一个宏，则不需要为宏建立宏名，通过宏对象的名称即可引用该宏。但对于宏组，必须为每个宏指定一个唯一的名称，调用宏组中某个宏的方法是在控件的事件属性中输入或选择“宏对象名称.宏名称”。

在宏组中，宏名列中可以为不同的宏命名，宏名与宏的第一个操作位于同一行，对于该宏中的后续操作，宏名列可保留为空，该宏结束于宏名列中的下一个条目。

2. 条件

条件指定在执行操作之前必须满足的某些标准，可以使用计算结果等于 True/False 或“是/否”的任何表达式作为条件。如果表达式计算结果为 False、否或 0，将不会执行此操作。如果表达式计算结果为其他任何值，将执行该操作。

可以让一个条件控制多个操作，方法是在后续操作的“条件”列中输入省略号“…”，后续操作条件将重复前面的操作条件。如果希望某条操作不运行，可以在操作的条件列中直接输入 False。

3. 操作

操作是宏的基本构建模块。Access 提供大量操作，可以在宏操作的“操作”列的下拉列表中选择需要的操作，创建各种命令。例如，打开报表、查找记录、显示消息框等。

4. 参数

参数是一个值，它向操作提供信息，如要在消息框中显示的字符串、要操作的控件对象等。有些参数是必需的，有些参数是可选的。参数显示和编辑在宏生成器底部的“操作参数”窗格中。可以在操作的“参数”列上查看该操作的参数。

5. 注释

注释用于记录操作的相关信息。在一些复杂的操作中，添加注释有助于对程序的理解、阅读以及调试。

10.1.3 常用宏操作命令

Access 2007 提供了 70 多种基本的宏操作，在宏生成器中选择“显示所有操作”，在“操作”下拉列表中会显示所有的宏操作，如果没有选择该项，一些可能对数据库有安全威胁的操作会自动隐藏。在宏编辑器中可以组合和调用这些基本的宏操作，配置相应的操作参数，自动完成对数据库的各种操作。

宏本身不会自动运行，必须由事件触发。事件是指窗体、报表及控件对象所能辨识或检测的动作。每个对象所能识别的事件是不一样的，属性表中的事件属性卡中会显示该对象的所有事件。如果预先为控件的某一动作事件编写了宏，一旦此动作发生，其相对的事件与宏便会被触发。例如，单击窗体上的按钮，该按钮的“单击”事件便会被触发，指派给“单击”事件的宏也就跟着被执行。

在 Access 中，可以为各种类型的动作定义宏，实现特定的功能，如打开和关闭窗体、显示及隐藏工具栏、预览或打印报表等。通过运行宏，Access 能够有次序地自动完成一连串的操作，包括各种数据、键盘或鼠标的操作。

在 Access 2007 的宏操作中，可以根据它们的用途来分类，表 10-1 所示为常用的宏操作命令。

表 10-1 常用宏操作命令分类列表

功能分类	宏命令	说明
打开	OpenForm	在窗体视图、窗体设计视图、打印预览或数据表视图中打开窗体
	OpenModule	在指定过程的设计视图中打开指定的模块
	OpenQuery	打开选择查询或交叉表查询
	OpenReport	在设计视图或打印预览视图中打开报表或立即打印该报表
	OpenTable	在数据表视图、设计视图或打印预览中打开表
查找、筛选记录	ApplyFilter	对表、窗体或报表应用筛选、查询或 SQL 的 WHERE 子句，以便限制或排序表的记录，以及窗体或报表的基础表，或基础查询中的记录
	FindNext	查找符合最近 FindRecord 操作或“查找”对话框中指定条件的下一条记录
	FindRecord	在活动的数据表、查询数据表、窗体数据表或窗体中，查找符合条件的记录
	GoToRecord	在打开的表、窗体或查询结果集中指定当前记录
	ShowAllRecords	删除活动表、查询结果集或窗体中已应用过的筛选

续表

功能分类	宏命令	说明
焦点	GoToControl	将焦点移动到打开的窗体、窗体数据表、表数据表或查询数据表中的字段或控件上
	GoToPage	在活动窗体中,将焦点移到指定页的第一个控件上
	SelectObject	选定数据库对象
设置值	SendKeys	将键发送到键盘缓冲区
	SetValue	为窗体、窗体数据表或报表上的控件、字段设置属性值
	SetTempVar	创建一个临时变量并将其设置为特定值。然后,可以在后续操作中将该变量用作条件或参数,也可以在其他宏、事件过程、窗体或报表中使用该变量
	RemoveTempVar	删除通过 SetTempVar 操作创建的单个临时变量
更新	RepaintObjet	完成指定的数据库对象所挂起的屏幕更新,或对活动数据库对象进行屏幕更新。这种更新包括控件的重新设计和重新绘制
	Requery	通过重新查询控件的数据源,来更新活动对象控件中的数据。如果不指定控件,将对对象本身的数据源重新查询。该操作确保活动对象及其包含的控件显示最新数据
打印	PrintOut	打印活动的数据表、窗体、报表、模块数据访问页和模块,效果与文件菜单中的打印命令相似,但是不显示打印对话框
控制	CancelEvent	取消引起该宏执行的事件
	RunApp	启动另一个 Windows 或 MS-DOS 应用程序
	RunCode	调用 Visual Basic Function 过程
	RunCommand	执行 Access 菜单栏、工具栏或快捷菜单中的内置命令
	RunMacro	执行一个宏
	RunSQL	执行指定的 SQL 语句以完成操作查询,也可以完成数据定义查询
	StopAllMacros	终止当前所有宏的运行
	StopMacro	终止当前正在运行的宏
窗口	Maximize	放大活动窗口,使其充满 Access 主窗口
	Minimize	将活动窗口缩小为 Access 主窗口底部的小标题栏
	MoveSize	能移动活动窗口或调整其大小
	Restore	将已最大化或最小化的窗口恢复为原来大小
显示信息框与响铃警告	Beep	通过计算机的扬声器发出嘟嘟声
	Echo	指定是否打开回响,例如宏执行时显示其运行结果,或宏执行完才显示运行结果。此处还可设置状态栏显示文本
	Hourglass	使鼠标指针在宏执行时变成沙漏形式
	MsgBox	显示包含警告信息或其他信息的消息框
	SetWarnings	打开或关闭系统消息
复制	CopyObject	将指定的对象复制到不同的 Access 数据库,或复制到具有新名称的相同数据库。使用此操作可以快速创建相同的对象,或将对象复制到其他数据库中
删除	DeleteObject	删除指定对象;未指定对象时,删除数据库窗口中指定对象
重命名	Rename	重命名当前数据库中指定的对象
保存	Save	保存一个指定的 Access 对象,或保存当前活动对象

续表

功能分类	宏命令	说明
关闭	Close	关闭指定的表、查询、窗体、报表、宏等窗口或活动窗口，还可以决定关闭时是否要保存更改
	Quit	退出 Access，效果与文件菜单中的退出命令相同
导入导出	OutputTo	将指定的数据库对象中的数据以某种格式输出
	SendObject	效果与文件菜单中的发送命令一样，该操作的参数对应于“发送”对话框的设置，但“发送”命令仅应用于活动对象，而 SendObject 操作可以指定要发送的对象
	TransferDatabase	在当前数据库(.mdb 或.accdb)或 Access 项目(.adp)与其他数据库之间导入或导出数据
	TransferSpreadsheet	在当前数据库(.mdb 或.accdb)或 Access 项目(.adp)与电子表格文件之间导入或导出数据
	TransferText	在当前数据库(.mdb 或.accdb)或 Access 项目(.adp)与文本文件之间导入或导出文本

10.2 宏的创建

在 Access 2007 中，在宏生成器中创建和编辑宏。在宏生成器窗口中，会显示宏包含的所有操作，通过对操作列表的添加或修改完成宏的创建。

10.2.1 创建宏对象

创建好的宏对象会与窗体或报表一样，自动排列在导航窗格中。要创建新的宏对象，可单击“创建”选项卡，在“其他”命令组中单击“宏”命令按钮，随即会显示宏生成器，在宏生成器中，完成宏的创建。宏对象的创建包括单个宏的创建和宏组的创建。

【例 10-1】 在教学管理数据库中，创建单个宏，自动弹出学生窗体。

操作步骤如下：

(1) 打开教学管理数据库，在“创建”选项卡上的“其他”命令组中单击“宏”命令按钮。

(2) 在宏生成器中，单击“操作”列中的第一个空单元格，再单击箭头显示可用操作的列表，然后选择 OpenForm 项。

(3) 在 OpenForm 的操作参数中，窗体名称选择“学生”，窗口模式选择“对话框”。操作参数如图 10-2 所示。

在 OpenForm 的操作参数中，还可以设置打开窗体的视图、筛选名称、Where 条件、数据模式，在操作参数的右侧会显示操作参数设置的帮助信息。

(4) 单击“保存”按钮保存该宏，将宏命名为“弹出学生窗体宏”。保存后可以在宏生成器中直接运行该宏，运行该宏会以对话框的模式弹出学生窗体。

在导航窗格中的宏对象列表中会看到创建的宏对象“弹出学生窗体宏”，另外还会显示在数据库所有控件对象的事件的宏列表中。例如，在按钮的单击事件下拉列表中会显示该宏，如果选择该宏，那么单击该按钮时，会以对话框的模式弹出学生窗体。

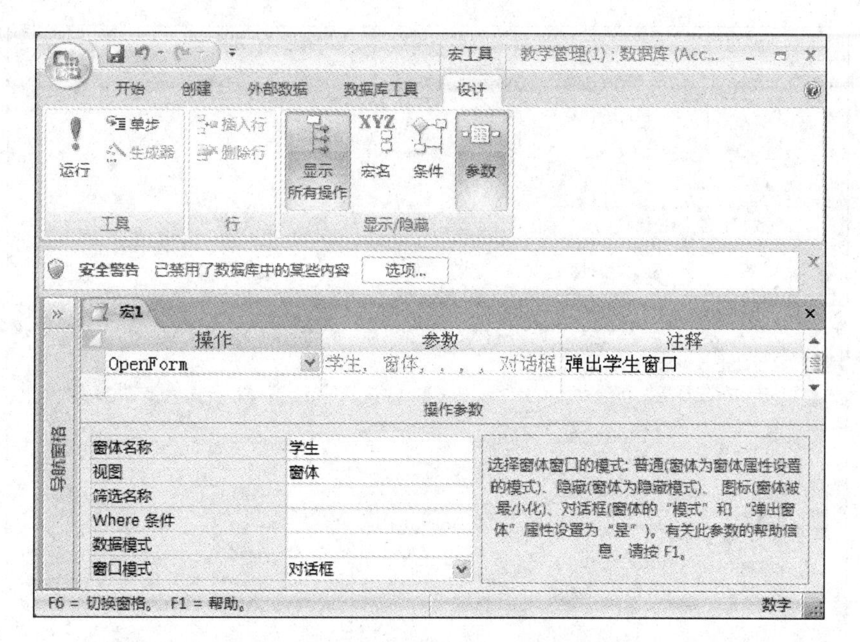

图 10-2 OpenForm 操作及参数设置

在宏设计过程中，如果要创建打开类的宏操作，可以将数据库中的对象（如窗体、报表、表、查询以及宏）拖曳至宏设计器中的操作行，系统会快速创建一个宏操作，用于打开指定数据库对象。

一个宏可以包含很多操作，宏操作会按先后次序顺序执行，如果只希望运行宏操作列表中某些操作，可以为宏操作定义名称，包含多个宏名的宏就是宏组。宏组的创建方法与创建单个宏的方法略有不同，宏组由多个宏组成，在操作的宏名列中定义宏组中的各个宏的名称，各个宏的创建与单个宏的创建是一样的。

【例 10-2】 在教学管理数据库中，创建并应用宏组。

操作步骤如下：

(1) 打开教学管理数据库，在"创建"选项卡的"其他"命令组中单击"宏"命令按钮。

(2) 在"宏工具 设计"选项卡上的"显示/隐藏"命令组中，如果"宏名"没有被选择，单击该选项，显示"宏名"列。

(3) 在"宏名"列，为宏组中的第一个宏输入名称"显示学生窗体"。"操作"列选择 OpenForm 项。

(4) 移动到下一个空行，然后在"宏名"列中输入下一个宏的名称"关闭学生窗体"。"操作"列选择 Close，操作参数对象类型选择"窗体"，对象类型选择"学生"。

(5) 单击"保存"按钮，将宏组命名为"控制学生窗体宏"。

一个包含两个宏的宏组就创建好了，一个宏用于打开学生窗体，另一个用于关闭学生窗体，宏组设计界面如图 10-3 所示。单击"关闭"按钮可以关闭宏设计器。

宏组创建完毕后，在导航窗格中会显示该宏组，单个宏与宏组在导航窗格中只有名字的区别，但在事件调用的宏列表中，单个宏与宏组是有区别的，单个宏只能选择宏名，而宏组可以选择宏对象名称，还可以选择宏组中的宏名，如"控制学生窗体宏.显示学生窗体"。在控

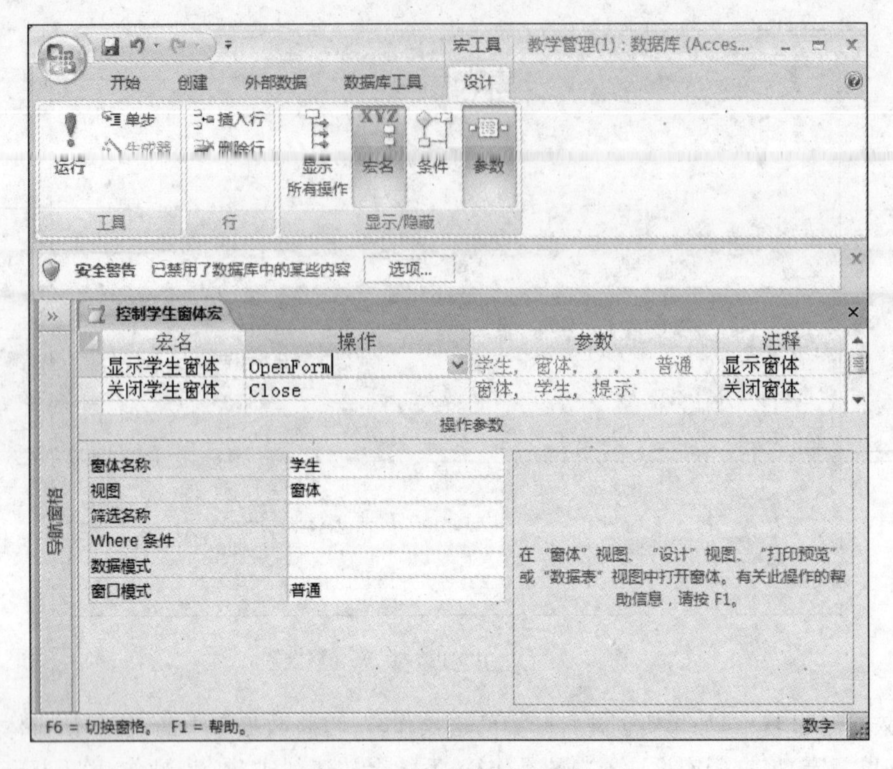

图 10-3　宏组编辑设计界面

件事件的宏列表中直接引用宏组的名称，那么只执行宏组的第一个宏，后续的宏会被忽略。

要在窗体中应用上述宏组的操作步骤如下：

(1) 创建一个空白窗体，在设计视图添加两个命令按钮，添加命令按钮时，关闭“使用控件向导”选项，按钮标题分别命名为“打开学生窗体”和“关闭学生窗体”。

(2) 选中“打开学生窗体”按钮，单击鼠标右键，在弹出的快捷菜单中选择“属性”，显示按钮的属性对话框，在事件选项卡中设置按钮单击事件对应的宏“控制学生窗体宏.显示学生窗体”。操作界面如图 10-4 所示。

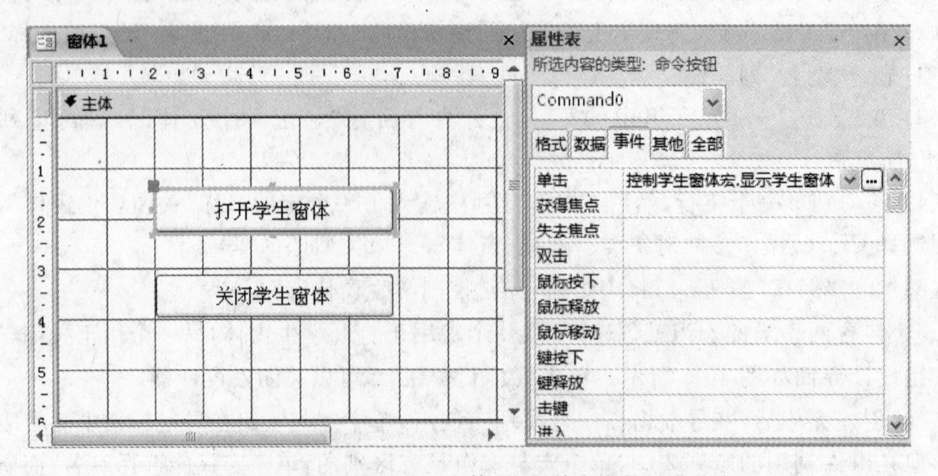

图 10-4　设置“打开学生窗体”按钮单击事件对应的宏

(3) 以同样的方法设置“关闭学生窗体”按钮单击事件对应的宏“控制学生窗体宏.显示学生窗体”。

(4) 切换到窗体视图,单击“打开学生窗体”按钮就会打开学生窗体。单击“关闭学生窗体”按钮,就会关闭学生窗体。如果“学生”窗体没有打开,单击“关闭学生窗体”按钮,不会出现响应事件。

10.2.2 创建嵌入的宏

嵌入的宏与独立宏的不同之处在于,嵌入的宏存储在窗体、报表或控件的事件属性中。它们并不作为对象显示在导航窗格中的宏对象下面。创建嵌入的宏与宏对象的方法略有不同。嵌入的宏必须先选择要嵌入的事件,然后再编辑嵌入的宏。使用控件向导在窗体中添加命令按钮,也会自动在按钮单击事件中生成嵌入的宏。

【例 10-3】 在学生窗体的“加载”事件中创建嵌入的宏。

操作步骤如下:

(1) 打开教学管理数据库,再打开学生窗体,切换到设计视图或布局视图,显示属性表,在对象列表中选择窗体。

(2) 在窗体属性表中,单击“事件”选项卡,再单击“加载”事件属性,并单击框旁边的省略号按钮[…],在“选择生成器”对话框中,单击“宏生成器”选项,然后单击“确定”按钮。

(3) 在宏生成器中,在“操作”列的第一行中单击,然后在“操作”下拉列表中,单击“MsgBox”操作。在“操作参数”窗格中,消息填“学生窗体”,标题填“提示”。

(4) 单击“保存”按钮,然后单击“关闭”按钮。

注意:上面创建的嵌入的宏只有一个操作,可以重复步骤(3),在操作列中添加新的操作。该宏将在“学生”窗体每次加载时触发运行,弹出一个提示消息框。嵌入的宏可以是宏组,但是,当事件触发时,只有该组中的第一个宏运行。后续宏会被忽略,除非后续宏是从嵌入的宏本身调用的,例如通过 OnError 操作。

【例 10-4】 使用控件向导创建命令按钮并自动生成嵌入的宏。

操作步骤如下:

(1) 打开教学管理数据库,新建一个空白窗体,切换到设计视图。在“窗体设计工具 设计”选项卡上的“控件”命令组中,确保选中了“使用控件向导”命令按钮。

(2) 单击“窗体设计工具 设计”选项卡,在“控件”命令组中单击“按钮”命令按钮。然后,在空白窗体上单击,此时会添加命令按钮并启动命令按钮向导,如图 10-5 所示,按钮可以执行各种不同操作,在“窗体操作”类别中,选择“打印当前窗体”的操作,然后单击“完成”按钮。

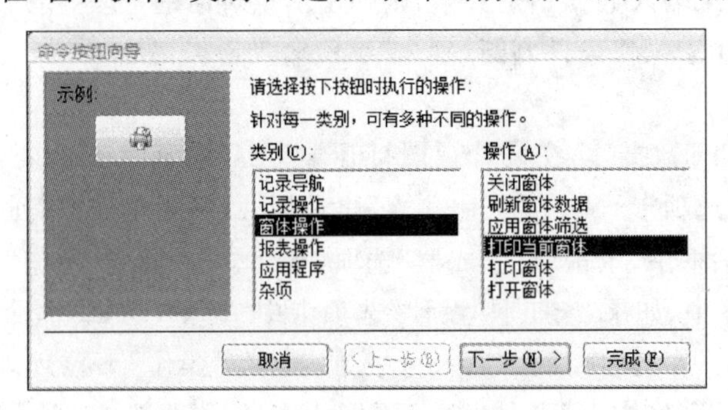

图 10-5 命令按钮向导的操作选择

(3) 在按钮属性表中单击“事件”选项卡，然后在“单击”事件中，可以看到“嵌入的宏”选项。可以单击旁边的省略号按钮[…]，打开宏编辑器查看和编辑该宏，如图 10-6 所示。

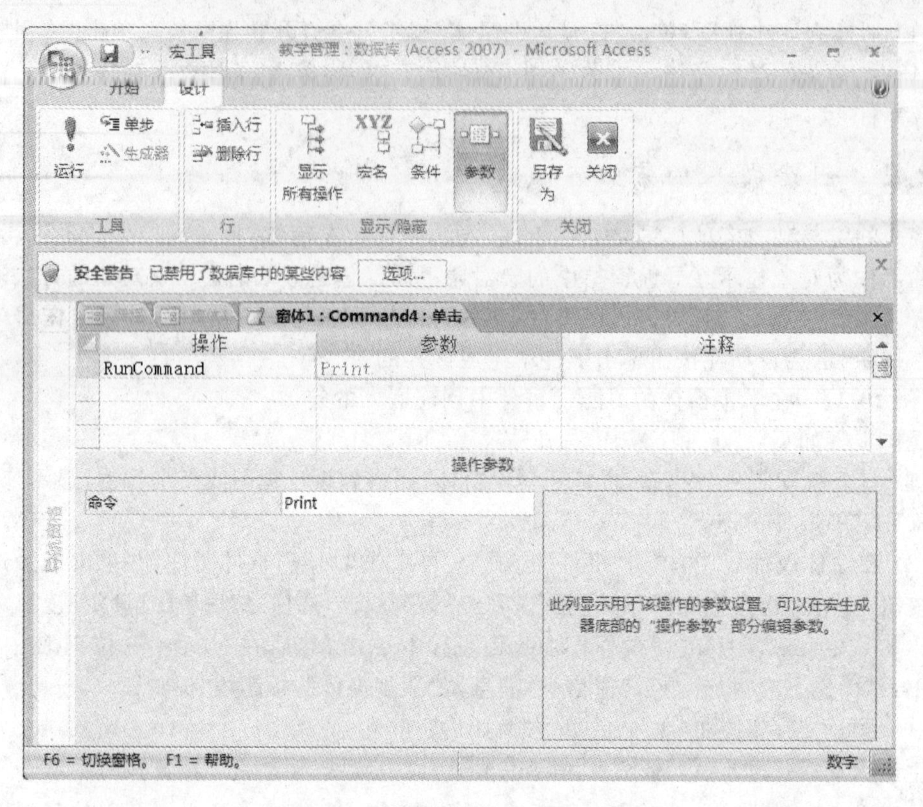

图 10-6　命令按钮自动生成嵌入的宏

以上选择的只是命令按钮中的一种操作，其他的命令按钮生成时同样会嵌入相应的宏。可以试一试，在创建宏对象时，很多操作可以参考并使用命令按钮自动嵌入的宏操作命令。

10.2.3　为宏操作添加条件

在宏的操作列表中，可以为操作添加条件项，只有当条件满足时，该操作才会执行。为操作添加条件可以大大加强宏的功能，使宏应用更加广泛。例如，需要在窗体某一个文本框中只输入数字，可以在文本框的“失去焦点”事件中添加宏，利用 IsNumeric 函数判断输入的文本是否为数字，如果输入数据不是数字，则弹出消息对话框，提示用户输入的数据不正确。

【例 10-5】 利用宏操作条件判断“姓名”字段输入是否正确。

操作步骤如下：

(1) 打开教学管理数据库，在设计视图打开学生窗体，显示属性表，在对象列表中选择“姓名”，单击“事件”选项卡。单击“失去焦点”事件属性，然后单击框旁边的省略号按钮[…]，在“选择生成器”对话框中，单击“宏生成器”选项，然后单击“确定”按钮。

(2) 在宏生成器中，如果“宏工具 设计”选项卡中“显示/隐藏”命令组中的“条件”没有选择，则选择该选项。在“操作”列的第一行中单击。在“操作”下拉列表中，单击“Msgbox”操作。在“操作参数”窗格中，消息填“姓名不能为空！”，类型选择“警告！”，标题填“错误提示”。在条件列中设置表达式为“IsNull([姓名])”。条件表达式可以直接输入，也可以直接单击“工具”命令组中的“生成器”命令按钮，在弹出的表达式生成器中生成表达式。这一步操作的作用是，当“姓名”字段失去焦点时，判断该字段输入是否为空，如果为空，则提示用户。

(3) 在“操作”列的第二行中单击。在“操作”下拉列表中，单击 Msgbox 操作。在“操作参数”窗格中，消息填“姓名长度不能大于 6 位!”，类型选择“警告!”，标题填“错误提示”。在条件列中设置表达式为“Len([姓名])>6”。这一步操作的作用是，当“姓名”字段失去焦点时，判断该字段输入的长度是否大于 6 位。添加条件的宏操作界面如图 10-7 所示。

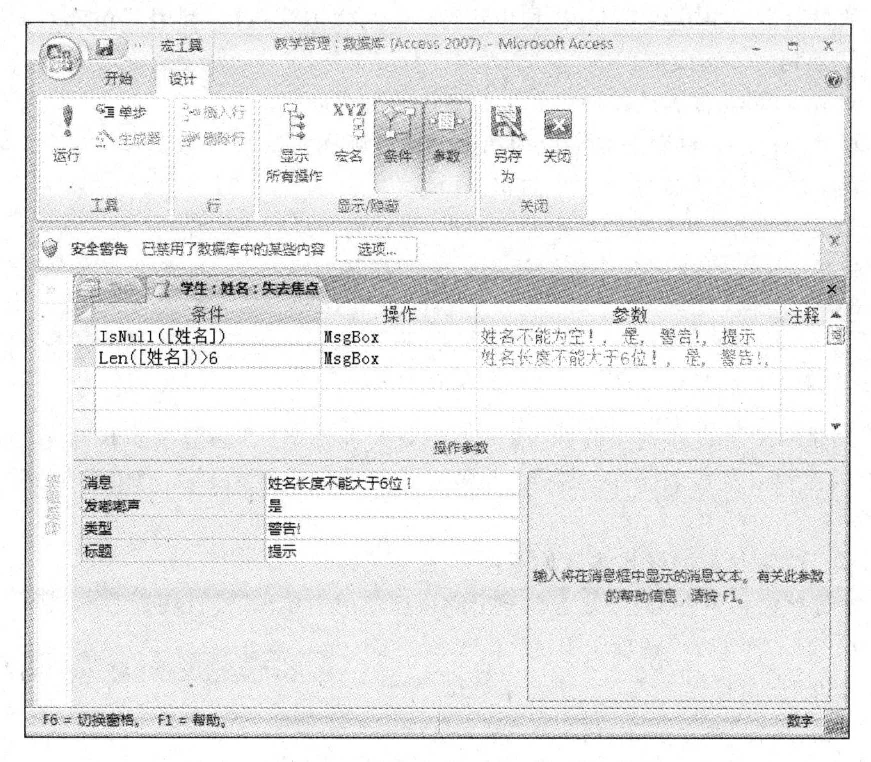

图 10-7 添加条件的宏操作界面

(4) 单击“保存”按钮，然后单击“关闭”按钮。

(5) 将学生窗体切换到窗体视图，在学生窗体上修改“姓名”字段，如果字段为空或字段过长，当焦点转移到别的控件上，就会弹出警告，提示错误信息。

10.3 宏的运行与调试

设计完成一个宏对象或嵌入的宏后即可运行它，调试其中的各个操作。Access 2007 提供了 OnError 和 ClearMacroError 宏操作，可以在宏运行过程中出错时执行特定操作。另外，SingleStep 宏操作允许在宏执行过程中进入单步执行模式，可以通过每次执行一个操作来了解宏的工作状态。

10.3.1 宏的运行

宏的运行方式有很多种，独立宏对象可以用下列方式运行：

(1) 在导航窗格中定位到宏，然后双击宏名。

(2) 在“数据库工具”选项卡的“宏”命令组中单击“运行宏”命令按钮，然后在“宏名”列表中单击该宏，然后单击“确定”按钮。

(3) 在宏的设计视图中，单击“宏工具 设计”选项卡，再在“工具”命令组中单击“运行”命令按钮。

(4) 从另一个宏中或从 VBA 模块中运行。宏可以嵌套执行，利用 RunMacro 操作可以把一个宏添加到另一宏或进程中。

(5) 以响应窗体、报表或控件中发生的事件的形式运行。

(6) 自动执行宏。将宏的名字设为 AutoExec，则在每次打开数据库时，将自动执行该宏，可以在该宏中设置数据库初始化的相关操作。

对于嵌入在窗体、报表或控件中的宏而言，当它处于设计视图中时，可以通过单击“宏工具 设计”选项卡上的“运行”命令按钮运行该宏。在其他情况下，只有当与宏关联的事件触发时，该宏才会运行。

10.3.2 宏的调试

为了测试一个宏设计的正确性，往往需要对宏进行调试，通过单步执行某个宏，可以观察该宏的流程以及每个操作的结果，并隔离任何导致发生错误或产生不想要的结果的操作。

单步执行来调试宏的操作步骤如下：

(1) 在导航窗格中右击宏，然后在弹出的快捷菜单中单击“设计视图”命令。

(2) 在“宏工具 设计”选项卡上的“工具”命令组中，单击“单步”命令按钮。

(3) 单击“运行”命令按钮，将出现“单步执行宏”对话框，如图 10-8 所示。此对话框显示与宏及宏操作有关的信息以及错误号。“错误号”框中如果为零，则表示未发生错误。

如果在宏中存在错误，在单步执行宏中将会弹出错误的提示框，显示错误信息，根据错误信息可以在宏生成器中对宏进行修改，修改相关的操作条件或操作参数等。

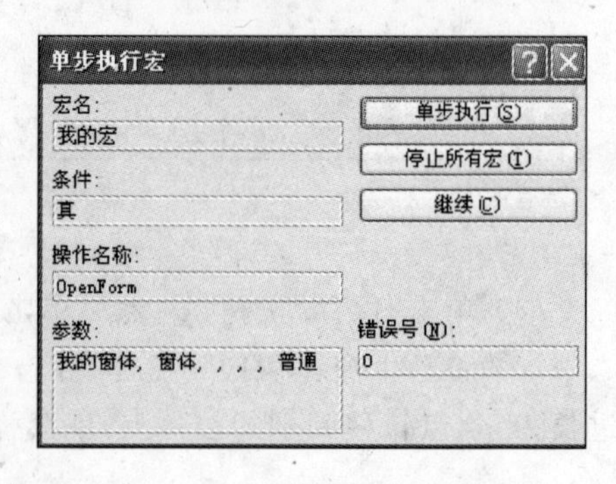

图 10-8 “单步运行宏”对话框

10.4 宏的应用

宏最大的好处就是使常用的操作能自动完成。宏可以加载到窗体及控件的各个事件中，利用宏可以轻松地实现经常要重复的操作，如打开窗体、关闭窗体、跳转到某条记录等。

10.4.1 用宏控制窗体

宏可以对窗体进行很多操作，包括打开、关闭、最大化、最小化等，下面通过建立一个AutoExec宏来说明宏控制窗体的操作。AutoExec宏会在打开数据库时触发，可以利用该宏启动“登录对话框”窗体。

【例 10-6】 利用AutoExec宏自动启动“登录对话框”窗体。

操作步骤如下：

(1) 打开教学管理数据库，创建一个空白窗体，设置窗体的弹出方式属性为“是”，保存为“登录对话框”。

(2) 单击“创建”选项卡，再在“其他”命令组中单击“宏”命令按钮。

(3) 在“操作”下拉列表中，单击OpenForm操作选项。

(4) 在“操作参数”窗格中，窗体名称选择“登录对话框”，窗口模式选择“普通”。

(5) 在第2行添加操作，在“操作”下拉列表中，单击MoveSize操作。参数均设置为右5cm，下5cm，宽度15cm，高度10cm。

(6) 单击“保存”按钮，宏命名为AutoExec，然后单击“关闭”按钮。

(7) 关闭数据库，重新打开数据库，会自动以对话框的形式打开“登录对话框”窗体。并自动调整窗体的大小和位置。

10.4.2 用宏在窗体间传递参数

利用宏在窗体间跳转时，往往需要把前一个窗体的某些参数带到下一个窗体中间去，在Aceess 2007的宏操作中，可以用SetTempVar来创建临时变量，临时变量可以在窗体或报表间传递参数。

【例 10-7】 利用宏在窗体间传递参数。

操作步骤如下：

(1) 打开教学管理数据库，在设计视图打开“登录对话框”窗体。使用向导添加一个“组合框”，组合框显示学生表中的“姓名”列表，即组合框的行数据为“SELECT [学生].[学号]，[学生].[姓名] FROM [学生];”，在属性表中为组合框重命名为“学生列表”，这里要注意，一定要重命名，否则后面的表达式会出错。在学生列表中，绑定的字段是“学号”，显示的是学生姓名。

(2) 关闭控件组中的“使用控件向导”选项，在组合框的右边添加一个按钮，重命名为“登录”。

(3) 选择“登录”按钮的单击事件，然后单击框旁边的省略号按钮，在“选择生成器”对话框中，单击“宏生成器”选项，然后单击“确定”按钮。

(4) 在“操作”下拉列表中，单击SetTempVar操作。在“操作参数”窗格中，名称设置为CurrentStudentID，表达式选择“学生列表”。显示操作的条件列，在条件列上输入“Not IsNull([学生列表])”。这步操作的作用是从学生列表中获取当前学生学号，储存在创建的临时变量中。

(5) 在第2行添加操作，在“操作”下拉列表中，单击Close操作。在条件列上输入省略号“…”，条件与上一步相同。这步操作的作用是关闭“登录对话框”窗体。

(6) 在第 3 行添加操作，在“操作”下拉列表中，单击 OpenForm 操作。在“操作参数”窗格中，窗体名称选择“学生”，窗口模式选择“对话框”。在条件列上输入省略号“…”，条件与上一步相同。这步操作的作用是弹出学生窗体。

(7) 在第 4 行添加操作，在“操作”下拉列表中，单击 StopMacro 操作。在条件列上输入省略号“…”，条件与上一步相同。这步的操作作用是，停止该宏往下运行。

(8) 在第 6 行添加操作，在“操作”下拉列表中，单击 MsgBox 操作。在“操作参数”窗格中，消息填“请选择一位学生的姓名！”。条件列设为空。这步操作的作用是当学生列表中姓名为空时，提示用户输入或选择姓名进行登录。

(9) “登录”按钮的嵌入的宏设计界面如图 10-9 所示。单击“保存”按钮，然后单击“关闭”按钮。

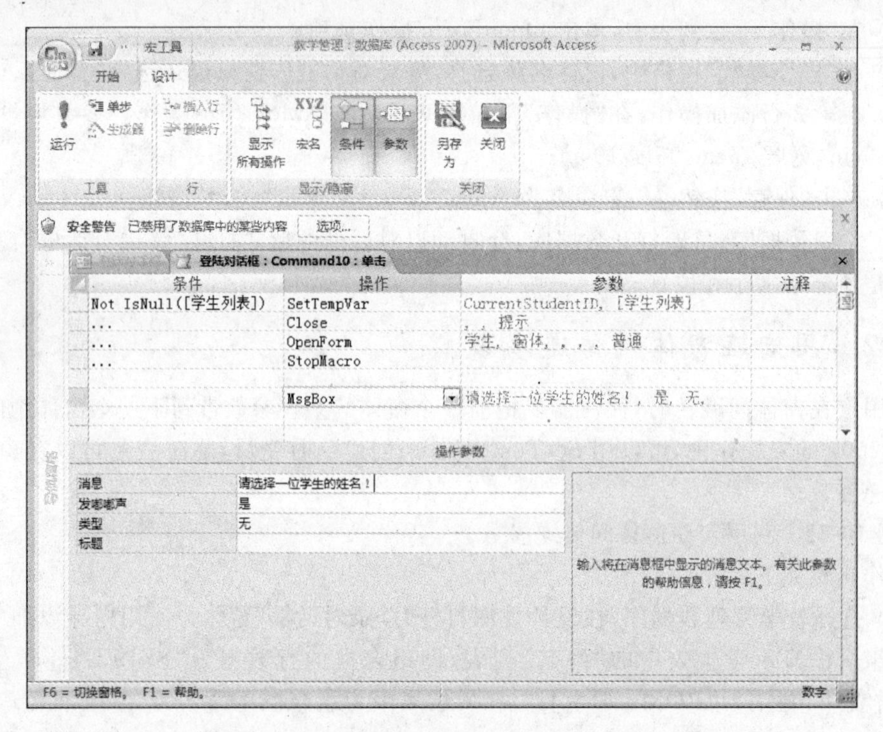

图 10-9 “登录”按钮的嵌入的宏设计界面

(10) 在设计视图打开学生窗体。

(11) 在属性表对象列表中选择窗体，单击加载事件输入框旁边的省略号按钮，在“选择生成器”对话框中，单击“宏生成器”选项，然后单击“确定”按钮。

(12) 在“操作”下拉列表中，单击 SearchForRecord 操作。在“操作参数”窗格中，记录选择“首记录”；Where 条件输入“="学号='" & [TempVars]! [CurrentStudentID] & "'"”。显示操作的条件列，在条件列上输入“Not IsNull([TempVars]! [CurrentStudentID])”。这步操作的作用是如果临时变量中的当前学号不为空，则在记录中查找相应的记录。

(13) 在第 2 行添加操作，在“操作”下拉列表中，单击 RemoveTempVar 操作。在“操作参数”窗格中，名称为 CurrentStudentID；的条件列设为空。这步操作的作用是删除临时变量。

(14) 学生窗体加载事件的嵌入的宏设计界面如图 10-10 所示，单击“保存”按钮，然后单击“关闭”按钮 × 。

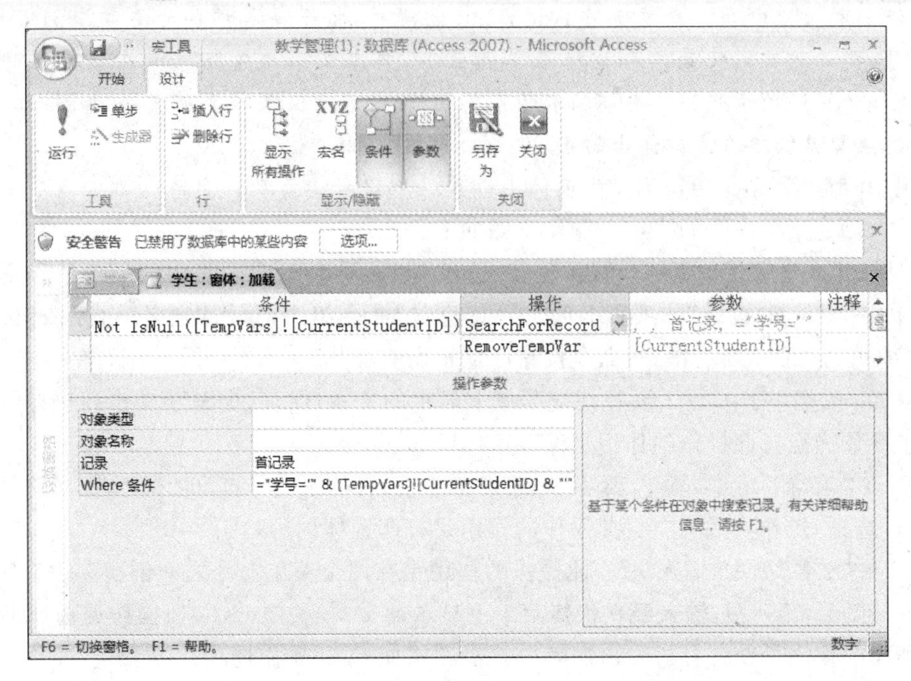

图 10-10 窗体加载事件的嵌入的宏设计界面

(15) 关闭所有窗体，在导航窗格中，双击“登录对话框”窗体，运行窗体，选择学生姓名，单击登录，会关闭“登录对话框”窗体，弹出“学生”窗体，并且显示相应的学生信息。

说明：上面的例子通过 SetTempVar 操作创建一个 CurrentStudentID 临时变量，然后在窗体加载时，窗体根据临时变量来搜索并显示相关的记录。除了 SearchForRecord 操作外，还可以通过 FindRecord 查找记录，只是操作的参数不一样，要实现上面例子同样的效果，可在 FindRecord 操作参数的查找内容输入“=[TempVars]! [CurrentStudentID]”，格式化搜索选择“是”，只搜索当前字段选择“否”。

10.4.3 利用宏创建自定义菜单和快捷菜单

可以使用 Access 宏创建自定义菜单以及快捷菜单。宏菜单根据其所在位置可以分为以下 3 类：

(1) 全局快捷菜单。全局快捷菜单会代替用于表和查询数据表中的字段、窗体和报表的内置快捷菜单。

(2) “加载项”选项卡的自定义菜单。这种自定义菜单出现在程序的“加载项”选项卡下，可以用于特定窗体和报表，也可以用于整个数据库。

(3) 自定义快捷菜单。使用自定义快捷菜单可以替换窗体或报表中内置的快捷菜单。

要通过使用宏来创建菜单，可执行以下 3 个主要步骤：

(1) 创建定义菜单命令的宏组。

(2) 另建一个创建菜单本身的宏。

(3) 将菜单附加到控件、窗体、报表或整个数据库。

注意：若要创建子菜单，先创建仅包含子菜单命令的单独的宏组。然后，创建宏组，定义更高级别的菜单命令。通过使用 AddMenu 宏操作，将子菜单添加为更高级别宏组中的项。另外，要注意自定义菜单和快捷菜单的区别，自定义菜单是指添加在菜单栏的菜单，Access 2007 用选项卡代替了早期版本的菜单栏，因此自定义菜单会加载到“加载项”选项卡中。快捷菜单是指单击右键弹出的菜单。

【例 10-8】 利用菜单宏为学生窗体上创建一个自定义菜单。

首先，创建菜单命令的宏组。操作步骤如下：

(1) 打开教学管理数据库，单击“创建”选项卡中的“其他”命令组中的“宏”命令按钮。

(2) 在“宏工具 设计”选项卡上的“显示/隐藏”命令组中，单击“宏名”命令按钮以显示“宏名”列，单击“显示所有操作”命令按钮以显示所有操作。

(3) 在“宏名”列中，输入要在快捷菜单上显示的文本“保存(&S)”，操作列选择 Save 选项，操作参数为空。此操作的作用是保存窗体内容。

(4) 在“宏名”列中，输入要在快捷菜单上显示的文本“打印(&P)”，操作列选择 PrintOut 选项，操作参数为空。此操作的作用是打印窗体内容。

(5) 在“宏名”列中，输入“-”。此操作的作用是在两个菜单命令之间创建一条直线。

(6) 在“宏名”列中，输入要在快捷菜单上显示的文本“关闭(&C)”，操作列选择 Beep 选项，此操作的作用是使计算机发出嘟嘟声。最后添加 Quit 操作选项。

(7) 保存并命名该宏为“控制窗体的宏组”。宏组的设计界面如图 10-11 所示。在图中可以看到，保存宏名旁边有一个警告图标，该图标提示该宏操作对数据库可能有害，要运行该宏，必须在消息栏的“安全警告”选项中取消禁用数据库可能有害的内容。

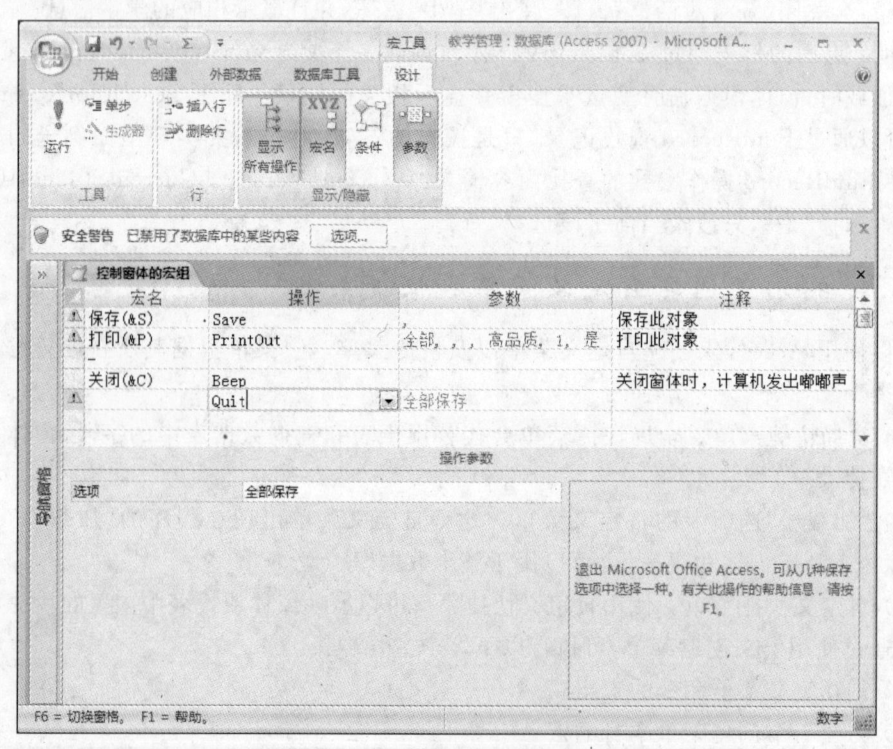

图 10-11 菜单命令宏组的设计界面

其次，创建用于创建菜单的宏。操作步骤如下：

(1) 单击“创建”选项卡，在“其他”命令组中单击“宏”命令按钮。

(2) 在该宏的第一行上，选择“操作”列表中的 AddMenu。

(3) 在“操作参数”下的“菜单名称”框中，输入菜单的名称“控制窗体命令”，菜单宏名称“控制窗体的宏组”。注意，这个宏包含了前面创建的宏组，这个宏也称作为菜单宏。菜单宏如果作为“加载项”中的菜单，建议给菜单命名，菜单宏如果作为快捷菜单，则可以忽略“菜单名称”。菜单名称会显示在“加载项”中，而快捷菜单不显示菜单名称。

(4) 保存菜单宏为“窗体控制菜单”，其编辑界面如图 10-12 所示。

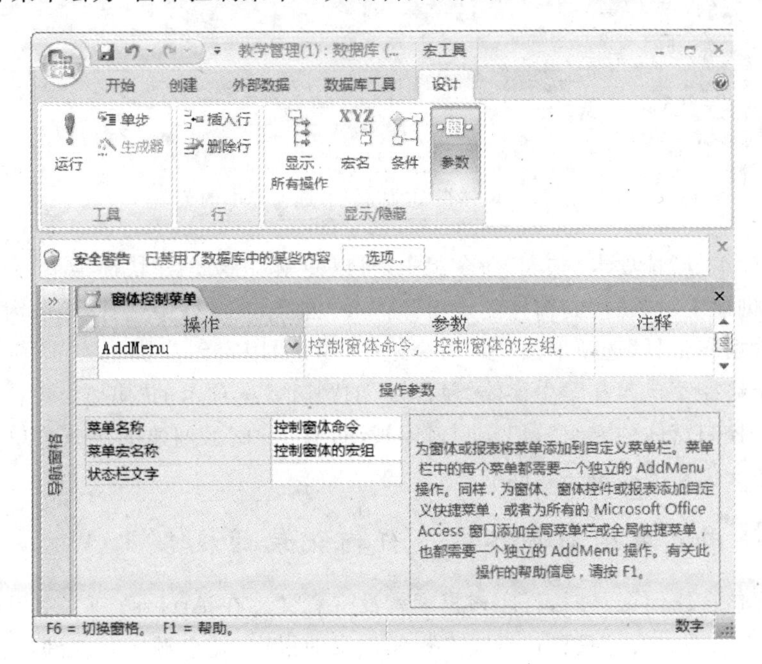

图 10-12 菜单宏编辑界面

最后，向学生窗体的“加载项”选项卡中添加菜单。操作步骤如下：

(1) 在导航窗格中右击学生窗体，然后在弹出的快捷菜单中单击“设计视图”命令。

(2) 单击“窗体设计工具 设计”选项卡，在“工具”命令组中单击“属性表”命令按钮。

(3) 从“属性表”任务窗格顶部的列表中选择“窗体”，在“属性表”的“其他”选项卡上的“菜单栏”属性框中，输入前面创建的菜单宏“窗体控制菜单”。

(4) 关闭学生窗体，重新打开学生的窗体视图。可以看到“加载项”中的菜单，如图 10-13 所示。

在上面这个例子中，是给学生窗体添加自定义菜单，给窗体添加快捷菜单的基本步骤是一样的，只是菜单宏添加的位置不一样，在窗体“属性表”的“其他”选项卡上的“快捷菜单栏”属性框中，输入前面创建的菜单宏“窗体控制菜单”，则菜单宏中的菜单会显示在窗体运行视图的右键菜单中。

要添加全局快捷菜单可以单击 Office 按钮 ，然后单击“Access 选项”按钮。在“Access 选项”对话框中，单击“当前数据库”选项。在“功能区和工具栏选项”的“快捷菜单栏”框中，输入“窗体控制菜单”。重新打开数据库，会在所有对象中显示创建的菜单。

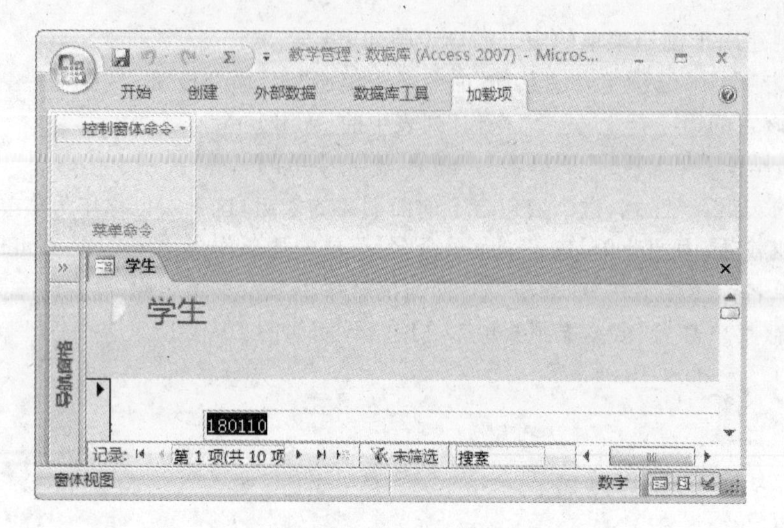

图 10-13　窗体视图“加载项”选项卡中的菜单

在“数据库工具”选项卡的“宏”命令组中,可以使用“用宏创建快捷菜单”命令按钮,在上面的例子中,创建宏对象“控制窗体的宏组”后,可以在导航窗格中选择“控制窗体的宏组”对象,然后在“数据库工具”选项卡的“宏”命令组中,单击“用宏创建快捷菜单”命令按钮,就会自动生成一个快捷菜单。在学生窗体“属性表”的“其他”选项卡的“快捷菜单栏”属性框下拉列表中,选择“控制窗体的宏组”,切换到窗体视图,右击,显示创建的快捷菜单,可以看到快捷菜单与菜单宏创建的菜单是相同的。

10.4.4　使用宏取消打印不包含任何记录的报表

当报表不包含任何记录时,打印该报表就没有意义。在 Access 2007 中可向报表的“无数据”事件过程中添加宏。只要运行没有任何记录的报表,就会触发“无数据”事件。当打开报表不包含任何数据时,发出警告信息,单击“确定”关闭警告消息时,宏也会关闭空报表。

【例 10-9】　使用宏取消打印不包含任何记录的报表。

操作步骤如下:

(1) 打开教学管理数据库,在导航窗格中,右击要更改的报表,然后在弹出的快捷菜单中单击“设计视图”命令。

(2) 单击“报表设计工具 设计”选项卡,在“工具”命令组中单击“属性表”命令按钮,打开属性表。

(3) 在属性表中选中“报表”对象,并单击“事件”选项卡,然后在“无数据”属性框中,单击省略号按钮[...]。将出现“选择生成器”对话框,单击“宏生成器”选项,然后单击“确定”按钮,宏设计器将启动并显示一个空宏。

(4) 在宏的第一行中,单击“操作”列中的字段,然后从列表中选择 MsgBox 项。在“操作参数”下,在“消息”框中输入警告消息:“没有要生成报表的记录!”,在“类型”列表中,选择“警告!”。在“标题”框中,输入警告消息的标题为“无记录”。

(5) 添加操作,选择 CancelEvent 项。宏操作如图 10-14 所示。

(6) 关闭并保存嵌入的宏,再关闭并保存报表。

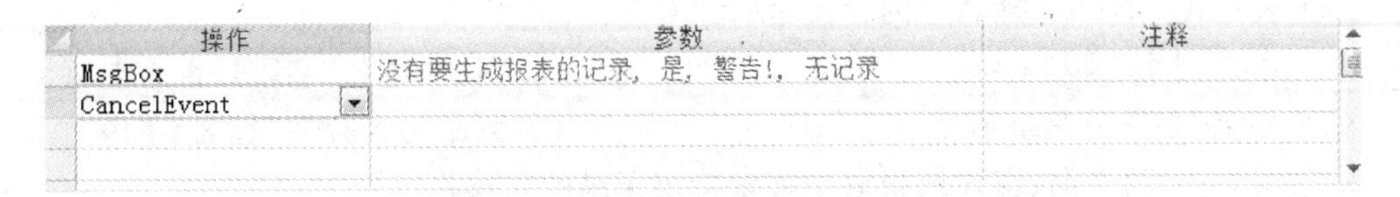

图 10-14 取消打印的宏操作

(7) 在导航窗格中,右击包含该宏的报表,然后单击"打印"命令。如果没有数据会弹出警告消息。单击"确定"关闭消息时,CancelEvent 操作会停止打印操作。

本章小结

本章围绕 Access 宏的概念及应用展开。通过本章的学习,需要了解 Access 宏的类型与组成,掌握 Access 2007 中创建宏的各种方法,能够利用宏对记录、窗体或报表进行相关操作等。

(1) 在 Access 中,宏是能够完成特定任务的一个或多个操作命令的集合。Access 2007 提供了 70 多种基本的宏操作,可以组合和调用这些基本的宏操作,自动完成对数据库的各种操作。

(2) 根据宏所在的位置,可以将宏分为两类:宏对象与嵌入的宏。宏对象是一个独立的数据库对象,可在导航窗格中查看。而嵌入的宏是创建它的窗体、报表或控件的一部分,在导航窗格中不可见。

(3) 要创建宏对象,可单击"创建"选项卡,在"其他"命令组中单击"宏"命令按钮,随即会显示宏生成器,在宏生成器中创建和编辑宏对象。创建嵌入宏必须先选择要嵌入宏的事件,然后再编辑嵌入的宏。

(4) 宏的运行方式有很多种:在导航窗格中双击宏名;在"数据库工具"选项卡的"宏"命令组中单击"运行宏"命令按钮;在宏的设计视图中单击"宏工具 设计"选项卡,在"工具"命令组中单击"运行"命令按钮;从另一个宏中或从 VBA 模块中运行;以响应窗体、报表或控件中发生的事件的形式运行;自动执行宏。

对于嵌入的宏而言,一般只有当与宏关联的事件触发时,该宏才会运行。

(5) 通过单步执行某个宏,可以观察该宏的流程以及每个操作的结果,并隔离任何导致发生错误或产生不想要的结果的操作。

(6) 在宏操作中,利用宏可以对窗体和报表进行各种操作。

习 题 10

1. 选择题

(1) 宏是一个或多个(　　)的集合。

A. 命令　　B. 操作　　C. 对象　　D. 条件

(2) 在宏操作列表中,对于连续重复的条件可以使用(　　)替代重复条件表达式。

A. =　　B. ,　　C. ;　　D. …

(3) 表达式 IsNull([姓名])的含义是(　　)。

A. 没有"姓名"字段　　B. 判断"姓名"字段是否为空值

C. "姓名"字段值是空值　　D. 判断是否存在"姓名"字段

(4) 用于在表、查询、窗体或报表中搜索特定记录的宏操作是(　　)。

A. SetTempVar　　B. SearchForRecord

C. SelectObject　　D. ShowAllRecords

(5) 在 Close 宏操作中,如果不指定对象,此操作将会(　　)。

A. 关闭正在使用的窗体或报表　　B. 关闭正在使用的表

C. 关闭正在使用的应用程序　　D. 关闭正在使用的数据库

2. 填空题

(1) 宏的构建基础是________。

(2) 根据宏所在的位置,可以将宏分为两类:宏对象与________。

(3) 宏本身不会自动运行,必须由________触发。

(4) 一个宏对象可以由一个宏或多个宏组成,由多个宏组成的宏对象称为________。

(5) 在宏操作中,向操作提供信息的值称为________。

3. 问答题

(1) 什么是宏?宏有何作用?

(2) 什么是宏组?如何创建以及引用宏组中的宏?

(3) 控制窗体的宏操作有哪些?试举例说明。

(4) 如何编辑嵌入的宏?

(5) 运行宏有几种方法?各有什么不同?

4. 应用题

(1) 利用宏设计器创建包括多个宏操作的宏。

(2) 利用宏设计器创建一个带条件的宏组。

(3) 在教学管理数据库中创建一个窗体,添加文本框,当文本框中输入数据时,利用宏判断文本框中输入的文本是否为数值,如果不是数值,提示"输入的不是数字!"。

(4) 在教学管理数据库中为选课表创建数据表窗体,为课程表创建分割窗体,通过创建宏实现在"选课"窗体中的"课程号"字段单击自动弹出"课程"窗体,并在"课程"窗体显示对应的课程信息。

(5) 创建一个用于修改学生表的宏组,其中包括两个宏,分别用于增加记录和编辑记录。

第11章　模块与VBA程序设计

模块是Access的一个重要数据库对象，它是装载VBA（Visual Basic for Application）代码的容器。利用VBA在不同的模块中编写程序，可实现各种复杂的功能。VBA是由Visual Basic简化的编程语言，其功能和语法与Visual Basic基本相同。与Visual Basic不同的是，VBA不是一个独立的开发工具，而是嵌入到像Word、Excel和Access这样的软件中，与其配套使用，从而实现相应的程序开发功能。本章介绍模块以及VBA程序设计的基础知识。

11.1　模块与VBA概述

如果要对Access数据库对象进行更复杂、更灵活的控制，就需要通过VBA程序设计来实现。在Access中，VBA程序代码是通过模块对象存储和组织的，可以通过直接运行或事件驱动的方式启动模块，从而实现相应的功能。

11.1.1　模块的概念

模块就是由VBA通用声明和一个或多个过程组成的单元。从与其他对象的关系来看，模块又可分为两种基本类型：标准模块和类模块。标准模块指与窗体、报表等对象无关的程序模块，在Access数据库中是一个独立的模块对象。类模块指包含在窗体、报表等对象中的事件过程，这样的程序模块仅在所属对象处于活动状态下有效，也称为绑定性程序模块。

1. 标准模块

在标准模块中放置的是可供整个数据库系统中其他过程使用的公共过程，这些过程不与任何对象关联。如果想使设计的VBA代码具有在多个地方使用的通用性，就把它放在标准模块中。在标准模块定义的变量和过程可供整个数据库应用系统使用。每个标准模块有唯一的名称，在数据库窗口导航窗格的“模块”选项中，可以查看数据库中的标准模块。

2. 类模块

类模块其实是一个对象的定义，封装了一些属性和方法。VBA中类模块有3种基本变形：窗体模块、报表模块和自定义类模块。

窗体模块中包含指定的窗体或其控件的事件所触发的所有事件过程的代码，这些过程用于响应窗体中的事件，可以使用事件过程来控制窗体的行为以及它们对用户操作的响应。报表模块与窗体模块类似，不同之处是过程响应和控制的是报表的行为。

数据库的每一个窗体和报表都有内置的窗体模块和报表模块，这些模块中包括事件过程模板，可以向其中添加程序代码，使得当窗体、报表或其上的控件发生相应的事件时，运行这些程序代码。

还有一种类模块，不与窗体和报表相关联，允许用户自定义所需的对象、属性和方法。

类模块和标准模块的不同在于存储数据的方法不同。标准模块的数据只有一个备份，这意味着标准模块中一个公共变量的值改变后，在后面的程序中再读取这个变量时，将取得改变后的值。而类模块的数据，是相对于类实例而独立存在的。标准模块中的数据在程序的作用域内存在，而类模块实例中的数据只存在于对象的生命期中，它随对象的创建而创建，随对象的撤销而消失。

11.1.2 基于对象程序设计概要

现实世界中，人们认为客观世界是由实体组成的。每个实体属于某一类事物，实体有各自的状态和行为，不同实体之间的相互作用就构成了系统。基于对象程序设计的思想将这种人类对客观世界的认知模式进行抽象，认为客观世界由对象组成，任何对象都是某个类的一个实例，对象有属性和方法，不同对象之间通过消息相互作用。

1. 对象和类的概念

对象是人们需要研究的任何事物，它不仅能表示具体的事物，还能表示抽象的规则、计划和事件。例如一个人、一辆汽车、一场演出，都可以看作是对象。

具有相同性质的对象的抽象就是类，因此对象的抽象是类，类的具体化就是对象，也可以说对象是类的实例。例如，汽车模型是类，具体的汽车可以看作是对象。

在 Access 中，窗体、报表和控件等都是对象，它们是相应类的实例。其中，窗体是 Form 类的实例对象，报表是 Report 类的实例对象，命令按钮是 CommandButton 类的实例对象。

2. 对象的属性和方法

属性是对象的状态，用数据值来描述。方法是对象的行为，用函数来描述。

类也具有属性和方法，类的属性是对象状态的抽象，用数据结构来描述类的属性。类的方法是对象行为的抽象，用函数来描述。例如，窗体对象的标题(Caption)和命令按钮的字体名(FontName)是属性，而控件的移动(Move)和捕获焦点(SetFocus)则是方法。

3. 对象的事件

事件指由系统事先设定的、能为对象识别和响应的动作。事件发生在用户与应用程序交互时，如鼠标移动、双击、单击、键盘输入、数据更改等都是事件；也有部分事件由系统产生，不需要用户激发，如定时器事件、窗体装载事件等。

各种对象所能响应的事件有所不同，可以在对象设计视图中单击对象，在打开的属性表中选择“事件”选项卡查看，如图 11-1 所示。

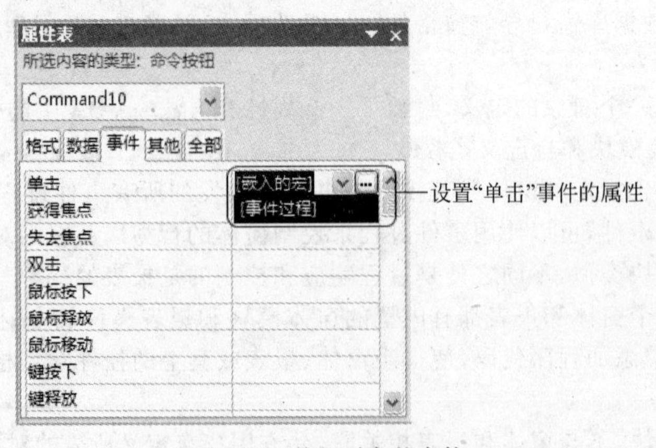

图 11-1　按钮对象的事件

可以通过两种方法处理窗体、报表或控件的事件响应(参看图 11-1)：

(1) 使用宏对象设置事件的属性。

(2) 为某个事件创建事件过程。创建的方法是单击某一事件属性“组合框”下拉按钮，选择“[事件过程]”并单击右侧的省略号按钮 ... ，这时会打开事件过程代码窗口，可以在事件过程中编写 VBA 代码，如命令按钮的单击(Click)事件过程，如图 11-2 所示。

图 11-2　命令按钮 Click 事件过程

在代码窗口右上边的下拉列表框中也可以查看每一种对象所能识别的事件，在事件框的左边是对象框。当在对象框里选定对象后再在事件框里选定需要的事件，系统就会自动生成一个约定名称的子程序，该子程序就是处理该事件的程序，称为事件过程，一般格式如下：

```
Private Sub 对象名_事件名([参数表])
  …(事件过程代码)
End Sub
```

其中，参数表中的参数名随事件过程的不同而不同，也可以省略。程序代码就是根据需要解决的问题由用户编写的程序。例如，图 11-2 所表示的命令按钮 Command1 的 Click 事件过程名为 Command1_Click，“MsgBox "单击事件过程"”是用户输入的程序代码。

4. 创建 VBA 程序的基本步骤

VBA 是 Access 的内置编程语言，因此不能脱离 Access 创建独立的应用程序，但创建程序的基本步骤和一般可视化编程是类似的，基本步骤如下：

1) 创建用户界面

根据程序的功能要求和用户与程序之间的信息交流的需要，确定需要哪些对象，规划界面的布局。VBA 程序用户界面的基础是窗体以及窗体上的控件。

2) 设置界面上各个对象的属性

根据规划的界面要求设置各个对象的属性，如对象的名称、颜色、大小等。对属性的设置有两种方法：

(1) 在设计视图中利用属性窗口对选定的对象进行属性设置。

(2) 在程序代码中改变属性的值，其语句格式为：

```
对象名.属性名 = 属性值
```

例如，将 Command1 命令按钮的 Caption 属性设置为“计算”，在程序代码中实现的语句是：

```
Command1.Caption = "计算"
```

在 VBA 编程中，经常要引用对象和对象的属性或方法。属性和方法不能单独使用，它们必须和对应的对象一起使用。用于分隔对象和属性以及方法的操作符是“.”，称为点操作符。

引用对象属性的语法格式为：

对象名.属性名

引用方法的语法格式为：

对象名.方法名(参数1,参数2,…)

如果引用的方法没有参数，则可以省略括号。例如，引用 MyForm 对象的 Refresh 方法：

```
MyForm.Refresh
```

在 Access 中，可能需要通过多重对象确定一个对象，这时需要使用运算符“!”逐级确定对象。例如，要确定在 MyForm 窗体对象上的一个命令按钮控件 Cmd_Button1，可表示为：

```
MyForm!Cmd_Button1
```

对于当前对象，可以省略对象名，也可以使用 Me 关键词代替当前对象名。

当引用对象的多个属性时，可使用 With…End With 结构，而不需要重复指出对象的名称。例如，如果要给命令按钮 Cmd1 的多个属性赋值，可表示为：

```
With Cmd1
    .Caption = "确定"
    .Height = 2000
    .Width = 2000
End With
```

3）编写对象响应的程序代码

用户界面仅仅决定了程序运行时的外观，设计完界面后就要通过代码窗口添加代码，以实现一些处理任务。用 VBA 开发的应用程序，代码不是按照预定的路径执行，而是在响应不同的事件时执行不同的代码。事件可以由用户操作触发，如单击鼠标、键盘输入等事件，也可以由来自操作系统或其他应用程序的消息触发。这些事件的顺序决定了代码执行的顺序。

4）运行和调试程序

事件过程编好之后，即可运行程序。当运行出现错误时，VBA 系统可提供信息提示，也可通过“调试”菜单中的选项查找和排除错误。

5）保存窗体或模块

保存窗体或模块，也就保存了用户界面和程序代码。

11.1.3 创建模块的步骤

组成模块的基础是过程，VBA 过程通常分为 Sub 过程（子程序）、Function 过程（函数）和 Property 过程（属性）。关于过程的详细使用方法将在 11.4 节介绍，下面只是使用过程的简单形式来说明创建模块的基本步骤。

创建模块对象，需启动 VBA 编辑器（Visual Basic Editor，VBE）。在 VBE 中可以编写 VBA 函数和过程，从而创建模块对象。

1. 创建标准模块

为了创建标准模块，有 3 种常用方法：

(1) 在 Access 2007 数据库窗口中单击“创建”选项卡，在“其他”命令组中单击“模块”命令按钮。如果没有出现“模块”命令按钮，则单击“宏”命令按钮下的三角箭头，再在出现的菜单中选择“模块”命令，这样可以打开 VBE 窗口并建立一个新的标准模块。

(2) 在 Access 2007 数据库窗口导航窗格的“模块”组中双击所要显示的模块名称，就会打开 VBE 窗口并显示该模块的内容。

(3) 在 Access 2007 数据库窗口中单击“数据库工具”选项卡，在“宏”命令组中单击 Visual Basic 命令按钮，打开 VBE 窗口。在 VBE 窗口中，依次选择“插入”→“模块”菜单命令，或在标准工具栏中单击“插入模块”命令按钮旁的下三角箭头，并从下拉菜单中选择“模块”命令，可以创建新的标准模块。

【例 11-1】 在教学管理数据库中创建一个标准模块。

操作步骤如下：

(1) 打开教学管理数据库，然后单击“创建”选项卡，在“其他”命令组中单击“模块”命令按钮。此时 VBE 界面包括 VBE 主窗口、工程资源管理器窗口、属性窗口和代码窗口等。通过 VBE 主窗口的“视图”菜单可以显示其他窗口，这些窗口包括对象窗口、对象浏览器、立即窗口、本地窗口和监视窗口等，通过这些窗口可以方便用户开发 VBA 应用程序。显示立即窗口后的 VBE 界面如图 11-3 所示。

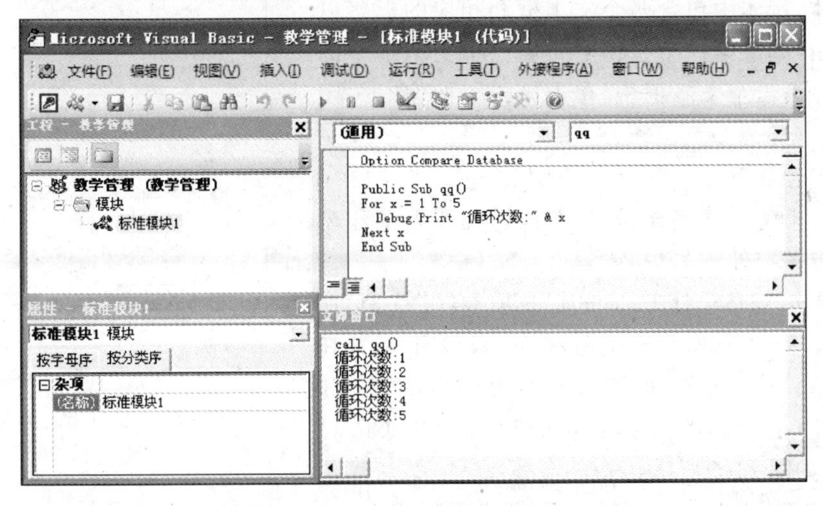

图 11-3 创建标准模块的 VBE 界面

(2) 在代码窗口输入一个名为 qq 的 Sub 过程，然后在立即窗口输入命令 call qq()或单击 VBE 窗口标准工具栏中的“运行子过程/用户窗体”按钮 ▶ 或从“运行”菜单中选择相应命令来运行该过程，随后可以看到该过程的执行结果。

(3) 在 VBE 窗口，单击标准工具栏中的“保存”按钮，并输入模块名称将模块存盘。这样一个标准模块就建好了。回到学生管理数据库窗口，在导航窗格中可以看到建好的模块对象。

2. 创建类模块

类模块是 VBA 中基于对象程序设计的基础。在类模块中可以编写代码建立对象，这些新对象包含自定义的属性和方法。实际上，窗体正是这样一种类模块。标准模块只包含代码，而类模块包含代码又包含数据，可视为没有物理表示的控件。创建类模块的方法如下：

(1) 在 Access 2007 数据库窗口中单击“创建”选项卡，在“其他”命令组中单击“类模块模块”命令按钮。如果没有出现“类模块”命令按钮，则单击“宏”命令按钮的下三角箭头，在出现的菜单中选择“类模块”命令，这样可以打开 VBE 窗口并建立一个新的类模块。

(2) 打开 VBE 窗口，依次单击“插入”→“类模块”菜单命令，或在标准工具栏中单击“插入模块”命令按钮旁的下三角箭头，并从下拉菜单中选择“类模块”命令，可以创建新的类模块。

具体创建类模块的步骤在 7.5 节介绍。要查看、编辑窗体或报表中的 VBA 程序模块，可使用以下方法：

(1) 在设计视图中打开对象，然后单击“设计”选项卡，在“工具”命令组中单击“查看代码”命令按钮，打开 VBE 窗口，并打开该窗体或报表 VBA 程序代码。

(2) 在设计视图中打开对象，然后右击需要编写代码的控件，在弹出的菜单中选择“事件生成器”命令，打开 VBE 窗口，并打开该窗体或报表 VBA 程序代码。

【例 11-2】 在教学管理数据库中创建如图 11-4 所示的窗体，窗体中包含两个文本框和相应的标签以及两个按钮，单击第一个按钮时将第一个文本框中的内容显示在第二个文本框中，单击第二个按钮时关闭该窗体。

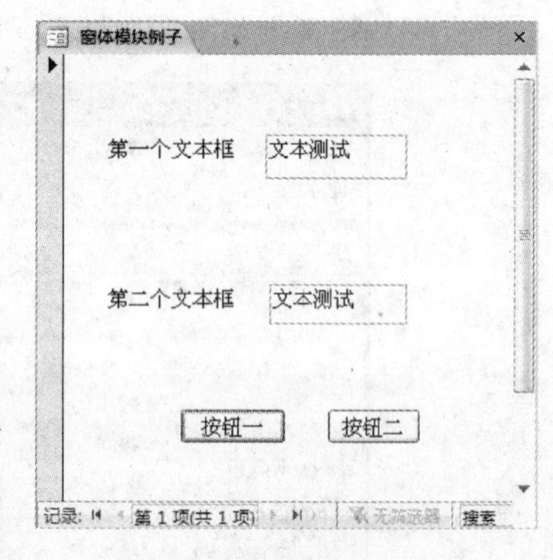

图 11-4　窗体模块运行界面

操作步骤如下：

(1) 打开教学管理数据库，在设计视图下创建窗体并添加有关控件。

(2) 单击“窗体设计工具 设计”选项卡，在“工具”命令组中单击“查看代码”命令按钮，打开 VBE 窗口，并在代码窗口输入第一个按钮(名称属性为 Command4)和第二个按钮(名称属性为 Command5)的单击(Click)事件代码，如图 11-5 所示。

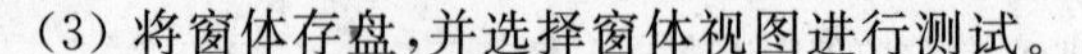

(3) 将窗体存盘，并选择窗体视图进行测试。

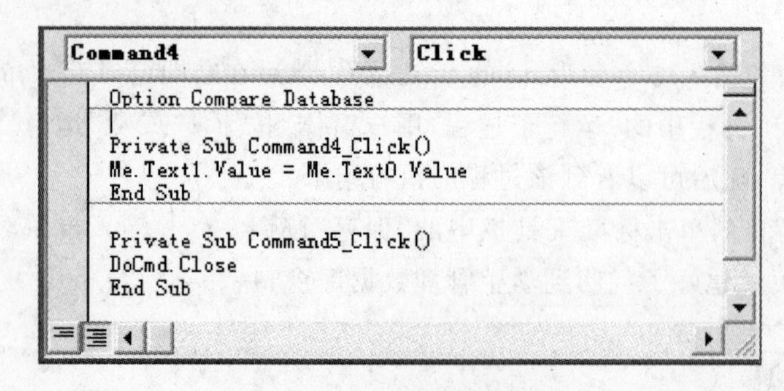

图 11-5　在代码窗口输入代码

11.1.4 VBE窗口组成

前面介绍了在VBE窗口进行程序设计的基本步骤,还有许多细节内容将在后面陆续介绍。下面详细介绍VBE窗口的组成。

1. VBE主窗口

VBE主窗口和一般的Windows应用程序窗口类似,其中的菜单栏和工具栏包含了VBE的操作命令,是主窗口的主体部分。

1) 菜单栏

VBE的菜单包括文件、编辑、视图、插入、调试、运行、工具、外接程序、窗口和帮助10个一级菜单,各个菜单的功能说明如表11-1所示。

表11-1 VBE菜单及其功能说明

菜单	说　明
文件	文件的保存、导入、导出、打印等基本操作
编辑	文本的剪切、复制、粘贴、查找等编辑命令
视图	显示VBE的界面窗口
插入	进行过程、模块、类模块或文件的插入
调试	调试程序的基本命令,如编译、逐条运行、监视、设置断点等命令
运行	运行程序的基本命令,如运行、中断运行等
工具	用来管理VB类库等的引用、宏以及VBE编辑器的选项
外接程序	管理外接程序
窗口	设置各个窗口的显示方式
帮助	用来获取Microsoft Visual Basic的链接帮助以及网络帮助资源

2) 工具栏

在默认情况下,在VBE窗口中显示的是标准工具栏,用户可以通过"视图"→"工具栏"菜单命令显示"编辑"、"调试"和"用户窗体"工具栏,甚至自定义工具栏的按钮。标准工具栏上包括创建模块时常用的命令按钮,这些按钮及其功能如表11-2所示。

表11-2 VBA编辑器标准工具栏常用按钮功能

按钮	按钮名称	功　能
	查看Microsoft Office Access	显示Access 2007窗口
	插入模块	单击该按钮右侧箭头,弹出下拉列表,可插入"模块"、"类模块"和"过程"
	撤销	取消上一次键盘或鼠标的操作
	重复	取消上一次的撤销操作
	运行子过程/用户窗体	运行模块中的程序
	中断	中断正在运行的程序
	重新设置	结束正在运行的程序
	设置模式	在设计模式和用户窗体模式之间切换
	工程资源管理器	打开工程资源管理器窗口
	属性窗口	打开属性窗口
	对象浏览器	打开对象浏览器窗口

2. 其他窗口

在 VBE 中,提供了工程资源管理器窗口、属性窗口、代码窗口、对象窗口、对象浏览器窗口、立即窗口、本地窗口、监视窗口等多个窗口,可以通过“视图”菜单控制这些窗口的显示。下面简要介绍常用的工程资源管理器窗口、属性窗口、代码窗口和立即窗口。

1) 工程资源管理器窗口

图 11-6 所示为打开罗斯文数据库并进入 VBE 窗口时的工程资源管理器窗口,该窗口中列出了在应用程序中用到的模块。使用该窗口,可以在数据库内各个对象之间快速地浏览,各对象以树形图的形式分级显示在窗口中,包括 Access 类对象、模块和类模块。要查看对象的代码,只需在该窗口双击对象即可。要查看对象的窗体,可以右击对象名,然后在弹出的快捷菜单中选择“查看对象”命令。

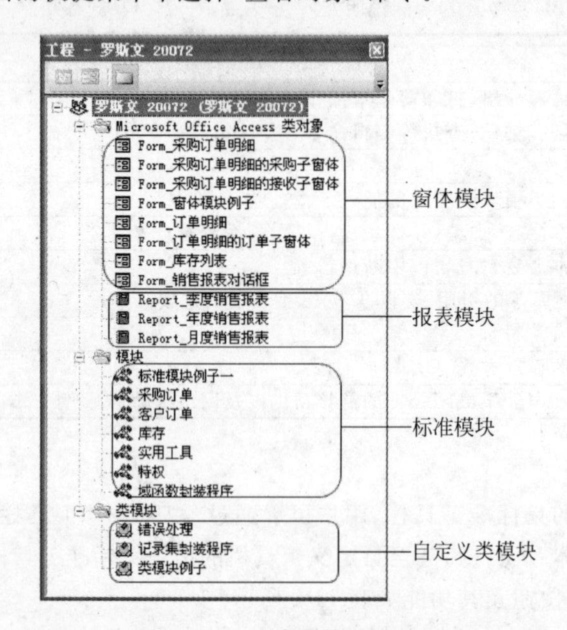

图 11-6 工程资源管理器窗口

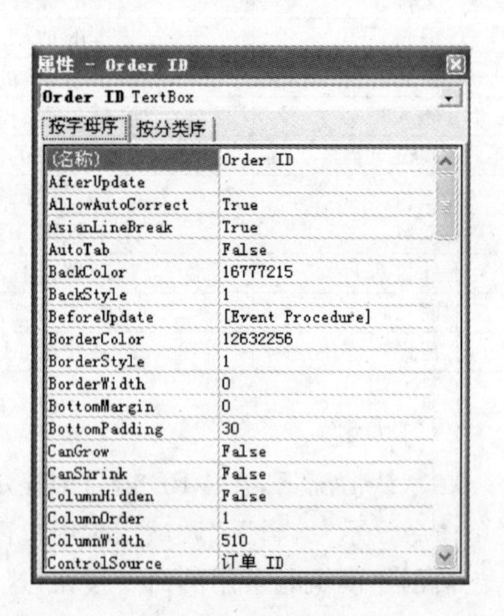

图 11-7 属性窗口

2) 属性窗口

图 11-7 所示为属性窗口,属性窗口列出了所选对象的各种属性,可按“字母”和“分类”排序来查看属性。可以对这些属性进行编辑,通常比在设计窗口中编辑对象的属性更为方便。只有类对象在设计视图中打开时,对象的属性才能显示在属性窗口中。

3) 代码窗口

代码窗口如图 11-8 所示,在代码窗口中可以输入和编辑 VBA 代码。可以打开多个代码窗口来查看各个模块的代码,而且可以方便地在代码窗口之间进行复制和粘贴。代码窗口对于代码中的关键字和普通代码通常以不同颜色区分,使之一目了然。

VBE 的代码窗口包含一个成熟的开发和调试系统。在代码窗口的顶部是两个组合框,左边是对象组合框,右边是过程组合框。对象组合框中列出了所有可用的对象名称,选择某一个对象后,在过程组合框中将列出该对象所有的事件过程。

VBE 继承了 VB 编辑器的众多功能,如自动显示快速信息、快捷的上下文关联帮助及

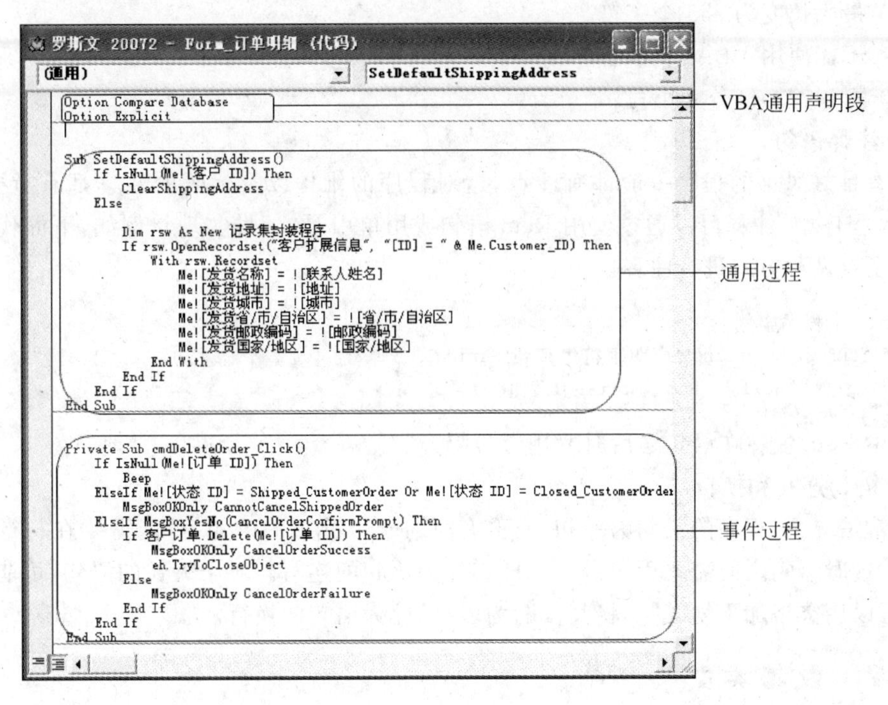

图 11-8　代码窗口

快速访问子过程等功能。如在代码窗口中输入命令时,VBA 编辑器会自动显示关键字列表或属性列表以供用户参考和选择。

4) 立即窗口

立即窗口常用于程序在调试期间输出中间结果、帮助用户在中断模式下测试表达式的值等,也可以在立即窗口中直接输入 VBA 命令并按 Enter 键,VBA 会实时解释并执行该命令。例如,用户可直接在立即窗口利用"?"或 Print 命令或直接在程序中用 Debug. Print 输出表达式的值,如图 11-9 所示。

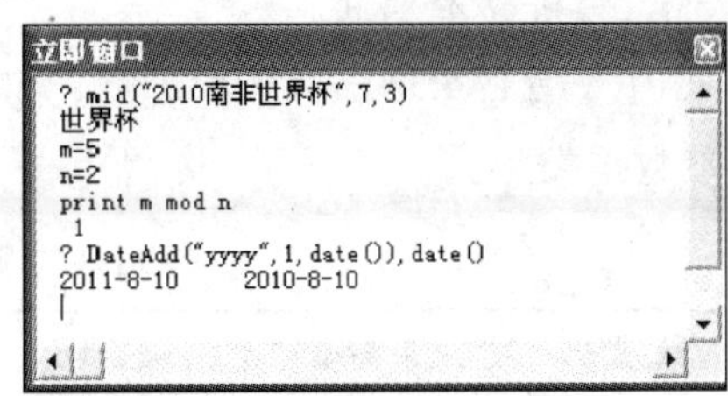

图 11-9　在立即窗口直接输出表达式的值

11.2　VBA 的数据类型及运算

用 VBA 进行程序设计,必须熟悉 VBA 的一些语法规则,包括代码的书写规则、各种数据类型以及各种运算对象的表示方法等。

11.2.1　编码规则

1. 标识符命名规则

标识符是用来标识用户所定义的常量、变量、控件、过程、函数、对象等元素的符号。在 VBA 中,标识符的命名必须遵循以下规则:

(1) 必须是以字母或汉字开头,且只能由汉字、字母(a～z 或 A～Z)、数字(0～9)或下划线(_)所组成。

(2) 最大长度为 255 个字符。

(3) 不能使用 VBA 的关键字。

(4) 标识符不区分大小写。

2. 注释语句

具有良好风格的程序一般都有注释,这对程序的维护以及代码的共享都有重要作用。在 VBA 程序中,注释可以通过使用 Rem 语句或用单引号“'”号实现。例如,下面代码中分别使用了这两种方式进行注释。

```
Rem 一个程序实例
Dim String1 As String '声明字符串变量 String1
String1 = "Hello": Rem 为 String1 赋值 Hello
```

其中 Rem 注释在语句之后时要用冒号隔开。

3. 语句连写和换行

通常情况下,程序的语句为一句一行,有时对于十分短的语句,可能需要在一行中写几条语句,这时语句之间需要用冒号“:”分隔,此为语句的连写。对于太长的语句,可能一行写不完,可以用空格加下划线“_”将其截断为多行,此为语句的换行。

11.2.2 数据类型

数据类型反映了数据在内存中的存储形式以及所能参与的运算,它又分为标准数据类型和用户自定义数据类型。

1. 标准数据类型

VBA 支持多种标准数据类型,为用户编程提供了方便。表 11-3 列出了 VBA 中主要的标准数据类型。

表 11-3 VBA 支持的主要标准数据类型

数据类型	类型符	存储空间	取值范围
Integer(整型)	%	2 字节	−32768～32767
Long(长整型)	&	4 字节	−2147483648～2147483647
Single(单精度型)	!	4 字节	负值:−3.402823E38～−1.401298E−45 正值:1.401298E−45～3.402823E38
Double(双精度型)	#	8 字节	负值:−1.79769313486232E308～−4.94065645841247E−324 正值:1.79769313486232E308～4.94065645841247E−324
Currency(货币型)	@	8 字节	−922337203685477.5808～922337203685477.5807
String(字符型)	$	字符串长	1～65400 个字符
Date(日期型)		8 字节	100 年 1 月 1 日～9999 年 12 月 31 日
Boolean(布尔型)		2 字节	True 或 False
Byte(字节型)		1 字节	0～255
Variant(变体型)		不定	由最终的数据类型决定
Object(对象)		4 字节	对某个对象的引用(地址),可对任何对象引用

其中 Variant 数据类型是一种特殊数据类型,具有很大的灵活性,可以表示多种数据类型,其最终的类型由赋予它的值来确定。如果变量在使用前未加以类型说明,默认为

Variant 型。

2. 用户自定义数据类型

VBA 允许用户自定义数据类型,使用 Type 语句就可以实现这个功能。用户自定义类型可包含一个或多个某种数据类型的数据元素型。Type 语句的语法格式如下:

```
Type 数据类型名
   数据元素定义语句
End Type
```

例如,下面用 Type 语句定义一个 StudentType 数据类型,它由 StudentName、StudentSex 和 StudentBirthDate 共 3 个数据元素组成。

```
Type StudentType
   StudentName As String                   '定义字符串变量存储姓名
   StudentSex As String                    '定义整型变量存储性别
   StudentBirthDate As Date                '定义日期变量存储生日
End Type
```

声明和使用变量形式如下:

```
Dim Student As StudentType
Student.StudentName = "Brenden"
Student.StudentSex = "Female"
Student.StudentBirthDate = #12/20/1989#
```

11.2.3 常量与变量

常量与变量是两种最基本的运算对象,在程序设计时要注意各种类型常量的表示形式以及变量的使用方法。

1. 常量

VBA 的常量分为直接常量、符号常量和系统常量。一般对于程序中使用的常量,尽量使用符号常量表示,这样可以用有意义的符号表示数据,增强程序的可读性。

1) 直接常量

不同类型的直接常量有不同的表示方法,使用时应遵循相应的规则,常用的表示方法有:

(1) 十进制整数由数字 0～9 和正、负号组成,实数可采用小数表示形式或科学计数表示形式。科学计数法用 E 表示 10 的乘幂,例如 1.401298E－45 表示 1.401298×10^{-45}。

(2) 字符串常量是一个用双引号括起来的字符序列。例如,"中部崛起"、"x＋y＝"、""(空字符串)等。在字符串中,字母的大小写是有区别的。例如,"Basic"与"BASIC"代表两个不同的字符串。

(3) 布尔常量有 True 和 False 两个值。

(4) 日期常量以字面上可被认作日期和时间的字符并用一对"#"括起来表示。例如 #11/30/2009#、#2009 Nov 30 22:47:29#、#2009-11-30 10:47:29 pm #。

2) 符号常量

符号常量是用标识符表示某个常量,用户一旦定义了符号常量,在以后的程序中不能用赋值语句来修改它们；否则，在运行程序时将出现错误。

在 VBA 中声明常量的语句格式是：

```
Const 常量名 [As 数据类型|类型符] = 表达式[,常量名 [As 数据类型|类型符] = 表达式]
```

其中，常量用标识符命名；"As 数据类型|类型符"用来说明常量的数据类型，可以是常量名后接"As 数据类型"或在常量名后直接加类型符。若省略该项，则由系统根据表达式的求值结果，确定最合适的数据类型。表达式由运算量及运算符组成，也可以包含前面定义过的符号常量。例如：

```
Const TotalCount As Integer = 1000
Const IDate = #7/30/2010#
Const NDate = IDate + 5
Const MyString$ = "You are welcome."
```

3）系统常量

系统常量是 VBA 预先定义好的常量，用户可以直接使用。例如，VBA 用 vbKeyReturn 表示 Enter 键，它的 ASCII 码值是 13。

2. 变量

在程序中可以使用变量临时存储数据，变量的值可以发生变化。在高级语言中，变量可以看作是一个被命名的内存单元，通过变量的名字来访问相应的内存单元。

1）变量的命名规则

为了区别存储着不同数据的变量，需要对变量命名，VBA 的变量名要遵循标识符的命名规则。为了增加程序的可读性和可维护性，可以在命名变量时使用前缀的约定。这样通过变量名就可以知道变量的数据类型。例如，可以用 intNumber、strMytext、blnFlag 等名字分别作为整型、字符串型和逻辑型变量的名字。

2）变量的声明

声明变量有两个作用，一是指定变量的数据类型；二是指定变量的作用范围。如果在程序中没有明确声明变量，VBA 会默认声明为 Variant 数据类型。虽然默认声明变量很方便，但可能会在程序代码中导致严重的错误。因此使用前声明变量是一个很好的编程习惯。

在 VBA 中可以强制要求在过程中使用变量前必须进行声明，方法是在模块通用声明部分中包含一个 Option Explicit 语句，要求在模块级别中强制对模块中所有使用的变量显式声明。

声明变量要使用 Dim 语句，Dim 语句的格式为：

```
Dim 变量名 [As 数据类型|类型符][,变量名 [As 数据类型|类型符]]
```

例如：

```
Dim Var1%,Var2 As String,Var3 As Date,Var4
```

其中，Var1 的数据类型为整型(Integer 类型，其类型符为%)；Var2 为字符型；Var3 为日期型；Var4 的类型为 Variant，因为声明时没有指定类型。

对于字符型变量，分为定长和变长两种。例如：

```
Dim s1 As String, s2 As String*10
```

其中,s1 是变长字符变量；s2 是定长字符变量。

3）变量的赋值

声明了变量后,变量就指向了内存的某个单元。在程序的执行过程中,可以向这个内存单元写入数据,这就是变量的赋值。给变量赋值的语句格式如下：

```
变量名 = 表达式
```

例如：

```
Dim MyName As String
MyName = "Better City, Better Life."
```

3. 数组变量

数组是一组具有相同数据类型的数据所构成的集合,而其中单个的数据称为数组元素。数组必须先声明后使用,数组声明即定义数组名、类型、维数和各维的大小。定义数组后,数组名代表所有数组元素,而数组名加下标表示一个数组元素,也称为下标变量,它和普通变量可以等价使用。

数组的声明方式和其他的变量是一样的,可以使用 Dim 语句声明,其一般格式为：

```
Dim 数组名([下标 1 下界 To] 下标 1 上界[,[下标 2 下界 To] 下标 2 上界]…) As 数据类型
```

下标下界的默认值为 0,在使用数组时,可以在模块的通用声明部分使用“Option Base 1”语句来指定数组下标下界从 1 开始。

数组可以分固定大小数组和动态数组两种类型。若数组的大小被指定,则它是个固定大小数组。若程序运行时数组的大小可以被改变,则它是个动态数组。

1）声明固定大小的数组

下面的语句声明了一个固定大小的数组：

```
Dim MyArray(10,10) As Integer
```

其中 MyArray 是数组名,它是含有 11×11 个元素的 Integer 类型的二维数组。

2）声明动态数组

若声明为动态数组,则可以在执行程序时去改变数组大小。可以利用 Dim 语句来声明数组,无须给出数组大小。每当需要时,可以使用 ReDim 语句去更改动态数组,此时数组中存在的值会丢失。若要保存数组中原先的值,则可以使用 ReDim Preserve 语句扩充数组。例如：

```
Dim sngArray() As Single              '使用 Dim 语句声明动态数组
ReDim sngArray(2)                     '使用 ReDim 语句声明动态数组的大小
sngArray(1) = 10                      '为动态数组各个元素赋值
sngArray(2) = 20
ReDim Preserve sngArray(10)           '再次改变动态数组大小,保留了原来数组元素的值
```

11.2.4 内部函数

内部函数是 VBA 系统为用户提供的标准过程,能完成许多常见运算。根据内部函数的功能,可将其分为数学函数、字符串函数、日期或时间函数、类型转换函数、测试函数等。

1. 数学函数

数学函数完成数学计算功能，常用的数学函数如表 11-4 所示。

表 11-4 常用数学函数

函数名	功能说明	示例	结果
Abs(x)	取绝对值	Abs(－2)	2
Cos(x)	求余弦值	Cos(3.1415926)	－1
Exp(x)	求 e^x	Exp(1)	2.718
Int(x)	返回不大于 x 的最大整数	Int(3.2)	3
		Int(－3.2)	－4
Fix(x)	返回 x 的整数部分	Fix(3.2)	3
		Fix(－3.2)	－3
Log(x)	取自然对数	Log(2.718)	1
Rnd([x])	产生(0,1)区间均匀分布的随机数	Rnd(1)	随机产生(0,1)之间的随机数
Sgn(x)	返回正负 1 或 0	Sgn(5)	1
		Sgn(－5)	－1
		Sgn(0)	0
Sin(x)	求正弦值	Sin(0)	0
Sqr(x)	求平方根	Sqr(25)	5
Tan(x)	求正切值	Tan(3.14/4)	1

其中，x 可以是数值型常量、数值型变量、数学函数和算术表达式，其返回值仍然是数值型。

2. 字符串函数

常用的字符串函数如表 11-5 所示。

表 11-5 常用字符串函数

函数名	功能说明	示例	结果
Instr(S1,S2)	在字符串 S1 中查找 S2 的位置	Instr("ABCD","CD")	3
Lcase(S)	将字符串 S 中的字母转换为小写	Lcase("ABCD")	"abcd"
Ucase(S)	将字符串 S 中的字母转换为大写	Lcase("abcd")	"ABCD"
Left(S,N)	从字符串 S 左侧取 N 个字符	Left("ABCD",2)	"AB"
Right(S,N)	从字符串 S 右侧取 N 个字符	Right("ABCD",2)	"CD"
Len(S)	计算字符串 S 的长度	Len("ABCD")	4
Ltrim(S)	删除字符串 S 左边的空格	Ltrim(" ABCD ")	"ABCD "
Trim(S)	删除字符串 S 两端的空格	Ltrim(" ABCD ")	"ABCD"
Rtrim(S)	删除字符串 S 右边的空格	Ltrim(" ABCD ")	" ABCD"
Mid(S,M,N)	从字符串 S 的第 M 个字符起，连续取 N 个字符	Mid("ABCDEFG",3,4)	"CDEF"
Space(N)	生成 N 个空格字符	Space(5)	" "

其中，S 可以是字符串常量、字符串变量、值为字符串的函数和字符串表达式，M 和 N 的值为数值型的常量、变量、函数或表达式。

3. 日期或时间函数

常用的日期或时间函数如表 11-6 所示。

表 11-6　常用日期或时间函数

函数名	功能说明	示　例	结果
Date()	取系统当前日期	Date()	2010-6-30
Now()	取系统当前日期和时间	Now()	2010-6-30 18:12:21
Time()	取系统当前时间	Time()	18:12:21
Year(D)	计算日期 D 的年份	Year(#2010-6-30#)	2010
Month(D)	计算日期 D 的月份	Month(#2010-6-30#)	6
Day(D)	计算日期 D 的日	Day(#2010-6-30#)	30
Hour(T)	计算时间 T 的小时	Hour(#18:12:21#)	18
Minute(T)	计算时间 T 的分钟	Minute (#18:12:21#)	12
Second(T)	计算时间 T 的秒	Second (#18:12:21#)	21
DateAdd(C,N,D)	对日期 D 增加特定时间 N	DateAdd("D",2,#2010-6-1#) DateAdd("M",2,#2010-6-1#)	2010-6-3 2010-8-1
DateDiff(C,D1,D2)	计算日期 D1 和 D2 的间隔时间	DateDiff("D",#2010-6-1#,Date) DateDiff("YYYY",#2009-6-1#,Date)	29 1
Weekday(D)	计算日期 D 为星期几	Weekday(#2010-6-30#)	3

其中,D、D1 和 D2 可以是日期常量、日期变量或日期表达式；T 是时间常量、变量或表达式；C 为字符串,表示要增加时间的形式或间隔时间形式,YYYY 表示"年",Q 表示"季",M 表示"月",D 表示"日",WW 表示"星期",H 表示"时",N 表示"分",S 表示"秒"。

4. 类型转换函数

常用的类型转换函数如表 11-7 所示。

表 11-7　常用类型转换函数

函数名	功能说明	示例	结果
Asc(S)	将字符串 S 的首字符转换为对应的 ASCII 码	Asc("BC")	66
Chr(N)	将 ASCII 码 N 转换为对应的字符	Chr(67)	C
Str(N)	将数值 N 转换成字符串	Str(100101)	"100101"
Val(S)	将字符串 S 转换为数值	Val("2010.6")	2010.6

5. 测试函数

常用的测试函数如表 11-8 所示。

表 11-8　常用测试函数

函数名	功能说明	示　例	结果
IsArray(A)	测试 A 是否为数组	Dim A(2) IsArray(A)	True
IsDate(A)	测试 A 是否是日期类型	IsDate(#2010-6-30#)	True
IsNumeric(A)	测试 A 是否为数值类型	IsNumeric(5)	True
IsNull(A)	测试 A 是否为空值	IsNull(Null)	True
IsEmpty(A)	测试 A 是否已经被初始化	Dim v1 IsEmpty(v1)	True

6. 输入和输出函数

把要加工的初始数据从某种外部设备(如键盘)输入计算机中,并把处理结果输出到指定设备(如显示器),这是程序设计语言所应具备的基本功能。在 VBA 中,可以使用 InputBox 函数实现数据输入,使用 MsgBox 函数、Print 方法实现输出。

1) 输入函数 InputBox

InputBox 函数的作用是打开一个对话框,等待用户输入文本或选择一个按钮。当用户单击"确定"按钮或按 Enter 键时,函数返回文本框中的输入值。InputBox 函数的格式如下:

```
InputBox(Prompt,[Title],[Default],[XPos],[YPos])
```

其中,Prompt 指定要在对话框中显示的信息,可以是常量、变量或表达式;Title 指定对话框标题栏显示的信息;Default 是字符串表达式,当在输入对话框中无输入时,则该默认值作为输入内容;Xpos 和 Ypos 为整型表达式,指定对话框左上角在屏幕上的坐标位置(屏幕左上角为坐标原点)。

2) 输出函数 MsgBox

MsgBox 函数的作用是打开一个对话框,等待用户单击按钮,并返回一个整数告诉用户单击哪一个按钮。MsgBox 函数的调用格式如下:

```
变量名 = MsgBox(Prompt,[Buttons],[Title])
```

MsgBox 在 VBA 程序中也可作为语句使用,其格式为:

```
MsgBox Prompt,[Buttons],[Title]
```

其中,Prompt 指定要在对话框中显示的信息,可以是常量、变量或表达式;Buttons 是整型表达式,决定对话框中显示的按钮数目、图标类型、默认按钮以及模式等,Buttons 的设置值如表 11-9 所示;Title 指定对话框标题栏显示的信息。

表 11-9 MsgBox 函数的 Buttons 设置值

分组	常数	值	描 述
按钮数目	vbOKOnly	0	只显示 OK 按钮
	vbOKCancel	1	只显示 OK 和 Cancel 按钮
	vbAbortRetryIngore	2	只显示 Abort、Retry 和 Ignore 按钮
	vbYesNoCancel	3	只显示 Yes、No 和 Cancel 按钮
	vbYesNo	4	只显示 Yes 和 No 按钮
	vbRetryCancel	5	只显示 Retry 和 Cancel 按钮
图标类型	vbCritical	16	显示 Critical Message 图标
	vbQuestion	32	显示 Warning Query 图标
	vbExclamation	48	显示 Warning Message 图标
	vbInformation	64	显示 Information Message 图标
默认按钮	vbDefaultButton1	0	第一个按钮是默认值
	vbDefaultButton2	256	第二个按钮是默认值
	vbDefaultButton3	512	第三个按钮是默认值
	vbDefaultButton4	768	第四个按钮是默认值

续表

分组	常数	值	描述
模式	vbApplicationModal	0	应用程序强制返回，应用程序一直被挂起，直到用户对消息框作出响应才继续工作
	vbSystemModal	4096	系统强制返回，全部应用程序都被挂起，直到用户对消息框作出响应才继续工作

第一组值(0～5)描述了对话框中显示的按钮的类型与数目，第二组值(16,32,48,64)描述了图标的样式，第三组值(0,256,512,768)说明哪一个按钮是默认值，而第四组值(0,4096)则决定消息框的强制返回性。将这些数字相加以生成 Buttons 参数值的时候，只能由每组值取用一个数字。MsgBox 函数返回值如表 11-10 所示。例如，如果函数值为 6，表示用户单击了 Yes 按钮。

表 11-10　MsgBox 函数返回值及含义

常数	值	描述
vbOK	1	OK
vbCancel	2	Cancel
vbAbort	3	Abort
vbRetry	4	Retry
vbIgnore	5	Ignore
vbYes	6	Yes
vbNo	7	No

【例 11-3】 以下代码使用 InputBox 函数和 MsgBox 函数接收用户的输入并显示。

```
Sub inputFunc()
    Dim str As String
    Str = InputBox("请输入您的姓名：","登录")
    MsgBox "欢迎您：" & str & "同学", vbInformation, "欢迎"
End Sub
```

程序在调用子过程 inputFunc 时，弹出输入对话框，要求用户输入数据，如图 11-10 所示，单击“确定”按钮后，弹出输出对话框，如图 11-11 所示。

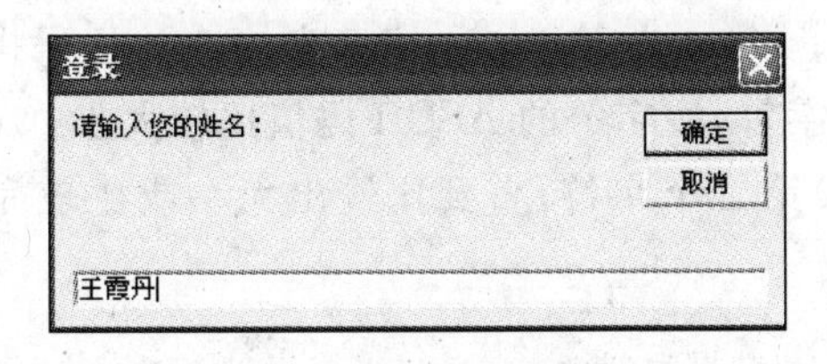

图 11-10　输入数据对话框

图 11-11　输出信息对话框

11.2.5　表达式

表达式用来求取一定运算的结果，由常量、变量、函数、运算符和圆括号组成。VBA 中包含了丰富的运算符，有算术运算符、关系运算符、逻辑运算符、连接运算符等，这些运算符可以完成各种运算并构成不同的表达式。

1. 算术表达式

算术运算是指通常的加减乘除以及乘方等数学运算。用算术运算符将运算对象连接起来的式子叫算术表达式。一般的算术运算符都有两个运算对象，属于双目运算符，而有的运算符只有一个运算对象，属于单目运算符。VBA 提供了 8 个算术运算符，除负号“－”是单目运算符外，其他均为双目运算符，如表 11-11 所示。

表 11-11 算术运算符

运算符	说明	优先级	运算符	说明	优先级
^	乘方	1	\	整除	4
—	负号	2	Mod	取模	5
*	乘	3	＋	加	6
/	除	3	－	减	6

说明：

(1) “/”是浮点除法运算符，运算结果为浮点数。例如，表达式 7/2 的结果为 3.5。

(2) “\”是整数除法运算符，结果为整数。例如，表达式 7\2 的结果为 3。

(3) Mod 是取模运算符，用来求余数，运算结果为第一个操作数整除第二个操作数所得的余数。例如，表达式 7 Mod 2 的运算结果为 1。

如果表达式中含有括号，则先计算括号内表达式的值，然后严格按照运算符的优先级进行运算，乘方运算的优先级最高，加减运算优先级最低。

例如，数学式 $g\frac{m_1 m_2}{r^2}$所对应的 VBA 表达式可写成：

g * m1 * m2/r^2　或　g * m1 * m2/(r * r)　或　g * m1 * m2/r/r

2. 关系表达式

关系运算符用来进行关系运算，关系表达式的结果是布尔型数据，当关系表达式所表达的比较关系成立时，结果为 True，否则为 False。关系表达式的结果通常作为程序中语句跳转的条件。VBA 中的关系运算有大于(＞)、小于(＜)、大于或等于(＞＝)、小于或等于(＜＝)、等于(＝)、不等于(＜＞)。

关系运算的运算对象可以是数值、字符串、日期、逻辑型等数据类型。数值按大小比较；日期按先后比较，早的日期小于晚的日期；False 大于 True；字符串按 ASCII 码排序的先后比较，也就是先比较两个字符串的第一个字符，按字符的 ASCII 码值比较大小，ASCII 码值大的字符串大，如第一个字符相等，则比较第二个字符，直到比较出大小或比较完为止。汉字字符大于西文字符。例如：

```
3 * 4 = 12                              '结果为 True
"d"<>"D"                                '结果为 True
"abcde">"abr"                           '结果为 False
5/2 <= 10                               '结果为 True
```

3. 逻辑表达式

逻辑表达式可以表示比较复杂的比较关系，结果是布尔型数据。表 11-12 所示为常用逻辑运算符和它们表示的逻辑关系，在表中，True用1代表，False用0表示。

表 11-12　逻辑运算符和逻辑关系

条件 A	条件 B	NOT A	A OR B	A AND B	A XOR B
0	0	1	0	0	0
0	1	1	1	0	1
1	0	0	1	0	1
1	1	0	1	1	0

例如，用逻辑表达式描述“身高大于1.68m的男性或者身高大于1.58m的女性”，逻辑表达式如下：

```
Height > 1.68 And sex = "男" Or sex = "女" And Height > 1.58
```

4. 字符串表达式

字符串表达式由字符串运算符将字符串数据连接而成。VBA中的连接运算符有“＋”和“&”，作用是将两个字符串连接起来。

当两个被连接的数据都是字符串时，“&”和“＋”的作用相同，当数字型和字符型连接时，“&”把数据转化成字符型后再进行连接，而用“＋”连接则会出错。例如：

```
"VBA" & "程序设计基础"          '结果是: VBA 程序设计基础
"Access" + "数据库"             '结果是: Access 数据库
" first = " & 34                '结果是: first = 34
```

对于包含多种运算符的表达式，在计算时，将按预定的顺序计算每一部分，这个顺序被称为运算符的优先级。各种运算符的优先级由高到低顺序为函数运算符、算术运算符、连接运算符、关系运算符、逻辑运算符。如果在运算时出现了括号，则先执行括号内的运算，在括号内部，仍按运算符的优先顺序计算。

11.3　VBA 程序流程控制

VBA中的程序按其语句代码执行的先后顺序，可以分为顺序结构、选择控制结构和循环控制结构。对于不同的程序结构采用不同的控制语句方能达到预定的效果。下面介绍VBA中这些控制语句。

11.3.1　选择控制

选择控制根据给定的条件是否成立，决定程序的执行路线，在不同的条件下，执行不同的操作。根据分支数的不同，选择控制又分为简单分支控制和多分支控制。

1. 简单分支控制

简单分支控制是指对一个条件进行判断后，根据所得的两种结果进行不同的操作。简单分支结构用If语句实现，其格式如下：

```
If <条件> Then
   语句块 1
[Else
```

```
    语句块 2]
End If
```

当条件成立时，执行 Then 后面的语句块 1，执行完后再执行整个 If 语句后的语句。当条件不成立时，若存在 Else 部分，则执行 Else 后的语句块 2，再执行整个 If 语句后的语句。

如果块 1、块 2 均只有一条语句，可以采用单行格式：

```
If 条件 Then 语句 1 [Else 语句 2 ]
```

例如，求两个数中最大数，可使用 If 语句：

```
If x1 > x2 Then Max_x = x1 Else Max_x = x2
```

【例 11-4】 输入一个年份，判断该年是否为闰年。判断某年是否为闰年的规则是：如果此年号能被 400 整除，则是闰年；如果此年号能被 4 整除，但不能被 100 整除，则是闰年。

创建一个数据库(只是为了进入数据库窗口)，启动 VBE 在数据库中新建一个标准模块，程序代码如下：

```
Sub leap()
Dim x As Integer
x = Val(InputBox("请输入年份: "))
If x Mod 400 = 0 Or (x Mod 4 = 0 And x Mod 100 <> 0) Then
  MsgBox Str$(x) & "年是闰年"
Else
  MsgBox Str$(x) & "年不是闰年"
End If
End Sub
```

最后存盘并运行，可验证结果。

【例 11-5】 如图 11-12 所示，在文本框中输入一个 3 位整数，单击“判断”按钮判断是否为水仙花数。所谓水仙花数，是指这样的一些 3 位整数：各位数字的立方和等于该数本身，如 153。

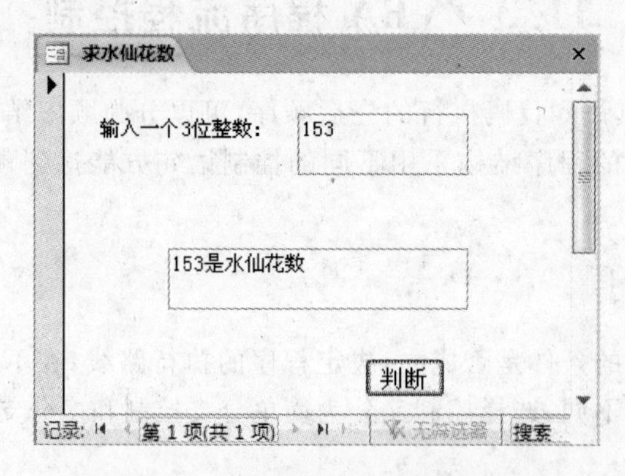

图 11-12 判断水仙花数程序运行界面

创建一个数据库，在其中新建一个窗体，窗体上包括一个标签控件(Label0)、两个文本框控件(Text0 和 Text1)和一个命令按钮控件(Command0)。标签控件 Label0 的标题属性(Caption)为“输入一个 3 位整数：”，命令按钮控件 Command0 的标题属性(Caption)为“判断”。命令按钮 Command0 的 Click 事件代码如下：

```
Private Sub Command0_Click()
Dim x As Integer
x = Text0.Value
a = Int(x / 100)                        '求百位数字
b = Int(x / 10) Mod 10                  '求十位数字
c = x Mod 10                            '求个位数字
If x = a ^ 3 + b ^ 3 + c ^ 3 Then
  Text1.Value = x &  "是水仙花数"
Else
  Text1.Value = x &  "不是水仙花数"
End If
End Sub
```

最后，切换到数据库窗口，在窗体视图下验证程序。

2. 多分支选择控制

1) 多分支 If 结构

虽然用嵌套 If 语句也能实现多分支结构程序，但用多分支 If 结构程序更简洁明了。多分支 If 结构格式如下：

```
If 条件 1 Then
   语句块 1
ElseIf 条件 2 Then
   语句块 2
   …
[ElseIf 条件 n Then
   语句块 n]
[Else
   语句块 n+1]
End If
```

首先测试条件 1，如果为 False，就测试条件 2，依次类推，直到找到一个为 True 的条件。当找到一个为 True 的条件时，执行相应的语句块，然后执行 End If 后面的代码。如果条件测试都不是 True，则 VBA 执行 Else 语句块。

【例 11-6】 给学生的成绩评级，成绩大于等于 90 分为“优”，大于等于 80 分且小于 90 分为“良”，大于等于 70 分且小于 80 分为“中”，大于等于 60 分且小于 70 分为“及格”，小于 60 分为“不及格”。

程序片段如下：

```
Dim score As Integer
score = InputBox("请输入 score 的值：")
If score >= 90 Then
   MsgBox "优"
ElseIf score >= 80 Then
   MsgBox "良"
ElseIf score >= 70 Then
   MsgBox "中"
ElseIf score >= 60 Then
```

```
    MsgBox "及格"
Else
    MsgBox "不及格"
End If
```


2）Select Case 结构

在有些情况下，对某个条件判断后可能会出现多种取值的情况，此时再使用多分支结构，判断条件会罗列得很长。在 VBA 中，专门为此种情况设计了一个 Select Case 语句结构。在这种结构中，只有一个用于判断的表达式，根据此表达式的不同计算结果，执行不同的语句块。Select Case 结构的格式为：

```
Select Case 表达式
  Case 表达式列表 1
     语句块 1
  [Case 表达式列表 2
     语句块 2]
  …
  [Case 表达式列表 n
     语句块 n]
  [Case Else
     语句块 n+1 ]
End Select
```

首先计算表达式的值，然后将表达式的值依次与各 Case 后列表中的值一一进行比较，若与其中某个值相同，则执行该列表后的相应语句块部分，然后执行 End Select 其后的语句；若出现与表列中的所有值均不相等的情况，则执行 Case Else 的语句块部分，然后退出 Select Case 结构，执行其后的语句，否则不执行任何结构内的语句，整个 Select Case 结构结束，再执行其后的语句。

说明：

(1) 表达式可以是数值表达式或字符串表达式。

(2) 表达式列表可以有如下 4 种格式：

① 值 1[,值 2]…：此种格式在表达式列表中有一个或多个值与表达式的值进行比较，多个取值之间用逗号分隔。如果表达式的值与这些值中的一个相等，即可执行此表达式列表后相应的语句块。

例如：

```
Case 1
Case "A", "E", "I" , "O", "U"
```

② 值 1 To 值 2：此种格式在表达式列表中提供了一个取值范围，可以将此范围内的所有取值与表达式的值进行比较。如果表达式的值与此范围内的某个值相等，则可执行此表达式列表后的相应语句块。

例如：

```
Case 0 To 7
Case "a" To "z"
```

③ Is 关系运算符 值 1[,值 2]…：此种格式将表达式的值与关系运算符后的值进行关系比较，检验是否满足该关系运算符。若满足，则执行此表达式列表后的相应语句块。

例如：

```
Case Is < 3
Case Is > "Apple"
```

④ 在实际使用时，以上这几种格式允许混合使用。

例如：

```
Case 1 To 3, Is > 10
Case Is < "z", "A" To "Z"
```

【例 11-7】 将例 11-6 中的程序代码用 Select Case 语句改写。

程序片段如下：

```
Dim score As Integer
score = InputBox("请输入 score 的值：")
Select Case score
    Case Is >= 90
        MsgBox "优"
    Case Is >= 80
        MsgBox "良"
    Case Is >= 70
        MsgBox "中"
    Case Is >= 60
        MsgBox "及格"
    Case Else
        MsgBox "不及格"
End Select
```

3. 具有选择功能的函数

VBA 提供了 3 个具有选择功能的函数，分别为 IIf 函数、Switch 函数和 Choose 函数。

1）IIf 函数

IIf 函数是一个根据条件的真假确定返回值的内置函数，其调用格式如下：

```
IIf(条件式,表达式 1,表达式 2)
```

如果条件式的值为真，则函数返回表达式 1 的值；如果条件式的值为假，则返回表达式 2 的值。例如：

```
min = IIf(a > b,b,a)
min = IIf(min > c,c,min)
```

这两条语句的功能是将 a,b,c 中最小的数赋值给变量 min。

2）Switch 函数

Switch 函数根据不同的条件值决定函数的返回值，其调用格式如下：

```
Switch(条件式 1,表达式 1,条件式 2,表达式 2,…,条件式 n,表达式 n)
```

该函数从左向右依次判断条件式是否为真，而表达式则会在第一个相关的条件式为真时作为函数返回值返回。

例如：

```
city = Switch(prov = "湖南","长沙", prov = "湖北","武汉", prov = "江西","南昌")
```


该语句的功能是根据变量 prov 的值,返回与省份所对应的省会名称。

3）Choose 函数

Choose 函数是根据索引式的值返回选项列表中的值,函数调用格式如下：

```
Choose(索引式,选项 1,选项 2,…,选项 n)
```

当索引式的值为 1 时,函数返回选项 1 的值；当索引式的值为 2 时,函数返回选项 2 的值,依次类推。若没有与索引式相匹配的选项,则会出现编译错误。

例如：

```
Weekname = Choose(wkDay,"星期一","星期二","星期三","星期四","星期五","星期六","星期天")
```

该语句的功能是根据变量 wkDay 的值返回所对应的星期中文名称。

11.3.2 循环控制

循环结构是一种十分重要的程序结构。循环结构的基本思想是重复执行某些语句,以完成大量的计算要求。当然,这种重复不是简单机械的重复,每次重复都有其新的内容。也就是说,虽然每次循环执行的语句相同,但语句中一些变量的值是在变化的,而且当循环到一定次数或满足条件后能结束循环。在 VBA 中,用于实现循环结构的语句主要有 For 语句和 Do 语句。

1. 用 For 语句实现循环

对于有些问题,事先就能确定循环次数,这时利用 For 语句来实现是十分方便的。例如,当 x 取 1,2,3,…,10 时,分别计算 $\sin x$ 和 $\cos x$ 的值。可以控制循环执行 10 次,每次分别计算 $\sin x$ 和 $\cos x$ 的值,且每循环一次 x 加 1。若用 For 语句实现,程序段如下：

```
For x = 1 To 10
  Print x,sin(x),cos(x)
Next
```

For 循环属于计数型循环,程序按照此种结构中指明的循环次数执行循环体部分。For 循环格式如下：

```
For 循环变量 = 初值 To 终值 [Step 步长]
  循环体
Next 循环变量
```

其中,循环变量为数值型变量,用于统计循环次数,此变量可以从初值变化到终值,每次变化的差值由步长决定。如果步长为 1,Step 1 可以省略。循环体是在循环过程中被重复执行的语句组。

For 循环执行时,如果循环参数为表达式,先计算表达式的值,然后将初值赋给循环变量,然后检验循环变量的取值是否超出终值。若循环变量没有超出终值,则执行一次内部的循环体,然后将循环变量加上步长赋给循环变量,再与终值进行比较,如果未超出终值,则继续执行循环体,否则退出循环。重复以上步骤,直到循环变量超过终值。

这里的“超过”有两种含义。当步长大于 0 时，循环变量的值大于终值时为“超过”。当步长小于 0 时，循环变量的值小于终值时为“超过”。

【例 11-8】 利用 For 循环语句求 s=1+2+3+4+…+1000 的值。

程序片段如下：

```
Dim i As Integer
Dim s As Long
s = 0
For i = 1 To 1000
  s = s + i
Next i
MsgBox "1 到 1000 的和为: " & s
```

【例 11-9】 输出全部水仙花数，界面设计如图 11-13 所示。

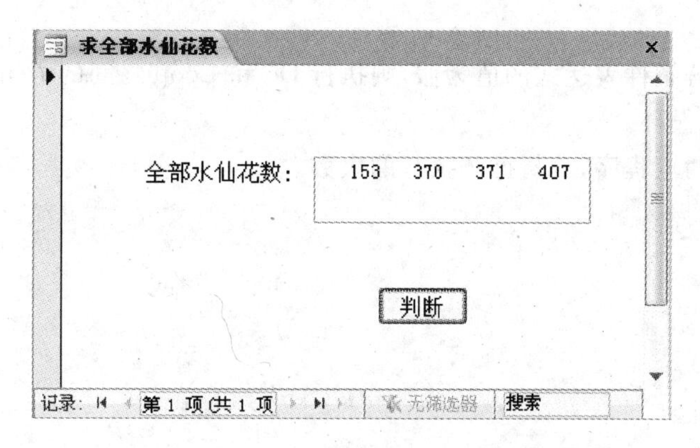

图 11-13 输出全部水仙花数窗体界面

设置窗体界面后，编写命令按钮 Command0 的 Click 事件过程如下：

```
Private Sub Command0_Click()
Dim x As Integer
For x = 100 To 999
  a = Int(x / 100)
  b = Int(x / 10) Mod 10
  c = x Mod 10
  If x = a ^ 3 + b ^ 3 + c ^ 3 Then
    Text0.Value = Text0.Value & Space(3) & x
  End If
Next x
End Sub
```

2. 用 Do 语句实现循环

对于循环次数确定的循环问题使用 For 语句是比较方便的。但是，有些循环问题事先是无法确定循环次数的，只能通过给定的条件来决定是否继续循环。这时可以使用 Do 语句来实现。

Do 语句根据某个条件是否成立来决定能否执行相应的循环体部分，它有以下几种格式。

1) Do While…Loop 语句

语句格式为：

```
Do While 条件表达式
   循环体
Loop
```

语句执行时，若条件表达式的值为真，则执行 Do 和 Loop 之间的语句组，直到条件表达式的值为假时结束循环。

2) Do Until…Loop 语句

语句格式为：

```
Do Until 条件表达式
   循环体
Loop
```

语句执行时，若条件表达式的值为假，则执行 Do 和 Loop 之间的语句组，直到条件表达式的值为真时结束循环。

例如，有下面两段程序，分析循环执行的次数。

程序段 1：

```
k = 0
Do While k <= 10
   k = k + 1
Loop
```

程序段 2：

```
k = 0
Do Until k <= 10
   k = k + 1
Loop
```

对于程序段 1，循环次数为 11，对于程序段 2，k 为 0 时，条件表达式的值为真，循环次数为 0。

3) Do…Loop While 语句

语句格式为：

```
Do
   循环体
Loop While 条件表达式
```

语句执行时，首先执行一次循环体语句，执行到 Loop 时判断条件表达式的值，如果为真，继续执行 Do 和 Loop 之间的语句组；否则，结束循环。

4) Do…Loop Until 语句

语句格式为：

```
Do
   循环体
Loop Until 条件表达式
```

语句执行时，首先执行一次循环体语句，执行到 Loop 时判断条件表达式的值，如果为假，继续执行 Do 和 Loop 之间的语句组，否则，结束循环。

例如下面两段程序，分析程序的运行结果。

程序段 1：

```
num = 0
Do
   num = num + 1
   Debug.Print num
Loop While num > 2
```

程序段 2：

```
num = 0
Do
   num = num + 1
   Debug.Print num
Loop Until num > 2
```

对于程序段 1，首先执行一次 Do 和 Loop 之间的语句块，变量 num 的值变为 1，然后在立即窗口显示 num 的值，然后判断条件 num>2 是否成立，条件表达式的值为假时，退出循环，程序运行结果是在立即窗口仅仅显示 1。对于程序段 2，首先执行一次 Do 和 Loop 之间的语句块，变量 num 的值变为 1，然后在立即窗口显示 num 的值，然后判断条件 num>2 是否成立，条件表达式的值为真时，退出循环。程序运行结果是在立即窗口分别显示 1、2、3。

【例 11-10】 假设我国现在人口为 13 亿，若年增长率为 r=1.5%，试计算多少年后我国人口增加到或超过 20 亿。人口计算公式为：$p=y(1+r)^n$，其中 y 为人口初始值，r 为增长率，n 为年数。

程序片段如下：

```
Dim p As Single, r As Single, i As Integer
p = 13
r = 0.015
i = 0
Do While p < 20
   p = p * (1 + r)
   i = i + 1
Loop
MsgBox i & "年后,我国人口将达到" & p & "亿"
```

程序是用 Do While…Loop 语句实现的，能否用其他格式的 Do 语句来实现？如何修改程序？请读者思考并上机验证程序。

3. For Each…Next 语句

For Each…Next 语句是对于数组中的每个元素或对象集合中的每一项重复执行一组语句，这在不知道数组或集合中元素的数目时非常有用，其语法格式如下：

```
For Each 元素名 In 名称
   循环体
Next [元素名]
```

其中,元素名用来枚举数组元素或集合中所有成员的变量。对于数组,元素名只能是Variant变量。对于集合,元素名可能是Variant变量、Object变量等。名称是指数组或对象集合的名称。

【例 11-11】 计算 $\sum_{n=1}^{10} n!$ 的值

```
Sub ForEach()
Dim a(1 To 10) As Long
Dim result As Long, t As Long
Dim i As Integer, x As Variant
result = 0
t = 1
For i = 1 To 10                                   '求阶乘并存入数组 a 中
   t = t * i
   a(i) = t
Next i
For Each x In a                                   '利用 For Each…Next 语句控制数组元素,实现累加
   result = result + x
Next x
Debug.Print "1! + 2! + 3 + … + 10!= " & result
End Sub
```

11.3.3 辅助控制

1. GoTo 控制语句

GoTo 语句无条件地转移到过程中指定的行,其语法格式如下:

```
GoTo 行号
```

行号可以是任何字符的组合,以字母开头,以冒号结尾。行号必须从第一列开始。GoTo 语句将用户代码转移到行号的位置,并从该点继续执行。

太多的 GoTo 语句会使程序代码不容易阅读及调试,一般应少用。

2. Exit 语句

Exit 语句用于退出 Do 循环、For 循环、Function 过程、Sub 过程或 Property 过程代码块,相应地它包括 Exit Do、Exit For、Exit Function、Exit Sub 和 Exit Property 几个语句。

下面示例代码使用 Exit 语句退出 Do 循环、For 循环及 Sub 子过程。

```
Sub ExitDemo()
Dim i, RndNum
  Do                                      '建立循环,这是一个无止境的循环
    For i = 1 To 1000                     '循环 1000 次
      RndNum = Int(Rnd * 1000)            '生成一个随机数
      Select Case RndNum                  '检查随机数
        Case 7: Exit For                  '如果是 7,退出 For 循环
        Case 9: Exit Do                   '如果是 9,退出 Loop 循环
        Case 10: Exit Sub                 '如果是 10,退出子过程
      End Select
    Next i
  Loop
End Sub
```

11.4 VBA 过程

模块是用 VBA 语言编写的过程的集合，而过程是 VBA 代码的集合。每个过程是一个可执行的代码片段，包含一系列的语句和方法。VBA 中，过程主要分为 3 种：子过程、函数过程和属性过程。子过程没有返回值，而函数过程将返回一个值。其中子过程属于 Sub 过程，Sub 过程还包括事件过程。事件过程是附加在窗体、报表或控件上的，是在响应事件时执行的代码块。而子过程是必须由其他过程来调用的代码块。

11.4.1 过程的声明和调用

过程必须先声明后调用，不同的过程有不同的结构形式和调用格式。

1. 子过程

子过程是一系列由 Sub 和 End Sub 语句所包含起来的 VBA 语句。使用子过程可以执行动作、计算数值及更新并修改对象属性的设置，却不能返回一个值。

1) 子过程的声明

子过程的声明格式如下：

```
Sub 子过程名([形式参数列表])
    [局部常量或变量的定义]
    [语句序列]
    [Exit Sub]
    [语句序列]
End Sub
```

说明：

(1) 子过程名遵循标识符的命名规则，它只用来标识一个子过程，没有值，当然也没有类型。

(2) 形式参数简称形参，形参列表的格式为：

```
变量名[()][As 数据类型][,变量名[()][As 数据类型]]…
```

形参可以是变量名(后面不加括号)或数组名(后面加括号)。如果子过程没有形式参数，则子程序名后面必须跟一个空的圆括号。

(3) Exit Sub 表示退出子过程。

2) 子过程的创建

子过程的创建有以下两种方法：

(1) 在 VBE 的工程资源管理器窗口中，双击需要创建的过程窗体模块或报表模块或标准模块，然后依次选择“插入”→“过程”命令，打开如图 11-14 所示的“添加过程”对话框，然后根据需要设置参数。

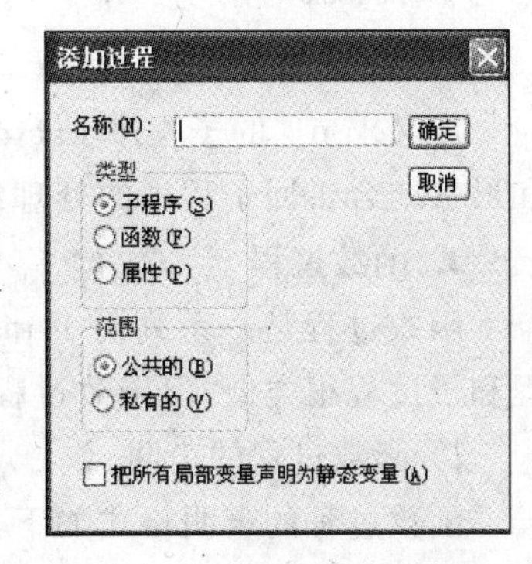

图 11-14 “添加过程”对话框

例如，在“添加过程”对话框中输入过程名称 Pro1，选择过程的类型为“子过程”，选择过程的作用范围为“公共的”，单击“确定”按钮后，VBE 自动在模块中添加如下代码：

```
Public Sub Pro1()
End Sub
```

光标停留在两条语句的中间,等待用户输入过程代码。

(2) 直接在窗体模块、报表模块或标准模块的代码窗口中,输入"Sub 子过程名",然后按 Enter 键,自动生成过程的起始语句和结束语句。

3) 子过程的调用

子过程的调用有两种方式,一种是利用 Call 语句调用,另一种是把过程名作为一个语句直接调用。

利用 Call 语句调用子过程的语法格式如下:

```
Call 过程名([实际参数列表])
```

利用过程名作为语句的子过程调用方法如下:

```
过程名 [实际参数列表]
```

实际参数列表简称为实参,它与形式参数的个数、位置和类型必须一一对应,调用时把实参的值传递给形参。

【例 11-12】 编写一个求 n! 的子程序,然后调用它计算 $\sum_{n=1}^{10} n!$ 的值。

程序如下:

```
Sub Factor1(n As Integer, p As Long)
    Dim i As Integer
    p = 1
    For i = 1 To n
        p = p * i
    Next i
End Sub
Sub MySum1()
    Dim n As Integer, p As Long, s As Long
    For n = 1 To 10
        Call Factor1(n, p)
        s = s + p
    Next n
    MsgBox "结果为: " & s
End Sub
```

定义求 n! 的子程序 Factor1 时,除了以 n 作为形参外,还增加了一个形参 p,通过实参和形参结合带回子程序的处理结果。具体的结合规则将在 11.4.2 节介绍。

2. 函数过程

函数过程是一系列由 Function 和 End Function 语句包含起来的 VBA 语句。函数过程和子过程很类似,但函数过程可以返回一个值。

1) 函数过程的声明

函数过程的声明格式如下:

```
Function 函数过程名([形式参数列表])[As 数据类型]
```

```
    [局部常量或变量的定义]
    [语句序列]
    [Exit Function]
    [语句序列]
    函数名 = 表达式
End Function
```

其中,函数过程名有值和类型,在过程体内至少要被赋值一次;"As 数据类型"为函数返回值的类型;Exit Function 表示退出函数过程。

函数过程的创建方法与子过程的创建方法相同。

2) 函数过程的调用

与子过程的调用方法不同,函数不能作为单独的语句加以调用,而是作为一个运算量出现在表达式中。调用函数过程的方法和调用 VBA 内部函数的方法一样,调用格式如下:

```
函数过程名([实际参数列表])
```

【例 11-13】 编写一个求 n! 的函数,然后调用它计算 $\sum_{n=1}^{10} n!$ 的值。

程序如下:

```
Function Factor2(n As Integer) As Long
  Dim i As Integer, p As Long
  p = 1
  For i = 1 To n
    p = p * i
  Next i
  Factor2 = p
End Function
Sub MySum2()
  Dim n As Integer, s As Long
  For n = 1 To 10
    s = s + Factor2(n)
  Next n
  MsgBox "结果为: " & s
End Sub
```

通过对比例 11-12 的程序和例 11-13 的程序,可以更好地理解子过程和函数过程的区别。

3. 属性过程

属性过程是一系列由 Property 和 End Property 语句包含起来的 VBA 语句,也叫 Property 过程,可以用属性过程为窗体、报表和类模块增加自定义属性。声明属性过程的语法格式为:

```
Property Get|Let|Set 属性名[(形式参数)] [As 数据类型]
  [语句序列]
End Property
```

Property 过程包括 3 种类型:Let 类型用来设置属性值,Get 类型用来返回属性值,Set 类型用来设置对对象的引用。Property 过程通常是成对使用的:Property Let 与 Property

Get 一组，而 Property Set 与 Property Get 一组，这样声明的属性既可读也可写。单独声明一个 Property Get 过程是只读属性。

属性过程的使用方法见 11.5.1 节。

11.4.2 过程参数传递

在调用过程时，主调过程将实参传递给被调过程的形参，这就是参数传递。在 VBA 中实参与形参的传递方式有两种：引用传递和按值传递。

1. 引用传递

在形参前面加上 ByRef 关键字或省略不写，表示参数传递是引用传递方式，引用方式是过程默认的参数传递方式。

引用传递方式是将实参的地址传递给形参，也就是实参和形参共用同一个内存单元，是一种双向的数据传递，即调用时实参将值传递给形参，调用结束由形参将操作结果返回给实参。引用传递的实参只能是变量，不能是常量或表达式。

【例 11-14】 阅读下面的程序，分析程序的运行结果。

事件过程代码如下：

```
Sub Cmd1_Click()
  Dim x As Integer, y As Integer
  x = 10
  y = 20
  Debug.Print "1,x = "; x, "y = "; y
  Call Add(x, y)
  Debug.Print "2,x = "; x, "y = "; y
End Sub
```

子过程代码如下：

```
Private Sub Add(m, n)
  m = 100: n = 200
  m = m + n
  n = 2 * n + m
End Sub
```

调用 Add 过程时，参数传递是按引用方式。在调用子过程时，首先将实参 x 和 y 的值分别传递给形参 m 和 n，然后执行子过程 Add，子过程执行完后，m 的值为 300，n 的值为 700，过程调用结束后，将形参 m 和 n 的值返回给实参 x 和 y。在立即窗口中的显示结果为：

```
1,x = 10        y = 20
2,x = 300       y = 700
```

2. 按值传递

在形参前面加上 ByVal 关键字时，表示参数是按值传递方式，是一种单向的数据传递。即调用时只能由实参将值传递给形参，调用结束后不能由形参将操作结果返回给实参。实参可以是常量、变量或表达式。

【例 11-15】 对比例 11-14，阅读下面程序代码，分析程序的运行结果。

事件过程如下：

```
Sub Cmd2_Click()
  Dim x As Integer, y As Integer
  x = 10
  y = 20
  Debug.Print "1,x = "; x, "y = "; y
  Call Add(x, y)
  Debug.Print "2,x = "; x, "y = "; y
End Sub
```

子过程代码如下：

```
Private Sub Add(ByVal m, n)
  m = 100: n = 200
  m = m + n
  n = 2 * n + m
End Sub
```

与例11-14不同的是，子过程的形参m是按值传递，而n是按引用方式传递。事件过程将x的值传递给形参m，将实参y的值传递给n，然后执行子过程Add，子过程执行完后，m的值为300，n的值为700，形参m的值不返回给x，而n的值会返回给实参y。在立即窗口中的运行结果如下：

```
1,x = 10        y = 20
2,x = 10        y = 700
```

11.4.3 变量的作用域和生存期

1. 变量的作用域

变量可被访问的范围称为变量的作用范围，也称为变量的作用域。除了可以使用Dim语句声明变量，还可以使用Static、Private或Public语句声明变量。根据声明语句和声明变量的位置不同，可将变量的作用域分为3个层次：局部范围、模块范围和全局范围。

(1) 局部范围。在过程内部用Dim或Static语句声明的变量，称为过程级变量，其作用域是局部的，只在声明变量的过程中有效。

(2) 模块范围。在模块的通用声明部分用Dim或Private语句声明的变量，称为模块级变量。这些变量在声明它的整个模块的所有过程中都能使用，但其他模块却不能访问。

(3) 全局范围。在标准模块的通用声明部分用Public语句声明的变量，称为全局变量。全局变量在声明它的数据库中所有的类模块和标准模块的所有过程中都能使用。

2. 变量的生存期

变量的生存期是指变量从存在（执行变量声明并分配内存单元）到消失的时间段。按生存期，变量可分为动态变量和静态变量。

(1) 动态变量。在过程中，用Dim语句声明的局部变量属于动态变量。动态变量的生存期为从变量所在的过程第一次执行，到过程执行完毕。在这个时间段变量存在并可访问，过程执行完，会自动释放该变量所占的内存单元。

(2) 静态变量。在过程中，用Static语句声明的局部变量属于静态变量。静态变量在过程运行时可保留变量的值，即每次调用过程时，用Static声明的变量保持上一次调用的值。

【例 11-16】 阅读下面程序代码,分析程序的运行结果。

```
Private Sub Command1_Click()
Static a As Integer '静态变量
a = a + 1
Debug.Print a
End Sub
```

连续单击 Command1 按钮,输出 1,2,3,4,5,…,因为 a 是静态变量,所以 a 的值是保留的。

```
Private Sub Command1_Click()
dim a As Integer
a = a + 1
Debug.Print a
End Sub
```

当连续单击 Command1 按钮时,输出连续的 1,因为每执行 Command1_Click()都是新创建的变量 a,变量默认值为 0,所以每次结果为 1。

11.5 VBA 的对象

VBA 基于对象的程序设计是以对象为基础,采用事件驱动的方式来执行程序。前面已介绍了一些基本的概念和例子,本节将进一步介绍。

11.5.1 创建和使用类模块

VBA 基于对象的程序设计可以利用窗体、报表、控件等标准的类,也可以自定义类。在 Access 2007 中,创建类的方法就是创建类模块,然后将类实例化为对象并使用对象。

创建类模块

用户除了可以使用 Access 本身所提供的对象外,还可以自己编写类模块来创建自定义的对象、属性和方法。在 11.1.3 节已介绍了创建类模块的方法,下面进一步详细介绍。

1) 类模块的属性

可以在类模块属性窗口中为类设置名称和 Instancing 属性,如图 11-15 所示。

图 11-15 类模块的属性

其中名称属性用来指定类的名称。Instancing 属性用来设置这个类在其他工程中是否可见,这个属性有两个值 Private 和 PublicNotCreatable,如果这个属性设置为 Private,则在对象浏览器中看不到这个类模块,也不能够使用这个类的实例进行工作,如果设置为 PublicNotCreatable,则引用工程可以在对象浏览器中看到这个类模块,并可以使用类模块的一个实例进行工作,但是被引用的用户工程要先创建这个实例,引用工程本身不能真正创建实例。

2）类模块的组成

在类模块中，可以定义类的所有成员，包括属性和方法。在类模块中声明的公共变量就是类的属性，定义的子过程或函数就是类的方法。由于类模块代表了一个运行时可以按需创建的对象，因此需要在开始使用时能够初始化该对象，在退出使用时可以清空该对象值。这些功能分别由 Class_Initialize 和 Class_Terminate 子过程来完成。

创建类后，不能直接使用，而要基于类声明对象，并使用 Set 语句将对象实例化，然后就可能访问对象的属性和方法了。

声明对象的语句格式如下：

```
Dim 对象变量 As [New] 类
```

如果使用 New 关键字声明对象变量，则在第一次引用该变量时将新建该变量的实例。如果没有使用 New 关键字，则要使用 Set 语句将对象赋给变量。Set 语句的格式如下：

```
Set 对象变量名 = [New] 对象表达式
```

通常使用 Set 将一个对象引用赋给变量时，并不是为该变量创建该对象的一份副本，而是创建该对象的一个引用。如果在 Set 语句中使用 New 关键字，则会新建一个该对象的实例。

【例 11-17】 类模块的创建与使用，要求如下：

(1) 创建一个类模块 MyClass，其中声明了两个模块级变量 Number 和 Name、一个子程序 Display(用于显示 Number 和 Name 变量的值)，在对象初始化时，给 Name 赋值，在对象退出时，将 Name 变量清空。

(2) 创建 MyClass 类的实例 TestClass 对象，先设置该对象的 Number 和 Name 属性，再调用该对象的 Display 方法。

操作步骤如下：

(1) 在 VBE 窗口中依次选择"插入"→"类模块"命令，进入类模块代码编辑窗口。

(2) 在类模块代码编辑窗口输入如下代码并以 MyClass 作为名字存盘，从而建立类模块。

```
Dim Number As String                    '声明模块级变量 Number
Dim Name As String                      '声明模块级变量 Name
Public Sub Diaply()                     '定义子过程
   MsgBox Number & space(5) & Name
End Sub
Private Sub Class_Initialize()          '对象初始化处理
   Name = "程益萌"
End Sub
Private Sub Class_Terminate()           '对象退出时处理
   Name = ""
End Sub
```

(3) 在 VBE 窗口中依次选择"插入"→"模块"命令，进入标准模块代码编辑窗口。

(4) 在标准模块代码编辑窗口输入如下代码并以存盘，从而建立一个标准模块。

```
Sub ClassDemo()
  Dim TestClass As MyClass              '声明 TestClass 对象
  Set TestClass = New MyClass           '为 TestClass 对象赋值
  TestClass.Number = "10334"            '为 TestClass 对象的 Number 属性赋值
```

```
  TestClass.Name = "张依芹"                '为 TestClass 对象的 Name 属性赋值
  Call TestClass.Display                   '调用 TestClass 对象的 Display 方法
  Set TestClass = Nothing                  '退出 TestClass 对象
End Sub
```


(5) 运行标准模块 ClassDemo 并查看结果。

3) 利用属性过程定义属性

以例 11-17 中的程序为例，在类模块中，分别通过 Property Get、Property Let 属性过程获取和设置变量 Number、Name。类模块代码可以改写为：

```
Dim Number As String                       '声明模块级变量 Number
Dim Name As String                         '声明模块级变量 Name
Public Property Get MyNumber() As Variant  '返回 Number 属性值
  MyNumber = Number
End Property
Public Property Let MyNumber(ByVal newValue As Variant)       '设置 Number 属性值
  Number = newValue
End Property
Public Property Get MyName() As Variant    '返回 Name 属性值
  MyName = Name
End Property
Public Property Let MyName(ByVal newValue As Variant)         '设置 Name 属性值
  Name = newValue
End Property
Public Sub Diaply()                        '定义子过程
  MsgBox Number & space(5) & Name
End Sub
Private Sub Class_Initialize()             '对象初始化处理
  Name = "程益萌"
End Sub
Private Sub Class_Terminate()              '对象退出时处理
  Name = ""
End Sub
```

相应地，标准模块代码可以改写为：

```
Sub ClassDemo()
  Dim TestClass As MyClass
  Set TestClass = New MyClass
  TestClass.MyNumber = "10334"
  TestClass.MyName = "张依芹"
  Call TestClass.Display
  Set TestClass = Nothing
End Sub
```

在创建类模块时，可以使用属性过程对类中的属性进行操作。要创建只读属性，只需在类模块中包含 Property Get 属性过程。要创建只写的属性，只需包括 Property Let 属性过程。要创建既能读又能写的属性，则需同时包括 Property Get 和 Property Let 属性过程。

11.5.2 Access 的内置对象和集合

Access 提供了很多内置对象，包括表、查询、窗体、报表、宏和模块，还包括窗体和报表上的控件。Access 对象模型具有层次结构，其中处于最高层次的对象是 Application 对象，它代表了 Access 应用程序，各对象之间的关系如图 11-16 所示。

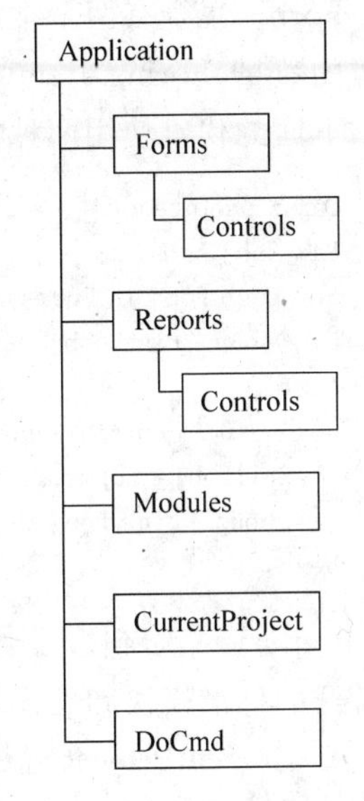

图 11-16　Access 对象模型

Application 对象包含了 Access 中所有其他的对象和集合，这样的对象与集合有 Forms 集合、Reports 集合、Modules 集合、CurrentProject 对象和 DoCmd 对象等。Forms 是所有窗体(Form)对象的集合，Reports 是所有报表(Report)对象的集合，Controls 从属于 Forms 和 Reports 集合，它是窗体或报表中所有控件(Control)的集合。集合本身也是对象。当一个对象或集合从属于某一个集合时，这个对象或集合称作某集合的成员。例如控件是 Controls 的成员，Controls 是 Forms 的成员等。使用时，集合和成员之间用"!"作为分隔符。

VBA 通过使用 Access 的对象和集合可以操纵 Access 中的窗体、报表及它们所包含的控件。可以利用对象浏览器和 VBA 帮助了解这些对象的属性和方法。

1. Application 对象

通过使用 Application 对象可以将方法或属性设置应用于整个 Access 应用程序。在 VBA 中使用 Application 对象时，首先需要确认 VBA 对 Microsoft Access 12.0 Object Library 对象库的引用(通过"工具"→"引用"菜单命令设置)，然后创建 Application 类的新实例并为其指定一个对象变量。例如：

```
Dim appAccess As New Access.Application
```

也可以通过 CreateObject 函数创建 Application 类的实例：

```
Dim appAccess As Object
Set appAccess = CreateObject("Access.Application")
```

创建 Application 类的新实例后，可以使用 Application 对象提供的属性或方法创建并使用其他 Access 对象。例如，可使用 OpenCurrentDatabase 或 NewCurrentDatabase 方法打开或新建数据库；可通过 Application 对象的 CommandBars 属性返回对 CommandBars 对象的引用；可使用该引用来访问所有 Microsoft Office 命令栏对象和集合等。

下面的代码创建一个 Application 对象，使用 Application 对象的 OpenCurrentDatabase 方法来打开"教学管理.accdb"数据库。

```
Dim appAccess As Access.Application              '声明 Application 对象
Sub OpenStudentDb()
    strDB = "d:\studentM\教学管理.accdb"
    Set appAccess = CreateObject("Access.Application")        '创建 Access 实例
    appAccess.OpenCurrentDatabase strDB        '打开教学管理数据库
End Sub
```

2. Forms 集合、Reports 集合和 Modules 集合

Forms 集合包含了数据库中所有当前打开的窗体。使用 Forms 集合，可以对所有打开的窗体统一操作。

Forms 集合有两个常用属性，分别 Count 是和 Item。Forms. Count 表示数据库已打开窗体的数量，Forms. Item(i)表示第 i 个窗体(下标 i 从 0 开始)。

下面的代码使用两种方法对数据库已打开的窗体进行遍历。

```
Dim i As Integer
Dim fobj As Form                          '声明一个 Form 类型的对象变量
For Each fobj In Forms                    '遍历 Forms 集合中的窗体
    Debug.Print fobj.Name
Next
For i = 0 To Forms.Count - 1              '使用 Count 和 Item 属性遍历窗体
    Set fobj = Forms.Item(i)
    Debug.Print fobj.Caption
Next
```

Reports 集合包含了数据库中所有当前打开的报表，Modules 集合包含数据库中所有当前打开的标准模块和类模块。它们的属性及其用法与 Forms 集合相同，不再赘述。

3. CurrentProject 对象

CurrentProject 对象用于返回对当前工程的引用，它所包含的属性有名字(Name)、路径(Path)和连接(Connection)等，所包含的集合有 AllForms、AllReports、AllMacros 和 AllModules 等，这些集合用来遍历存储在数据库中的所有窗体、报表、宏和模块，与 Forms 集合、Reports 集合和 Modules 集合不同的是，这些集合既包括了打开的数据库对象，也包括了未打开的数据库对象。

下面的代码输出 CurrentProject 对象的属性，并遍历 CurrentProject 对象中的 AllForms 集合，输出这个集合中的所有窗体名。

```
Debug.Print CurrentProject.Path           '输出路径
Debug.Print CurrentProject.Name           '输出文件名
Dim vobj As Variant
For Each vobj In CurrentProject.AllForms  '遍历当前工程中所有窗体并输出窗体名
    Debug.Print vobj.Name
Next vobj
```

4. DoCmd 对象

使用 DoCmd 对象的方法，可以从 VBA 执行一个 Access 操作。这些操作包括关闭窗口、打开窗体、设置控件属性以及对其他数据库对象的操作等。DoCmd 对象的方法很多，如 OpenForm、Close、Maximize、Minimize、Restore 等。

DoCmd 对象的大多数方法都有参数，某些参数是必需的，其他一些参数是可选的，在 VBE 中输入方法名时，在快速信息中可查看其完整的命令格式和全部参数。如果省略可选参数，则这些参数将取默认值。

下面的代码在窗体视图中打开学生窗体并对窗口进行简单操作。

```
Sub ShowNewRecord()
    DoCmd.OpenForm "学生"                 '打开学生窗体
    Docmd.Maximize                        '将学生窗体最大化
    Docmd.Minimize                        '将学生窗体最小化
    Docmd.Restore                         '还原学生窗体
End Sub
```

11.6 VBA 数据库访问技术

在实际应用开发中,要设计功能强大、操作灵活的数据库系统,需要了解数据库访问的相关知识。本节重点介绍 ActiveX 数据对象(ADO)技术。

11.6.1 常用的数据库访问接口技术

数据库是很复杂的软件技术,直接编程通过数据库本地接口与底层数据的交互是非常困难的,数据库访问接口技术可简化这一过程。数据库访问接口技术可以通过编写相对简单的程序,来实现非常复杂的任务,并且为不同类别的数据库提供了统一的接口。常用的数据库访问接口技术包括 ODBC、DAO 和 ADO 等。

1. ODBC API

开放数据库互连(Open Database Connectivity,ODBC)是 Microsoft 公司开放服务结构(Windows Open Services Architecture,WOSA)中有关数据库的一个组成部分。它建立了一组规范,并提供了一组对数据库访问的标准 API(应用程序编程接口)。这些 API 利用 SQL 来完成其大部分任务。ODBC 本身也提供了对 SQL 语言的支持,用户可以直接将 SQL 语句送给 ODBC。

一个基于 ODBC 的应用程序对数据库的操作不依赖任何 DBMS,不直接与 DBMS 打交道,所有的数据库操作由对应的 DBMS 的 ODBC 驱动程序完成。也就是说,不论是 Access、Visual FoxPro,还是 SQL Serve、Oracle 数据库,均可用 ODBC API 进行访问。由此可见,ODBC 的最大优点是能以统一的方式处理所有的数据库。

2. DAO

数据访问对象(Data Access Objects,DAO)是 Visual Basic 最早引入的数据访问技术。它普遍使用 Microsoft Jet 数据库引擎(由 Microsoft Access 所使用),并允许 Visual Basic 开发者像通过 ODBC 对象直接连接到其他数据库一样,直接连接到 Access 表。DAO 最适用于单系统应用程序或小范围本地分布使用。

3. ADO

ActiveX 数据对象(ActiveX Data Objects,ADO)是 Microsoft 公司开发数据库应用程序面向对象的新接口。ADO 是 DAO/RDO 的后继产物,它扩展了 DAO 所使用的对象模型,具有更加简单、更加灵活的操作性能。ADO 在 Internet 方案中使用最少的网络流量,并在前端和数据源之间使用最少的层数,提供了轻量、高性能的数据访问接口,可通过 ADO Data 控件非编程和利用 ADO 对象编程访问各种数据库。

目前 Microsoft 的数据库访问一般用 ADO 的方式。ODBC 和 DAO 是早期连接数据库的技术,正在逐渐淘汰。本节中重点介绍 VBA 环境中如何使用 ADO 对象模型这一数据访问接口来访问 Access 2007 数据库。

11.6.2 ADO 对象模型

ADO 使用户能够编写通过 OLE DB 提供者对在数据库服务器中的数据进行访问和操作的应用程序,其主要优点是易于使用、高速度、低内存支出和占用磁盘空间较少。使用

ADO可以分析已存在的数据库结构、增加或修改表和查询、创建新的数据库、遍历记录集、管理安全、修改表数据等。

在ADO 2.1以前ADO对象模型中有7个对象：Connection、Command、RecordSet、Error、Parameter、Field、Property，而ADO 2.5以后（包括2.6、2.7、2.8版）新加了两个对象：Record和Stream。ADO对象模型定义了一个分层的对象集合，如图11-17所示。这种层次结构表明对象之间的相互联系。Connection对象包含Errors和Properties子对象集合，它是一个基本的对象，所有其他对象模型都来源于它。Command对象包含Parameters和Properties对象集合。RecordSet对象包含Fields和Properties对象集合，而Record对象可源于Connection、Command或RecordSet对象。

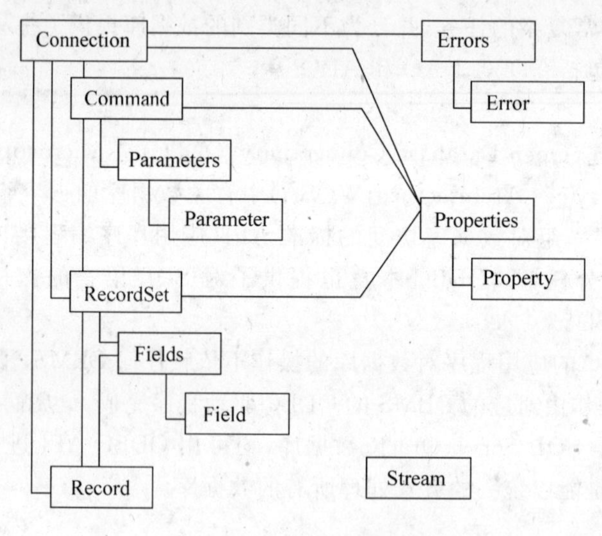

图11-17　ADO对象模型

注意：一个对象集合是由多个相同类型的对象组合在一起的，可以通过每个对象的Name属性来对其进行访问和识别。另外，集合也给其中的成员编号，所以也可能通过其中的编号来对其中的成员进行访问和识别。

ADO对象模型所提供的9个对象功能说明如表11-13所示。其中，Connection、Commnand和RecordSet这3个对象是ADO对象模型的核心对象。

表11-13　ADO对象模型中的9个对象

对象名称	功能说明
Connection	用来建立数据源和ADO程序之间的连接
Command	通过该对象对数据源执行特定的命令
RecordSet	用来处理数据源的数据
Record	表示电子邮件、文件或目录
Error	包含有关数据访问错误的详细信息
Parameter	表示与基于参数化查询或存储过程的Command对象相关联的参数
Property	表示由提供者定义的ADO对象的动态特性
Field	表示使用普通数据类型数据的列
Stream	用来读取或写入二进制数据的数据流

要想在 VBA 程序中使用 ADO，则必须首先添加对 ADO 的引用。要添加对 ADO 的引用，只需要依次选择 VBE 窗口的"工具"→"引用"命令，在弹出的"引用"对话框中选择 Microsoft ActiveX Data Objects 2.8 Library 项即可。

11.6.3 利用 ADO 访问数据库的基本步骤

在 VBA 中利用 ADO 访问数据库的基本步骤为：首先使用 Connection 对象建立应用程序与数据源的连接，然后使用 Command 对象执行对数据源的操作命令，通常用 SQL 命令。接下来使用 RecordSet、Field 等对象对获取的数据进行查询或更新操作。最后使用窗体中的控件向用户显示操作的结果，操作完成后关闭连接。

1. 数据库连接对象(Connection)

在 VBA 中，通过 ADO 访问数据库的第一步是要建立应用程序与数据库之间的连接，这里就必须用到 ADO 的 Connection 对象。

Connection 使用前必须声明，声明的语法格式如下：

```
Dim cnn As ADODB.Connection
```

在 Connection 对象声明后，需实例化 Connection 对象后才能使用，代码如下：

```
Set cnn = New ADODB.Connection
```

Connection 对象的主要属性有 ConnectionString、DefaultDatabase、Provider 和 State。

(1) ConnectionString 属性用来指定用于设置连接到数据源的信息。

(2) DefaultDatabase 属性用来指定 Connection 对象的默认数据库。例如，要连接教学管理数据库，可以用如下代码设置 Connection 对象的 DefaultDatabase 属性值：

```
cnn.DefaultDatabase = "教学管理.accdb"
```

(3) Provider 属性指定 Connection 对象的提供者的名称。与 Access 2007 数据库连接，Provider 的属性值为"Microsoft.ACE.OLEDB.12.0"。

(4) State 属性用于返回当前 Connection 对象打开数据库的状态，如果 Connection 对象已经打开数据库，则该属性值为 adStateOpen(值为 1)，否则为 adStateClosed(值为 0)。

Connection 对象的主要方法有 Close、Execute 和 Open。

(1) Close 方法可以关闭已经打开的数据库，语法格式为：

```
连接对象名.Close
```

(2) Execute 方法用于执行指定的 SQL 语句，其语法格式为：

```
连接对象名.Execute CommandText,RecordsAffected,Options
```

其中，CommandText 用于指定将执行的 SQL 命令；RecordsAffected 是可选参数，用于返回操作影响的记录数；Options 也是可选参数，用于指定 CommandText 参数的运算方式。

(3) Open 方法可以创建与数据库的连接，其语法格式如下：

```
连接对象名.Open ConnectionString,UserID,Password,Options
```

其中 ConnectionString 为必选项，其他项为可选项。

【例 11-18】 建立与 Access 2007 数据库的连接，包括连接对象的声明、实例化、连接、关闭连接和撤销连接对象。

```
Sub CreateConnection()
  Dim cnn As ADODB.Connection                            '声明连接对象
  Set cnn = New ADODB.Connection                         '实例化对象
  cnn.Open "Provider = Microsoft.ACE.OLEDB.12.0;Persist Security Info = False;User ID = Admin;
Data Source = d:\access2007\教学管理.accdb;"              '打开连接
  cnn.Close                                              '关闭连接
  Set cnn = Nothing                                      '撤销连接
End Sub
```

连接对象的 Close 方法不能将对象从内存中清除，但将 Connection 对象设置为 Nothing 可以从内存中清除对象。以上代码中，打开当前数据库的连接也可以修改为以下代码：

```
cnn.Open CurrentProject.Connection
```

2. 数据集对象(RecordSet)

RecordSet 对象用来将记录作为一个组进行查看、指向查询数据时返回的记录集。当和 Connection 对象一起使用时，要使用 RecordSet 对象，必须先声明。在任何时候，打开的 RecordSet 对象所指的当前记录均为整个记录集中的单个记录。

RecordSet 对象的主要属性如下：

(1) BOF 和 EOF 属性。当 BOF 为 True 时，记录指针在记录表第一条记录前，而 EOF 为 True 时表明记录指针在最后一条记录后。

(2) EditMode 属性。用于返回当前记录的编辑状态，EditMode 返回值的具体含义如表 11-14 所示。

表 11-14 EditMode 返回值含义

常量	说　明
AdEditNone	指示当前没有编辑操作
AdEditInProgress	指示当前记录中的数据已被修改但未保存
AdEditAdd	指示 AddNew 方法已被调用，且复制缓冲区中的当前记录是尚未保存到数据库中的新记录
AdEditDelete	指示当前记录已被删除

(3) Filter 属性。用于指定记录集的过滤条件，只有满足了这个条件的记录才会显示出来，其语法格式为：

```
RecordSet.Filter = 条件
```

执行下面的代码，将只显示记录中部门名称为“财务部”的员工信息。

```
Rs.Filter = '部门名称 = 财务部'
```

(4) State 属性。用于返回当前记录集的操作状态，返回值的具体含义如表 11-15 所示。

表 11-15 State 属性返回值

常　量	说　明
AdStateClosed	默认,指示对象是关闭的
AdStateOpen	指示对象是打开的
AdStateConnecting	指示 RecordSet 对象正在连接
AdStateExecuting	指示 RecordSet 对象正在执行命令
AdStateFetching	指示 RecordSet 对象的行正在被读取

RecordSet 对象的主要方法如表 11-16 所示。

表 11-16 RecordSet 对象的主要方法

方法名	说　明
MoveFirst	将当前记录位置移动到 RecordSet 中的第一个记录
MoveLast	将当前记录位置移动到 RecordSet 中的最后一个记录
MovePrevious	将当前记录位置向后移动一个记录(向记录集的顶部)
MoveNext	将当前记录位置向前移动一个记录(向 RecordSet 的底部)
Move	将当前记录位置移动到指定的位置
NextRecordSet	使用 NextRecordSet 方法返回复合命令语句中下一条命令的结果,或是返回多个结果的已存储过程结果
Open	使用 RecordSet 对象的 Open 方法可打开代表基本表、查询结果或者以前保存的 RecordSet 中记录的游标
Close	使用 Close 方法可关闭 Connection 对象或 RecordSet 对象以便释放所有关联的系统资源。关闭对象并非将它从内存中删除,可以更改它的属性设置并且在此后再次打开。要将对象从内存中完全删除,可将对象变量设置为 Nothing
Delete	使用 Delete 方法可将 RecordSet 对象中的当前记录或一组记录标记为删除。如果 RecordSet 对象不允许删除记录将引发错误。使用立即更新模式将在数据库中进行立即删除,否则记录将标记为从缓存删除,实际的删除将在调用 UpdateBatch 方法时进行
Update	保存对 RecordSet 对象的当前记录所做的所有更改
CancelUpdate	取消在调用 Update 方法前对当前记录或新记录所作的任何更改

【例 11-19】 在教学管理数据库中使用 RecordSet 对象创建“学生”记录集。

```
Sub demoRecordSet()
    '声明并实例化 RecordSet 对象
    Dim rst As ADODB.RecordSet
    Set rst = New ADODB.RecordSet
    '使用 RecordSet 对象的 Open 方法打开记录集
    rst.Open "SELECT * FROM 学生", CurrentProject.Connection
    '在立即窗口打印记录集
    Debug.Print rst.GetString
    '关闭并销毁变量 rst
    rst.Close
    Set rst = Nothing
End Sub
```

RecordSet 对象 Open 方法的第一个参数是数据源,数据源可以是表名、SQL 语句、存储过程、Command 对象变量名或记录集的文件名。本例中数据来源于 SQL 语句。Open 的第二个参数是有效的连接字符串或 Connection 对象变量名。

【例 11-20】 在教学管理数据库中使用 RecordSet 对象和 Connection 对象一起创建“学生”记录集，向后移动记录并计算记录数。

```
Sub demoRecordSet1()
    '声明并实例化 Connection 对象和 RecordSet 对象
    Dim cnn As ADODB.Connection
    Dim rst As ADODB.RecordSet
    Set cnn = New ADODB.Connection
    Set rst = New ADODB.RecordSet
    '将 RecordSet 连接到当前数据库
    Set cnn =  CurrentProject.Connection
    rst.ActiveConnection = cnn
    '使用 RecordSet 对象的 Open 方法打开记录集
    rst.Open "SELECT * FROM 学生"
    '在立即窗口打印第 1 条记录的姓名
    Debug.Print rst("姓名")
    '向后移动记录并打印第 2 条记录的姓名
    rst.Movenext
    Debug.Print rst("姓名")
    '打印记录总数
    Debug.Print rst.RecordCount
    '关闭并销毁变量
    rst.Close:cnn.Close
    Set rst = Nothing:Set cnn = Nothing
End Sub
```

3. 命令对象(Command)

ADO 的 Command 对象代表对数据源执行的查询、SQL 语句或存储过程。Command 对象的主要属性如下：

(1) ActiveConnection 属性。用来指定当前命令对象属于哪个 Connection 对象。若要为已经定义好的 Connection 对象单独创建一个 Command 对象，必须将其 ActiveConnection 属性设置为有效的连接字符串。

(2) CommandText 属性。用于指定向数据提供者发出的命令文本。此文本通常是 SQL 语句，也可以是提供者能识别的任何其他类型的命令语句。

(3) State 属性。用于返回 Command 对象的运行状态。如果 Command 对象处于打开状态，则值为 adStateOpen(值为 1)，否则为 adStateClosed(值为 0)。

Command 对象的重要方法为 Execute，此方法用来执行 CommandText 属性中指定的查询、SQL 语句或存储过程。它的语法结构如下：

对于以记录集返回的 Command 对象：

```
Set RecordSet = command.Execute(RecordsAffected,Parameters,Options)
```

对于不以记录集返回的 Command 对象：

```
command.Execute RecordsAffected,Parameters,Options
```

参数 RecordsAffected 为长整型变量，返回操作所影响的记录数目；参数 Parameters 为数组，为 SQL 语句传送的参数值；Options 为长整型值，表示 CommandText 的属性类型。这几个参数为可选。

【例 11-21】 在教学管理数据库中，使用 Command 对象获取"学生"记录集。

```
Sub demoCommand()
    '声明并实例化 Command 对象和 RecordSet 对象
    Dim rst As ADODB.RecordSet
    Dim cmd As ADODB.Command
    Set rst = New ADODB.RecordSet
    Set cmd = New ADODB.Command
    '使用 SQL 语句设置数据源
    cmd.CommandText = "SELECT * FROM 学生"
    cmd.ActiveConnection = CurrentProject.Connection
    '使用 Execute 方法执行 SQL 语句,返回记录集
    Set rst = cmd.Execute
    Debug.Print rst.GetString
    rst.Close:Set rst = Nothing:Set cmd = Nothing
End Sub
```

本例中，CommandText 属性设置 SQL SELECT 语句，ActiveConnection 属性指向与当前数据库的连接。Execute 方法将 SQL 语句的运行结果返回给 RecordSet 对象。

4. 字段对象（Field）

ADO 的 Field 对象包含有关于 RecordSet 对象中某一列的信息。RecordSet 对象的每一列对应一个 Field 对象。Field 对象在使用前需要声明。Field 对象的 Name 属性用于返回字段名，Value 属性用于查看或更改字段中的数据。

【例 11-22】 在教学管理数据库中，利用 Field 对象输出记录集中第一条记录"姓名"的列值。

```
Sub demoField()
    '声明并实例化 RecordSet 对象和 Field 对象
    Dim rst As ADODB.RecordSet
    Dim fld As ADODB.Field
    Set rst = New ADODB.RecordSet
    '建立连接并用 Open 方法打开记录集
    rst.ActiveConnection = CurrentProject.Connection
    rst.Open "SELECT * FROM 学生"
    'Field 对象指向"姓名"列,输出第一条记录的姓名
    Set fld = rst("姓名")
    Debug.Print fld.Value
    rst.Close:Set rst = Nothing
End Sub
```

11.7 VBA 程序调试与错误处理

在程序设计过程中，程序出错是难免的。当程序执行时，会产生各种各样的错误，包括语法错误或逻辑错误。这就提出了如何查找和改正程序错误或出错后如何处理的问题。

11.7.1 VBE 程序调试方法

VBE 提供了“调试”菜单和“调试”工具栏，在调试程序时可以选择需要的调试命令或工具对程序进行调试。

1. 程序模式

在 VBE 环境中测试和调试应用程序代码时，程序所处的模式包括设计模式、运行模式和中断模式。在设计模式下，VBE 创建应用程序；在运行模式下，会运行这个程序；在中断模式下，能够中断程序，利于检查和改变数据。

一般来说，在 VBE 编辑器的标题栏，会显示出当前的模式。

2. 运行方式

VBE 提供了多种程序运行方式，通过不同的方式运行程序，可以对代码进行各种调试工作。

1）逐语句执行代码

逐语句执行是调试程序时十分有效的方法。通过单步执行每一行程序代码，包括被调用过程中的程序代码可以及时、准确地跟踪变量的值，从而发现错误。如果逐语句执行代码，可单击工具条上的“逐语句”按钮，在执行该语句后，VBA 运行当前语句，并自动转到下一条语句，同时将程序挂起。

对于在一行中有多条语句用冒号隔开的情况，在使用“逐语句”命令时，将逐个执行该行中的每条语句。

2）逐过程执行代码

逐过程执行与逐语句执行的不同之处在于，执行代码调用其他过程时，逐语句是从当前行转移到该过程中，在过程中逐行地执行，而逐过程执行也一条条语句地执行，但遇到过程时，将其当成一条语句执行，而不进入到过程内部。

3）跳出执行代码

如果希望执行当前过程中的剩余代码。可单击工具条上的“跳出”按钮。在执行跳出命令时，VBE 会将该过程未执行的语句全部执行完，包括在过程中调用的其他过程。过程执行完后，程序返回到调用该过程的下一条语句处。

4）运行到光标处

选择“调试”→“运行到光标处”选项，VBE 就会运行到当前光标处。当用户可确定某一范围的语句正确，而对后面语句的正确性不能保证时，可将该命令运行到某条语句，再在该语句后逐步调试。这种调试方式通过光标确定程序运行的位置，十分方便。

5）设置下一语句

在 VBE 中，用户可自由设置下一步要执行的语句。当程序已经挂起时，可在程序中选择要执行的下一条语句，右击，并在弹出的快捷菜单中选择“设置下一条语句”命令。

3. 暂停运行

VBE 提供的大部分调试工具，都要在程序处于挂起状态时才能运行，因此使用时要暂停 VBA 程序的运行。在这种情况下，变量和对象的属性仍然保持不变，当前运行的代码在模块窗口中显示出来。如果要将语句设为挂起状态，可采用以下两种方法。

1）断点挂起

如果 VBA 程序在运行时遇到了断点。系统就会在运行到该断点处时将程序挂起。可在任何可执行语句和赋值语句处设置断点，但不能在声明语句和注释行处设置断点。

在模块窗口中，将光标移到要设置断点的行，按 F9 键，或单击工具条上的“切换断点”按钮设置断点，也可以在模块窗口中，单击要设置断点行的左侧边缘部分设置断点。如果要消除断点，可将插入点移到设置了断点的程序代码行，然后单击工具条上的“切换断点”按钮。

2) Stop 语句挂起

在过程中添加 Stop 语句，或在程序执行时按 Ctrl＋Break 键，也可将程序挂起。Stop 语句是添加在程序中的，当程序执行到该语句时将被挂起。如果不再需要断点，则将 Stop 语句逐行清除。

4. 查看变量值

在调试程序时，希望随时查看程序中变量的值，在 VBE 环境中提供了多种查看变量值的方法。

1) 在代码窗口中查看变量值

在程序调试时，在代码窗口，只要将鼠标指向要查看的变量，就会直接在屏幕上显示变量的当前值，这种方式查看变量值最简单，但只能查看一个变量的值。

2) 在本地窗口中查看数据

在程序调试时，可单击工具栏上的“本地窗口”按钮打开本地窗口，在本地窗口中显示了“表达式”以及“表达式”的值和类型。

本地窗口如图 11-18 所示，列表中的第一个变量是一个特殊的模块变量，对于类模块，它的系统定义变量为 Me。Me 是对当前模块定义的当前类实例的引用。因为它是对象引用，所以能展开显示当前类实例的全部属性和数据成员。对于标准模块，它是当前模块的名称，并且也能展开显示当前模块中所有模块级变量。在本地窗口中，可以通过选择现有值，并输新值来更改变量的值。

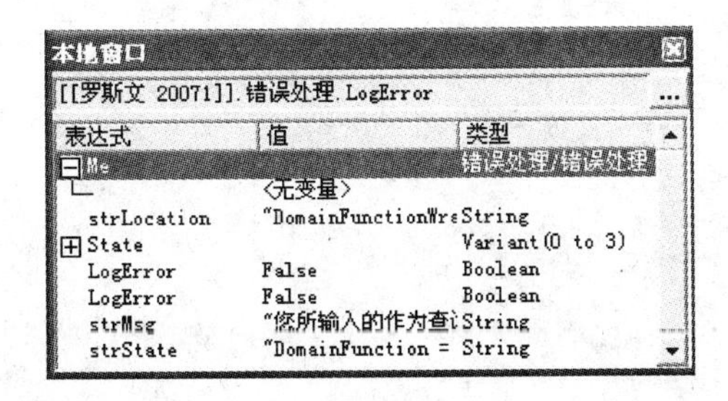

图 11-18　在本地窗口中查看变量

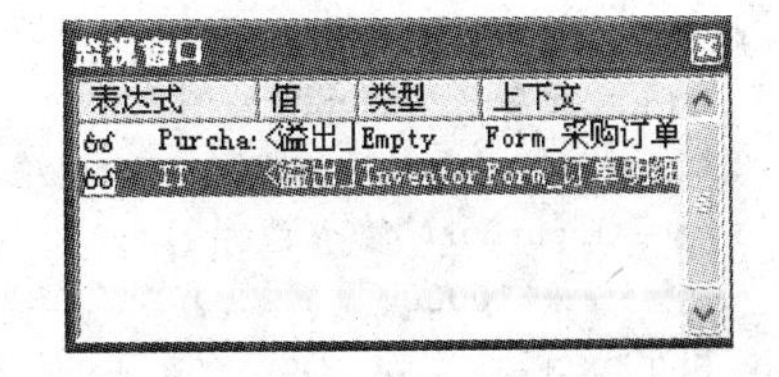

图 11-19　在监视窗口中查看变量

3) 在监视窗口中查看变量和表达式

在程序执行过程中，可利用监视窗口查看表达式或变量的值，可选择“调试”→“添加监视”选项，设置监视表达式。通过监视窗口可展开或折叠变量级别信息、调整列标题大小以及更改变量值等。在监视窗口中查看变量如图 11-19 所示。

4) 在立即窗口查看结果

使用立即窗口可检查一行 VBA 代码的结果。可以输入或粘贴一行代码，然后按 Enter 键执行该代码。可使用立即窗口检查控件、字段或属性的值，显示表达式的值，或为变量、字段或属性赋一个新值。立即窗口是一种中间结果暂存器窗口，在这里可以立即得出语句、方法或过程的结果。

11.7.2 VBA 程序错误处理

前面介绍了许多程序调试的方法，可帮助找出许多错误。但程序运行中的错误，一旦出现将造成程序崩溃，无法继续执行。因此必须对可能发生的运行时错误加以处理。也就是在系统发出警告之前，截获该错误，在错误处理程序中提示用户采取行动，是解决问题还是取消操作。如果用户解决了问题，程序就能够继续执行，如果用户选择取消操作，就可以跳出这段程序，继续执行后面的程序。这就是处理运行时错误的方法，将这个过程称为错误捕获。

1. 激活错误捕获

在捕获运行错误之前，首先要激活错误捕获功能。此功能由 On Error 语句实现，On Error 语句有 3 种形式。

1）On Error GoTo 行号

此语句的功能是激活错误捕获，并将错误处理程序指定为从“行号”位置开始的程序段。也就是说，在发生运行错误后，程序将跳转到“行号”位置，执行下面的错误处理程序。

2）On Error Rusume Next

此语句的功能是忽略错误，继续往下执行。它激活错误捕获功能，但并不指定错误处理程序。当发生错误时，不做任何处理，直接执行产生错误的下一行程序。

3）On Error GoTo 0

此语句用来强制性取消捕获功能。错误捕获功能一旦被激活，就停止程序的执行。

2. 编写错误处理程序

在捕获到运行时错误后，将进入错误处理程序。在错误处理程序中，要进行相应的处理。例如判断错误的类型、提示用户出错并向用户提供解决的方法，然后根据用户的选择将程序流程返回到指定位置继续执行等。

【例 11-23】 对数据溢出错误的处理程序。

```
Private Sub ErrorProcess()
   On Error GoTo DataErr
   Dim m As Integer, n As Integer
   m = InputBox("输入数据")
   n = m * 10000
   MsgBox n
   Exit Sub
   DataErr:
   MsgBox  "输入一个更小的数再试试"
End Sub
```

本章小结

本章围绕模块和 VBA 程序设计的知识而展开。通过本章的学习，需要理解模块的概念与作用，掌握 VBA 中数据的表示方法、程序控制语句和程序设计方法、过程、VBA 对象模型、VBA 数据库访问技术以及 VBA 程序的调试方法等内容。

(1) 模块是以过程为单元组成的,一个模块包含一个通用声明区域及一个或多个子过程与函数过程,声明区域用于定义模块中使用的变量等内容。模块分为标准模块和类模块。

标准模块一般用于存放公共过程(子过程和函数过程),不与其他任何 Access 对象相关联。在 Access 2007 中,通过模块对象创建的代码过程就是标准模块。在标准模块中,通常为整个应用系统设置全局变量或通用过程,供其他窗体或报表等数据库对象在类模块中使用或调用。反过来,在标准模块的子过程中,也可以调用窗体或运行宏等数据库对象。标准模块中的公共变量和公共过程具有全局性,其作用范围为整个应用系统。

窗体模块和报表模块都是类模块,它们各自与某一窗体或报表相关联。窗体和报表模块通常都含有事件过程,该过程用于响应窗体或报表中的事件。用户也可以自定义类模块。

(2) 在 Microsoft Office 中提供的 VBA 开发界面称为 VBE,也叫 VBA 编辑器,在 VBE 中可以编写 VBA 程序代码。用 VBA 进行编程,需要熟悉 VBA 的基本语法规则包括各种数据类型、常量、变量、数组及表达式等的使用,以及程序的流程控制,重点为选择控制结构和循环控制结构。

(3) 过程是 VBA 代码的集合,在 VBA 中有 3 种类型的过程,分别是子过程、函数过程和属性过程。在调用过程时,过程参数的传递方式分为引用传递和按值传递。变量的作用域有局部范围、模块范围和全局范围,按生存期,模块中的变量可分为动态变量和静态变量。

(4) VBA 是基于对象的程序设计语言,类和对象是其中重要的概念。类是对象的抽象,而对象是类的具体实例。每个对象都具有描述其特征的属性及附属于它的行为,属性用来表示对象的状态,方法用来描述对象的行为。属性和方法是与对象紧密联系的,对象既可以是一个单一对象,也可以是对象的集合。

属性与方法的引用方式为"对象名.属性名或对象名.方法名",引用中的"对象"描述一般使用格式为"父对象类名!子对象名"。

在 Access 2007 中,除表、查询、窗体、报表、宏和模块对象外,还可以在 VBA 中使用一些范围更广泛的 Access 对象。VBA 通过使用 Access 的对象和集合可以操纵 Access 中的窗体、报表及它们所包含的控件。常用的 Access 对象有 Application 对象、Forms 集合、Reports 集合、Modules 集合、CurrentProject 对象、DoCmd 对象等。

(5) ADO 使用户能够编写通过 OLE DB 提供者对在数据库服务器中的数据进行访问和操作的应用程序。要进行 Access 数据库应用系统开发,需要掌握 ADO 对象模型中常用对象的使用方法,包括 Connection 对象、Commnand 对象、Field 对象、RecordSet 对象等。

(6) VBA 程序调试是查找和解决 VBA 程序代码错误的过程。VBE 提供了多种程序运行方式,通过不同的方式运行程序,可以对代码进行各种调试工作。

习 题 11

1. 选择题

(1) 下列语句中不能正确定义两个字符型变量的是(　　)。

A. Dim str1,str2 As String　　B. Dim str1 $,str2 $

C. Dim str1 As String, str2 As String　　D. Dim str1 As String,Dim str2 As String

(2) 要产生[30,50]之间的随机整数,正确的表达式是(　　)。

A. Int(rnd＊20＋30)　　B. Int(rnd＊21＋30)

C. Int (rnd＊31＋20)　　D. Int(rnd＊50)

(3) 函数 Len("AB高等教育")的值是(　　)。

A. 6　　B. 7　　C. 12　　D. 14

(4) 函数 Right(Left(Mid("Access_DataBase",10,3),2),1)的值是(　　)。

A. a　　B. B　　C. t　　D. 空格

(5) 语句 SELECT CASE X 中,X 为一整型变量,下列 CASE 语句中,错误的是(　　)。

A. CASE IS＞20　　B. CASE 1 TO 10　　C. CASE 2,4,6　　D. CASE X＞10

(6) 在 VBE 的立即窗口输入如下命令,输出结果是(　　)。

```
x = 4 = 5
? x
```

A. True　　B. False　　C. 4＝5　　D. 语句有错

2. 填空题

(1) 数组的下标是从 0 或 1 开始是根据________语句的设置。

(2) VBA 中的程序按其语句代码执行的先后顺序,可以分为顺序结构、________结构和________结构。

(3) 过程是 VBA 代码的窗口,在 VBA 中有 3 种类型的过程,分别是________、函数过程和________,而模块则是过程的容器,模块有两种基本类型,分别是________模块和________模块。

(4) 调用子过程 GetAbs 后,消息框中显示的内容为________。

```
Sub GetAbs()
  Dim x
  x = -5
  If x > 0 Then
    x = x
  Else
    x = -x
  End If
  MsgBox x
End Sub
```

(5) 运行子过程 TestParm,在立即窗口中的输出结果为________。

```
Sub TestParm()
  Dim str As String
  str = "中国"
  Call SubParm(str)
  Debug.Print str
End Sub
Sub SubParm(ByRef pstr As String)
  pstr = "China"
End Sub
```

(6) 使用 DoCmd 对象打开窗体 DemoForm 的代码是________。

(7) 进行 ADO 数据库编程时，用来指向查询数据时返回的记录集对象是________。

(8) RecordSet 对象有两个属性用来判断记录集的边界，其中，判断记录指针是否在最后一条记录之后的属性是________。

3. 问答题

(1) 什么是类模块和标准模块？它们的特征是什么？

(2) 什么是形参和实参？过程中参数的传递有哪几种？它们之间有什么不同？

(3) 什么是变量的作用域和生存期？它们是如何分类的？

(4) 什么是类和对象？它们之间有何关系？Access 对象模型中包含哪些对象？

(5) 在调试程序时，在 VBE 环境中提供哪些查看变量值的方法以及如何查看？

4. 应用题

(1) 编写程序，要求在窗体上创建一个文本框控件、3 个命令按钮控件，命令按钮的标题分别设置为“显示”、“隐藏”和“退出”，单击“隐藏”按钮后文本框消失，单击“显示”按钮后显示文本框，单击“退出”按钮后结束程序运行。

(2) 编写程序，要求输入一个 3 位整数，将它反向输出。例如，输入 123，输出为 321。

(3) 编写程序求 1～500 之内所有奇数之和。

(4) 产生 30 个 1～100 之内的随机整数，通过函数过程实现。

(5) 利用 ADO 对象，对教学管理数据库的课程表完成以下任务：

① 添加一条记录：Z0004，“数据结构”，1。

② 查找课程名为“数据结构”的记录，并将其学分更新为 3。

③ 删除课程号为 Z0004 的记录。

第12章 数据库应用系统开发实例——图书现场采购管理系统

在实际的数据库应用中，让每一个用户都去学习 Access 2007 的操作是不现实的，所以一般不会直接使用数据库管理系统作为用户操作和管理的界面，而是要开发相应的管理系统软件，然后交由用户操作使用。Access 2007 所提供的窗体、报表、模块以及 VBA 语言等功能，可方便地处理应用系统的逻辑和用户界面，从而可高效地开发出实用的数据库应用系统。本章介绍数据库应用系统的开发过程，并以图书现场采购管理系统为例，基于 VBA＋ADO＋Access 2007 技术，详细介绍数据库应用系统的开发过程。

12.1 数据库应用系统的开发过程

任何一个经济组织或社会组织在存在过程中都会产生大量的数据，并且还会关注许多与之相关的数据，它们需要对这些数据进行存储，并按照一些特定的规则对这些数据进行分析、整理，从而保证自己的工作有序进行，提高工作效率与竞争力。所谓数据库应用系统，就是为支持一个特定目标，把与该目标相关的数据以某种数据模型进行存储，并围绕这一目标开发的应用程序。通常把这些数据、数据模型以及应用程序的整体称为一个数据库应用系统。用户可以方便地操作该系统，对有关业务数据进行有效的管理和加工。

用户要求数据库应用系统能够完成某些功能，如工资管理系统，要能满足用户进行工资发放及其相关工作的需要，要能录入、计算、修改、统计、查询工资数据，并打印工资报表等。又如销售管理系统，要能帮助管理人员迅速掌握商品的销售及存货情况，包括对进货、销售的登记、商品的热销情况、存量情况、销售总额的统计以及进货预测等。总之，就是要求数据库应用系统能实现数据的存储、组织和处理。

数据库应用系统的开发一般包括需求分析、系统设计、系统实现、系统测试和系统交付等阶段，每阶段应提交相应的文档资料，包括需求分析报告、系统设计报告、系统测试大纲、系统测试报告以及操作使用说明书等。但根据应用系统的规模和复杂程度，在实际开发过程中往往要作一些灵活处理，有时候把两个甚至多个过程合并进行，不一定完全刻板地遵守这样的过程。

1. 需求分析

整个开发过程从分析系统的需求开始。系统的需求包括对数据的需求和功能的需求两方面的内容，分别是数据库设计和应用程序设计的依据。虽然在数据库管理系统中，数据具有独立性，数据库可以单独设计，但应用程序设计和数据库设计仍然是相互关联、相互制约的。具体地说，应用程序设计时将受到数据库当前结构的约束，而在设计数据库的时候，也必须考虑实现功能的需要。

这一阶段的基本任务有两个，一是摸清现状；二是理清将要开发的目标系统应该具有哪些功能。

具体说来，摸清现状就要做深入细致地调查研究、明确以下问题：

(1) 人们现在完成任务所依据的数据及其联系，包括使用了什么台账、报表、凭证等。

(2) 使用什么规则对这些数据进行加工，包括上级有什么法律和政策规定、本单位或地方有哪些规定以及有哪些得到公认的规则等。

(3) 对这些数据进行什么样的加工、加工结果以什么形式表现，包括报表、工作任务单、台账、图表等。

理清目标系统的功能就是要明确说明系统将要实现的功能，也就是明确说明目标系统将能够对人们提供哪些支持。需求分析完成后，应撰写需求分析报告并由项目委托单位签字认可，以作为下阶段开发方和委托方共同合作的一个依据。

2. 系统设计

在明确了现状与目标后，还不能马上就进入程序设计(编码)阶段，还要对系统的一些问题进行规划和设计，这些问题包括：

(1) 设计工具和系统支撑环境的选择，包括选择哪种数据库、哪几种开发工具、支撑目标系统运行的软硬件及网络环境等。

(2) 怎样组织数据也就是数据模型的设计，即设计数据表字段、字段约束关系、字段间的约束关系、表间约束关系、表的索引等。

(3) 系统界面的设计包括菜单、窗体等。

(4) 系统功能模块的设计，即确定系统由哪些模块组成以及这些模块之间的关系。对一些较为复杂的功能模块，还应该进行算法设计，即借助于程序流程图、N-S 图或 PAD 图等详细设计工具，描述实现具体功能的算法。

系统设计工作完成后，要撰写系统设计报告，在系统设计报告中，要以表格的形式详细列出目标系统的数据模式，并列出系统功能模块图、系统主要界面图以及相应的算法说明。系统设计报告既作为系统开发人员的工作指导，也是为了使项目委托方在系统尚未开发出来时及早认识目标系统，从而及早地发现问题，减少或防止项目委托方与项目开发方因对问题认识上的差别而导致的返工。同样，系统设计报告也需得到项目委托方的签字认可。

3. 系统实现

这一阶段的工作任务就是依据前两个阶段的工作，具体建立数据库和数据表、定义各种约束，并录入部分数据；具体设计系统菜单、系统窗体、定义窗体上的各种控件对象、编写对象对不同事件的响应代码、编写报表、查询等。

4. 系统测试

系统测试阶段的任务就是验证系统设计与实现阶段中所完成的系统能否稳定、准确地运行，这些系统功能是否全面地覆盖并正确地完成了委托方的需求，从而确认系统是否可以交付运行。测试工作一般由项目委托方或由项目委托方指定第三方进行。在系统实现阶段，一般说来设计人员会进行一些测试工作，但这是由设计人员自己进行的一种局部的验证工作，重点是检测程序有无逻辑错误，与系统测试在测试目的、方法及全面性还是有很大的差别的。

为使测试阶段顺利进行，测试前应编写一份测试大纲，详细描述每一个测试模块的测试目的、测试用例、测试环境、步骤、测试后所应该出现的结果。对一个模块可安排多个测试用例，以能较全面完整地反映实际情况。测试过程中应进行详细记录，测试完成后要撰写系统测试报告，对应用系统的功能完整性、稳定性、正确性以及使用是否方便等方面给出评价。

5. 系统交付

这一阶段的工作主要有两个方面，一是全部文档的整理交付；二是对所完成的软件(数据、程序等)打包并形成发行版本，使用户在满足系统所要求的支撑环境的任一台计算机上按照安装说明就可以安装运行。

下面基于 Access 数据库，以图书馆的图书现场采购管理系统为例，介绍数据库应用系统的开发。

12.2 系统需求分析

图书现场采购是指图书采购人员直接到出版发行机构和各地大型新华书店、图书批销中心选购或参加全国性和专业性订货会现场采购图书。其优点在于：第一，采购人员可以直接阅览样书，有的放矢，增强图书采购的针对性；第二，现场购书可以缩短图书采购周期，使那些时效性强、教学科研急需用书及畅销书，能够及时与读者见面，大大提高了图书的时效性，同时也保证了较高的图书到货率。

但是在图书现场采购的过程中，也存在着一些问题：一是现场购书不利于查重，容易造成重复购置，采购人员必须对馆藏相当熟悉，并拥有必备的检索查重工具；二是对现场选购的图书，由于采购数量较多，采购人员由于来不及整理，不清楚自己到底选购了多少种、册和金额的图书。在利益的驱使下，有些书商故意多发采购人员并未选购的图书；三是图书的验收不方便，面对书商发来的一大堆图书，采用手工的方式验收，不仅速度慢，且容易出错。

针对图书现场采购中出现的问题，设计一套图书现场采购系统，使得图书采购工作系统化、规范化和自动化，从而为图书馆采购人员的现场采购提供方便，达到提高图书采购效率的目的。

通过对用户应用环境、图书现场采购过程及各有关环节的分析，系统的需求可以归纳为两点：

(1) 数据需求：数据库数据要完整、同步、全面地反映图书馆现有馆藏的全部图书信息。

(2) 功能需求：具有现场书目查询、查重、图书选购和输出功能。信息采集要方便快捷，数据更新维护要自动高效，系统操作要简单实用。在执行选购时，用户界面要能直接、直观地显示待选图书是否有过入藏及入藏情况的信息，以供采购决策。

对于本系统，具体需要实现以下一些基本功能：

(1) 用户管理功能：包括用户登录、用户新增、修改和删除功能。

(2) 数据导入功能：书商书目数据采用的是 Excel 格式，系统应提供 Excel 格式数据到 Access 2007 数据库的导入功能。

(3) 数据编辑功能：系统应能对书商提供给图书馆的采购数据进行增加、删除和修改操作。

(4) 现场扫描选购功能：在现场对图书一本一本扫描选购，并判断是否与馆藏图书重复。

(5) 批量查重功能：根据书商所提供的书目数据对图书馆馆藏数据进行批查重，一次找出全部与馆藏未重的或重复的书目数据。

(6) 查询选购功能：从不同的检索入口，检索要采购图书的馆藏情况。

(7) 统计输出功能：对采购的结果统计输出。

12.3 系统设计

这一节主要介绍图书现场采购管理系统的功能设计和数据库的设计。

12.3.1 系统功能设计

图书现场采购系统主要实现图书的现场快速采购、数据编辑和数据处理功能，该系统分为5个主要功能模块，如图12-1所示。

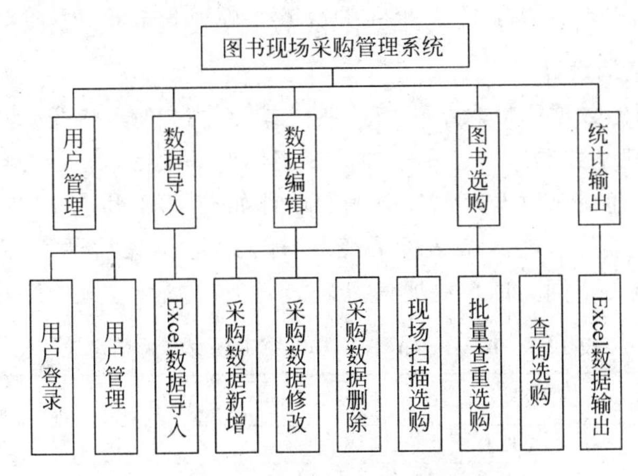

图12-1 图书现场采购系统功能模块图

1. 用户管理

用户管理包括用户登录以及用户的新增、修改和删除。

2. 数据导入

数据导入支持Excel文件到Access 2007数据库的导入功能。

3. 数据编辑

数据编辑模块主要实现对采购基本信息的录入、修改、删除和查询等操作。录入的数据中ISBN、价格等字段需校验，保证数据的正确性。

4. 图书选购

图书选购管理包括3个方面：现场扫描选购、批量查重选购和查询选购。

(1) 现场扫描选购功能。一般每种图书的ISBN号是唯一的，扫描选购原理为设置好选购数据量，用扫描枪扫描图书的ISBN号，如果ISBN号与馆藏ISBN号重复，判断是否选购；同时判断当前是否选过一次。

(2) 批量查重选购功能。根据书商所提供的书目数据对图书馆馆藏数据进行批查重，查重字段为ISBN号、书名或作者，一次找出全部与馆藏未重的或重复的书商书目数据。

(3) 查询选购功能。按书名、作者、ISBN、出版社等查找书商图书，对找到的每条书目数据，需提示当前书目在图书馆是否已经采购过，来决定当前图书是否采购。

5. 统计输出管理

对当前选购好的图书统计其种数、册数和金额，并可输出Excel格式的订购清单。

12.3.2 数据库设计

数据库设计也就是数据模型的设计，下面主要介绍图书现场采购管理系统数据库数据结构的设计与实现。

1. 数据库概念结构设计

图书现场采购所涉及的数据有书商图书和图书馆馆藏图书信息以及订购数量信息，可以合在一个实体当中，规划出的实体为书商图书实体和馆藏图书实体。其关系模式如下：

书商图书(ISBN 号，书名，作者，分类号，价格，出版年，出版社，提供商，订购数)
馆藏图书(ISBN 号，书名，作者，分类号，价格，出版年，出版社，图书馆，馆藏量)

2. 数据库逻辑结构设计

现在需要将上面的数据库概念结构的关系模式转化为 Access 2007 数据库系统所支持的实际数据模型，也就是数据库的逻辑结构。在实体的基础上，形成数据库中的表。

图书现场采购管理系统数据库中各个表的设计如表 12-1 和表 12-2 所示。每个表表示在数据库中的一个数据表，这两个表字段名一样，只是在最后两个字段(Book_num 和 Provider)所代表的意义不同。用户注册信息表如表 12-3 所示。

表 12-1 BookSeller_BookInfo 书商图书基本信息表

列名	数据类型	字段大小	说明
REC_ID	长整型		主键(自动编号)
ISBN	文本	20	ISBN 号
BookName	文本	200	书名
Author	文本	50	作者
Publisher_Date	文本	50	出版日期
Publisher	文本	50	出版社
Class_Name	文本	50	图书分类
Book_Price	货币		图书价格
Book_num	数字		订书数
Provider	文本	50	提供商

表 12-2 Library_BookInfo 图书馆图书馆藏基本信息表

列名	数据类型	字段大小	说明
REC_ID	长整型		主键(自动编号)
ISBN	文本	20	ISBN 号
BookName	文本	200	书名
Author	文本	50	作者
Publisher_Date	文本	50	出版日期
Publisher	文本	50	出版社
Class_Name	文本	50	图书分类
Book_Price	货币		图书价格
Book_num	数字		馆藏数量
Provider	文本	50	图书馆名称

表 12-3 UserEnroll_Info 用户注册信息表

列 名	数据类型	字段大小	说 明
REC_ID	整型		主键(自动编号)
User_Name	文本	50	用户名
User_Password	文本	50	密码
User_Memo	文本	200	用户说明

3. 数据库的创建

在 Access 2007 中创建图书现场采购管理系统数据库的步骤如下：

(1) 启动 Access 2007 后，选择“新建空白数据库”下的“空白数据库”选项，则在窗体右侧出现“空白数据库”窗格。

(2) 在“空白数据库”窗格的文件名输入框中输入 BookCG. accdb，并选择适当的存储路径，然后单击“创建”按钮，完成创建数据库，并出现 BookCG 数据库窗口。

图书采购系统数据库 BookCG 创建后，便可以为数据库创建和设计表以及查询。这里以 BookSeller_BookInfo 表为例进行说明，用表设计视图创建 BookSeller_BookInfo 表的步骤如下：

(1) 打开 BookCG. accdb 数据库。

(2) 单击“创建”选项卡，在“表”命令组中单击“表设计”命令按钮，将打开表设计视图。

(3) 对照表 12-1 在表设计视图中输入“字段名称”，在数据类型中选择输入数据类型，并设定数据类型的“字段大小”。本例中 BookSeller_BookInfo 表设置主键字段为 Rec_ID。

(4) 表设计完后，将表保存并命名为 BookSeller_BookInfo。

图书馆图书馆藏基本信息表(Library_BookInfo)和用户注册信息表(UserEnroll_Info)的设计过程可参照上述步骤完成。

12.4 功能模块设计与实现

在确定系统的功能模块之后，就要设计并实现每一个功能模块内部的功能。对于数据库应用程序的开发，VBA 程序设计方法以及 VBA 中访问 ADO 访问数据库的技术非常重要。本节介绍图书现场采购系统各功能模块在 Access 2007 中的设计与实现，同时也展示了 VBA 的应用技能。

12.4.1 用户登录窗体

用户登录窗体实现系统的安全保护功能，用户需要使用正确的用户名和密码才能进入系统主界面进行操作。

1. 窗体界面设计

该窗体设计方法是在设计视图中进行，具体操作步骤如下：

(1) 在 Access 2007 数据库窗口中，单击“创建”选项卡，在“窗体”命令组中单击“窗体设计”命令按钮，新建一个窗体，命名为“登录”。

(2) 按照图 12-2 所示的设置登录窗体中的各个控件,控件的主要属性如表 12-4 所示。

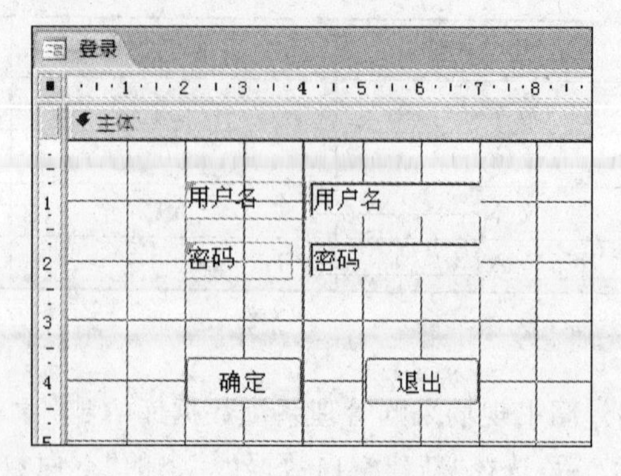

图 12-2　登录窗体

表 12-4　登录窗体的控件及其属性

控件类型	控件标题	控件名称
文本框	用户名	txtusername
文本框	密码	txtpassword
标签	用户名	lblusername
标签	密码	lblpassword
命令按钮	确定	cmdenter
命令按钮	退出	cmdexit

(3) 打开 txtpassword 文本框的属性窗口,选择"数据"选项卡,选择"输入掩码"栏,单击右边的省略号按钮,进入"输入掩码向导"窗口,选择"密码"项,单击"完成"按钮。这样,以后在 txtpassword 文本框中输入数据时不会显示输入的字符,而是显示"*"号,有利于保护密码。

2. 按钮事件过程

在窗体中,输入"用户名"和"密码"后,单击"确定"按钮触发 cmdenter_Click()事件,cmdenter_Click()事件通过 ADO 的 RecordSet 对象的 Open 方法查看数据库用户表中是否有与用户输入的用户名和密码相匹配的记录,如输入的用户名和密码正确,则进入主窗体。实现的方法及代码如下:

```
Option Compare Database
Private Sub cmdenter_Click()
  '判断是否输入用户名
  If txtusername.Value = "" Or IsNull(txtusername.Value) Then
    MsgBox "未输入用户名!"
    Exit Sub
  End If
  '判断是否输入密码
  If txtpassword.Value = "" Or IsNull(txtpassword.Value) Then
    MsgBox "未输入密码!"
    Exit Sub
  End If
  Dim strusername As String
  Dim strpassword As String
```

```
Dim flag As Integer
Dim sqlstr As String
Dim rst As ADODB.Recordset                    '声明 Recordset 对象
Set rst = New ADODB.Recordset                 '初始化对象
flag = 0
sqlstr = "SELECT * FROM UserEnroll_Info WHERE user_name = '" & txtusername.Value & "'"
'从用户表中读取记录
rst.Open sqlstr, CurrentProject.Connection
'判断用户名是否存在,密码是否正确
'rst.MoveFirst
Do While Not rst.EOF
  strusername = rst("user_name")
  strpassword = rst("user_password")
  If strusername <> txtusername.Value Then
    rst.MoveNext
  Else
    flag = 1
    Exit Do
  End If
Loop
'flag = 0,说明用户名不存在
If flag = 0 Then
  MsgBox "没有这个用户名,请重新输入"
  txtusername.Value = ""
  txtpassword.Value = ""
  txtusername.SetFocus
  Exit Sub
Else
  'flag = 1,说明用户名存在,进一步比较密码是否正确
  If txtpassword.Value <> strpassword Then
    MsgBox "密码输入错误,请重新输入"
    txtpassword.Value = ""
    txtpassword.SetFocus
    Exit Sub
  End If
  '用户名和密码都正确,则关闭"登录"窗体,打开"主界面"窗体
  DoCmd.Close
  DoCmd.OpenForm "主界面"
End If
End Sub
'单击"退出"按钮,退出 Access
Private Sub cmdexit_Click()
  DoCmd.Close
End Sub
```

12.4.2 主界面窗体

图书现场采购管理系统包括的子功能有用户管理模块、数据导入模块、采购数据编辑模块、图书选购模块(现场扫描选购、批量查重选购、查询选购)和采购数据统计输出模块,这些模块需要一个共同的主界面来进行管理。下面介绍该窗体的创建。

1. 窗体界面设计

在主界面窗体中有许多功能按钮,用户只需单击窗体中的按钮,就会启动相应命令按钮的 Click 过程,运行过程中的代码,如用户管理、查询选购等。

在主界面窗体中有 1 个标签和 8 个按钮对象,表 12-5 所示是图书现场采购系统主界面窗体中的对象的设置。

表 12-5　主界面窗体中的控件及属性设置

对象名称	属性名称	属性值
Label1	标题	欢迎使用图书现场采购系统
cmd1	标题	用户管理
	单击	[事件过程]
cmd2	标题	数据导入
	单击	[事件过程]
cmd3	标题	数据编辑
	单击	[事件过程]
cmd4	标题	扫描选购
	单击	[事件过程]
cmd5	标题	批量查重
	单击	[事件过程]
cmd6	标题	查询选购
	单击	[事件过程]
cmd7	标题	统计输出
	单击	[事件过程]
cmd8	标题	退出系统
	单击	[事件过程]

根据表 12-5 所示的对象及属性来设置,主界面窗体如图 12-3 所示。系统主界面窗体的功能是为用户提供的各种功能按钮。

图 12-3　主界面窗体布局

2. 按钮事件过程

利用命令按钮向导为“用户管理”、“数据导入”、“数据编辑”、“扫描选购”、“批量查重”、“查询选购”、“统计输出”和“退出系统”按钮添加处理过程，实现与其他窗体和报表的连接，添加的代码如下：

```
Option Compare Database
Private Sub cmd1_Click()
   Dim form_name As String
   form_name = "用户管理"
   DoCmd.OpenForm form_name
End Sub
Private Sub cmd2_Click()
   Dim form_name As String
   form_name = "数据导入"
   DoCmd.OpenForm form_name
End Sub
Private Sub cmd3_Click()
   Dim form_name As String
   form_name = "数据编辑"
   DoCmd.OpenForm form_name
End Sub
Private Sub cmd4_Click()
   Dim form_name As String
   form_name = "扫描选购"
   DoCmd.OpenForm form_name
End Sub
Private Sub cmd5_Click()
   Dim form_name As String
   form_name = "批量查重"
   DoCmd.OpenForm form_name
End Sub
Private Sub cmd6_Click()
   Dim form_name As String
   form_name = "查询选购"
   DoCmd.OpenForm form_name
End Sub
Private Sub cmd7_Click()
   Dim form_name As String
   form_name = "统计输出"
   DoCmd.OpenForm form_name
End Sub
Private Sub cmd8_Click()
  DoCmd.Close
End Sub
```

其中，form_name 字符串变量代表将要打开的窗体名称。

3. 通用模块设计

通用模块指在整个应用程序中都能用到的一些函数、过程和变量。在 VBE 窗口中，通过“插入”→“模块”菜单命令添加一个标准模块，命名为 dbcommon。模块中主要包括

GetRS 函数和 ExecuteSQL 过程。GetRS 用来执行查询操作返回记录集，ExecuteSQL 用来执行插入、更新和删除的 SQL 语句，代码如下：

```
Option Explicit
Global flag As Integer
'执行 SQL 的 Select 语句,返回记录集
Public Function GetRS(ByVal strSQL As String) As ADODB.Recordset
    Dim rs As New ADODB.Recordset
    Dim conn As New ADODB.Connection
    On Error GoTo GetRS_Error
    Set conn = CurrentProject.Connection '打开当前连接
    rs.Open strSQL, conn, adOpenKeyset, adLockOptimistic
    Set GetRS = rs
GetRS_Exit:
    Set rs = Nothing
    Set conn = Nothing
    Exit Function

GetRS_Error:
    MsgBox (Err.Description)
    Resume GetRS_Exit
End Function
'执行 SQL 的 Update、Insert 和 Delete 语句
Public Sub ExecuteSQL(ByVal strSQL As String)
    Dim conn As New ADODB.Connection
    On Error GoTo ExecuteSQL_Error
    Set conn = CurrentProject.Connection '打开当前连接
    conn.Execute (strSQL)
ExecuteSQL_Exit:
    Set conn = Nothing
    Exit Sub

ExecuteSQL_Error:
    MsgBox (Err.Description)
    Resume ExecuteSQL_Exit
End Sub
'输入为 SQL 的 SELECT Count( * ) FROM tablename WHERE 语句,返回记录数
Public Function GetRecordNUM(ByVal strSQL As String) As Integer
    Dim conn As New ADODB.Connection
    GetRecordNUM = 0
    On Error GoTo ExecuteSQL_Error
    Set conn = CurrentProject.Connection '打开当前连接
    GetRecordNUM = conn.Execute(strSQL).Fields(0).Value

ExecuteSQL_Exit:
    Set conn = Nothing
    Exit Function

ExecuteSQL_Error:
    MsgBox (Err.Description)
    Resume ExecuteSQL_Exit
End Function
```

12.4.3 用户管理模块

用户管理模块主要实现用户登录以及登录后用户的新增、修改和删除功能，下面介绍该窗体的创建。

1. 用户管理窗体界面设计

用户管理窗体的控件属性如表 12-6 所示，界面如图 12-4 所示。

表 12-6 用户管理窗体控件属性

对象名称	属性名称	属性值
lblusername	标题	用户名
lblpassword1	标题	密码
lblpassword2	标题	确认密码
lblmemo	标题	备注
User_Name	控件来源	User_Name
User_Password	控件来源	User_Password
txtpassword	名称	txtpassword
User_Memo	控件来源	User_Memo
cmdfirst	图片	"移至第一项"
cmdpre	图片	"移至前一项"
cmdnext	图片	"移至下一项"
cmdlast	图片	"移至最后一项"
cmdedit	标题	编辑
cmdadd	标题	添加
cmddel	标题	删除
cmdsave	标题	保存
cmdcancel	标题	取消

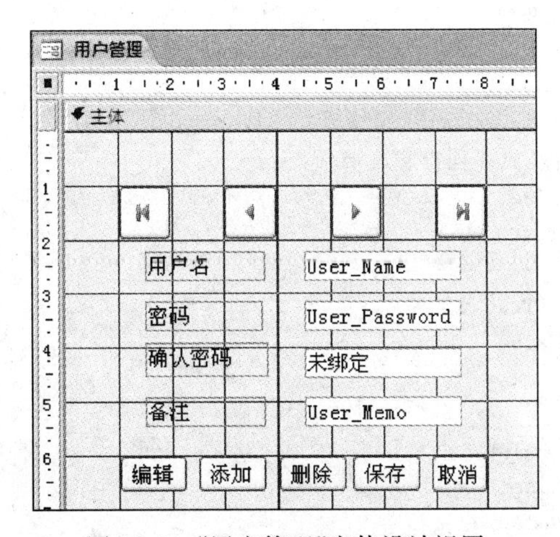

图 12-4 "用户管理"窗体设计视图

2. 按钮事件过程

利用用户管理窗体中的命令按钮，可以实现用户的编辑、添加、删除以及撤销和保存修改等功能，这些命令按钮的事件过程代码如下：

```
Option Compare Database
Dim flag As Integer '0 为初始值,1 表示为添加用户记录,2 表示为修改记录
Private Sub Form_Load()
'设置窗体加载时的属性,进入窗体时
  cmdedit.Enabled = True
  cmdadd.Enabled = True
  cmddel.Enabled = False
  cmdsave.Enabled = False
  cmdcancel.Enabled = False
  Form.AllowEdits = True
  Form.AllowDeletions = False
  Form.AllowAdditions = False
  Form.RecordLocks = 0
  flag = 0
End Sub
Private Sub cmdedit_Click()
'设置窗体中的当前记录为编辑状态
'设置功能按钮的可用性
  flag = 2
  cmdfirst.Enabled = False
  cmdpre.Enabled = False
  cmdnext.Enabled = False
  cmdlast.Enabled = False
  cmdadd.Enabled = False
  cmddel.Enabled = True
  cmdsave.Enabled = True
  cmdsave.SetFocus
  cmdedit.Enabled = False
  cmdcancel.Enabled = True
  Form.AllowDeletions = True
End Sub
Private Sub cmdadd_Click()
'添加用户记录
On Error GoTo Err_cmdadd_Click
  flag = 1
'设置功能按钮的可用性,只能保存和取消
  cmddel.Enabled = False
  cmdsave.Enabled = True
  cmdsave.SetFocus
  cmdcancel.Enabled = True
  cmdedit.Enabled = False
  cmdadd.Enabled = False
'设置记录导航不可用
  cmdfirst.Enabled = False
  cmdpre.Enabled = False
  cmdnext.Enabled = False
  cmdlast.Enabled = False
  '将记录移动到新记录处
  Form.AllowAdditions = True
  DoCmd.GoToRecord , , acNewRec
  Exit Sub
```

```
Err_cmdadd_Click:
  MsgBox Err.Description
End Sub
Private Sub cmddel_Click()
'删除用户记录
  DoCmd.DoMenuItem acFormBar, acEditMenu, 8, , acMenuVer70
  DoCmd.DoMenuItem acFormBar, acEditMenu, 6, , acMenuVer70
'设置导航可用
  cmdpre.Enabled = True
  cmdnext.Enabled = True
  cmdlast.Enabled = True
  cmdedit.Enabled = True
'设置某些功能按钮的可用性
  cmdedit.Enabled = True
  cmdedit.SetFocus
  cmdadd.Enabled = True
  cmddel.Enabled = False
  cmdsave.Enabled = False
  cmdcancel.Enabled = False
  flag = 0
End Sub
Private Sub cmdcancel_Click()
'对已修改的用户内容不进行保存
  If flag = 1 Then '取消添加操作
    '删除新增记录,并移到上一条记录
    DoCmd.DoMenuItem acFormBar, acEditMenu, 8, , acMenuVer70
    DoCmd.DoMenuItem acFormBar, acEditMenu, 6, , acMenuVer70
    DoCmd.GoToRecord , , acPrevious
  End If
  If flag = 2 Then '取消修改操作
    DoCmd.DoMenuItem acFormBar, acEditMenu, acUndo, , acMenuVer70
  End If
'设置导航可用
  cmdpre.Enabled = True
  cmdnext.Enabled = True
  cmdlast.Enabled = True
  cmdedit.Enabled = True
'设置某些功能按钮的可用性
  cmdedit.Enabled = True
  cmdedit.SetFocus
  cmdadd.Enabled = True
  cmddel.Enabled = False
  cmdsave.Enabled = False
  cmdcancel.Enabled = False
  flag = 0
End Sub
Private Sub cmdsave_Click()
'对修改或添加的用户信息进行保存,判断输入信息是否正确
  If User_Name.Value = "" Or User_Password.Value = "" Then
    MsgBox "请输入用户名和密码"
    Exit Sub
```

```
    End If
    If User_Password.Value <> txtpassword.Value Then
      MsgBox "两个密码不一致"
      Exit Sub
    End If
    Form.AllowEdits = True
    DoCmd.DoMenuItem acFormBar, acEditMenu, acSaveRecord, , acMenuVer70
    Form.AllowEdits = True
    Form.AllowDeletions = False
    Form.AllowAdditions = False
    Form.RecordLocks = 0
    flag = 0
  '设置导航可用
    cmdpre.Enabled = True
    cmdnext.Enabled = True
    cmdlast.Enabled = True
    cmdfirst.Enabled = True
  '设置功能按钮的可用性
    cmdedit.Enabled = True
    cmdedit.SetFocus
    cmdadd.Enabled = True
    cmddel.Enabled = False
    cmdsave.Enabled = False
    cmdcancel.Enabled = False
  End Sub
  Private Sub cmdfirst_Click()
   On Error GoTo Err_cmdfirst_Click
   '设置向前键不可用,向后键可用
     cmdpre.Enabled = False
     cmdnext.Enabled = True
     DoCmd.GoToRecord , , acFirst
  Exit_cmdfirst_Click:
     Exit Sub
  Err_cmdfirst_Click:
     MsgBox Err.Description
     Resume Exit_cmdfirst_Click
  End Sub
  Private Sub cmdlast_Click()
  On Error GoTo Err_cmdlast_Click
  '设置向后键不可用,向前键可用
     cmdpre.Enabled = True
     cmdnext.Enabled = False
     DoCmd.GoToRecord , , acLast
  Exit_cmdlast_Click:
     Exit Sub
  Err_cmdlast_Click:
     MsgBox Err.Description
     Resume Exit_cmdlast_Click
  End Sub
  Private Sub cmdnext_Click()
  On Error GoTo Err_cmdnext_Click
```

```
'如果向后键可用,则设置向前键可用
    If cmdnext.Enabled = True Then cmdpre.Enabled = True
    DoCmd.GoToRecord , , acNext
Exit_cmdnext_Click:
    Exit Sub
Err_cmdnext_Click:
    cmdfirst.SetFocus
    cmdnext.Enabled = False
    MsgBox Err.Description
    cmdfirst.SetFocus
    cmdnext.Enabled = False
    Resume Exit_cmdnext_Click
End Sub
Private Sub cmdpre_Click()
On Error GoTo Err_cmdpre_Click
'如果向前键可用,则设置向后键可用
    If cmdpre.Enabled = True Then cmdnext.Enabled = True
    DoCmd.GoToRecord , , acPrevious
Exit_cmdpre_Click:
    Exit Sub
Err_cmdpre_Click:
    cmdnext.SetFocus
    cmdpre.Enabled = False
    MsgBox Err.Description
    Resume Exit_cmdpre_Click
End Sub
```

12.4.4 数据导入模块

数据导入主要实现 Excel 格式文件到 Access 数据库的导入功能。

1. Excel 数据导入窗体的创建

在主窗体中选择"数据导入"菜单项时，程序执行导入功能，窗体的设计如图 12-5 所示。这个窗体实现了 Excel 数据转入采购数据表(BookSeller_BookInfo)。

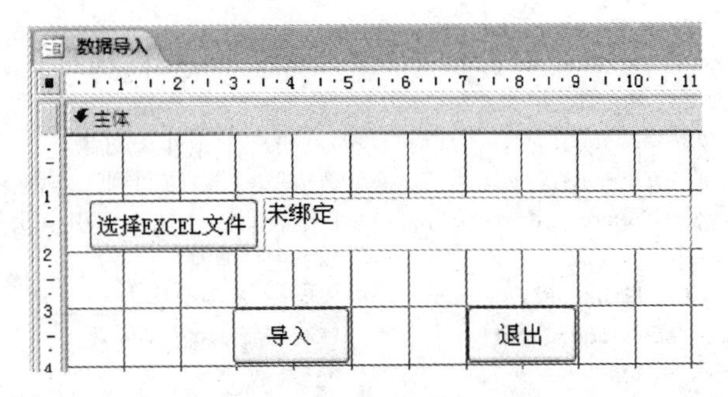

图 12-5　Excel 数据导入窗体

为了便于数据导入处理，对 Excel 表格中的数据要求如下：表格中第一行为标题栏，依次为书名、作者、ISBN 号、出版社、出版年、价格、分类、数量、提供商，其他行为对应书目数据，并且不许出现空白行。

2. Excel 数据导入程序实现

当单击“请选择 EXCEL 文件”按钮时触发 cmdFileOpen_Click()事件，从打开文件对话框中找到磁盘上的 Excel 文件，单击“确定”按钮后，文件名和路径放在 txtFileName 文本框中。单击“导入”按钮，触发 cmdInput Click()事件，数据导入 Access 数据库。

程序对 Excel 文件进行操作，首先需要添加 Excel Library 的引用到工程中，当使用 Office 2007 时，它的库文件为 Microsoft Excel 12.0 Object Library。如果使用 Excel 2003，那么它使用的是 Microsoft Excel 11.0 Object Library。

程序如下：

```
Option Compare Database
Private Sub cmdFileOpen_Click()
'找到 Excel 文件
  Dim dlgo As Object
  Set dlgo = Application.FileDialog(msoFileDialogOpen)
  dlgo.Show
  txtFileName.Value = dlgo.SelectedItems(1)
End Sub
Private Sub cmdInput_Click()
'导入操作
  Dim recnum As Long                          '记录数
  Dim bookname As String                      '书名
  Dim author As String                        '作者
  Dim isbn As String                          'ISBN 号
  Dim publisher As String                     '出版社
  Dim publisher_date As String                '出版年
  Dim price As String                         '价格
  Dim class_name As String                    '分类
  Dim book_num As String                      '数量
  Dim provider As String                      '提供商
  Dim ex_rows As Long                         'Excel 记录行数
  Dim ex_cols As Long                         'Excel 记录列数

  '打开 Excel 文件,读取 Excel 文件中的数据行数,列数
  Dim ex As Excel.Application
  Set ex = New Excel.Application              '声明一个 Application 对象
  Dim exwbook As Excel.Workbook               '声明一个工作簿对象
  Dim sheet As Excel.Worksheet                '声明一个工作表对象
  Set exwbook = ex.Workbooks.Open(txtFileName.Value)  '访问到工作簿,文件为对话框中得到的
  Set sheet = exwbook.Sheets.Item(1)'访问到工作表: item 使用索引值来得到 Sheet 对象的引用
  sheet.Activate                              '激活工作表
  ex_rows = sheet.UsedRange.Rows.Count        'Excel 表中数据行数
  ex_cols = sheet.UsedRange.Count             'Excel 表中数据列数
  recnum = ex_rows - 1                        '记录数
  '数据库操作变量
  Dim str As String
  Dim rs As New ADODB.Recordset
  str = "SELECT * FROM BookSeller_BookInfo"
  Set rs = GetRS(str)
  '从 Excel 中一行一行读数据写入到 Access 数据表中
```

```
  Dim i As Long
  For i = 2 To ex_rows                              'Excel 从第二行开始读取
       '书名、作者、ISBN 号、出版社、出版年、价格、分类、数量、提供商
       bookname = sheet.Cells(i, 1).Value
       author = sheet.Cells(i, 1).Value
       isbn = sheet.Cells(i, 3).Value
       publisher = sheet.Cells(i, 4).Value
       publisher_date = sheet.Cells(i, 5).Value
       price = sheet.Cells(i, 6).Value
       class_name = sheet.Cells(i, 7).Value
       book_num = sheet.Cells(i, 8).Value
       provider = sheet.Cells(i, 9).Value
       '数据写入数据表
       rs.AddNew
       rs.Fields("isbn").Value = isbn
       rs.Fields("bookname").Value = bookname
       rs.Fields("author").Value = author
       rs.Fields("publisher_date").Value = publisher_date
       rs.Fields("publisher").Value = publisher
       rs.Fields("class_name").Value = class_name
       rs.Fields("book_price").Value = Val(price)
       rs.Fields("book_num").Value = Val(book_num)
       rs.Fields("provider").Value = provider
       rs.Update
 Next i '读取 Excel 下一行
    '释放资源
    Set Sheet = Nothing
    exwbook.Close
    Set ex = Nothing
    Set rs = Nothing
    MsgBox ("数据处理完成!共转入记录数为:" & recnum)
End Sub
Private Sub cmdExit_Click()
  DoCmd.Close '关闭窗体
End Sub
```

12.4.5 数据编辑模块

数据编辑模块主要实现采购数据新增、采购数据修改和采购数据删除等功能。

1. 数据编辑窗体的设计

数据编辑窗体用于采购人员录入采购信息,其界面如图 12-6 所示。

在设计数据编辑窗体时,首先需要设计其中的“预采数据”列表子窗体,用于显示所有采购数据记录,并将“预采数据”子窗体插入“数据编辑”窗体中。在“预采数据”子窗体中,有 5 个标签和 5 个文本框,文本框和 BookSeller_BookInfo 表中对应字段绑定。

2. 按钮事件过程

数据编辑功能包括数据编辑主窗体和预采数据子窗体,两个窗体对应不同的事件过程。

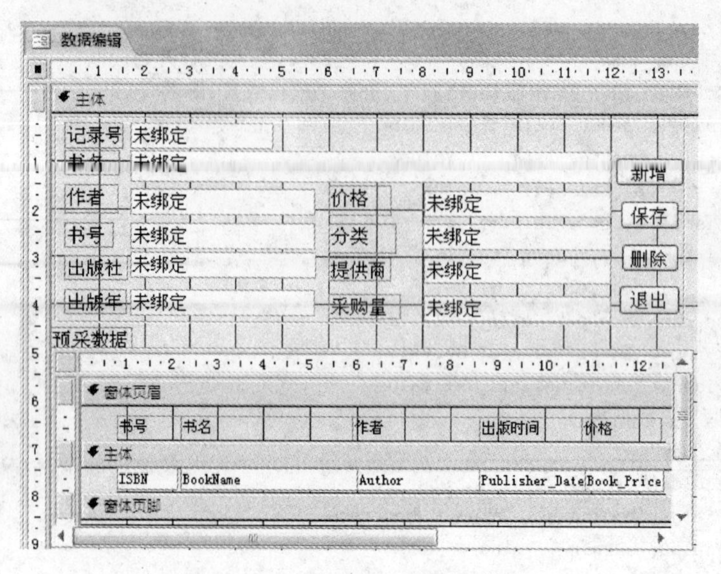

图 12-6　采购数据编辑窗体布局

(1) 数据编辑主窗体按钮事件过程代码如下：

```
Option Compare Database
Private Sub cmdadd_Click()
  '新增操作
  '设置命令按钮的可用性,及初始文本框
   cmdsave.Enabled = True
   cmdsave.SetFocus
   cmdadd.Enabled = False
   cmddel.Enabled = False
   cmdexit.Enabled = True
   Me.txtBookName.Value = ""
   Me.txtAuthor.Value = ""
   Me.txtISBN.Value = ""
   Me.txtCBS.Value = ""
   Me.txtCBSJ.Value = ""
   Me.txtPrice.Value = ""
   Me.txtType.Value = ""
   Me.txtProvider.Value = ""
   Me.txtNum.Value = ""
   flag = 1 '为新增标记
End Sub
Private Sub cmdsave_Click()
'保存输入信息
   If txtBookName.Value = "" Then
     MsgBox "请输入书名"
     Exit Sub
   End If
   If txtPrice.Value = "" Then
     MsgBox "请输入价格"
     Exit Sub
```

```
End If
If Not IsNumeric(txtPrice.Value) Then
  MsgBox "价格不为数字"
  Exit Sub
End If
If txtNum.Value = "" Then
  MsgBox "请输入采购数量"
  Exit Sub
End If
If Not IsNumeric(txtNum.Value) Then
  MsgBox "采购数量不为数字"
  Exit Sub
End If
'ADO方法处理数据的新增和修改
Dim str As String
Dim rs As New ADODB.Recordset
If flag = 1 Then '新增记录
  str = "SELECT * FROM BookSeller_BookInfo"
  Set rs = GetRS(str)
  rs.AddNew
  rs.Fields("isbn").Value = Me.txtISBN.Value
  rs.Fields("bookname").Value = Me.txtBookName.Value
  rs.Fields("author").Value = Me.txtAuthor.Value
  rs.Fields("publisher_date").Value = Me.txtCBSJ.Value
  rs.Fields("publisher").Value = Me.txtCBS.Value
  rs.Fields("class_name").Value = Me.txtType.Value
  rs.Fields("book_price").Value = Me.txtPrice.Value
  rs.Fields("book_num").Value = Val(Me.txtNum.Value)
  rs.Fields("provider").Value = Me.txtProvider.Value
  rs.Update
  '刷新子窗体数据源
  Me.预采数据.Form.Requery
  Set rs = Nothing
  MsgBox "添加成功"
End If
If flag = 2 Then '修改记录
  str = "SELECT * FROM BookSeller_BookInfo WHERE rec_id = " & Me.txtRec_ID.Value
  Set rs = GetRS(str)
  rs.Fields("isbn").Value = Me.txtISBN.Value
  rs.Fields("bookname").Value = Me.txtBookName.Value
  rs.Fields("author").Value = Me.txtAuthor.Value
  rs.Fields("publisher_date").Value = Me.txtCBSJ.Value
  rs.Fields("publisher").Value = Me.txtCBS.Value
  rs.Fields("class_name").Value = Me.txtType.Value
  rs.Fields("book_price").Value = Me.txtPrice.Value
  rs.Fields("book_num").Value = Val(Me.txtNum.Value)
  rs.Fields("provider").Value = Me.txtProvider.Value
  rs.Update
  '刷新子窗体数据源
  Me.预采数据.Form.Requery
  Set rs = Nothing
```

```
    MsgBox "修改成功"
  End If
End Sub
Private Sub cmddel_Click()
'删除当前记录
  flagy = MsgBox("是否确实要删除当前记录!", vbYesNo)
  If flagy = 7 Then '选了"否"退出
    Exit Sub
  End If
  Dim sqlstr As String
  sqlstr = "DELETE * FROM BookSeller_BookInfo WHERE rec_id = " & txtRec_ID.Value
  ExecuteSQL (sqlstr)
  initform
  Me.预采数据.Form.Requery
  MsgBox "删除成功"
End Sub
Private Sub cmdexit_Click()
  DoCmd.Close '关闭窗体
End Sub
Private Sub Form_Load()
  '窗体加载,设置命令按钮可用性
  initform
End Sub
Sub initform() '初始化窗体控件值
  cmdadd.Enabled = True
  cmdadd.SetFocus
  cmdsave.Enabled = False
  cmddel.Enabled = False
  cmdexit.Enabled = True
  Me.txtRec_ID.Value = ""
  Me.txtBookName.Value = ""
  Me.txtAuthor.Value = ""
  Me.txtISBN.Value = ""
  Me.txtCBS.Value = ""
  Me.txtCBSJ.Value = ""
  Me.txtPrice.Value = ""
  Me.txtType.Value = ""
  Me.txtProvider.Value = ""
  Me.txtNum.Value = ""
End Sub
```

(2) 预采数据子窗体事件过程代码如下：

```
Private Sub 主体_DblClick(Cancel As Integer)
'双击子窗体中的记录时,在父窗体的文本框中显示当前记录的详细信息,此时可以对记录进行修改操作。
 Me.Parent.txtBookName.Value = Me.BookName
 Me.Parent.txtAuthor.Value = Me.Author
 Me.Parent.txtISBN.Value = Me.ISBN
 Me.Parent.txtCBS.Value = Me.Publisher
 Me.Parent.txtCBSJ.Value = Me.Publisher_Date
```

```
    Me.Parent.txtPrice.Value = Me.Book_Price
    Me.Parent.txtType.Value = Me.Class_Name
    Me.Parent.txtProvider.Value = Me.Provider
    Me.Parent.txtNum.Value = Me.Book_num
    Me.Parent.txtRec_ID.Value = Me.Rec_ID
    '设置命令按钮在修改状态的可用性
    Me.Parent.cmdadd.Enabled = False
    Me.Parent.cmdsave.Enabled = True
    Me.Parent.cmddel.Enabled = True
    Me.Parent.cmdexit.Enabled = True
    flag = 2 '设置为修改标记
End Sub
```

12.4.6 现场扫描选购模块

在主界面窗体中选择“扫描选购”选项，将出现如图 12-7 所示的窗体视图，其设计视图如图 12-8 所示。这个窗体实现了根据图书的 ISBN 号现场扫描选购功能。

扫描选购

请输入ISBN号: 9787810719315 选书数量: 5 选购 退出

书号	书名	作者	出版时间	价格	选书数
9787302204190	机器学习及其应用2009	周志华,王珏	2009	¥36.00	10
9787560953489	数字图像处理与分析	田岩,,彭复员,	2009	¥35.00	10
9787115201768	.NET探秘：MSIL权威指南	利丁编著 包建	2009	¥89.00	9
9787040233766	大学计算机基础实验指导与自测	宋长龙	2008	¥17.10	6
9787302186731	网络安全控制机制	林闯,蒋屹新,尹	2008	¥46.00	5
978122040411	数控加工中心加工工艺与技巧	赵长明	2009	¥39.00	10
9787302201717	网页美术设计原理及实战策略	王晓峰,焦燕	2009	¥48.00	5
9787122037114	范例学SolidWorks 2008设计基础	楚天科技	2009	¥53.00	5
9787122038173	AutoCAD 2009中文版基础教程	鲁金忠,潘金彪,	2009	¥49.00	5
9787810719315	计算机病毒分析与对抗	傅建明,,彭国军	2009	¥35.00	5

当前选购图书与馆藏重复记录:

书号	书名	作者	出版时间	价格	馆藏量
9787810719315	计算机病毒分析与对抗	傅建明,,彭国军	2009	¥35.00	3

图 12-7 现场扫描选购窗体视图

操作方法：在选书数文本框中输入选书数量，用扫描枪在“请输入 ISBN 号”文本框中扫入图书的 ISBN 号条码，或直接手工输入 ISBN 号再按 Enter 键触发 txtISBN_KeyPress 事件，调用“选购”事件 cmdSelect_Click()，此后程序将执行与馆藏和采购表中图书的查重和选购工作。

界面中放置了预采数据和馆藏数据两个子窗体，其中预采数据子窗体用来显示所有采购的图书，馆藏数据子窗体用来显示当前扫描图书在馆藏表中的重复数据。

程序代码如下：

```
Option Compare Database
Private Sub Form_Load()
```

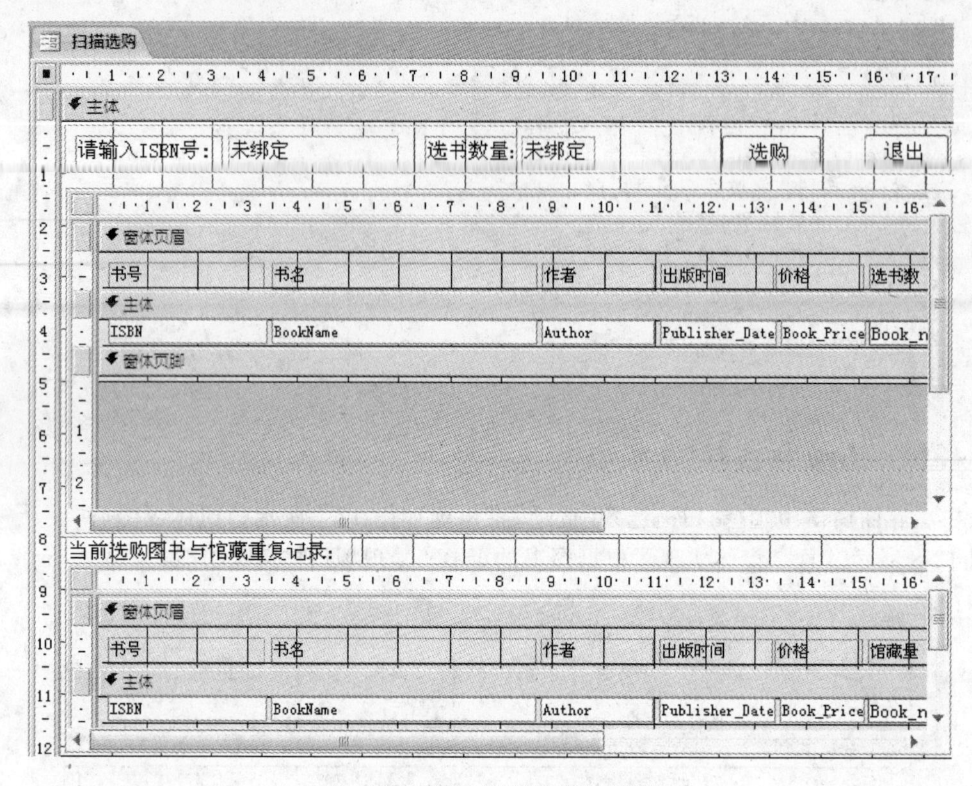

图 12-8　现场扫描选购设计视图

```
'窗体加载,初始化
  txtISBN.Value = ""
  txtISBN.SetFocus
  txtNum.Value = "5"                              '默认选购数量
  '预采数据子窗体和馆藏数据子窗体中初始化数据
  Me.预采数据.Form.RecordSource = "SELECT * FROM BookSeller_BookInfo ORDER BY rec_id desc"
  Me.预采数据.Form.Requery
  Me.馆藏数据.Form.RecordSource = "SELECT * FROM Library_BookInfo WHERE isbn = ''"
  Me.馆藏数据.Form.Requery
End Sub
Private Sub txtISBN_KeyPress(KeyAscii As Integer)
  '如果文本框中输入了回车,则调用 cmdSelect_Click 事件
  If KeyAscii = 13 Then
    cmdSelect_Click
  End If
End Sub
'选购图书操作
Private Sub cmdSelect_Click()
On Error GoTo Err_cmdSelect_Click
'扫描选购:根据 TextBox1 文本框中输入的 ISBN 号对采购表和馆藏表查重,决定是否选购
  Dim isbninput As String                        '输入的 ISBN 号
  Dim booknum As Integer                         '选书数量
  Dim sqlstrcg As String
  Dim sqlstrgc As String
```

```
 '初始化变量
 isbninput = ""
 booknum = 0
'读取输入的 ISBN 和选书数量,并判断输入的 ISBN 号和选书数量是否正确
 isbninput = txtISBN.Value
 If Len(isbninput) = 0 Then
   MsgBox ("请输入 ISBN 号!")
   txtISBN.SetFocus
   Exit Sub
 End If
 If Not IsNumeric(txtNum.Value) Then
   MsgBox ("输入的选书数不为数字!")
   txtNum.SetFocus
   Exit Sub
 End If
 booknum = Val(txtNum.Value)
 '判断当前输入的图书 ISBN 号是否与馆藏重复
 '如果重复,提示是否再选,如不选,则退出,如果还要选,则进入下一步选购
 '如果不重复,进入下一步选购
 Dim cg_int As Integer                    '当前 ISBN 与预采数据重复记录数
 Dim gc_int As Integer                    '当前 ISBN 与本馆数据重复记录数
 Dim i As Integer
 sqlstrcg = "SELECT Count( * ) FROM bookseller_bookinfo WHERE isbn = '" & isbninput & "'"
 sqlstrgc = "SELECT Count( * ) FROM library_bookinfo WHERE isbn = '" & isbninput & "'"
 cg_int = GetRecordNUM(sqlstrcg)
 gc_int = GetRecordNUM(sqlstrgc)
 '判断与馆藏是否重复
 Dim xgflag As Integer
 If gc_int >= 1 Then
   '与馆藏重复,显示提示框:是否选购
   xgflag = MsgBox("与馆藏重复,是否选购!", vbYesNo)
   If xgflag = 7 Then                     '选了"否"退出
     txtISBN.Value = ""
     txtISBN.SetFocus
     '在下面子窗体中显示重复的馆藏记录
     Me.馆藏数据.Form.RecordSource = "SELECT * FROM Library_BookInfo WHERE isbn = '" &
isbninput & "'"
     Me.馆藏数据.Form.Requery
     Exit Sub
   End If
 End If
'判断当前输入的图书 ISBN 号在采购表中是否已经选过
'如选过,提示是否重新选购,如重选,则用新的选书数据替换原来的选书数,如不重选,则退出
'如未选过,则对此 ISBN 号的图书进行添加选购
 If cg_int > 0 Then 'cg_int > 0 表示此书选过
   xgflag = MsgBox("此书选过一次,是否重选!", vbYesNo)
   If xgflag = 7 Then                     '选了"否"退出
     txtISBN.Value = ""
     txtISBN.SetFocus
     Exit Sub
   End If
```

```
      If xgflag = 6 Then                          '选了"是",修改选书数量
        txtSQL = "UPDATE bookseller_bookinfo SET "
        txtSQL = txtSQL & "book_num = " & Str(booknum) & ""
        txtSQL = txtSQL & " WHERE isbn = '" & isbninput & "'"
        ExecuteSQL (txtSQL)
        MsgBox ("修改选购成功!")
        Me.预采数据.Form.RecordSource = "SELECT * FROM BookSeller_BookInfo ORDER BY rec_id desc"
        Me.预采数据.Form.Requery
      End If
    Else
      txtSQL = "insert into bookseller_bookinfo(isbn,bookname,class_name,publisher,author,"
      txtSQL = txtSQL & "book_price,publisher_date,book_num,provider) values('"
      txtSQL = txtSQL & isbninput & "','','','','"
      txtSQL = txtSQL & "',0,''," & Str(booknum) & ",'')"
      ExecuteSQL (txtSQL)                          '执行插入操作
      MsgBox ("添加选购成功!")
      Me.预采数据.Form.RecordSource = "SELECT * FROM BookSeller_BookInfo ORDER BY rec_id desc"
      Me.预采数据.Form.Requery
    End If
    Me.馆藏数据.Form.RecordSource = "SELECT * FROM Library_BookInfo WHERE isbn = '" & isbninput & "'"
    Me.馆藏数据.Form.Requery
Exit_cmdSelect_Click:
    Exit Sub
Err_cmdSelect_Click:
    MsgBox Err.Description
    Resume Exit_cmdSelect_Click
End Sub
Private Sub cmdExit_Click()
  DoCmd.Close
End Sub
```

12.4.7 批量查重选购模块

选择主界面的“批量查重”选项，将出现如图12-9所示的窗体视图。这个窗体实现了所有采购数据对馆藏数据进行一次查重，可以根据ISBN号或书名对与馆藏重复或未重的预采数据进行选购。

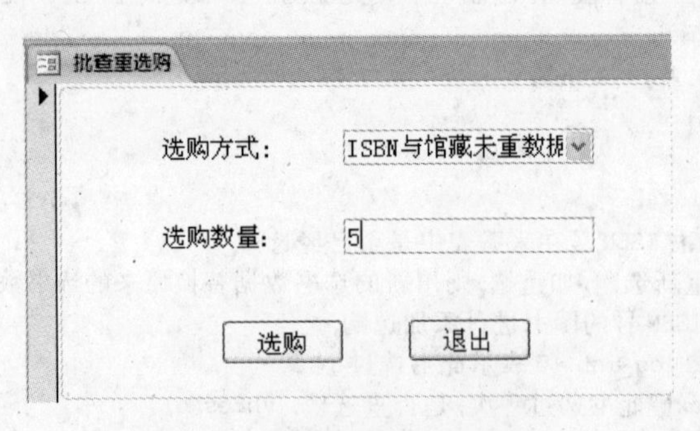

图12-9　批查重选购窗体视图

下拉列表框中包括的5个选项：“ISBN与馆藏未重数据”、“ISBN与馆藏重复数据”、“书名与馆藏未重数据”、“书名与馆藏重复数据”和“预采数据全选”。程序根据选购方式下

拉列表框中的选项来修改采购表(BookSeller_BookInfo)中的选书数,单击“选购”按钮触发cmdPSelect_Click()事件,单击“退出”按钮触发 cmdExit_Click()事件,代码如下:

```
Option Compare Database
Private Sub cmdPSelect_Click()
Dim fblnum As Integer                                    '批量选购数量
Dim Recordnum As Integer                                 '处理记录数量
Dim txtSQL As String
'判断输入的选购数是不是数值
If Not IsNumeric(txtNum.Value) Then
  MsgBox ("订购数输入不为数字!")
  txtNum.SetFocus
  Exit Sub
End If
fblnum = Val(txtNum.Value)
If ComboBox1.Value = "ISBN 与馆藏未重数据" Then
  txtSQL = "UPDATE BookSeller_BookInfo SET book_num = " & Str(fblnum) & " WHERE isbn Not In
  (SELECT isbn FROM library_bookinfo WHERE BookSeller_BookInfo.isbn = Library_BookInfo.
  isbn)"
  ExecuteSQL (txtSQL)
  txtSQL = "SELECT Count(*) FROM BookSeller_BookInfo WHERE isbn Not In(SELECT isbn FROM
  library_bookinfo WHERE BookSeller_BookInfo.isbn = Library_BookInfo.isbn)"#
  Recordnum = GetRecordNUM(txtSQL)
  MsgBox ("预采数据库中[ISBN_未重]的数据[" & Str(Recordnum) & "]条已全部选定为" & Str
  (fblnum) & "本!")
End If

If ComboBox1.Value = "ISBN 与馆藏重复数据" Then
  txtSQL = "UPDATE BookSeller_BookInfo SET book_num = " & Str(fblnum) & " WHERE isbn In(SELECT
  isbn FROM library_bookinfo WHERE BookSeller_BookInfo.isbn = Library_BookInfo.isbn)"
  ExecuteSQL (txtSQL)
  txtSQL = "SELECT Count(*) FROM BookSeller_BookInfo WHERE isbn In(SELECT isbn FROM library_
  bookinfo WHERE BookSeller_BookInfo.isbn = Library_BookInfo.isbn)"
  Recordnum = GetRecordNUM(txtSQL)
  MsgBox ("预采数据库中[ISBN_重复]的数据[" & Str(Recordnum) & "]条已全部选定为" & Str
  (fblnum) & "本!")
End If

If ComboBox1.Value = "书名与馆藏未重数据" Then
  txtSQL = "UPDATE BookSeller_BookInfo SET book_num = " & Str(fblnum) & " WHERE bookname Not In
  (SELECT bookname FROM library_bookinfo WHERE BookSeller_BookInfo.bookname = Library_
  BookInfo.bookname)"
  ExecuteSQL (txtSQL)
  txtSQL = "SELECT Count(*) FROM BookSeller_BookInfo WHERE bookname Not In(SELECT bookname
  FROM library_bookinfo WHERE BookSeller_BookInfo.bookname = Library_BookInfo.bookname)"
  Recordnum = GetRecordNUM(txtSQL)
  MsgBox ("预采数据库中[书名_未重]的数据[" & Str(Recordnum) & "]条已全部选定为" & Str
  (fblnum) & "本!")
End If

If ComboBox1.Value = "书名与馆藏重复数据" Then
```

```
    txtSQL = "UPDATE BookSeller_BookInfo SET book_num = " & Str(fblnum) & " WHERE bookname In
    (SELECT bookname FROM library_ bookinfo WHERE BookSeller _ BookInfo. bookname = Library _
    BookInfo. bookname)"
    ExecuteSQL (txtSQL)
    txtSQL = "SELECT Count( * ) FROM BookSeller_BookInfo WHERE bookname In(SELECT bookname FROM
    library_bookinfo WHERE BookSeller_BookInfo. bookname = Library_BookInfo. bookname)"
    Recordnum = GetRecordNUM(txtSQL)
    MsgBox ("预采数据库中[书名_未重]的数据[" & Str(Recordnum) & "]条已全部选定为" & Str
    (fblnum) & "本!")
  End If

  If ComboBox1. Value = "预采数据全选" Then
    txtSQL = "UPDATE BookSeller_BookInfo SET book_num = " & Str(fblnum)
    ExecuteSQL (txtSQL)
    txtSQL = "SELECT Count( * ) FROM BookSeller_BookInfo"
    Recordnum = GetRecordNUM(txtSQL)
    MsgBox ("预采数据库中[所有]的数据[" & Str(Recordnum) & "]条已全部选定为" & Str(fblnum) &
    "本!")
  End If
  End Sub
  Private Sub cmdExit_Click()
  DoCmd. Close
  End Sub
```

12.4.8 查询选购模块

选择主界面中的“查询选购”选项，将出现如图 12-10 所示的窗体。这个窗体实现了按不同的检索入口，对预采数据进行简单查询和复杂查询，并可对查询结果按不同字段进行排序，以及对检索的结果进行选购。

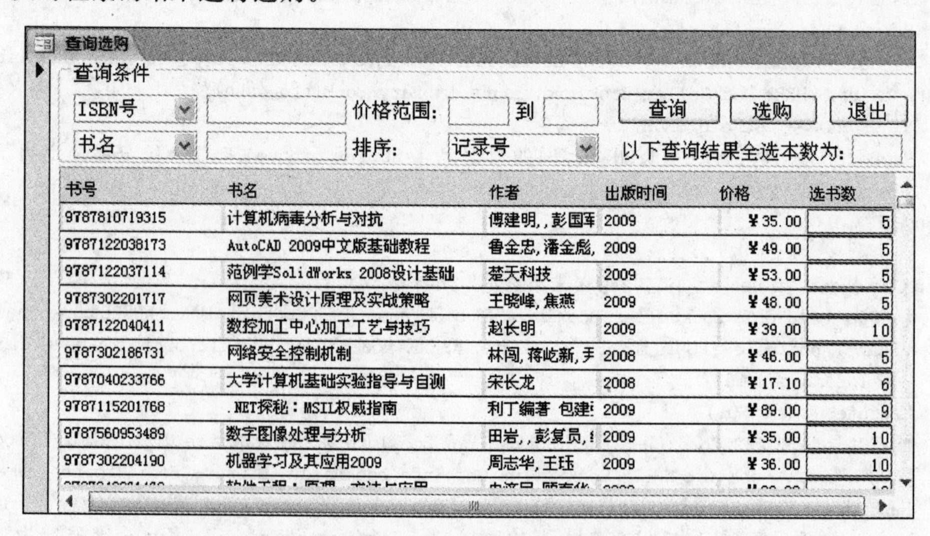

图 12-10　图书查询选购窗体

图 12-10 中的控件包括查询条件部分和结果显示部分。查询结果的显示通过一个“查询选购结果”子窗体来实现。单击“查询”按钮触发 cmdQuery_Click()事件，“选购”按钮触

发 cmdSelect_Click()事件,“退出”按钮触发 cmdExit_Click()事件。程序如下：

```
Option Compare Database
Dim sqlstr As String                          '查询字符串变量
Private Sub Form_Load()
'初始化窗体的查询字段下拉列表框和排序字段下拉列表框
  '查询条件组合框 1
  ComboBox1.AddItem ("ISBN 号")
  ComboBox1.AddItem ("书名")
  ComboBox1.AddItem ("作者")
  ComboBox1.AddItem ("出版社")
  ComboBox1.AddItem ("出版年")
  ComboBox1.AddItem ("提供商")
  ComboBox1.AddItem ("分类号")
  ComboBox1.LimitToList = True               '将组合框值限制为列表项
  ComboBox1.Value = "ISBN 号"
  '查询条件组合框 2
  ComboBox2.AddItem ("ISBN 号")
  ComboBox2.AddItem ("书名")
  ComboBox2.AddItem ("作者")
  ComboBox2.AddItem ("出版社")
  ComboBox2.AddItem ("出版年")
  ComboBox2.AddItem ("提供商")
  ComboBox2.AddItem ("分类号")
  ComboBox2.LimitToList = True               '将组合框值限制为列表项
  ComboBox2.Value = "ISBN 号"
  '排序条件组合框 ComboBox3
  ComboBox3.AddItem ("记录号")
  ComboBox3.AddItem ("ISBN 号")
  ComboBox3.AddItem ("书名")
  ComboBox3.AddItem ("作者")
  ComboBox3.AddItem ("出版社")
  ComboBox3.AddItem ("出版年")
  ComboBox3.AddItem ("价格")
  ComboBox3.AddItem ("选书数")
  ComboBox3.Value = "记录号"
  txtBox1.Value = ""
  txtBox2.Value = ""
  txtPrice1.Value = ""
  txtPrice2.Value = ""
  '预采数据子窗体中显示预采数据
  sqlstr = "SELECT * FROM bookseller_bookinfo ORDER BY rec_id"
  Me.预采数据.Form.RecordSource = sqlstr
  Me.预采数据.Form.Requery
End Sub
Private Sub cmdQuery_Click()
'预采数据查询功能
  Dim field1 As String                        '查询字段
  Dim field2 As String                        '查询字段
  Dim sqlwhere1 As String                     '查询条件
  Dim sqlwhere2 As String                     '查询条件
```

```
Dim sqlorder As String                          '排序条件
Dim ordstr As String                            '排序条件
Dim jglow As Integer                            '价格范围
Dim jghigh As Integer                           '价格范围
Dim i As Integer
'处理查询语句
sqlstr = "SELECT * FROM bookseller_bookinfo "
sqlwhere1 = ""
sqlwhere2 = ""
'查询字段 1
field1 = ComboBox1.Value
If Trim(txtBox1.Value) = "" Or IsNull(txtBox1.Value) Then
  sqlwhere1 = ""
Else
  If field1 = "ISBN 号" Then sqlwhere1 = "isbn LIKE '" & txtBox1.Value & " * '"
  If field1 = "书名" Then sqlwhere1. = "bookname LIKE ' * " & txtBox1.Value & " * '"
  If field1 = "作者" Then sqlwhere1 = "author LIKE ' * " & txtBox1.Value & " * '"
  If field1 = "出版社" Then sqlwhere1 = "publisher LIKE ' * " & txtBox1.Value & " * '"
  If field1 = "出版年" Then sqlwhere1 = "publisher_date LIKE ' * " & txtBox1.Value & " * '"
  If field1 = "提供商" Then sqlwhere1 = "provide LIKE ' * " & txtBox1.Value & " * '"
  If field1 = "分类号" Then sqlwhere1 = "class_name LIKE '" & txtBox1.Value & " * '"
  sqlstr = sqlstr & " WHERE " & sqlwhere1
End If
field2 = ComboBox2.Value '查询字段 2
If Trim(txtBox2.Value) = "" Or IsNull(txtBox2.Value) Then
  sqlwhere2 = ""
Else
  If field2 = "ISBN 号" Then sqlwhere2 = "isbn LIKE '" & txtBox2.Value & " * '"
  If field2 = "书名" Then sqlwhere2 = "bookname LIKE ' * " & txtBox2.Value & " * '"
  If field2 = "作者" Then sqlwhere2 = "author LIKE ' * " & txtBox2.Value & " * '"
  If field2 = "出版社" Then sqlwhere2 = "publisher LIKE ' * " & txtBox2.Value & " * '"
  If field2 = "出版年" Then sqlwhere2 = "publisher_date LIKE ' * " & txtBox2.Value & " * '"
  If field2 = "提供商" Then sqlwhere2 = "provide LIKE ' * " & txtBox2.Value & " * '"
  If field2 = "分类号" Then sqlwhere2 = "class_name LIKE '" & txtBox2.Value & " * '"
  If txtBox1.Value = "" Or IsNull(txtBox1.Value) Then        '与第一个条件组合
    sqlstr = sqlstr & " WHERE " & sqlwhere2
  Else
    sqlstr = sqlstr & " And " & sqlwhere2
  End If
End If
 '组合价格范围条件
jglow = 0
jghigh = 10000
If txtPrice1.Value = "" Or IsNull(txtPrice1.Value) Then
  jglow = 0
Else
  jglow = Val(txtPrice1.Value)
End If
If txtPrice2.Value = "" Or IsNull(txtPrice2.Value) Then
  jghigh = 10000
Else
```

```
    jghigh = Val(txtPrice2)
  End If
  If (txtBox1.Value = "" Or IsNull(txtBox1.Value)) And (txtBox2.Value = "" Or IsNull
(txtBox2.Value)) Then                                  '增加价格范围条件
    sqlstr = sqlstr & " WHERE book_price Between " & Str(jglow) & " And " & Str(jghigh)
  Else
    sqlstr = sqlstr & " And (book_price Between " & Str(jglow) & " And " & Str(jghigh) & ")"
  End If
  '组合排序条件
  ordstr = ComboBox3.Value
  sqlorder = ""
  If ordstr = "记录号" Then sqlorder = "ORDER BY rec_id"
  If ordstr = "ISBN 号" Then sqlorder = "ORDER BY isbn"
  If ordstr = "书名" Then sqlorder = "ORDER BY bookname"
  If ordstr = "作者" Then sqlorder = "ORDER BY author"
  If ordstr = "出版社" Then sqlorder = "ORDER BY publisher"
  If ordstr = "出版年" Then sqlorder = "ORDER BY publisher_date"
  If ordstr = "价格" Then sqlorder = "ORDER BY book_price desc"
  If ordstr = "选书数" Then sqlorder = "ORDER BY book_num desc"
  sqlstr = sqlstr & " " & sqlorder
  '预采数据子窗体中显示查询结果
  Me.预采数据.Form.RecordSource = sqlstr
  Me.预采数据.Form.Requery
End Sub
Private Sub cmdSelect_Click()
'查询结果选购功能
  On Error GoTo Err_cmdSelect_Click
  Dim updstr As String                           '定义查询字符串变量
  Dim xgnum As Integer                           '定义选书数变量
  Dim i As Integer
  updstr = ""
  If Not IsNumeric(txtBoxNum.Value) Then
      MsgBox ("输入的选书数不为数字!")
      txtBoxNum.SetFocus
      Exit Sub
  End If
  xgnum = Val(txtBoxNum.Value)
  updstr = "UPDATE bookseller_bookinfo SET book_num = " & Str(xgnum)
  If InStr(1, sqlstr, "WHERE") Then
    updstr = updstr & " " & Mid(sqlstr, InStr(1, sqlstr, "WHERE"), InStr(1, sqlstr, "ORDER") -
InStr(1, sqlstr, "WHERE"))
  End If
  ExecuteSQL (updstr) '执行更新操作
  MsgBox "选购成功"
  '预采数据子窗体中显示查询结果
  Me.预采数据.Form.RecordSource = sqlstr
  Me.预采数据.Form.Requery
Exit_cmdSelect_Click:
    Exit Sub
Err_cmdSelect_Click:
    MsgBox Err.Description
```

```
        Resume Exit_cmdSelect_Click
    End Sub
    Private Sub cmdExit_Click()
      DoCmd.Close
    End Sub
```


12.4.9 统计输出模块

在主界面中选择"统计输出"功能项,将出现如图 12-11 所示的窗体。这个窗体中可以显示所有采购的图书信息,统计出采购图书的种数、册数和金额,并可以 Excel 格式输出采购图书清单。

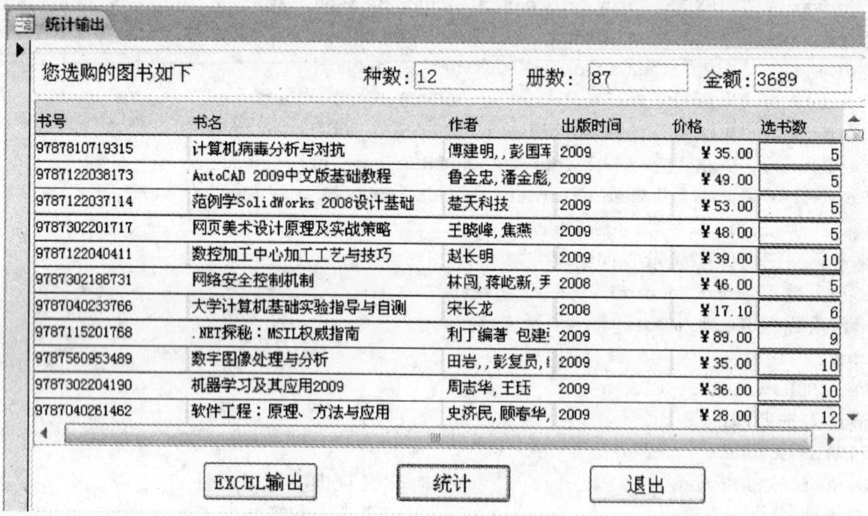

统计输出

您选购的图书如下　种数:12　册数:87　金额:3689

书号	书名	作者	出版时间	价格	选书数
9787810719315	计算机病毒分析与对抗	傅建明,,彭国	2009	¥35.00	5
9787122038173	AutoCAD 2009中文版基础教程	鲁金忠,潘金彪,	2009	¥49.00	5
9787122037114	范例学SolidWorks 2008设计基础	楚天科技	2009	¥53.00	5
9787302201717	网页美术设计原理及实战策略	王晓峰,焦燕	2009	¥48.00	5
9787122040411	数控加工中心加工工艺与技巧	赵长明	2009	¥39.00	10
9787302186731	网络安全控制机制	林闯,蒋屹新,尹	2008	¥46.00	5
9787040233766	大学计算机基础实验指导与自测	宋长龙	2008	¥17.10	6
9787115201768	.NET探秘:MSIL权威指南	利丁编著 包建	2009	¥89.00	9
9787560953489	数字图像处理与分析	田岩,,彭复员,	2009	¥35.00	10
9787302204190	机器学习及其应用2009	周志华,王珏	2009	¥36.00	10
9787040261462	软件工程:原理、方法与应用	史济民,顾春华,	2009	¥28.00	12

EXCEL输出　统计　退出

图 12-11　采购数据统计输出

在图 12-11 中放置了 3 个文本框,分别用来显示当前订购图书的种数、册数和金额,一个"数据输出结果"子窗体和 3 个命令按钮,中间数据的显示为"预采数据"子窗体。

当单击"EXCEL 输出"按钮时,触发 cmdExcelOutput_Click()事件,输出 Excel 格式的图书订货清单,当单击"统计"按钮时,触发 cmdStatistics_Click()事件,所订购图书的种类、册数和金额分别显示在文本框中,单击"退出"按钮,触发 cmdExit_Click()事件,退出程序。程序如下:

```
Private Sub cmdExcelOutput_Click()
'输出当前订购数据 Excel 清单
  Dim myExcel As Excel.Application          '声明一个 application 对象
  Dim myBook As Excel.Workbook              '声明一个工作簿对象
  Dim mySheet As Excel.Worksheet            '声明一个工作表对象
  Dim rs As New ADODB.Recordset
  Dim rownum As Long
  Dim filename As String
  '输入 Excel 文件名
  filename = InputBox("请输入 Excel 文件名,如 abc.xls")
  If filename = "" Then
```

```
    MsgBox ("文件名未输入!")
    Exit Sub
  End If
  filename = "d:\" + filename
  '打开选购数据集
  txtSQL = "SELECT isbn AS ISBN 号,bookname AS 书名,author AS 作者,publisher AS 出版社,
publisher_date AS 出版年,book_price AS 价格,book_num AS 数量 FROM bookseller_bookinfo WHERE
book_num > 0"
  Set rs = GetRS(txtSQL)
  rownum = rs.RecordCount
  If rownum < 1 Then
    MsgBox ("没有选购数据转出!")
    Exit Sub
  End If
  '将数据集中的数据写到 Excel 文件中
  Me.Caption = "Excel 格式订购正在输出……"
  Set myExcel = CreateObject("Excel.Application")
  Set myBook = myExcel.Workbooks().Add
  Set mySheet = myBook.Worksheets("sheet1")
  mySheet.Cells(1, 1).Value = "ISBN 号"
  mySheet.Cells(1, 2).Value = "书名"
  mySheet.Cells(1, 3).Value = "作者"
  mySheet.Cells(1, 4).Value = "出版社"
  mySheet.Cells(1, 5).Value = "出版年"
  mySheet.Cells(1, 6).Value = "价格"
  mySheet.Cells(1, 7).Value = "复本数"
  Dim r As Integer
  Dim c As Integer
  rs.MoveFirst
  For r = 1 To rownum
      For c = 1 To 7
         mySheet.Cells(r + 1, c).Value = rs(c - 1)
      Next c
      rs.MoveNext
      Me.Caption = "Excel 格式订购正在输出……" & Str(r)
  Next r
  myBook.SaveAs (filename)                          '数据保存到文件中
  myExcel.Quit
  myExcel.Workbooks.Close
  MsgBox ("数据转为 Excel 完毕,Excel 文件为: " & filename & "数量:" & Str(rownum))
  Me.Caption = "订购数据输出"
  Set myExcel = Nothing
  Set myBook = Nothing
  Set mySheet = Nothing
End Sub
Private Sub cmdStatistics_Click()
'统计种类、册数和金额并显示
  Dim zs As Integer                                '种数
  Dim cs As Integer                                '册数
  Dim je As Integer                                '金额
  Dim rs As New ADODB.Recordset
```

```
  txtSQL = "SELECT Count( * ) AS zs,sum(book_num) AS cs,sum(book_num * book_price) AS je FROM
bookseller_bookinfo"
  Set rs = GetRS(txtSQL)
  zs = rs("zs")
  cs = rs("cs")
  je = rs("je")
  txtZS.Value = zs
  txtCS.Value = cs
  txtJE.Value = je
End Sub
Private Sub cmdExit_Click()
  DoCmd.Close
End Sub
```

本章小结

本章介绍数据库应用系统的开发过程,综合应用前面章节的知识,系统性地设计和开发了一个针对图书馆的图书现场采购管理系统。通过本章的学习,要了解数据库应用系统的开发步骤,能够使用 VBA 语言和 ADO 对象模型来开发 Access 数据库应用系统。

(1) 数据库应用系统的开发一般包括需求分析、系统初步设计、系统详细设计、编码、调试、系统切换等几个阶段,每个阶段有不同的任务,并可采用不同的工具和方法。

(2) 数据库应用系统开发的核心内容是设计数据库应用系统的主要功能模块,并为用户提供友好的使用界面。

(3) 一个数据库应用系统开发案例可以使读者能更为直观地理解 Access 2007 数据库应用系统的设计与开发方法。本章的图书现场采购系统,介绍使用 VBA 和 ADO 开发 Access 2007 数据库应用程序的完整过程和方法。

习 题 12

1. 选择题

(1) 在系统开发的各个阶段中,能准确地确定软件系统必须做什么和必须具备哪些功能的阶段是(　　)。

A. 总体设计　　B. 详细设计　　C. 可行性分析　　D. 需求分析

(2) 系统需求分析阶段的基础工作是(　　)。

A. 教育和培训　　B. 系统调查　　C. 初步设计　　D. 详细设计

(3) 需求分析阶段的任务是确定(　　)。

A. 软件开发方法　　B. 软件开发工具

C. 软件系统功能　　D. 软件开发费用

(4) 在系统开发中,不属于系统设计阶段任务的是(　　)。

A. 确定系统目标　　B. 确定系统模块结构

C. 定义模块算法　　D. 确定数据模型

(5) 在数据库应用系统设计完成后，进入系统实施阶段，下述工作中，(　　)一般不属于实施阶段的工作。

A. 建立库结构　　B. 系统调试　　C. 加载数据　　D. 扩充功能

(6) 系统设计包括总体设计和详细设计两部分，下列任务中属于详细设计内容的是(　　)。

A. 确定软件结构　　B. 软件功能分解

C. 确定模块算法　　D. 制订测试计划

2. 填空题

(1) 数据库应用系统的开发过程一般包括系统需求分析、________、系统现实、________和系统交付5个阶段。

(2) 数据库应用系统的需求包括对________的需求和系统功能的需求，它们分别是数据库设计和________设计的依据。

(3) 系统设计阶段的最终成果是________。

(4) "确定表的约束关系以及在哪些属性上建立什么样的索引"属于________阶段的任务。

(5) ________的目的是发现错误、评价系统的可靠性，而调试的目的是发现错误的位置并改正错误。

3. 问答题

(1) Access数据库应用系统的开发过程是什么?

(2) 数据库应用系统开发的各个阶段的主要任务是什么? 相应的成果是什么?

(3) 在进行系统功能设计时，常采用模块化的设计方法，即将系统分为若干个功能模块，这样做的好处是什么?

(4) 程序设计人员的程序调试和系统测试有何区别?

(5) 系统交付的内容有哪些?

4. 应用题

(1) 在图书采购数据库管理系统中，用户提出如下需求：对每种图书，书商需按不同折扣卖给用户，对此进行设计并实现。

(2) 开发"商品信息管理系统"。

系统简述：商品信息管理系统主要实现对商品信息的管理，从实用的角度考虑，要求该系统实现如下功能。

① 系统登录：负责程序的安全，只有合法身份的用户才能登录。

② 用户管理：实现用户的管理，一般用户可以进入系统修改自己的密码，系统管理员可以添加新用户，设置新用户的权限。

③ 商品信息录入：实现对商品信息录入。

④ 数据查询：通过各种条件实现对已有的商品信息的查询操作。

⑤ 数据修改：实现对已有的数据进行修改、删除或添加新的商品信息。

⑥ 数据显示：使用图表方式向用户显示商品的库存数量。

参考文献

[1] 教育部高等学校计算机基础课程教学指导委员会.高等学校计算机基础教学发展战略研究报告暨计算机基础课程教学基本要求.北京：高等教育出版社，2009.
[2] 施伯乐，丁宝康，汪卫.数据库系统教程.第3版.北京：高等教育出版社，2008.
[3] 宁洪，赵文涛，贾丽丽.数据库系统原理.北京：北京邮电大学出版社，2005.
[4] 刘卫国，熊拥军.数据库技术与应用——SQL Server 2005.北京：清华大学出版社，2010.
[5] 王珊、李盛恩.数据库基础与应用.北京：人民邮电出版社，2002.
[6] 陈志泊.数据库原理及应用教程.第2版.北京：人民邮电出版社，2008.
[7] 任淑美，李宁湘.关系数据库应用基础——基于Access 2007.广州：华南理工大学出版社，2009.
[8] 李书珍.数据库应用技术(Access 2007).北京：中国铁道出版社，2010.
[9] 王卫国，罗志明，张伊.Access 2007中文版入门与提高.北京：清华大学出版社，2009.
[10] 丁卫颖，付瑞峰，赵延军.Access 2007图解入门与实例应用.北京：中国铁道出版社，2008.
[11] 李春葆，曾平.数据库原理与应用——基于Access 2003.第2版.北京：清华大学出版社，2008.
[12] 訾秀玲.Access数据库技术及应用教程.北京：清华大学出版社，2007.
[13] 张迎新.数据库及其应用系统开发(Access 2003).北京：清华大学出版社，2006.

21世纪高等学校数字媒体专业规划教材

ISBN	书　名	定价(元)
9787302224877	数字动画编导制作	29.50
9787302222651	数字图像处理技术	35.00
9787302218562	动态网页设计与制作	35.00
9787302222644	J2ME手机游戏开发技术与实践	36.00
9787302217343	Flash多媒体课件制作教程	29.50
9787302208037	Photoshop CS4中文版上机必做练习	99.00
9787302210399	数字音视频资源的设计与制作	25.00
9787302201076	Flash动画设计与制作	29.50
9787302174530	网页设计与制作	29.50
9787302185406	网页设计与制作实践教程	35.00
9787302180319	非线性编辑原理与技术	25.00
9787302168119	数字媒体技术导论	32.00
9787302155188	多媒体技术与应用	25.00

以上教材样书可以免费赠送给授课教师，如果需要，请发电子邮件与我们联系。

教学资源支持

敬爱的教师：

感谢您一直以来对清华版计算机教材的支持和爱护。为了配合本课程的教学需要，本教材配有配套的电子教案(素材)，有需求的教师可以与我们联系，我们将向使用本教材进行教学的教师免费赠送电子教案(素材)，希望有助于教学活动的开展。

相关信息请拨打电话010-62776969或发送电子邮件至weijj@tup.tsinghua.edu.cn咨询，也可以到清华大学出版社主页(http://www.tup.com.cn或http://www.tup.tsinghua.edu.cn)上查询和下载。

如果您在使用本教材的过程中遇到了什么问题，或者有相关教材出版计划，也请您发邮件或来信告诉我们，以便我们更好地为您服务。

地址：北京市海淀区双清路学研大厦A座708　　计算机与信息分社魏江江　收
邮编：100084　　电子邮件：weijj@tup.tsinghua.edu.cn
电话：010-62770175-4604　　邮购电话：010-62786544

《网页设计与制作》目录

ISBN 978-7-302-17453-0　　蔡立燕　梁　芳　主编

图书简介：

Dreamweaver 8、Fireworks 8 和 Flash 8 是 Macromedia 公司为网页制作人员研制的新一代网页设计软件，被称为网页制作"三剑客"。它们在专业网页制作、网页图形处理、矢量动画以及 Web 编程等领域中占有十分重要的地位。

本书共 11 章，从基础网络知识出发，从网站规划开始，重点介绍了使用"网页三剑客"制作网页的方法。内容包括了网页设计基础、HTML 语言基础、使用 Dreamweaver 8 管理站点和制作网页、使用 Fireworks 8 处理网页图像、使用 Flash 8 制作动画、动态交互式网页的制作，以及网站制作的综合应用。

本书遵循循序渐进的原则，通过实例结合基础知识讲解的方法介绍了网页设计与制作的基础知识和基本操作技能，在每章的后面都提供了配套的习题。

为了方便教学和读者上机操作练习，作者还编写了《网页设计与制作实践教程》一书，作为与本书配套的实验教材。另外，还有与本书配套的电子课件，供教师教学参考。

本书适合应用型本科院校、高职高专院校作为教材使用，也可作为自学网页制作技术的教材使用。

目　　录：